干混砂浆应用技术丛书

干混砂浆原材料及产品检测方法

王培铭　王　茹　张国防　刘贤萍　编

中国建材工业出版社

图书在版编目（CIP）数据

干混砂浆原材料及产品检测方法/王培铭等编. —
北京：中国建材工业出版社，2016.3
（干混砂浆应用技术丛书）
ISBN 978-7-5160-1303-8

Ⅰ. ①干… Ⅱ. ①王… Ⅲ. ①干混料－砂浆－原材料
②干混料－砂浆－产品－检验方法 Ⅳ. ①TQ177.6

中国版本图书馆 CIP 数据核字（2015）第 264199 号

内 容 简 介

本书分上下两篇。上篇介绍了干混砂浆生产常用原材料的53种性能检测方法，下篇介绍了现有干混砂浆产品的40种性能检测方法。附有现行标准规定的原材料和产品性能指标及对应的检测方法明细表，原材料和产品种类对应的检测项目一览表，引用标准一览，关键词索引等。

本书可供干混砂浆研究开发人员、生产技术人员、产品质检人员、工程施工人员和大专院校相关专业师生阅读参考。

干混砂浆原材料及产品检测方法
王培铭 王 茹 张国防 刘贤萍 编

出版发行：中国建材工业出版社
地　　址：北京市海淀区三里河路1号
邮　　编：100044
经　　销：全国各地新华书店
印　　刷：北京雁林吉兆印刷有限公司
开　　本：787mm×1092mm 1/16
印　　张：19
字　　数：470千字
版　　次：2016年3月第1版
印　　次：2016年3月第1次
定　　价：98.00元

本社网址：www.jccbs.com.cn　　微信公众号：zgjcgycbs
广告经营许可证号：京海工商广字第8293号
本书如出现印装质量问题，由我社市场营销部负责调换。联系电话：（010）88386906

前　言

随着建筑品质的提高，新型房建材料和新型建筑体系的出现，对砂浆的种类需求越来越多，对砂浆的品质要求越来越高。使用厂制砂浆是增加砂浆品种和提高砂浆品质的前提，促使厂制砂浆得到迅速的发展，而其中又以干混砂浆的发展尤为突出。

干混砂浆由于品种繁多，再加上砂浆的生产和应用在我国起步较晚，还有好多问题没有解决。生产工艺有待完善，新的砂浆品种有待开发，施工队伍有待培训（包括机械施工技术），在技术标准方面也要进行深入细致的工作，这些都需要加强干混砂浆的研究。

砂浆品质的保证必须依靠相应的标准和适当的检测方法才能得以实现。国内已颁布包含干混砂浆在内的多部厂制砂浆标准和近三十部关于单品种干混砂浆的国家标准和行业标准，有的省市颁布了地方标准和应用技术规程，这些均为干混砂浆的生产和应用创造了一定的条件。

然而，正是由于干混砂浆的标准是由不同行业和不同区域编写的，因此品质的要求和评价也就千差万别。为了全面了解国内标准中对干混砂浆的品质要求和测试方法，本书以已颁布的关于干混砂浆的国家和行业标准为基准，介绍砂浆最常用的40种（套）检测方法。考虑到单项产品标准的详尽和实用性，无论性能指标还是与其对应的检测方法，均以其为首选参考对象。

同时，因为干混砂浆生产所需要的原材料种类繁多，必要时需要进行入场检验或复验，所以将常用原材料的型式和出厂检验的53种（套）检测方法也作了介绍。另外，对某些重要的但未纳入标准的检测方法也有所涉及。

纳入本书的砂浆均是在产品标准中明确以水泥和石膏为主要胶凝材料，含有“砂”尺寸范围的集料，采用干混工艺生产的。如腻子、液态涂料等不属于此范围。但在测试方法中参考了JG/T 298—2010《建筑室内用腻子》的试验步骤。

本书共纳入93种（套）检测方法。

为了便于阅读和快速查找，书后附有现行标准规定的原材料和产品性能指标及对应的检测方法明细表，原材料和产品种类对应的检测项目一览表，引用标准一览，关键词索引等。

本书由刘贤萍和张国防合编上篇53种（套）检测方法，王茹编写下篇40种（套）检测方法，王培铭统稿并编写绪言。

本书在编写过程中，得到张永明、苏宇峰、徐玲琳和其他同仁及多方面的大力支持和帮助，在此谨表示衷心的感谢！

书中不当之处，敬请批评指正！

编者

2016年1月

目　录

中国建材工业出版社
China Building Materials Press

绪　言

1　干混砂浆的基本概念

砂浆（mortar）是细集料混凝土，由一定比例的胶凝材料、细集料和水组成。有的砂浆还掺有其他组分。按所用胶凝材料或胶结材料，砂浆可分为水泥砂浆、石灰砂浆、水泥石灰混合砂浆、石膏砂浆、沥青砂浆、聚合物砂浆等。按用途砂浆可分为普通砂浆（ordinary mortar）和特种砂浆（special mortar），前者包括普通砌筑砂浆、普通抹面砂浆等，后者包括专用砌筑砂浆、专用抹面砂浆、粘结砂浆、防水砂浆、勾缝砂浆、修补砂浆、保温砂浆、装饰砂浆等。按配制方式，砂浆可分为现场配制砂浆（jobsite-made mortar）和厂制砂浆（factory-made mortar）。现场配制砂浆一般是在施工现场将原材料进行称量、混合或搅拌。厂制砂浆是由专业生产厂生产的。厂制砂浆是以产品形式进行交易的，因此从早期起就称为商品砂浆（commercial mortar）。按物理形态厂制砂浆分为预拌砂浆（ready-mixed mortar）和预混（干）砂浆或干混砂浆（dry-mixed mortar）等。而分别于2007年和2010年颁布实施的行业标准JG/T 230和国家标准GB/T 25181均将厂制砂浆称为预拌砂浆，英文也用ready-mixed mortar，尽管中文和英文不甚对应，但其中“干混砂浆”一词的概念还是很清晰的。虽然干混砂浆也用过多种名称，如预混（干）砂浆、干砂浆、干粉砂浆、干粉料、干混料等等，但从制备方式和应用角度来讲，用干混砂浆命名还是比较合理的，已为业内广泛接受。

同样已为业内广泛接受的干混砂浆的定义如下所述：干混砂浆是经干燥筛分处理的细集料与胶凝材料以及根据需要掺入的保水增稠材料、化学外加剂、矿物掺合料或其他组分按一定比例混合而成的干态混合物，其在使用地点按规定比例加水或配套液体拌合后使用。按包装形式分为散装和袋装两种。

2　干混砂浆的发展历史

早在20世纪80年代初，上海就有了干混砂浆的雏形，如出现了以水泥和细集料为主要成分制备瓷砖粘结砂浆的国内第一家工厂。后来，出于提高建筑工程品质的目的，中国在20世纪90年代末大力发展干混砂浆。今天已发展到近千家生产厂，年产量逾五千万吨。厂家分布也由最初的上海、北京、广州几乎扩至全国。生产规模也大幅度提高，从单一产品到系列产品，从单一生产线到跨省区联营厂。

中国的干混砂浆之所以发展这么快，是因为吸收了欧洲的经验。早在19世纪末，欧洲就发明了干混砂浆，到20世纪50年代，欧洲的干混砂浆得到迅速发展，主要原因是第二次世界大战后欧洲需要大量建设，且在当时缺乏熟练工的情况下，需简化施工程序，更重要的是人们认识到干混砂浆对优化建筑工程品质的重要性。此外，粉状外加剂的发明和混料技术的进步促进了干混砂浆的发展。发展到20世纪80年代，干混砂浆在欧洲已很普遍。欧洲从发明发展到今天，干混砂浆经历了约120年的历程；中国从提出概念到今天的初具生产规模，仅有二十余年的时间。尽管有一个世纪的时间差距，我国的干混砂浆产量尽管已占世界产量的25%左右，但是，相对我国水泥产量是世界产量的60%来说，干混砂浆在我国还是具有相当大的发展空间。

实质上，我国干混砂浆的发展空间是与建筑量密切相关的。中国建筑正方兴未艾，近年来房屋建筑逐年增加。根据住房和城乡建设部计划财务与外事司和中国建筑业协会《2014年建筑业发展统计分析》的数据计算得出，我国房屋建筑量近十年均增11%以上。去年达到42亿平方米，主要是公共建筑、厂房和住宅建设，而住宅占的比例最大，超过三分之二。另外，国家“十三五”规划中，对建筑节能更是提出了更高的目标。国务院办公厅《2015关于加强节能标准化工作的意见》中提到，到2020年，建成指标先进、符合国情的节能标准体系，主要高耗能行业实现能耗限额标准全覆盖，80%以上的能效指标达到国际先进水平，标准国际化水平明显提升。住房和城乡建设部建筑节能与科技司2015年工作要点指出具体节能指标，北方采暖地区普遍执行不低于65%的建筑节能标准，鼓励有条件的地区率先实施75%的标准；南方地区探索实行比现行标准更高节能水平的标准。另外还有大量的旧宅需要修补。住宅新建和修补都需要新构思、新材料、新技术、新标准。其中砂浆是与之相适应的重要的配套材料。包括砌筑砂浆、修补砂浆、防水砂浆、饰面砂浆、地面砂浆、面砖粘结剂、混凝土界面剂、嵌缝砂浆、外墙外保温体系专用砂浆（粘结砂浆、保温砂浆、防护砂浆、饰面砂浆等）等等。从此可以看出，干混砂浆在国内有良好的市场前景毋庸置疑。

3 干混砂浆生产和应用中品质检测的必要性

干混砂浆有集中生产与统一供应等特点，能为采用新技术与新材料，实行严格品质控制，改进施工方法，保证工程品质创造有利条件。干混砂浆在品质、效率、经济和环保等方面的优越性随着研究开发和推广应用已日益显现出来。干混砂浆的“多”“快”“好”“省”四字优势是以“品质”为核心的。即对应于不同应用场合的砂浆品种，要有相应的均一的品质，其不应因生产时间和地点不同而出现过大的波动。而品质均一既要靠合理的生产方式，也要靠适当而均质的原材料。因为砂浆品种繁多，所以所用的原材料也很繁杂。一个生产多品种的砂浆厂可能涉及几十种原材料。因此不仅要对每个产品进行品质检测，而且要对进场原材料品质进行逐一检验，砂浆应用单位也要对干混砂浆品质进行复验。

国际标准ISOW94中将检验定义为：“对实体的一个或多个特性进行的诸如测量、检查、试验或度量，并将结果与规定要求进行比较以确定各项特性合格情况所进行的活动。”可见，检验的实质是确定产品的品质是否符合技术标准规定的要求，因此就要有一个比较的过程，就要通过测量或检测获取数据。因此，品质检验过程事实上是一个测量、比对、判定和处理的过程。此处所指的处理是指对单个或成批受检实物合格放行和拒收的结论。

采用品质合格的产品应是建筑业永恒的主题。为了保证产品品质，建筑材料生产企业、应用企业和管理部门尝试各种各样的方法进行把关。在所有方法中，品质检验是最古老的，也是最基本的手段，是各类品质体系中必不可少的重要因素。

在产品品质形成的全过程中，为了最终实现产品的品质要求，必须对所有影响品质的活动进行适宜而连续的控制，而各种形式的检验活动正是这种控制必不可少的条件。品质检验的目的可能是：

（1）判断产品品质是否合格的依据。干混砂浆生产是一个比较复杂的过程，特别是受原材料品质、称量和混合工艺的影响而可能使产品的品质波动很大，甚至产生不合格产品。只有通过品质的严格检验把关，才能杜绝不合格产品最终用于工程上，即做到不合格的原材料不投产，不合格的产品不出厂，不合格的产品不采用。对干混砂浆所期望最大优势就是产品品质均一，而品质均一是用全球、全国或某地区的标准来衡量的。

（2）预防产品出现不合格的作用。这主要是针对生产所用的原材料来说的。也就是说，原材料的品质检验还起着预防作用，从原材料的品质控制即从源头预防不合格产品的发生。

（3）确定产品品质等级或产品缺陷的严重性程度，为产品品质改进提供依据。

（4）当供需双方因产品品质问题发生纠纷时判定品质责任。

4　干混砂浆的检测方法和标准及其作用

为了确保产品品质检验有效和公平，必须要用同一的检测方法。一般标准中都列出检测方法（试验方法）。在短短的十几年里，国内已先后颁布厂制砂浆行业标准和国家标准（标准名称为《预拌砂浆》）以及三十多部关于干混砂浆单项品种的国家标准或行业标准，有些标准还经过了修订或正在修订中。这些干混砂浆产品标准涉及检测方法四十多个。有的省市颁布了地方标准和应用技术规程。这些均为干混砂浆的生产和应用创造了一定的条件。目前有效的关于砂浆生产涉及的原材料标准也有三十多个，涉及检测方法五十多个。

为何有如此多的标准，主要有两大原因：

一是干混砂浆的品种繁多。干混砂浆的作用不同，其性能要求各不相同。归纳起来，砂浆的作用主要有砌筑、联结、粘结、防护、防潮、防水、填充、保温、透气、防霉、减震、找平、耐磨和有装饰效果。有些砂浆有单一作用，有些砂浆有多重作用。砂浆性能主要包括物理性能、力学性能以及耐久性能等。物理性能主要有流动度、稠度、体积密度、凝结时间、开放时间、吸水量、水蒸气湿流密度等。力学性能则主要有抗压强度、抗折强度、粘结抗拉强度、粘结剪切强度、柔韧性、耐磨性等。耐久性能主要包括耐各种化学介质侵蚀性能（化学介质如二氧化碳，各种酸、盐、碱等）、耐候性和抗水渗性等等。同时，不同的应用场合对力学性能的要求有显著的区别。如对抹灰砂浆来说，地面抹灰砂浆一般比墙面抹灰砂浆应有较高的抗压强度，而硬化地面的抗压强度应更高。即使用于同一建筑物的抹灰砂浆，也因部位、位向不同而具有不同的力学性能；即使同一部位，用于底层、中层和外层的砂浆应具有不同的力学性能。而粘结砂浆一般对抗压强度无要求，但是对粘结强度要求较高。干混砂浆新拌后物理性能不但影响长期性能，而且对施工非常重要，因此须用不同的砂浆来适应，这就造成了干混砂浆品种繁多。此外砂浆还有下列特点：不同的场合尺寸不同，其厚度从几毫米到几厘米，广度从几平方米到几百平方米。砂浆服役期间经历的环境条件也不一样，如温度、湿度和介质多变。因此砂浆性质的测定要用许多不同的方法。

二是我国标准制定和管理在各行业各自为政，会出现同一砂浆品种有两个以上的标准同期有效的现象。这就更增加了检测方法的数量或使检测方法的具体步骤更加多样化，甚至造成一些混乱的后果。

此外，在干混砂浆诸多性能表征中，一般均具有明确而且无争议的表征方法和手段。但对部分性能表征，业界也有不同的看法，存在一定的争议，下面列举三种情况。

例一：柔韧性。柔韧性是干混砂浆一个重要性能指标，尤其对于防水砂浆、填缝材料更是这样。在有关标准中，柔韧性指标通常是用抗压强度与抗折强度的比值（压折比）来表示，一般要求压折比不大于3.0。但用压折比表示砂浆柔韧性大小具有局限性，压折比相同的砂浆不一定具有相同的柔韧性。例如一种砂浆抗压、抗折强度均很大，而另一种砂浆抗压、抗折强度均较小，二者压折比值则可能相等或相近，但实际上二者柔韧性相差很大，前者应该属于脆性材料，而后者则可能为韧性材料。在新版的JC/T 547—2005《陶瓷墙地砖胶粘剂》标准中附录的横向变形的方法是目前国内外干混砂浆中常用的柔性评估手段。柔性较低的普通砂浆（一般聚合物的掺量较低）宜用压折比表征，而柔性较高的特种砂浆（一般聚合物掺量较高），宜用横向变形来表征。

例二：强度和硬度。现场检验硬度可借助石钻测定其在一定的压力下随转数或时间的不同钻入抹灰层的深度。这种测试方法发展于20世纪60年代，可以检验外敷乳液涂料的石灰抹灰的硬化过程，应用效果不错。30年后，用这种钻芯方法在露天实验场测定纯石灰抹灰的硬化过程，并与掺有水硬性外掺物的石灰抹灰的硬化过程进行比较。这种方法对历史建筑物的抹灰处理有意义。在纪念性建筑物维护方面可以通过测得钻芯深度分布确定砌块的薄弱部位的分层和疏松区。从前就有人证实，在抗压强度和钻芯硬度之间有一定的关系。因为在上述抹灰体系中裂缝搭接与底层抹灰和外层抹灰硬度是有一定关系的，因此通过钻芯硬度测量这两种值也有一定的意义。钻芯硬度测定方法的优点在于，在实验室试块上和在现场墙上的抹灰上的测量方式是相同的。此外，钻芯硬度测量不受试件厚度的限制，其厚度可和实际应用尺寸相同，而抗压强度则不然。目前关于墙面抹灰砂浆本身强度的指标只有抗压强度而没有硬度。

例三：检测环境的选择。待检样品的放置温度、湿度和时间都是也应该是按照标准的规定，但是这些规定常常与砂浆应用中所处的环境相去甚远。如标准温度为(20±2)℃，相对湿度为65％±5％，而外墙向阳面上砂浆夏季受到的温度在长江流域往往超过70℃，相对湿度超过90％，下雨时温度又会骤降50℃。在这样的环境条件下，不利于水泥砂浆粘结强度的发展和保持。尽管干混砂浆含有多种添加剂，但是水泥砂浆拉伸粘结强度仍呈大幅度减小的趋势，而持续标准养护条件最有利于水泥砂浆粘结强度的发展。

因此，应该对所有检测方法都能了解，并能做到：根据标准正确选用检测方法；通过对比不同的检测方法，可以选用更加实际有效的方法；通过对比检测方法，可以改进或淘汰不当的检测方法；完善现行标准和制定合理的新标准。这也是编写本书主要目的之一。

上篇　干混砂浆原材料检测方法

一、真密度

1. 适用范围

本方法参照 GB/T 208—2014《水泥密度测定方法》规定的试验方法，适用于胶凝材料（通用硅酸盐水泥、白色硅酸盐水泥、彩色硅酸盐水泥、铝酸盐水泥、硫铝酸盐水泥、建筑生石灰、建筑消石灰、建筑石膏）和矿物掺合料（石灰石粉、粒化高炉矿渣粉、粉煤灰、天然沸石粉、膨润土）的真密度（以下称作密度）的测定。

2. 测试原理

本方法主要是将一定质量的试样倒入装有足够量液体介质的李氏瓶内，液体的体积应可以充分浸润试样颗粒。根据阿基米德定律，试样颗粒的体积等于它所排开的液体体积，从而算出试样单位体积的质量即为密度。试验中，液体介质采用煤油或不与试样发生反应的其他液体。

3. 试验器具和试剂

（1）李氏瓶：李氏瓶由优质玻璃制成，透明无条纹，具有抗化学侵蚀性且热滞后性小，要有足够的厚度以确保良好的耐裂性。李氏瓶横截面形状为圆形，外形尺寸如图 1-1 所示。

瓶颈刻度由 0～1mL 和 18～24mL 两段刻度组成，且 0～1mL 和 18～24mL 以 0.1mL 为分度值，任何标明的容量误差都不大于 0.05mL。

（2）无水煤油：符合 GB 253—2008《煤油》的要求。

（3）恒温水槽：应有足够大的容积，使水温可以稳定控制在（20±1）℃。

（4）天平：量程不小于 100g，分度值不大于 0.01g。

（5）温度计：量程包含 0～50℃，分度值不大于 0.1℃。

4. 试验步骤

（1）将待测试样进行预处理。测水泥时：试样预先通过 0.90mm 方孔筛，在（110±5）℃温度下烘干 1h，并在干燥器内冷却至室温［室温应控制在（20±1℃）］。

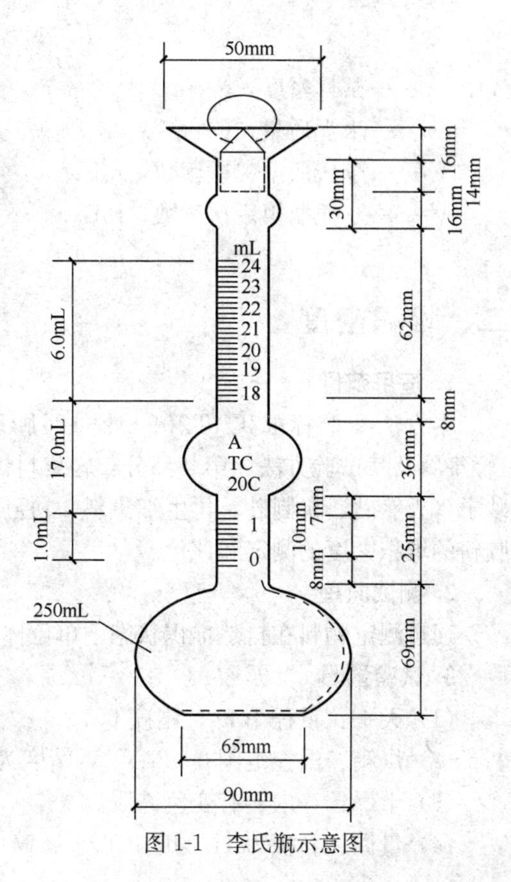

图 1-1　李氏瓶示意图

测建筑生石灰、建筑消石灰、石灰石粉、粒化高炉矿渣粉、粉煤灰、天然沸石粉、膨润土时：试样充分拌匀，置于温度为105～110℃烘干箱内烘至恒量，取出放在干燥器中冷却至室温。

测建筑石膏时：试样充分拌匀，通过2mm试验筛，置于温度为（40±4）℃的烘干箱内烘至恒量，取出放在干燥器中冷却至室温。

（2）称取水泥60g（m），精确至0.01g。在测试其他材料密度时，可按实际情况增减称量材料质量，以便读取刻度值。

（3）将无水煤油注入李氏瓶中至“0mL”到“1mL”之间刻度线后（选用磁力搅拌此时应加入磁力棒），盖上瓶塞放入恒温水槽内，使刻度部分浸入水中［水温应控制在（20±1℃）］，恒温至少30min，记下无水煤油的初始（第一次）读数（V_1）。

（4）从恒温水槽中取出李氏瓶，用滤纸将李氏瓶细长颈内没有煤油的部分仔细擦干净。

（5）用小匙将水泥样品一点点地装入李氏瓶中，反复摇动（亦可用超声波震动或磁力搅拌等），直至没有气泡排出，再次将李氏瓶静置于恒温水槽，使刻度部分浸入水中，恒温至少30 min，记下第二次读数（V_2）。

（6）第一次读数和第二次读数时，恒温水槽的温度差不大于0.2℃。

5. 结果计算及数据处理

试样密度ρ按式（1-1）计算，结果精确至0.01g/cm³，试验结果取两次测定结果的算术平均值，两次测定结果之差不大于0.02 g/cm³。

$$\rho=\frac{m}{V_2-V_1} \tag{1-1}$$

式中 ρ——试样密度，g/cm³；

m——水泥质量，g；

V_2——李氏瓶第二次读数，mL；

V_1——李氏瓶第一次读数，mL。

二、堆积密度

1. 适用范围

本方法参照标准JC/T209—2012《膨胀珍珠岩》附录A和标准GB/T17431.2—2010《轻集料及其试验方法　第2部分：轻集料试验方法》规定的试验方法，适用于干混砂浆用砂子（天然砂、机制砂、再生细集料）、轻质集料（膨胀珍珠岩、玻化微珠）和可再分散乳胶粉的堆积密度的测定和评价。

2. 测试原理

通过测定物料在自然堆积状态下单位体积的质量，来衡量其堆积密度。

3. 试验器具

（1）天平：量程10kg，精度0.1g。

（2）烘箱：温控范围0～200℃，精度为±2℃。

（3）干燥器：内盛有变色硅胶。

（4）量筒：容积为1L的圆柱形金属筒（尺寸为内径108mm、高109mm），要求内壁光洁，并具有足够的刚度。

（5）堆积密度试验装置：如图 2-1 所示。

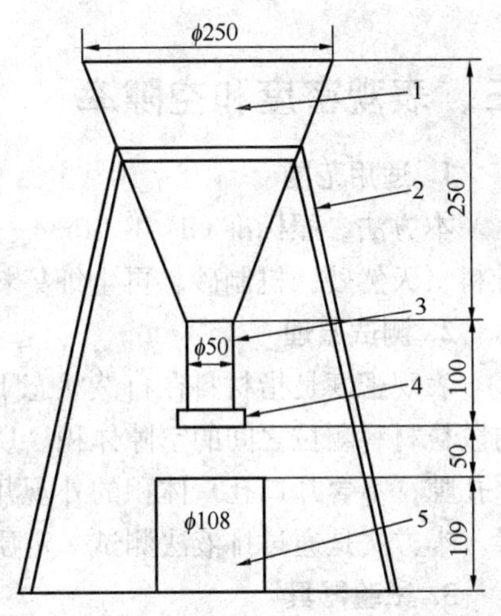

图 2-1　堆积密度试验装置（mm）

1—漏斗；2—支架；3—导管；

4—活动门；5—量筒

4. 试验步骤

（1）试样取样

砂子（天然砂、机制砂、再生细集料）和轻质集料（膨胀珍珠岩、玻化微珠）取样按照如下方法进行：①在料堆上取样时，取样部位应均匀分布；取样前先将取样部位表层铲除，然后从不同部位随机抽取大致等量的砂 8 份，组成一组样品。②从皮带运输机上取样时，应用与皮带等宽的接料器在皮带运输机机头出料处全断面定时随机抽取大致等量的砂 4 份，组成一组样品。③从火车、汽车、货船上取样时，从不同部位和深度随机抽取大致等量的砂 8 份，组成一组样品。

砂子取样数量不少于 5kg，轻集料取样数量不少于 10L。可再分散乳胶粉取样数量不少于 10L。

（2）取约 1.5L 样品，放在电热鼓风干燥箱中，在（105±2）℃下烘干至恒量，移至干燥器中冷却到室温。

（3）称量量筒质量 m_1。

（4）将烘干恒量的试样装入漏斗，启动活动门，将试样自然落下，注入量筒。试验过程中应保持试样呈松散状态，防止任何程度的振动，防止试样触碰到量筒壁部。

（5）刮平量筒试样表面，刮平时刮具应紧贴量筒上表面边缘。

（6）称量量筒及试样质量 m_2。

5. 结果计算及数据处理

（1）堆积密度按式（2-1）计算：

$$\rho_{0'} = \frac{m_2 - m_1}{v} \tag{2-1}$$

式中　$\rho_{0'}$——试样的堆积密度，kg/m^3；

m_1——量筒的质量，g；

m_2——量筒及试样的质量，g；

v——量筒的容积，1L。

（2）堆积密度均匀性按式（2-2）计算：

$$x = \frac{|\Delta\rho_{0'}|_{max}}{\rho_{0'}} \times 100 \tag{2-2}$$

式中　x——试样堆积密度均匀性，%；

$|\Delta\rho_{0'}|_{max}$——堆积密度试验单次值与堆积密度之差绝对值的最大值，kg/m^3；

$\rho_{0'}$——试样的堆积密度，kg/m^3。

砂子、可再分散乳胶粉的堆积密度试验结果取两次试验的算术平均值，保留三位有效数字；轻集料的堆积密度试验结果取五次试验的算术平均值，保留三位有效数字。

堆积密度均匀性保留两位有效数字。

三、表观密度和空隙率

1. 适用范围

本方法参照标准 GB/T 14684—2011《建设用砂》规定的试验方法，适用于干混砂浆用骨料（天然砂、机制砂、再生细集料、钢渣砂）的表观密度和空隙率的测定和评价。

2. 测试原理

表观密度是指材料在自然状态下单位体积的质量。空隙率是指这种状态下单位堆积体积内散粒材料颗粒之间的空隙体积。所谓自然状态下的体积，是指包括材料绝对密实体积和内部孔隙（不含开口孔）体积的外观几何形态的体积。一般测定表观密度时，材料必须绝对干燥。本方法是通过排液法测试一定质量的骨料在自然状态下的体积。

3. 试验器具

（1）天平：量程 1000g，精度为 0.1g。

（2）烘箱：温控范围 0～200℃，精度为±2℃。

（3）干燥器：内装变色硅胶。

（4）容量瓶：容积为 500mL。

（5）搪瓷盘、滴管、毛刷、温度计等。

4. 试验步骤

（1）试样取样：试样取样按照本书二 4(1) 进行，取样数量不少于 2.6kg。

（2）将试样缩分至约 660g，放入电热鼓风干燥箱中，于（105±5)℃下烘干至恒量，待冷却至室温后，分为大致相等的两份备用。

（3）称取试样质量 m_0 为 300g，精确至 0.1g。将样品装入容量瓶，注入冷开水至接近 500mL 的刻度处，用手旋转摇动容量瓶，使试样充分摇动，排除气泡，塞紧瓶盖，静置 24h。然后用滴管小心加水至容量瓶 500mL 刻度处，塞紧瓶塞，擦干瓶外水分，称出其质量 m_1，精确至 0.1g。

（4）倒出瓶内水和试样，洗净容量瓶，再向容量瓶内注水［应与步骤（3）的冷开水温度相差≤2℃，并在 15～25℃范围内］至 500mL 刻度处，塞紧瓶塞，擦干瓶外水分，称出其质量 m_2，精确至 0.1g。

（5）在整个试验过程中，试验室环境温度、试样、容量瓶、水温等应控制在 15～25℃范围内，且温差≤2℃。

5. 结果计算及数据处理

（1）表观密度按式（3-1）计算：

$$\rho_0 = \frac{m_0}{(m_0 + m_2 - m_1) - \alpha_t} \times \rho_w \tag{3-1}$$

式中 ρ_0——表观密度，kg/m³；

ρ_w——水的密度，1000kg/m³；

m_0——烘干试样的质量，g；

m_1——试样、水及容量瓶的总质量，g；

m_2——水及容量瓶的总质量，g；

α_t——水温对表观密度影响的修正系数（表3-1）。

表3-1　不同水温对砂的表观密度影响的修正系数

水温/℃	15	16	17	18	19	20	21	22	23	24	25
α_t	0.002	0.003	0.003	0.004	0.004	0.005	0.005	0.006	0.006	0.007	0.008

（2）空隙率按式（3-2）计算：

$$V_0 = \frac{1-\rho_{0'}}{\rho_0} \times 100 \tag{3-2}$$

式中　V_0——空隙率，%；

$\rho_{0'}$——按本书十二测得的堆积密度，kg/m^3；

ρ_0——表观密度，kg/m^3。

表观密度取两次试验结果的算术平均值，精确至$10kg/m^3$；如果两次试验结果之差大于$20kg/m^3$，则应重新试验。空隙率取两次试验结果的算术平均值，精确至1%。

四、细度和颗粒级配

（一）筛析法

1. 适用范围

本方法参照GB/T 1345—2005《水泥细度检验方法　筛析法》、JC/T 478.1—2013《建筑石灰试验方法　第1部分：物理试验方法》、GB/T 17669.5—1999《建筑石膏　粉料物理性能的测定》、GB/T 14684—2011《建设用砂》和GB/T 8077—2012《混凝土外加剂匀质性试验方法》等标准规定的试验方法汇成，适用于胶凝材料（通用硅酸盐水泥、白色硅酸盐水泥、彩色硅酸盐水泥、铝酸盐水泥、建筑生石灰、建筑消石灰、建筑石膏）、矿物掺合料（石灰石粉、粉煤灰、天然沸石粉、膨润土）、骨料（天然砂、机制砂、再生细骨料、钢渣砂、膨胀珍珠岩）和化学添加剂（可再分散乳胶粉、纤维素醚、淀粉醚、防水剂、增塑剂、防冻剂、膨胀剂、速凝剂、减水剂）等筛余量的质量百分数的测定和细度的评价。砂浆产品的细度检测也可参照本方法。

2. 测试原理

本方法是采用试验筛对试样进行筛析试验，用筛上筛余物的质量百分数来评定试样的细度。

为保持筛孔的标准度，在用试验筛应用已知筛余的标准样品来标定。

（1）负压筛析法

用负压筛析仪，通过负压源产生的恒定气流，在规定筛析时间内使试验筛内的试样达到筛分。

（2）水筛法

将试验筛放在水筛座上，用规定压力的水流，在规定时间内使试验筛内的试样达到筛分。

（3）手工筛析法

将试验筛放在接料盘（底盘）上，用手工按照规定的拍打速度和转动角度，对试样进行筛析试验。

（4）套筛法

将试验用按照孔径大小从上到下组合的套筛（附筛底）放在摇筛机上，对试样进行筛析试验。

3. 试验器具

（1）试验筛

① 试验筛由圆形筛框和筛网组成，筛网符合 GB/T 6005 的要求，分负压筛、水筛、手工筛和套筛四种，负压筛和水筛的结构尺寸如图 4-1 和图 4-2 所示，负压筛应附有透明筛盖，筛盖与筛上口应有良好的密封性。手工筛结构符合 GB/T 6003.1《试验筛　技术要求和检验　第 1 部分　金属丝编织网试验筛》，其中筛框高度为 50mm，筛子的直径为 150mm，膨润土用试验筛直径为 200mm。

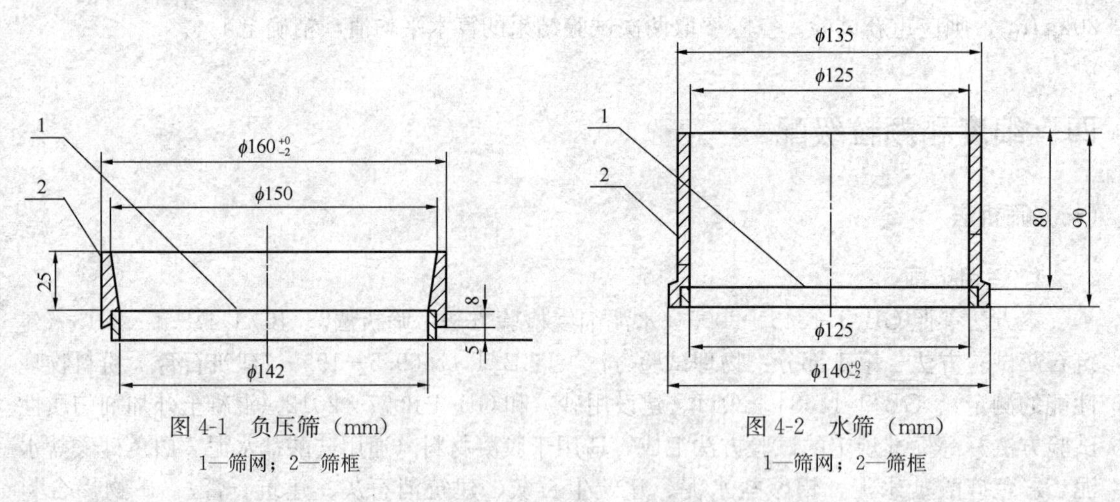

图 4-1　负压筛（mm）
1—筛网；2—筛框

图 4-2　水筛（mm）
1—筛网；2—筛框

② 筛网应紧绷在筛框上，筛网和筛框接触处，应用防水胶密封，防止试样嵌入。

③ 试验筛（方孔筛）的尺寸为：45μm（水泥）、75μm（膨润土）、80μm（水泥、天然沸石粉、速凝剂）、90μm（建筑生石灰和建筑消石灰）、0.15mm（可再分散乳胶粉）、0.18mm（淀粉醚）、0.15mm 和 4.75mm（膨胀珍珠岩）、0.2mm（建筑生石灰和建筑消石灰、建筑石膏）、0.2mm 和 1.0mm（抹灰石膏）、0.63mm（水泥基渗透结晶型防水涂料）、0.212mm（纤维素醚）、0.300mm（防冻剂）、0.315mm（防水剂、增塑剂、减水剂）、1.18mm（膨胀剂）。骨料筛分用套筛规格为 150μm、300μm、600μm、1.18mm、2.36mm 和 4.75mm。套筛在筛顶用筛盖封闭，在筛底用接收盘封闭。手工筛附有筛盖。

④ 筛孔尺寸的检验方法按 GB/T 6003.1 进行。由于物料会对筛网产生磨损，试验筛每使用 100 次后需重新标定，标定方法按 3（1）⑤进行。测定石灰石粉时，筛析 150 个样品后应进行筛网的校正。

⑤ 试验筛的标定方法

用标准样品在试验筛上的测定值，与标准样品的标准值的比值来反映试验筛筛孔的准确度。

细度标准样品：中国水泥质量监督检验中心制备的标准试样（符合 GSB 14—1511），或相同等级的标准样品。有争议时以 GSB 14—1511 标准样品为准。石灰石粉和粉煤灰细度标准样品或其他同等级标准样品。

被标定试验筛应事先经过清洗，去污，干燥（水筛除外）并和标定试验室温度一致。

将标准样装入干燥洁净的密闭广口瓶中，盖上盖子摇动 2min，消除结块。静置 2min 后，用一根干燥洁净的搅拌棒搅匀样品。称量标准样品精确至 0.01g，将标准样品倒进被标定试验筛，中途不得有任何损失。接着按 4（2）或 4（3）或 4（4）进行筛析试验操作。每个试验筛的标定应称取两个标准样品连续进行，中间不得插做其他样品试验。

两个样品结果的算术平均值为最终值，但当两个样品筛余结果相差大于 0.3%时，应称第三个样品进行试验，并取接近的两个结果进行平均作为最终结果。

修正系数按式（4-1）计算：

$$C=\frac{F_s}{F_t} \tag{4-1}$$

式中　C——试验筛修正系数；

F_s——标准样品的筛余标准值，%；

F_t——标准样品在试验筛上的筛余值，%。

计算至 0.01（测石灰石粉和粉煤灰时计算至 0.001）。

当 C 值在 0.80～1.20 范围内时，试验筛可继续使用，C 可作为结果修正系数。

当 C 值超出 0.80～1.20 范围时，试验筛应予淘汰。

（2）负压筛析仪

负压筛析仪由筛座、负压筛、负压源及收尘器组成，其中筛座由转速为（30±2）r/min 的喷气嘴、负压表、控制板、微电机及壳体构成，如图 4-3 所示。

筛析仪负压可调范围为 4000～6000Pa。

喷气嘴上口平面与筛网之间距离为 2～8mm。

喷气嘴的上开口尺寸如图 4-4 所示。

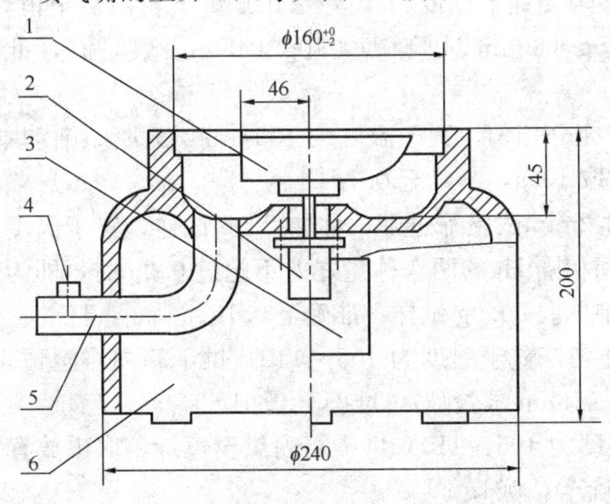

图 4-3　负压筛析仪筛座示意图（mm）

1—喷气嘴；2—微电机；3—控制板开口；4—负压表接口；5—负压源及收尘器接口；6—壳体

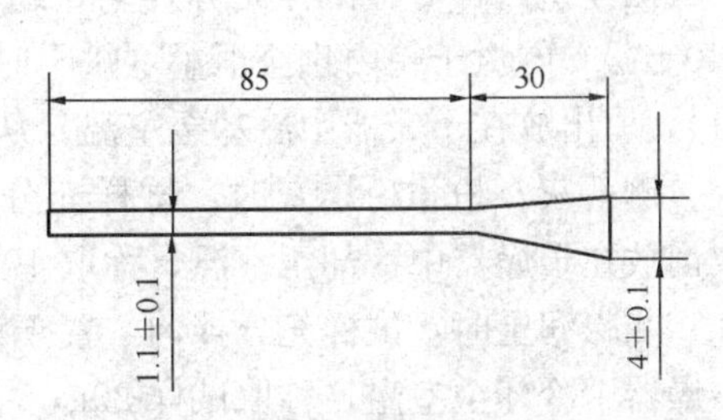

图 4-4　喷气嘴上开口（mm）

负压源和收尘器，由功率≥600W 的工业吸尘器和小型旋风收尘筒组成或用其他具有相当功能的设备。

（3）水筛架和喷头

水筛架和喷头由塑料或不锈蚀金属制成。

水筛架上筛座内径为 140^{+0}_{-3}mm。

筛座用于支撑筛子，放上水筛工作时应能带动筛子转动，运转平稳，灵活方便，转速为50r/min。

水筛喷头应呈弧面状，弧面圆周直径为 $\phi(55\pm1)$mm，喷头面上均匀分布 90 个孔，孔径 0.5～0.7mm。

水筛喷头安装高度：喷头底面和筛网之间距离为 35～75mm。

（4）天平或电子秤

测水泥、石灰石粉、粉煤灰、天然沸石粉和膨胀珍珠岩时：分度值 0.01g；

测建筑生石灰和建筑消石灰、建筑石膏时：分度值 0.1g；

测砂时：分度值 1g。

测可再分散乳胶粉、纤维素醚、淀粉醚和膨润土时：分度值 0.001g。

（5）羊毛刷

测建筑生石灰和建筑消石灰时：4 号；

测膨润土时：毛长 3cm，刷宽约 5cm。

（6）干燥器

应具备保持试样干燥的效能。

4. 试验步骤

（1）试验准备

试验前所用试验筛应保持清洁，负压筛和手工筛应保持干燥。试验时，称取试样量如下：

测水泥、天然沸石粉时：试样充分拌匀，置于温度为 105～110℃烘干箱内烘至恒量，取出放在干燥器中冷却至室温，称取 25g（80μm 试验筛），10g（45μm 试验筛），准确至 0.01g。

测建筑生石灰和建筑消石灰时：试样充分拌匀，置于温度为 105～110℃烘干箱内烘至恒量，取出放在干燥器中冷却至室温，称取 100g，准确至 0.1g。

测建筑石膏时：试样充分拌匀，通过 2mm 试验筛过筛，称取 200g 试样，置于温度为 (40±4)℃的烘干箱内烘至恒量（烘干时间相隔 1h 的两次称量之差不超过 0.2g 时，即为恒量），取出放在干燥器中冷却至室温，从中称取 50.0g 试样，准确至 0.1g。

测石灰石粉和粉煤灰时：试样充分拌匀，置于温度为 105～110℃烘干箱内烘至恒量，取出放在干燥器中冷却至室温，称取 10g（45μm 试验筛），准确至 0.01g。

测膨润土时：试样充分拌匀，置于温度为 105～110℃烘干箱内烘至恒量，取出放置在干燥器中冷却至室温，称取试样 20g，精确至 0.001g。

测砂时，最小取样 4.4kg，筛除大于 4.75mm 的颗粒，将试样缩分至约 1100g，放在干燥箱中于（105±5)℃下烘干至恒量，待冷却至室温后，分为大致相等的两份备用。

测膨胀珍珠岩时，取样量约 2L。筛除、烘干和冷却等过程与测砂时相同。

测可再分散乳胶粉、纤维素醚和淀粉醚时：试样充分拌匀，置于温度为 100～150℃

（特殊品种除外）烘干箱内烘至恒量，取出放在干燥器中冷却至室温，称取10g，准确至0.001g。

（2）负压筛析法

本方法适用于水泥、石灰石粉和粉煤灰的细度测定。

1）筛析试验前应把负压筛放在筛座上，盖上筛盖，接通电源，检查控制系统，调节负压至4000～6000Pa范围内。若负压小于4000Pa，则应停机，清理收尘器中的积灰后再进行筛析。

2）将试样置于洁净的负压筛中，放在筛座上，盖上筛盖，接通电源，开动筛析仪连续筛析2min（水泥）或3min（石灰石粉和粉煤灰），在此期间如有试样附着在筛盖上，可用轻质木棒或硬橡胶棒轻轻地敲击筛盖使试样落下。水泥筛毕，用天平称量全部筛余物，准确至0.01g。石灰石粉和粉煤灰筛析3min后自动停止，停机后观察筛余物，如出现颗粒成球、粘筛或有细颗粒沉积在筛框边缘，用毛刷将细颗粒轻轻刷开，将定时开关固定在手动位置，再筛析1～3min直至筛分彻底为止。筛毕，用天平称量全部筛余物，准确至0.01g。

（3）水筛法

本方法适用于水泥和天然沸石粉的细度测定。

① 筛析试验前，应检查水中无泥、砂，调整好水压及水筛架的位置，使其能正常运转，并控制喷头底面和筛网之间距离为35～75mm。

② 将试样置于洁净的水筛中，立即用淡水冲洗至大部分细粉通过后，放在水筛架上，用水压为（0.05±0.02）MPa的喷头连续冲洗3min，筛毕，用少量水把筛余物冲至蒸发皿中，等颗粒全部沉淀后，小心倒出清水，烘干并用天平称量全部筛余物。

（4）手工筛析法

本方法适用于水泥、建筑生石灰和建筑消石灰、建筑石膏、膨润土、可再分散乳胶粉、化学添加剂（纤维素醚、淀粉醚、防水剂、增塑剂、防冻剂、膨胀剂、速凝剂、减水剂）的细度测定。

在试验筛下部安装上接收盘，将试样倒入其中，盖上筛盖。

用一只手持筛略微倾斜地往复摇动，另一只手轻轻拍打，往复摇动和拍打过程应保持近于水平，保持样品在整个筛子表面连续运动。拍打速度每分钟约120次（建筑石膏为每分钟125次），每撞击一次都应将筛子摆动一下，以便使试样始终均匀地撒开。每40次向同一方向转动60°（建筑石膏为每25次后，把试验筛旋转90°），并对着筛帮重重拍几下，使试样均匀分布在筛网上，继续进行筛分。

① 测水泥时：直至每分钟通过的试样量不超过0.03 g为止。称量全部筛余物，称准至0.01g。

② 测建筑生石灰和建筑消石灰时：用羊毛刷在筛面上轻刷，连续筛选直到每分钟通过的试样量不超过0.1g为止。称量套装筛子每层筛子的筛余物，精确至0.1g。

③ 测建筑石膏时：直至每分钟通过质量不超过0.1g为止。称量0.2mm试验筛的筛上物，作为筛余量。称量筛余物，称准至0.1g。

④ 测膨润土时：用羊毛刷轻刷试料，使粉末通过筛孔收集在底盘，直至达到筛分终点。筛分终点的判定是在筛子下垫一张黑纸，轻刷试料，刷筛至没有在黑纸上留下痕迹，即为筛分终点。称量筛余物，精确至0.001g。

⑤ 测可再分散乳胶粉和其他化学添加剂时：直至每分钟通过质量不超过 0.005g 为止。称量筛余物，称准至 0.001g。

（5）套筛法

本方法适用于骨料的筛余和颗粒级配测定。

测砂时，称量试样 500g，精确至 1g。测膨胀珍珠岩时，称量约 1L 的试样，精确至 0.01g。将试样倒入按照孔径大小从上到下组合的套筛（附筛底）上，然后进行筛分。

将套筛置于摇筛机上，摇动 10min；取下套筛，按筛孔大小顺序再逐个用手筛，筛至每分钟通过量小于试样总量 0.1%为止。通过的试样并入下一号筛中，并和下一号筛中的试样一起过筛，直至各号筛全部筛完为止。

称出各号筛的筛余量，测砂时精确至 1g，测膨胀珍珠岩时精确至 0.01g。

（6）试验筛的清洗

试验筛必须经常保持洁净，筛孔通畅，使用 10 次后要进行清洗。金属框筛、铜丝网筛清洗时应用专门的清洗剂，不可用弱酸浸泡。

5. 结果计算及数据处理

（1）结果计算

① 试样（建筑生石灰和建筑消石灰除外）筛余按式（4-2）计算：

$$F = \frac{R_t}{W} \times 100 \tag{4-2}$$

式中 F——试样的筛余，%；

R_t——筛余物质量，g；

W——试样质量，g。

② 测建筑生石灰和建筑消石灰时筛余按式（4-3）、式（4-4）计算：

$$X_1 = \frac{M_1}{M} \times 100 \tag{4-3}$$

$$X_2 = \frac{M_1 + M_2}{M} \times 100 \tag{4-4}$$

式中 X_1——0.2mm 方孔筛筛余，%；

X_2——90μm 方孔筛、0.2mm 方孔筛，两筛上的总筛余，%；

M_1——0.2 mm 方孔筛筛余物质量，g；

M_2——90μm 方孔筛筛余物质量，g；

M——试样质量，g。

计算结果精确至 0.1%。

③ 测骨料时，各号筛的筛余量与试样总量之比，即为分计筛余百分率，精确至 0.1%。

某号筛的分计筛余百分率加上此号筛以上各分计筛筛余百分率之和，即为累计筛余百分率，精确至 0.1%，取两次试验结果的算术平均值。

（2）数据处理（筛余结果的修正）

试验筛的筛网会在试验中磨损，因此筛析结果应进行修正。修正的方法是 5（1）的结果乘以该试验筛按 3（1）⑤标定后得到的有效修正系数，即为最终结果。

用 A 号试验筛对某水泥样的筛余值为 5.0%，而 A 号试验筛的修正系数为 1.10，则该水泥样的最终结果为：5.0%×1.10=5.5%。

合格评定时，每个样品应称取两个试样分别筛析，取筛余平均值为筛析结果。若两次筛余结果绝对误差大于0.5%时（筛余值大于5.0%时可放至1.0%）应再做一次试验，取两次相近结果的算术平均值，作为最终结果。

建筑石膏需进行重复试验，至两次测定值之差不大于1%，取二者的平均值为试验的结果。

膨润土取平行测定结果的算术平均值为测定结果，两次平行测定的相对偏差不大于2%。

(3) 负压筛析法、水筛法和手工筛析法测定的结果发生争议时，以负压筛析法为准。

(二) 比表面积法

1. 适用范围

本方法参照GB/T 8074—2008《水泥比表面积测定方法　勃式法》规定的试验方法，适用于测定通用硅酸盐水泥、铝酸盐水泥、硫铝酸盐水泥、石灰石粉、粒化高炉矿渣粉以及适合采用本方法的、比表面积在2000～6000cm^2/g范围的其他各种粉状物料比表面积的测定和细度的评价，不适用于测定多孔材料及超细粉状物料。

2. 测试原理

本方法主要是根据一定量的空气通过具有一定空隙率和固定厚度的试样层时，所受阻力不同而引起流速的变化来测定试样的比表面积。在一定空隙率的试样层中，空隙的大小和数量是颗粒尺寸的函数，同时也决定了通过料层的气流速度。

3. 试验器具和条件

(1) 透气仪

① 透气仪结构

本方法采用的勃氏比表面积透气仪（图4-5），分手动和自动两种。它由透气圆筒、压力计、抽气装置等三部分组成。透气圆筒内径为(12.7±0.05)mm，由不锈钢制成。圆筒内表面的粗糙度为*R*a1.6，圆筒的上口边应与圆筒主轴垂直，圆筒下部锥度应与压力计上玻璃磨口锥度一致，二者应严密连接。在圆筒内壁，距离圆筒上口边(55±10)mm处有一凸出的宽度为0.5～1mm的边缘，以放置金属穿孔板。

穿孔板由不锈钢或其他不受腐蚀的金属材料制成。穿孔板厚度为(0.9±0.1)mm，在其面上等距离地打有35个直径1mm的小孔，穿孔板应与圆筒内壁密合。穿孔板两个平面应平行。

捣器用不锈钢制成。插入圆筒时，其间隙不大于0.1mm。捣器的底面应与主轴垂直，侧面有一个扁平槽，宽度(3.0±0.3)mm。捣器的顶部有一个支持环，当捣器放入圆筒时，支持环与圆筒上口边接触，这时，捣器底面与穿孔圆板之间的距离为(15.0±0.5)mm。

压力计为U形压力计，是由外径为9mm、具有标准厚度的玻璃管制成。压力计一个臂的顶端有一锥形磨口与透气圆筒紧密连接，在连接透气圆筒的压力计臂上刻有环形线。从压力计底部再往上280～300mm处有一个出口管，管上装有一个阀门，连接抽气装置。

抽气装置用小型电磁泵，电磁泵工作电压为220V，周波为50Hz，功率<45W。也可用抽气球。

② 透气仪校准

a. 透气仪的校准采用中国水泥质量监督检验中心制备的标准试样（符合 GSB 14—1511）或相同等级的标准物质。有争议时以 GSB 14—1511 为准。

b. 漏气检查，其方法是将透气圆筒上口用橡皮塞塞紧，接到压力计上，用抽气装置从压力计一臂中抽出部分气体，然后关闭阀门，观察是否漏气。如发现漏气，用活塞油脂加以密封。

c. 试料层体积的测定，用水银排代法进行校准。其方法是将两片滤纸沿圆筒壁放入透气圆筒内，用一细长棒按下，直到滤纸平放在金属的穿孔板上。然后装满水银，用一小块薄玻璃板轻压水银表面，使水银面与圆筒口齐平，并须保证在玻璃板和水银表面之间无气泡或空洞存在。倒出水银称量，精确至 0.05g，重复测定几次，到数值基本不变为止。然后取出一片滤纸，在圆筒中装入适量的试样，再把取出的滤纸盖在上面，用捣棒压实试样层，压到规定厚度即支持环与圆筒边接触，再把水银装满圆筒压平，倒出水银称量，重复几次测定，直到水银称量差值小于 50mg 为止。圆筒内试样层体积 V（cm^3）按式（4-5）计算（精确至 0.005cm^3）：

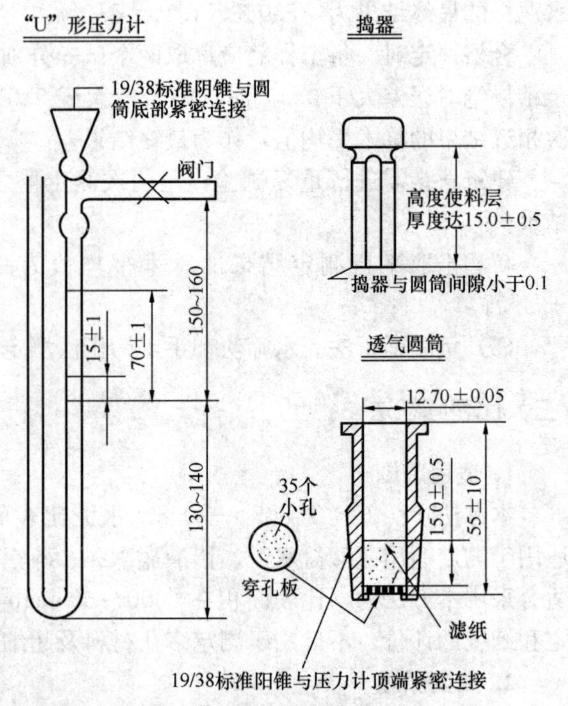

图 4-5　勃氏比表面积透气仪结构示意图（mm）

$$V=\frac{P_1-P_2}{\rho_{水银}} \tag{4-5}$$

式中　P_1——未装满试样时充满圆筒的水银重量，g；

P_2——装试样后充满圆筒的水银重量，g；

$\rho_{水银}$——试验温度下水银的密度，g/cm^3。

试料层体积的测定，至少应进行两次。每次应单独压实，取两次数值相差不超过 0.005cm^3的平均值，并记录测定过程中圆筒附近的温度。每隔一季度至半年应重新校正试料层体积，以免由于圆筒磨损而造成的试验误差。

在无水银的情况下，可以用卡尺量取圆筒内径 D 及其高度 H，圆筒内试样层体积 V（cm^3）按式（4-6）计算（精确至 0.005cm^3）：

$$V=\frac{\pi}{4}D^2(H-h_1-h_2) \tag{4-6}$$

式中　h_1——穿孔板厚度，cm；

h_2——两张滤纸的厚度，cm。

d. 校准周期，至少每年进行一次。仪器设备使用频繁则应半年进行一次；仪器设备维修后也要重新标定。

（2）烘干箱

控制温度灵敏度±1℃。

(3) 分析天平

分度值为0.001g。

(4) 秒表

精确至0.5s。

(5) 压力计液体

采用带有颜色的蒸馏水或直接采用无色蒸馏水。

(6) 滤纸

中速定量滤纸。

(7) 汞

分析纯汞。

(8) 试验室条件

相对湿度不大于50%。

4. 试验步骤

(1) 被测试样

按本书一4 (1) 制备试样。

(2) 测定试样密度

按本书一的方法测定试样密度。

(3) 漏气检查

将透气圆筒上口用橡皮塞塞紧，接到压力计上。用抽气装置从压力计一臂中抽出部分气体，然后关闭阀门，观察是否漏气。如发现漏气，可用活塞油脂加以密封。

(4) 空隙率 (ε) 的确定

P·Ⅰ、P·Ⅱ型水泥的空隙率采用0.500±0.005，其他水泥或粉料的空隙率选用0.530±0.005。

当按上述空隙率不能将试样压至4 (6) 条规定的位置时，则允许改变空隙率。

空隙率的调整以2000g砝码 (5等砝码) 将试样压实至4 (6) 规定的位置为准。

(5) 确定试样量

试样量按式 (4-7) 计算：

$$m = \rho V(1-\varepsilon) \tag{4-7}$$

式中　m——需要的试样量，g；

ρ——试样密度，g/cm³；

V——试料层体积，按JC/T 956测定，cm³；

ε——试料层空隙率。

(6) 试料层制备

将穿孔板放入透气圆筒的凸缘上，用捣棒把一片滤纸放到穿孔板上，边缘放平并压紧。称取按4 (5) 确定的试样量，精确到0.001g，倒入圆筒。轻敲圆筒的边，使水泥层表面平坦。再放入一片滤纸，用捣器均匀捣实试料直至捣器的支持环与圆筒顶边接触，并旋转1～2圈，慢慢取出捣器。

穿孔板上的滤纸为ϕ12.7mm边缘光滑的圆形滤纸片。每次测定需用新的滤纸片。

（7）透气试验

把装有试料层的透气圆筒下锥面涂一薄层活塞油脂，然后把它插入压力计顶端锥形磨口处，旋转 1～2 圈。要保证紧密连接不致漏气，并不振动所制备的试料层。

打开微型电磁泵慢慢从压力计一臂中抽出空气，直到压力计内液面上升到扩大部下端时关闭阀门。当压力计内液体的凹月面下降到第一条刻线时开始计时，当液体的凹月面下降到第二条刻线时停止计时，记录液面从第一条刻度线到第二条刻度线所需的时间。以秒记录，并记录下试验时的温度（℃）。每次透气试验，应重新制备试料层。

5. 结果计算及结果评定

（1）当被测试样的密度、试料层中空隙率与标准样品相同，试验时的温度与校准温度之差≤3℃时，可按式（4-8）计算。

$$S=\frac{S_s\sqrt{T}}{\sqrt{T_s}} \tag{4-8}$$

如试验时的温度与校准温度之差＞3℃时，则按式（4-9）计算：

$$S=\frac{S_s\sqrt{\eta_s}\sqrt{T}}{\sqrt{\eta}\sqrt{T_s}} \tag{4-9}$$

式中　S——被测试样的比表面积，cm^2/g；

S_s——标准样品的比表面积，cm^2/g；

T——被测试样试验时，压力计中液面降落测得的时间，s；

T_s——标准样品试验时，压力计中液面降落测得的时间，s；

η——被测试样试验温度下的空气黏度，$\mu Pa \cdot s$；

η_s——标准样品试验温度下的空气黏度，$\mu Pa \cdot s$。

（2）当被测试样的试料层中空隙率与标准样品试料层中空隙率不同，试验时的温度与校准温度之差≤3℃时，可按式（4-10）计算。

$$S=\frac{S_s\sqrt{T}(1-\varepsilon_s)\sqrt{\varepsilon^3}}{\sqrt{T_s}(1-\varepsilon)\sqrt{\varepsilon_s^3}} \tag{4-10}$$

如试验时的温度与校准温度之差＞3℃时，则按式（4-11）计算：

$$S=\frac{S_s\sqrt{\eta_s}\sqrt{T}(1-\varepsilon_s)\sqrt{\varepsilon^3}}{\sqrt{\eta}\sqrt{T_s}(1-\varepsilon)\sqrt{\varepsilon_s^3}} \tag{4-11}$$

式中　ε——被测试样试料层中的空隙率；

ε_s——标准样品试料层中的空隙率。

（3）当被测试样的密度和空隙率均与标准样品不同，试验时的温度与校准温度之差≤3℃时，可按式（4-12）计算。

$$S=\frac{S_s\rho_s\sqrt{T}(1-\varepsilon_s)\sqrt{\varepsilon^3}}{\rho\sqrt{T_s}(1-\varepsilon)\sqrt{\varepsilon_s^3}} \tag{4-12}$$

如试验时的温度与校准温度之差＞3℃时，则按式（4-13）计算：

$$S=\frac{S_s\rho_s\sqrt{\eta_s}\sqrt{T}(1-\varepsilon_s)\sqrt{\varepsilon^3}}{\rho\sqrt{\eta}\sqrt{T_s}(1-\varepsilon)\sqrt{\varepsilon_s^3}} \tag{4-13}$$

式中　ρ——被测试样的密度，g/cm³；

ρ_s——标准样品的密度，g/cm³。

试样比表面积应由两次透气试验结果的平均值确定。如两次试验结果相差2%以上时，应重新试验。计算结果保留至10cm²/g。

当同一试样用手动勃氏透气仪测定的结果与自动勃氏透气仪测定的结果有争议时，以手动勃氏透气仪测定结果为准。

五、pH值

1. 适用范围

本方法参照标准GB/T 8077—2012《混凝土外加剂匀质性试验方法》、JC/T 2189—2013《建筑干混砂浆用可再分散乳胶粉》附录A和JC/T 2190—2013《建筑干混砂浆用纤维素醚》附录B规定的pH值试验方法，适用于聚羧酸高性能减水剂、可再分散乳胶粉和纤维素醚的pH值的测定和评价。

2. 测试原理

酸度计测试pH值的原理是，当一个氢离子可逆的指示电极和一个参比电极同时浸入在某一溶液中组成原电池，在一定的温度下产生一个电动势，这个电动势与溶液的氢离子活度有关，而与其他离子的存在关系很小。因此，待测溶液的pH值就可以由其电动势来计算得到。

3. 试验器具和试剂

（1）酸度计：测量精度为0.1pH单位，有玻璃电极和甘汞电极并带有温度补偿功能。

（2）恒温水浴：温度控制在（25±1）℃。

（3）天平：精确至0.0001g。

（4）烧杯：250mL的烧杯。

（5）玻璃棒。

（6）磁力搅拌器。

（7）试剂：新煮沸的无二氧化碳的蒸馏水，pH值分别为4.01、6.86和9.18（25℃）的标准缓冲溶液。

4. 试验步骤

（1）水分散体的制备

① 可再分散乳胶粉的水分散体：取三个试样，每个试样取20g，精确到0.01g；用玻璃棒搅拌，使其完全溶于约80mL的蒸馏水中，形成水分散体。

② 纤维素醚的水分散体：取三个试样，每个试样取1.0g，精确到0.0001g；置于250mL的烧杯中，向其中加90℃左右的蒸馏水（羟乙基纤维素HEC可以使用常温水）约99g，用玻璃棒充分搅拌使其溶胀，然后将烧杯冷却到25℃左右，冷却过程中不断搅拌溶液直至产生黏度（HEC宜放置在磁力搅拌器上充分搅拌溶解。）补充蒸馏水，将试样溶液调到试样的质量分数为1%，形成水分散体。

③ 聚羧酸高性能减水剂的水分散体：取三个试样，每个试样取20g，精确到0.01g；用玻璃棒搅拌，使其完全溶于约80mL的蒸馏水中，形成水分散体。

(2) 根据酸度计的说明书，浸泡玻璃电极并用标准缓冲溶液对仪器进行校准。

(3) 用量筒取约 50mL 水分散体倾入烧杯中，作为待测试样。

(4) 将装有试样的烧杯放入 (25±1)℃的恒温水浴中，当待测试样温度和恒温水浴的温度达到平衡后，将用蒸馏水冲洗过并用柔韧的吸水纸擦干的电极插入烧杯，搅拌稳定后进行测定，连续三次测定结果不变时，为 pH 值测定值，其值取到小数点后第一位。

(5) 按同样的步骤对其余两个样品的 pH 值进行测定，如果三个样品的 pH 值的差值大于 0.3，则应重新取三个试样再次测定，直到 pH 值的差值不大于 0.3 为止。

(6) 测试完毕后，必须立即用蒸馏水仔细将电极清理干净，然后放置于电极补充液中保存（注意：电极不能长时间浸泡在蒸馏水中。）。

5. 数据处理

取三个试样的 pH 值的算术平均值作为样品的 pH 值，结果精确到 0.1。

六、碱度

1. 适用范围

本方法参照 GB 20472—2006《硫铝酸盐水泥》规定的试验方法，适用于低碱度硫铝酸盐水泥的碱度的测定。

2. 测试原理

通过在常温和大水灰比条件下，对水泥基本全水化时的液相碱度进行测定，来表征低碱度硫铝酸盐水泥水化时的平衡碱度。

3. 试验仪器

(1) 酸度计

精度±0.05pH。

(2) 天平

最大称量 100g，精度 0.1g。

(3) 磁力搅拌器

带有塑料壳的搅拌子，具有调速和加热功能。

4. 试验步骤

试验前样品应密封保存，不应受潮和风化。

使用前先按规定用标准缓冲溶液对酸度计进行校准。

每个样品需平行进行三个试样的 pH 值测定，每个试样需称取水泥 10g，精确至 0.1g，置于 200～300mL 塑料瓶内，加入 (20±2)℃蒸馏水 100mL 并放入一个搅拌子，旋紧盖子以防止碳化，并立即置于 (20±2)℃条件下的磁力搅拌器上搅拌 1h，立即用干的滤纸过滤。

将滤液置于 50mL 干燥的烧杯中，立即在校准好的酸度计上测定 pH 值。将电极插入溶液搅拌后，在 10s 内读取 pH 值。

5. 数据处理

以三个平行试样的 pH 值算术平均值为检测结果，当其中一个值与平均值之差大于 0.1 时，应将该值取消，并将余下两个值平均为检测结果；如两个值中仍有超过 0.1 的，应重新按照上述规定进行测定。计算至小数点后一位。

七、碱含量

碱含量是指原材料中的碱性物质的含量，通常用（Na_2O+0.658K_2O）的计算值来表示。在标准 GB/T 176—2008《水泥化学分析方法》中规定了火焰光度法（基准法）、原子吸收光谱法（代用法）以及 X 射线荧光分析方法，在标准 GB/T 8077—2012《混凝土外加剂匀质性试验方法》中规定了外加剂的碱含量可采用火焰光度法（基准法）或原子吸收光谱法（代用法），在标准 GB/T 205—2008《铝酸盐水泥化学分析方法》中规定了铝酸盐水泥的碱含量可采用火焰光度法（基准法），在标准 GB/T 30190—2013《石灰石粉混凝土》中规定了石灰石粉的碱含量可采用火焰光度法（基准法）或原子吸收光谱法（代用法）。在标准 GB/T 1596—2005《用于水泥和混凝土中的粉煤灰》中规定了粉煤灰的碱含量可采用火焰光度法（基准法）或原子吸收光谱法（代用法）。本书仅收入常用的火焰光度法（基准法）和原子吸收光谱法（代用法）。

（一）火焰光度法

1. 适用范围

本方法参照标准 GB/T 176—2008《水泥化学分析方法》规定的试验方法，适用于普通硅酸盐水泥、铝酸盐水泥、石灰石粉以及干混砂浆用聚羧酸高性能减水剂、防水剂、防冻剂、膨胀剂和速凝剂等化学外加剂中碱含量的测定和评价。

2. 测试原理

试样经氢氟酸-流失蒸发处理除去硅，用热水浸取残渣，以氨水和碳酸铵分离铁、铝、钙、镁，滤液中的钾、钠利用火焰光度计测试，测试结果与标准工作曲线相比对，得到钾、钠含量，并通过（Na_2O+0.658K_2O）计算得到碱含量。

3. 试验器具和试剂

（1）天平：精确至 0.0001g。

（2）铂坩埚：带盖，容量 20～30mL。

（3）铂皿：容量 150～200mL。

（4）干燥器：内装变色硅胶。

（5）干燥箱：可控温度范围 0～250℃，温控精度±5℃。

（6）火焰光度计：可稳定地测定钾在波长 768nm 处和钠在波长 589nm 处的谱线强度。

（7）塑料瓶。

（8）滤纸：快速定量滤纸。

（9）玻璃容器器皿：玻璃棒、滴定管、容量瓶、移液管、烧杯等。

（10）试剂

① 所用试剂应不低于分析纯，所用水应符合 GB/T 6682 规定的三级水要求；

② 氯化钾：基准试剂或光谱纯；

③ 氯化钠：基准试剂或光谱纯；

④ 氢氟酸：1.15～1.18g/cm^3，质量分数 40%；

⑤ 硫酸（1+1）：即为 1 份体积的浓硫酸与 1 份体积的水相混合得到的硫酸溶液；

⑥ 甲基红指示剂：将 0.2g 甲基红溶解于 100mL 无水乙醇中得到的浓度为 0.2g/L 溶液；

⑦ 碳酸铵溶液：将 10g 碳酸铵溶解于 100mL 水中得到，浓度为 100g/L，用时现配。

4. 试验步骤

(1) 氧化钾、氧化钠标准溶液的配制

称取 1.5829g 已于 105～110℃烘干 2h 的氯化钾（KCl，基准试剂或光谱纯）及 1.8859g 已于 105～110℃烘干 2h 的氯化钠（NaCl，基准试剂或光谱纯），精确至 0.0001g，置于烧杯中，加水溶解后，移入 1000mL 容量瓶中，用水稀释至标线，摇匀。储存于塑料瓶中。此标准溶液每毫升含 1mg 氧化钾及 1mg 氧化钠。

吸取 50.00mL 上述标准溶液放入 1000mL 容量瓶中，用水稀释至标线，摇匀。储存于塑料瓶中。此标准溶液每毫升含 0.05mg 氧化钾和 0.05mg 氧化钠。

(2) 标准工作曲线的绘制

吸取每毫升含 1mg 氧化钾及 1mg 氧化钠的标准溶液 0mL、2.50mL、5.00mL、10.00mL、15.00mL、20.00mL 分别放入 500mL 容量瓶中，用水稀释至标线，摇匀。储存于塑料瓶中。

将火焰光度计调节至最佳工作状态，按仪器使用规程进行测定。用测得的检流计读数作为相对应的氧化钾和氧化钠含量的函数，绘制标准工作曲线。

(3) 碱含量测试

称取约 0.2g 试样（m_0），精确至 0.0001g，置于铂皿中，加入少量水润湿，加入 5～7mL 氢氟酸和 15～20 滴硫酸（1+1），放入通风橱内低温电热板上加热，近干时摇动铂皿，以防溅失。

待氢氟酸驱尽后，逐渐升高温度，继续将三氧化硫白烟驱尽，取下冷却。加入 40～50mL 热水，压碎残渣使其溶解，加入 1 滴甲基红指示剂溶液，用氨水（1+1）中和至黄色，再加入 10mL 碳酸铵溶液，搅拌，然后放入通风橱内电热板上加热至沸并继续微沸 20～30min。

用快速滤纸过滤，以热水充分洗涤，滤液及洗液收集于 100mL 容量瓶中，冷却至室温。用盐酸（1+1）中和至溶液呈微红色，用水稀释至标线，摇匀。

在火焰光度计上，按仪器使用规程，在与步骤（2）相同的仪器条件下进行测定。在标准工作曲线上分别查出氧化钠和氧化钠含量 m_1 和 m_2。

5. 结果计算及数据处理

氧化钾和氧化钠的质量分数 w_{K_2O} 和 w_{Na_2O} 分别按式（7-1）和（7-2）计算：

$$w_{K_2O} = \frac{m_1}{m_0} \times 0.1 \tag{7-1}$$

$$w_{Na_2O} = \frac{m_2}{m_0} \times 0.1 \tag{7-2}$$

式中 w_{K_2O}——氧化钾的质量分数，%；

w_{Na_2O}——氧化钠的质量分数，%；

m_0——试样的质量，g；

m_1——100mL 测定溶液中氧化钾的质量，mg；

m_2——100mL 测定溶液中氧化钠的质量，mg。

碱含量按式（7-3）计算：

$$w_a = w_{Na_2O} + 0.658 w_{K_2O} \quad (7\text{-}3)$$

式中　w_a——碱含量，%。

试验结果取两次测试结果的算术平均值。

（二）原子吸收光谱法

1. 适用范围

本方法参照标准 GB/T 176—2008《水泥化学分析方法》规定的试验方法，适用于普通硅酸盐水泥、石灰石粉以及干混砂浆用聚羧酸高性能减水剂、防水剂、防冻剂、膨胀剂和速凝剂等化学外加剂中碱含量的测定和评价。该方法是（一）火焰光度计法的代用方法，在无法采用火焰光度计法时，可采用本方法进行碱含量测试。

2. 测试原理

试样经氢氟酸-高氯酸分解处理后，以锶盐消除硅、铝、钛等的干扰，在空气-乙炔火焰中，分别于波长 766.5nm 处和波长 589.0nm 处测定氧化钾和氧化钠的吸光度。测试结果与标准工作曲线相比对，得到钾、钠含量，并通过（Na_2O+0.658K_2O）计算得到碱含量。

3. 试验器具和试剂

（1）天平：精确至 0.0001g。

（2）铂坩埚：带盖，容量 20～30mL。

（3）铂皿：容量 150～200mL。

（4）干燥器：内装变色硅胶。

（5）干燥箱：可控温度范围 0～250℃，温控精度±5℃。

（6）原子吸收光谱仪：带有镁、钾、钠、铁、锰元素空心阴极灯。

（7）塑料瓶。

（8）滤纸：快速定量滤纸。

（9）玻璃容器器皿：玻璃棒、滴定管、容量瓶、移液管、烧杯等。

（10）试剂

① 所用试剂应不低于分析纯，所用水应符合 GB/T 6682 规定的三级水要求；

② 氯化钾：基准试剂或光谱纯；

③ 氯化钠：基准试剂或光谱纯；

④ 氢氟酸：1.15～1.18g/cm^3，质量分数 40%；

⑤ 高氯酸：1.60g/cm^3，质量分数 70%～72%；

⑥ 氯化锶溶液（锶 50g/L）：将 152.2g 氯化锶（$SrCl_2 \cdot 6H_2O$）溶解于水中，加水稀释至 1L，必要时过滤后使用；

⑦ 盐酸（1+1）：即为 1 份体积的浓盐酸与 1 份体积的水相混合得到的盐酸溶液。

4. 试验步骤

（1）氧化钾、氧化钠标准溶液的配制

称取 1.5829g 已于 105～110℃烘干 2h 的氯化钾（KCl，基准试剂或光谱纯）及 1.8859g 已于 105～110℃烘干 2h 的氯化钠（NaCl，基准试剂或光谱纯），精确至 0.0001g，置于烧杯中，加水溶解后，移入1000mL容量瓶中，用水稀释至标线，摇匀。储存于塑料瓶中。此标准溶液每毫升含1mg氧化钾及1mg氧化钠。

吸取50.00mL上述标准溶液放入1000mL容量瓶中，用水稀释至标线，摇匀。储存于塑料瓶中。此标准溶液每毫升含0.05mg氧化钾和0.05mg氧化钠。

（2）标准工作曲线的绘制

吸取每毫升含0.05mg氧化钾及0.05mg氧化钠的标准溶液0mL、2.50mL、5.00mL、10.00mL、15.00mL、20.00mL、25.00mL分别放入500mL容量瓶中，加入30mL盐酸及10mL氯化锶溶液，用水稀释至标线，摇匀。储存于塑料瓶中。

将原子吸收光谱仪调节至最佳工作状态，在空气-乙炔火焰中，分别用钾元素空心阴极灯于波长766.5nm处和钠元素空心阴极灯于波长589.0nm处，以水校零测定溶液的吸光度。用测得的吸光度作为相对应的氧化钾和氧化钠含量的函数，绘制标准工作曲线。

（3）氢氟酸-高氯酸分解试样

称取约0.1g试样（m_0），精确至0.0001g，置于铂坩埚（或铂皿）中，加入0.5～1mL水润湿，加入5～7mL氢氟酸和0.5mL高氯酸，放入通风橱内低温电热板上加热，近干时摇动铂坩埚以防溅失。待白色浓烟完全驱尽后，取下冷却。加入20mL盐酸（1+1），温热至溶液澄清，冷却后，移入250mL容量瓶中，加入5mL氯化锶溶液，用水稀释至标线，摇匀备用。

（4）碱含量测试

从（3）氢氟酸-高氯酸分解试样溶液中吸取一定量的试样溶液（V），放入容量瓶中（试样溶液的分取量及容量瓶容积视氧化钾和氧化钠的含量而定），加入盐酸（1+1）及氯化锶溶液，使测定溶液中盐酸的体积分数为6%，锶的浓度为1mg/mL。用水稀释至标线，摇匀。

用原子吸收光谱仪，在空气-乙炔火焰中，分别用钾元素空心阴极灯于波长766.5nm处和钠元素空心阴极灯于波长589.0nm处，在与（2）相同的仪器条件下测定溶液的吸光度。

在标准工作曲线上分别查出氧化钾和氧化钾的浓度c_1和c_2。

5. 结果计算及数据处理

氧化钾和氧化钠的质量分数w_{K_2O}和w_{Na_2O}分别按式（7-4）和（7-5）计算：

$$w_{K_2O}=\frac{c_1\times V\times n}{m_0}\times 0.1 \tag{7-4}$$

$$w_{Na_2O}=\frac{c_2\times V\times n}{m_0}\times 0.1 \tag{7-5}$$

式中 w_{K_2O}——氧化钾的质量分数，%；

w_{Na_2O}——氧化钠的质量分数，%；

m_0——试样的质量，g；

c_1——测定溶液中氧化钾的浓度，mg/mL；

c_2——测定溶液中氧化钠的浓度，mg/mL；

V——测定溶液的体积，mL；

n——全部试样溶液与所分取试样溶液的体积比。

碱含量按式（7-3）计算。

试验结果取两次测试结果的算术平均值。

八、三氧化硫含量

（一）硫酸钡重量法（基准法）

1. 适用范围

本方法参照 GB/T 176—2008《水泥化学分析方法》中的硫酸钡重量法（基准法）、GB/T 205—2008《铝酸盐水泥化学分析方法》中的全硫测定（基准法）、JC/T 478.2—2013《建筑石灰试验方法　第 2 部分：化学分析方法》和 GB/T 14684—2011《建设用砂》等标准规定的试验方法汇成，适用于通用硅酸盐水泥（硅酸盐水泥、普通硅酸盐水泥、矿渣硅酸盐水泥、火山灰质硅酸盐水泥、粉煤灰硅酸盐水泥、复合硅酸盐水泥）、铝酸盐水泥、建筑生石灰、建筑消石灰和矿物掺合料（粒化高炉矿渣粉、粉煤灰）和砂的三氧化硫含量或全硫含量的测定。

2. 测试原理

在酸性溶液中，用氯化钡溶液沉淀硫酸盐，经过滤灼烧后，以硫酸钡形式称量。测定结果以三氧化硫计。

铝酸盐水泥全硫测定：将试样与艾士卡试剂混合灼烧，试样中硫生成硫酸盐，之后使硫酸根离子生成硫酸钡沉淀，根据硫酸钡的质量计算试样中全硫的含量。

3. 试验器具和试剂

除另有说明外，所用试剂应不低于分析纯。所用水应符合 GB/T 6682《分析实验室用水规格和试验方法》中规定的三级水要求。

本方法所列市售浓液体试剂的密度指 20℃的密度（ρ）。

在化学分析中，所用酸或氨水，凡未注浓度者均指市售的浓酸或浓氨水。

用体积比表示试剂稀释程度，例如：盐酸（1＋2）表示 1 份体积的浓盐酸与 2 份体积的水相混合。

本方法 4（1）、4（2）中用硝酸银检验氯离子：按规定洗涤沉淀数次后，用数滴水淋洗漏斗的下端，用数毫升水洗涤滤纸和沉淀，将滤液收集在试管中，加几滴硝酸银溶液，观察试管中溶液是否浑浊。如果浑浊，继续洗涤并检验，直至用硝酸银检验不再浑浊为止。

（1）盐酸

密度 1.18～1.19 g/cm^3，质量分数 36%～38%。

（2）氯化钡溶液

浓度 100g/L，即将 100g 氯化钡（$BaCl_2 \cdot 2H_2O$）溶于水中，加水稀释至 1L。

（3）甲基红溶液（2g/L）

浓度 2g/L，即将 2g 甲基红指示剂溶于 1L 浓度为 95%的乙醇。

（4）氢氧化铵

密度 0.9 g/cm^3。

（5）硝酸银溶液（5g/L）

浓度 5g/L，即将 0.5g 硝酸银（$AgNO_3$）溶于水中，加入 1mL 硝酸，加水稀释至

100mL，贮存于棕色瓶中。

（6）艾士卡试剂

以2份质量的轻质氧化镁与1份质量的无水碳酸钠混匀并研细至粒度小于0.2mm后，保存在密闭容器中。每配制一批艾士卡试剂，应进行空白试验，除不加试样外，全部操作按本方法中4（2）进行，空白计为m_4。

（7）天平

精确至0.0001g。

（8）干燥器

内装变色硅胶。

（9）高温炉

隔焰加热炉，在炉膛外围进行电阻加热。应使用温度控制器准确控制炉温，可控制温度(700±25)℃、(800±25)℃、(950±25)℃。

4. 试验步骤

（1）适用于测通用硅酸盐水泥和矿物掺合料

称取约0.5g试样（m_1），精确至0.0001g，置于200mL烧杯中，加入约40mL水，搅拌使试样完全分散，在搅拌下加入10mL盐酸（1+1），用平头玻璃棒压碎块状物，加热煮沸并保持微沸(5±0.5)min。用中速滤纸过滤，用热水洗涤10～12次，滤液及洗液收集于400mL烧杯中。加水稀释至约250mL，玻璃棒底部压一小片定量滤纸，盖上表面皿，加热煮沸，在微沸下从杯口缓慢逐滴加入10mL热的氯化钡溶液，继续微沸3 min以上使沉淀良好地形成，然后在常温下静置12～24h或温热处静置至少4h（仲裁分析应在常温下静置12～24h），此时溶液体积应保持在约200mL。用慢速定量滤纸过滤，以温水洗涤，直至检验无氯离子为止（用硝酸银检验）。

将沉淀及滤纸一并移入已灼烧恒量的瓷坩埚中，灰化完全后，放入800～950℃的高温炉内灼烧30min，取出坩埚，置于干燥器中冷却至室温，称量。反复灼烧，直至恒量（m_2）。

（2）适用于测铝酸盐水泥（全硫测定，基准法）

称取5g试样（m_1），精确至0.0001g，置于50mL瓷坩埚中，再将10g艾士卡试剂置于瓷坩埚中，并混合均匀。

将坩埚盖斜置于坩埚上放入马弗炉内，从室温逐渐加热到800～850℃，并在该温度下保持1～2h。

将坩埚从马弗炉中取出，冷却到室温。用玻璃棒将坩埚中的灼烧物仔细搅松捣碎，然后转移到400mL烧杯中。用热水冲洗坩埚内壁，将洗液收集于烧杯中，再加入100～150mL热水，充分搅拌，并微沸1～2min。

用慢速定量滤纸（ϕ12.5cm）以倾泻法过滤，用热水冲洗3次，然后将残渣移入滤纸中，用热水仔细洗涤至少10次，洗液总体积为250～300mL。

向滤液中滴入2～3滴甲基红指示剂溶液，滴加盐酸（1+1）至溶液呈红色，然后加入

10mL盐酸（1+1），将溶液煮沸直至澄清，在近煮沸状态下滴加10mL氯化钡溶液，在50～60℃下保温4h，或常温下12～24h。用慢速定量滤纸（ϕ11cm）过滤，用热水洗至无氯离子为止（用硝酸银检验）；

将带沉淀的滤纸移入已恒量的铂坩埚中，先在低温下灰化滤纸，然后在温度为800～

850℃的马弗炉内灼烧 20～40min，取出坩埚，在空气中稍加冷却后放入干燥器中，冷却至室温，称量。反复灼烧，直至恒量（m_2）。

（3）适于测建筑生石灰和建筑消石灰

按表 8-1 范围选择和称重制备好的样品（m_1），放入盛有 50mL 水的烧杯中：

表 8-1　SO_3 预计含量范围与所需样品称量对应表

预计的 SO_3 范围/%	样品称量/g
0.001～0.500	10.00
0.500～2.50	5.00
2.50～12.5	2.00

搅拌所有样品使团块破碎，较轻的粒子呈悬浮状态。加 50mL 稀盐酸（1＋1），加热直到反应停止，分解完全。在刚好低于沸点的温度下加热几分钟，加几滴甲基红指示剂，加氢氧化铵（1＋1）让溶液变碱性（呈黄色）。加热溶液至沸腾，用中速滤纸过滤，用热水充分洗涤滤渣。稀释滤液至 250mL，加 5mL 盐酸（1＋1）加热到沸腾，再慢慢加 10mL 热的氯化钡溶液。继续煮沸并搅拌，直到沉淀形成，然后在室温下放置过夜，务必保持溶液体积在 225～250mL，若必要，可加水补充。用滤纸过滤，用热水洗涤沉淀物，把有沉淀物的滤纸放在已称量的坩埚中，慢慢地无焰炭化滤纸。在高温炉中 1000℃下至灰呈白色，在干燥器中冷却并称量（m_2）。

（4）适于测砂

最小取样 600g，并将试样缩分至约 150g，放在干燥箱中于（105±5)℃下烘干至恒量。待冷却至室温后，粉磨全部通过 75μm 方孔筛。再按四分法缩分至 30～40g，放入干燥箱中于（105±5)℃下烘干至恒量，待冷却至室温后备用。

称取粉状试样 1g，精确至 0.001g。将粉状试样倒入 300mL 烧杯中，加入 20～30mL 蒸馏水及 10mL 盐酸（1＋1），然后放在电炉上加热至微沸，并保持微沸 5min，使试样充分分解后取下，用中速滤纸过滤，温水洗涤 10～12 次。

加入蒸馏水调整滤液体积至 200mL。煮沸后，搅拌滴加 10mL 氯化钡溶液，继续微沸 3min 以上使沉淀良好地形成，然后在常温下静置 12～24h 或温热处静置至少 4h（仲裁分析应在常温下静置 12～24h)，此时溶液体积应保持在约 200mL。用慢速定量滤纸过滤，以温水洗涤，直至检验无氯离子为止（用硝酸盐溶液检验)。

将沉淀及滤纸一并移入已灼烧恒量的瓷坩埚中，灰化完全后，放入 800～950℃的高温炉内灼烧 30min，取出坩埚，置于干燥器中冷却至室温，称量，精确至 0.001g。反复灼烧，直至恒量（m_2）。

5. 结果计算

试样中三氧化硫的质量分数 w_{SO_3} 按式（8-1）计算：

$$w_{SO_3}=\frac{m_2\times 0.343}{m_1}\times 100 \tag{8-1}$$

式中　w_{SO_3}——三氧化硫的质量分数，%精确到（0.001%）；

m_2——灼烧后沉淀的质量，g；

m_1——试料的质量，g；

0.343——硫酸钡对三氧化硫的换算系数。

测试结果取两次试样结果的算术平均值，精确至0.1%。若两次试验结果之差大于0.2%时，应重新试验。采用修约值比较法进行判定。

铝酸盐水泥测定结果按式（8-2）计算：

$$w_s = \frac{[(m_3 - m_4) \times 0.1374]}{m_1} \times 100 \tag{8-2}$$

式中 w_s——试样中全硫的质量分数,%；

m_3——硫酸钡质量，g；

m_4——空白试验硫酸钡质量，g；

m_1——试样质量，g；

0.1374——硫酸钡对全硫的换算系数。

同一试验室允许差为0.02%。

（二）碘量法（代用法）

1. 适用范围

本方法参照GB/T 176—2008《水泥化学分析方法》中的碘量法（代用法），适用于胶凝材料（通用硅酸盐水泥、白色硅酸盐水泥、彩色硅酸盐水泥）和矿物掺合料（粒化高炉矿渣粉、粉煤灰）中三氧化硫含量的测定。

2. 测试原理

试样先经磷酸处理，将硫化物分解除去。再加入氯化亚锡-磷酸溶液并加热，将硫酸盐的硫还原成等物质的量的硫化氢，收集于氨性硫酸锌溶液中，然后用碘量法进行测定。试样中除硫化物（S^{2-}）和硫酸盐外，还有其他状态的硫存在时，将给测定结果造成误差。

3. 试验器具和试剂

除另有说明外，所用试剂应不低于分析纯。所用水应符合GB/T 6682中规定的三级水要求。

本方法所列市售浓液体试剂的密度指20℃的密度（ρ）。

在化学分析中，所用酸或氨水，凡未注浓度者均指市售的浓酸或浓氨水。

用体积比表示试剂稀释程度，例如：盐酸（1+2）表示1份体积的浓盐酸与2份体积的水相混合。

（1）磷酸

密度1.68 g/cm^3，质量分数85%。

（2）无水碳酸钠

将无水碳酸钠用玛瑙研钵研细至粉末状，贮存于密封瓶中。

（3）氯化亚锡-磷酸溶液

将1000mL磷酸放在烧杯中，在通风橱中于电炉上加热脱水，至溶液体积缩减至850～950mL时，停止加热。待溶液温度降至100℃以下时，加入100g氯化亚锡（$SnCl_2 \cdot 2H_2O$），继续加热至溶液透明，且无大气泡冒出时为止（此溶液的使用期一般不超过两周）。

（4）氨性硫酸锌溶液

浓度 100g/L，即将 100g 硫酸锌（$ZnSO_4 \cdot 7H_2O$）溶于水中，加入 700mL 氨水，加水稀释至 1L。静置 24h 后使用，必要时过滤。

（5）明胶溶液

浓度 5g/L，即将 0.5g 明胶（动物胶）溶于 100mL70～80℃的水中。用时现配。

（6）重铬酸钾基准溶液

浓度 0.03mol/L，即称取 1.4710g 已于 150～180℃烘过 2h 的重铬酸钾（$K_2Cr_2O_7$，基准试剂），精确至 0.0001g，加水溶解后，移入 1000 mL 容量瓶中，用水稀释至标线，摇匀。

（7）碘酸钾标准滴定溶液

浓度 0.03mol/L，即称取 5.4g 碘酸钾（KIO_3）溶于 200mL 新煮沸过的冷水中，加入 5g 氢氧化钠及 150g 碘化钾，溶解后再用新煮沸过的冷水稀释至 5L，摇匀，贮存于棕色瓶中。

（8）硫代硫酸钠标准滴定溶液

① 硫代硫酸钠标准滴定溶液的配制

浓度 0.03mol/L，即将 37.5g 硫代硫酸钠溶于 200mL 新煮沸过的冷水中，加入约 0.25g 无水碳酸钠，溶解后再用新煮沸过的冷水稀释至 5L，摇匀，贮存于棕色瓶中。

由于硫代硫酸钠标准溶液不稳定，建议在每批试验之前，要重新标定。

② 标准溶液的标定

a. 硫代硫酸钠标准滴定溶液的标定

吸取 15mL 重铬酸钾基准溶液放入带有磨口塞的 200mL 锥形瓶中，加入 3g 碘化钾及 50mL 水，搅拌溶解后，加入 10mL 硫酸（1+2），盖上磨口塞，于暗处放置 15～20min。用少量水冲洗瓶壁和瓶塞，用硫代硫酸钠标准滴定溶液滴定至浅黄色后，加入约 2mL 淀粉溶液，再继续滴定至蓝色消失。

另用 15mL 水代替重铬酸钾基准溶液，按上述步骤进行空白试验。

硫代硫酸钠标准滴定溶液的浓度按式（8-3）计算：

$$c(Na_2S_2O_3) = \frac{0.03 \times 15.00}{V_2 - V_1} \tag{8-3}$$

式中　$c(Na_2S_2O_3)$——硫代硫酸钠标准滴定溶液的浓度，mol/L；

0.03——重铬酸钾基准溶液的浓度，mol/L；

15.00——加入重铬酸钾基准溶液的体积，mL；

V_2——滴定时消耗硫代硫酸钠标准滴定溶液的体积，mL；

V_1——空白试验消耗硫代硫酸钠标准滴定溶液的体积，mL。

b. 碘酸钾标准滴定溶液与硫代硫酸钠标准滴定溶液体积比的标定

从滴管中缓慢放出 15.00mL 碘酸钾标准滴定溶液于 200mL 锥形瓶中，加入 25mL 水及 10mL 硫酸（1+2），在摇动下用硫代硫酸钠标准滴定溶液滴定至淡黄色后，加入约 2mL 淀粉溶液，再继续滴定至蓝色消失。

碘酸钾标准滴定溶液与硫代硫酸钠标准滴定溶液的体积比按式（8-4）计算：

$$K_1 = \frac{15.00}{V_3} \tag{8-4}$$

式中　K_1——碘酸钾标准滴定溶液与硫代硫酸钠标准滴定溶液的体积比；

15.00——加入碘酸钾标准滴定溶液的体积，mL；

V_3——滴定时消耗硫代硫酸钠标准滴定溶液的体积，mL。

c. 碘酸钾标准滴定溶液对三氧化硫及对硫的滴定度的计算

碘酸钾标准滴定溶液对三氧化硫及对硫的滴定度分别按式（8-5）和式（8-6）计算：

$$T_{SO_3}=\frac{c(Na_2S_2O_3)\times V_3\times 40.03}{15.00} \tag{8-5}$$

$$T_S=\frac{c(Na_2S_2O_3)\times V_3\times 16.03}{15.00} \tag{8-6}$$

式中 T_{SO_3}——碘酸钾标准滴定溶液对三氧化硫的滴定度，mg/mL；

T_s——碘酸钾标准滴定溶液对硫的滴定度，mg/mL；

$c(Na_2S_2O_3)$——硫代硫酸钠标准滴定溶液的浓度，mol/L；

V_3——标定体积比 K_1 时消耗硫代硫酸钠标准滴定溶液的体积，mL；

40.03——（$1/2SO_3$）的摩尔质量，g/mol；

16.03——（1/2S）的摩尔质量，g/mol；

15.00——标定体积比 K_1 时加入碘酸钾标准滴定溶液的体积，mL。

（9）淀粉溶液

浓度 10g/L，即将 1g 淀粉（水溶性）置于烧杯中，加水调成糊状后，加入 100mL 沸水，煮沸约 1 min，冷却后使用。

（10）硫酸铜溶液

浓度 50g/L，即将 5g 硫酸铜（$CuSO_4\cdot 5H_2O$）溶于 100 mL 水中。

（11）天平

精确至 0.0001g。

（12）测定硫化物及硫酸盐的仪器装置（图 8-1）

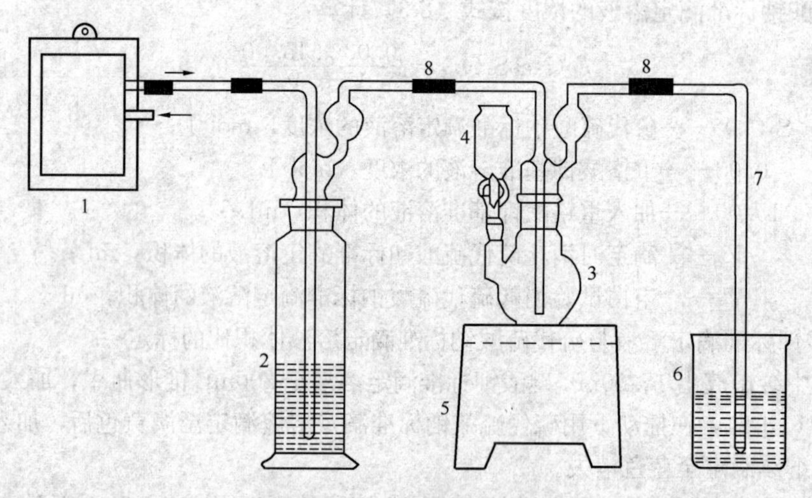

图 8-1 测定硫化物及硫酸盐的仪器装置示意图

1—吹气泵；2—洗气瓶，250mL，内盛 100mL 浓度为 50g/L 的硫酸铜溶液；
3—反应瓶，100mL；4—加液漏斗，20mL；5—电炉，600W，与 1～2kVA 调压变压器相连接；
6—烧杯，400mL，内盛 300mL 水及 20mL 氨性硫酸锌溶液；7—导气管；8—硅橡胶管

4. 试验步骤

使用图 8-1 规定的仪器装置进行测定。

称取约 0.5g 试样（m_3），精确至 0.0001g，置于 100mL 的干燥反应瓶中，加入 10mL 磷酸，置于小电炉上加热至沸，并继续在微沸下加热至无大气泡、液面平静、无白烟出现时为止。取下放冷，向反应瓶中加入 10mL 氯化亚锡－磷酸溶液，按图 8-1 中仪器装置图连接各部件。开动空气泵，保持通气速度为每秒钟 4 ～5 个气泡。于电压 200V 下，加热 10min，然后将电压降至 160V，加热 5min 后停止加热。取下吸收杯，关闭空气泵。

用水冲洗插入吸收液内的玻璃管，加入 10mL 明胶溶液，加入 15.00mL 碘酸钾标准滴定溶液，在搅拌下一次性快速加入 30mL 硫酸（1＋1），用硫代硫酸钠标准滴定溶液滴定至淡黄色，加入 2mL 淀粉溶液，继续滴定至蓝色消失。

5. 结果计算

三氧化硫的质量分数 w_{SO_3} 按式（8-7）计算：

$$w_{SO_3}=\frac{T_{SO_3}\times(V_4-K_1\times V_5)}{m_3\times 1000}\times 100=\frac{T_{SO_3}\times(V_4-K_1\times V_5)\times 0.1}{m_3} \tag{8-7}$$

式中　w_{SO_3}——三氧化硫的质量分数，%；

T_{SO_3}——碘酸钾标准滴定溶液对三氧化硫的滴定度，mg/mL；

V_4——加入碘酸钾标准滴定溶液的体积，mL；

V_5——滴定时消耗硫代硫酸钠标准滴定溶液的体积，mL；

K_1——碘酸钾标准滴定溶液与硫代硫酸钠标准滴定溶液的体积比；

m_3——试料的质量，g。

（三）离子交换法（代用法）

1. 适用范围

本方法参照 GB/T 176—2008《水泥化学分析方法》中的离子交换法（代用法），适用于通用硅酸盐水泥（硅酸盐水泥、普通硅酸盐水泥、矿渣硅酸盐水泥、火山灰质硅酸盐水泥、粉煤灰硅酸盐水泥、复合硅酸盐水泥）和矿物掺合料（粒化高炉矿渣粉、粉煤灰）中三氧化硫含量的测定。

2. 测试原理

在水介质中，用氢型阳离子交换树脂对水泥中的硫酸钙进行两次静态交换，生成等物质量的氢离子，以酚酞为指示剂，用氢氧化钠标准滴定溶液滴定。

本方法只适用于掺加天然石膏并且不含有氟、氯、磷的试料中三氧化硫的测定。

3. 试验器具和试剂

除另有说明外，所用试剂应不低于分析纯。所用水应符合 GB/T 6682 中规定的三级水要求。

本方法所列市售浓液体试剂的密度指 20℃的密度（ρ）。

在化学分析中，所用酸或氨水，凡未注浓度者均指市售的浓酸或浓氨水。

用体积比表示试剂稀释程度，例如：盐酸（1＋2）表示 1 份体积的浓盐酸与 2 份体积的水相混合。

（1）乙醇或无水乙醇

乙醇的体积分数95%，无水乙醇的体积分数不低于99.5%。

(2) H型732苯乙烯强酸性阳离子交换树脂(1×12)

将250g钠型732苯乙烯强酸性阳离子交换树脂(1×12)用250mL乙醇浸泡12h以上，然后倾出乙醇，再用水浸泡6～8h。将树脂装入离子交换柱中，用1500mL盐酸(1+3)以5mL/min的流速淋洗。然后再用蒸馏水逆洗交换柱中的树脂，直至流出液中无氯离子为止。将树脂倒出，用布氏漏斗抽气抽滤，然后贮存于广口瓶中备用(树脂久放后，使用时应用水倾洗数次)。

用过的树脂浸泡在稀盐酸中，当积至一定数量后，除去其中夹带的不溶残渣，然后再用上述方法进行再生。

(3) 氢氧化钠标准滴定溶液

① 氢氧化钠标准滴定溶液的配制

浓度0.06mol/L，即取12g氢氧化钠(NaOH)溶于水后，加水稀释至5L，充分摇匀，贮存于塑料瓶或带胶塞(装有钠石灰干燥管)的硬质玻璃瓶内。

② 氢氧化钠标准滴定溶液浓度的标定

称取0.3g(m_4)苯二甲酸氢钾基准试剂，精确至0.0001g，置于300mL烧杯中，加入约200mL预先新煮沸过并冷却后用氢氧化钠溶液中和至酚酞呈微红色的冷水，搅拌使其溶解，加入6～7滴酚酞指示剂溶液，用氢氧化钠标准滴定溶液滴定至微红色。

氢氧化钠标准滴定溶液的浓度按式(8-8)计算：

$$c'(\mathrm{NaOH})=\frac{m_4\times 1000}{V_6\times 204.2} \tag{8-8}$$

式中 $c'(\mathrm{NaOH})$——氢氧化钠标准滴定溶液的浓度，mol/L；

m_4——苯二甲酸氢钾的质量，g；

V_6——滴定时消耗氢氧化钠标准滴定溶液的体积，mL；

204.2——苯二甲酸氢钾的摩尔质量，g/mol。

③ 氢氧化钠标准滴定溶液对三氧化硫的滴定度的计算

氢氧化钠标准滴定溶液对三氧化硫滴定度按式(8-9)计算：

$$T'_{SO_3}=c'(\mathrm{NaOH})\times 40.03 \tag{8-9}$$

式中 T'_{SO_3}——氢氧化钠标准滴定溶液对三氧化硫的滴定度，mg/mL；

$c'(\mathrm{NaOH})$——氢氧化钠标准滴定溶液的浓度，mol/L；

40.03——($1/2SO_3$)的摩尔质量，g/mol。

(4) 酚酞指示剂溶液

浓度10g/L，即将1g酚酞溶于100mL乙醇中。

(5) 天平

精确至0.0001g。

(6) 滤纸

快速定量滤纸。

(7) 磁力搅拌器

带有塑料壳的搅拌子，具有调速和加热功能。

4. 试验步骤

称取约 0.2g 试样，精确至 0.0001g，置于已放有 5g 树脂、10mL 热水及一根磁力搅拌子的 150mL 烧杯中，摇动烧杯使试样分散。然后加入 40mL 沸水，立即置于磁力搅拌器上，加热搅拌 10min。取下，以快速滤纸过滤，用热水洗涤烧杯和滤纸上的树脂 4～5 次，滤液及洗液收集于已放有 2g 树脂及一根磁力搅拌子的 150mL 烧杯中（此时溶液体积在 100mL 左右）。将烧杯再置于磁力搅拌器上，搅拌 3min。取下，以快速滤纸将溶液过滤于 300mL 烧杯中，用热水洗涤烧杯和滤纸上的树脂 5～6 次。

向溶液中加入 5～6 滴酚酞指示剂溶液，用氢氧化钠标准滴定溶液滴定至微红色。

保存滤纸上的树脂，可以回收处理后再利用。

5. 结果计算

三氧化硫的质量分数 w_{SO_3} 按式（8-10）计算：

$$w_{SO_3}=\frac{T'_{SO_3}\times V_7}{m_5\times 1000}\times 100=\frac{T'_{SO_3}\times V_7\times 0.1}{m_5} \tag{8-10}$$

式中　w_{SO_3}——三氧化硫的质量分数，%；

T'_{SO_3}——氢氧化钠标准滴定溶液对三氧化硫的滴定度，mg/mL；

V_7——滴定时消耗氢氧化钠标准滴定溶液的体积，mL；

m_5——试料的质量，g。

（四）铬酸钡分光光度法（代用法）

1. 适用范围

本方法参照 GB/T 176—2008《水泥化学分析方法》中的铬酸钡分光光度法（代用法），适用于通用硅酸盐水泥（硅酸盐水泥、普通硅酸盐水泥、矿渣硅酸盐水泥、火山灰质硅酸盐水泥、粉煤灰硅酸盐水泥、复合硅酸盐水泥）和矿物掺合料（粒化高炉矿渣粉、粉煤灰）中三氧化硫含量的测定。

2. 测试原理

试样经盐酸溶解，在 pH＝2 的溶液中，加入过量铬酸钡，生成与硫酸根等物质的量的铬酸根。在微碱性条件下，使过量的铬酸钡重新析出。过滤后在波长 420nm 处测定游离铬酸根离子的吸光度。

试样中除硫化物（S^{2-}）和硫酸盐外，还有其他状态的硫存在时，将给测定结果造成误差。

3. 试验器具和试剂

除另有说明外，所用试剂应不低于分析纯。所用水应符合 GB/T 6682 中规定的三级水要求。

本方法所列市售浓液体试剂的密度指 20℃的密度（ρ）。

在化学分析中，所用酸或氨水，凡未注浓度者均指市售的浓酸或浓氨水。

用体积比表示试剂稀释程度，例如：盐酸（1＋2）表示 1 份体积的浓盐酸与 2 份体积的水相混合。

（1）盐酸

密度 1.18～1.19g/cm^3，质量分数 36%～38%。

（2）甲酸

密度1.22g/cm³，质量分数88%。

（3）过氧化氢

密度1.11g/cm³，质量分数30%。

（4）氨水

密度0.90～0.91g/cm³，质量分数25%～28%。

（5）铬酸钡溶液

浓度10g/L，即称取10g铬酸钡置于1000mL烧杯中，加700mL水，搅拌下缓慢加入50mL盐酸（1+1），加热溶解，冷却至室温后，移入1000mL容量瓶中，用水稀释至标线，摇匀。

（6）三氧化硫标准溶液

① 三氧化硫标准溶液的配制

称取0.8870g已于105～110℃烘过2h的硫酸钠（优级纯试剂），精确至0.0001g，置于300mL烧杯中，加水溶解后，移入1000mL容量瓶中，用水稀释至标线，摇匀。此标准溶液为每毫升相当于0.5mg三氧化硫。

② 离子强度调节溶液的配制

称取0.85g三氧化二铁置于400mL烧杯中，加入200mL盐酸（1+1），盖上表面皿，加热微沸使之溶解，将此溶液缓慢注入已盛有21.42g碳酸钙及100mL水的1000mL烧杯中，待碳酸钙完全溶解后，加入250mL氨水（1+2），再加入盐酸（1+2）至氢氧化铁沉淀刚好溶解，冷却。稀释至约900mL，用盐酸（1+1）和氨水（1+1）调节溶液pH值在1.0～1.5之间（用精密pH试纸检验），移入1000mL容量瓶中，用水稀释至标线，摇匀。此溶液每毫升含有12 mg氧化钙，0.85 mg三氧化二铁。

③ 工作曲线的绘制

吸取每毫升相当于0.5mg三氧化硫的标准溶液0mL，5.00mL，10.00mL，15.00mL，20.00mL，25.00mL，30.00mL分别放入150mL容量瓶中，加入20mL离子强度调节溶液，用水稀释至100mL，加入10mL铬酸钡溶液，每隔5min摇荡溶液一次。30min后，加入5mL氨水（1+2），用水稀释至标线，摇匀。用中速滤纸过滤，将滤液收集于50mL烧杯中，使用分光光度计，20mm比色皿，以水作参比，于波长420nm处测定各滤液的吸光度。用测得的吸光度作为相对应的三氧化硫含量的函数，绘制工作曲线。

（7）天平

精确至0.0001g。

（8）滤纸

中速定量滤纸。

（9）pH试纸

精密pH试纸，pH（0.5～5.0）。

（10）容量瓶

150mL，1000mL。

（11）表面皿

（12）分光光度计

可在波长400～800nm范围内测定溶液的吸光度，带有10mm、20mm比色皿。

4. 试验步骤

称取0.33～0.36g试样，精确至0.0001g，置于带有标线的200mL烧杯中。加4mL甲酸（1+1），分散试样，低温干燥，取下。加10mL盐酸（1+2）及1～2滴过氧化氢，将试料搅起后加热至小气泡冒尽，冲洗杯壁，再煮沸2min，期间冲洗杯壁2次。取下，加水至约90mL，加5mL氨水（1+2），并用盐酸（1+1）和氨水（1+1）调节酸度至pH2.0（用精密pH试纸检验），稀释至100mL。加10mL铬酸钡溶液，搅匀。流水冷却至室温并放置，时间不少于10min，放置期间搅拌3次。加入5mL氨水（1+2），将溶液连同沉淀移入150mL容量瓶中，用水稀释至标线，摇匀。用中速滤纸干过滤。滤液收集于50mL烧杯中，用分光光度计，20mm比色皿，以水作参比，于波长420nm处测定溶液的吸光度。在工作曲线上查出三氧化硫的含量。

5. 结果计算

三氧化硫的质量分数w_{SO_3}按式（8-11）计算：

$$w_{SO_3}=\frac{m_7}{m_6\times1000}\times100=\frac{m_7\times0.1}{m_6} \tag{8-11}$$

式中　w_{SO_3}——三氧化硫的质量分数，%；

m_7——测定溶液中三氧化硫的含量，mg；

m_6——试料的质量，g。

（五）库仑滴定法（代用法）

1. 适用范围

本方法参照GB/T 176—2008《水泥化学分析方法》中的库仑滴定法（代用法），适用于通用硅酸盐水泥（硅酸盐水泥、普通硅酸盐水泥、矿渣硅酸盐水泥、火山灰质硅酸盐水泥、粉煤灰硅酸盐水泥、复合硅酸盐水泥）和矿物掺合料（粒化高炉矿渣粉、粉煤灰）中三氧化硫含量的测定。

2. 测试原理

试样经甲酸处理，将硫化物分解除去。在催化剂的作用下，于空气流中燃烧分解，试样中硫生成二氧化硫并被碘化钾溶液吸收，以电解碘化钾溶液所产生的碘进行滴定。

试样中除硫化物（S^{2-}）和硫酸盐外，还有其他状态的硫存在时，将给测定结果造成误差。

3. 试验器具和试剂

除另有说明外，所用试剂应不低于分析纯。所用水应符合GB/T 6682中规定的三级水要求。

本方法所列市售浓液体试剂的密度指20℃的密度（ρ）。

在化学分析中，所用酸或氨水，凡未注浓度者均指市售的浓酸或浓氨水。

用体积比表示试剂稀释程度，例如：盐酸（1+2）表示1份体积的浓盐酸与2份体积的水相混合。

（1）甲酸

密度1.22g/cm³，质量分数88%。

(2) 五氧化二钒。

(3) 电解液

将 6g 碘化钾和 6g 溴化钾溶于 300mL 水中，加入 10mL 冰乙酸。

(4) 天平

精确至 0.0001g。

(5) 瓷舟

长 70～80mm，可耐温 1200℃。

(6) 石英舟

稍大于瓷舟。

(7) 库仑积分测硫仪

由管式高温炉、电解池、磁力搅拌器和库仑积分器组成。

4. 试验步骤

使用库仑积分测硫仪进行测定，将管式高温炉升温并控制在 1150～1200℃。

开动供气泵和抽气泵并将抽气流量调节到约 1000mL/min。在抽气下，将约 300mL 电解液加入电解池内，开动磁力搅拌器。

调节电位平衡：在瓷舟中放入少量含一定硫的试样，并盖一薄层五氧化二钒，将瓷舟置于一稍大的石英舟上，送进炉内，库仑滴定随即开始。如果试验结束后库仑积分器的显示值为零，应再次调节直至显示值不为零为止。

称取 0.04～0.05g 试样，精确至 0.0001g，将试样均匀地平铺于瓷舟中，慢慢滴加 4～5 滴甲酸（1+1），用拉细的玻璃棒沿瓷舟方向搅拌几次，使试样完全被甲酸润湿，再用 2～3 滴甲酸（1+1）将玻璃棒上沾有的少量试样冲洗于瓷舟中，将瓷舟放在电炉上，控制电炉丝呈暗红色，低温加热并烤干，防止溅失，再升高温度加热 2min，取下，冷却后在试料上覆盖一薄层五氧化二钒，将瓷舟置于石英舟上，送进炉内，库仑滴定随即开始。试验结束后，库仑积分器显示出三氧化硫（或硫）的毫克数。

5. 结果计算

三氧化硫的质量分数 w_{SO_3} 按式（8-12）计算：

$$w_{SO_3} = \frac{m_9}{m_8 \times 1000} \times 100 = \frac{m_9 \times 0.1}{m_8} \tag{8-12}$$

式中 w_{SO_3} ——三氧化硫的质量分数，%；

m_9——库仑积分器上三氧化硫的显示值，mg；

m_8——试料的质量，g。

九、游离氧化钙含量

（一）甘油酒精法

1. 适用范围

本方法参照 GB/T 176—2008《水泥化学分析方法》中的化学分析方法，适用于通用硅酸盐水泥、白色硅酸盐水泥、彩色硅酸盐水泥和粉煤灰中以游离状态存在的氧化钙（f-

CaO）的测定，以评价受测水泥和粉煤灰安定性及其他性能。

2. 测试原理

在加热搅拌下，以硝酸锶为催化剂，使试样中的 f-CaO 与甘油作用生成弱碱性的甘油钙，以酚酞为指示剂，用苯甲酸-无水乙醇标准滴定溶液滴定，根据所消耗的标准溶液的浓度和体积，计算出试样中的 f-CaO 含量。

3. 试验器具和试剂

（1）乙醇或无水乙醇

乙醇的体积分数95％，无水乙醇的体积分数不低于99.5％。

（2）丙三醇

体积分数不低于99％。

（3）氢氧化钠-无水乙醇溶液

浓度0.1mol/L，即将0.4g氢氧化钠溶于100mL无水乙醇中。

（4）甘油-无水乙醇溶液（1＋2）

将500mL丙三醇与1000mL无水乙醇混合，加入0.1g酚酞，混匀。用氢氧化钠-无水乙醇溶液中和至微红色。贮存于干燥密封的瓶中，防止吸潮。

（5）硝酸锶

（6）苯甲酸-无水乙醇标准滴定溶液

① 苯甲酸-无水乙醇标准滴定溶液的配制

浓度0.1mol/L，即称取12.2g已在干燥器中干燥24h后的苯甲酸溶于1000mL无水乙醇中，贮存于带胶塞（装有硅胶干燥管）的玻璃瓶内。

② 苯甲酸-无水乙醇标准滴定溶液对氧化钙滴定度的标定

取一定量碳酸钙（基准试剂）置于铂（或瓷）坩埚中，在（950±25)℃下灼烧至恒量，从中称取0.04 g氧化钙（m_1），精确至0.0001g，置于250mL干燥的锥形瓶中，加入30mL甘油-无水乙醇溶液，加入约1g硝酸锶，放入一根搅拌子，装上冷凝管，置于游离氧化钙测定仪上，以适当的速度搅拌溶液，同时升温并加热煮沸，在搅拌下微沸10min后，取下锥形瓶，立即用苯甲酸-无水乙醇标准滴定溶液滴定至微红色消失。再装上冷凝管，继续在搅拌下煮沸至红色出现，再取下滴定。如此反复操作，直至在加热10min后不出现红色为止。

苯甲酸-无水乙醇标准滴定溶液对氧化钙的滴定度按式（9-1）计算：

$$T'_{CaO}=\frac{m_1\times 1000}{V_1} \tag{9-1}$$

式中　T'_{CaO}——苯甲酸-无水乙醇标准滴定溶液对氧化钙的滴定度，mg/mL；

m_1——氧化钙的质量，g；

V_1——滴定时消耗苯甲酸-无水乙醇标准滴定溶液的总体积，mL。

（7）天平

精确至0.0001g。

（8）铂、瓷坩埚

带盖，容量20～30mL。

（9）干燥器

内装变色硅胶。

（10）游离氧化钙测定仪

具有加热、搅拌、计时功能，并配有冷凝管。

4. 试验步骤

称取约 0.5g 试样（m_2），精确至 0.0001g，置于 250mL 干燥的锥形瓶中，加入 30mL 甘油-无水乙醇，加入约 1g 硝酸锶，放入一根搅拌子，装上冷凝管，置于 f-CaO 测定仪上，以适当的速度搅拌溶液，同时升温并加热煮沸，在搅拌下微沸 10min 后，取下锥形瓶，立即用苯甲酸-无水乙醇标准滴定溶液滴定至微红色消失。再装上冷凝管，继续在搅拌下煮沸至红色出现，再取下滴定。如此反复操作，直至在加热 10min 后不出现红色为止。

5. 结果计算

游离氧化钙的质量分数按式（9-2）计算：

$$w_{\text{f-CaO}} = \frac{T'_{\text{CaO}} \times V_2}{m_2 \times 1000} \times 100 = \frac{T'_{\text{CaO}} \times V_2 \times 0.1}{m_2} \tag{9-2}$$

式中 $w_{\text{f-CaO}}$——游离氧化钙的质量分数，%；

T'_{CaO}——苯甲酸-无水乙醇标准滴定溶液对氧化钙的滴定度，mg/mL；

V_2——滴定时消耗苯甲酸-无水乙醇标准滴定溶液的总体积，mL；

m_2——试样的质量，g。

（二）乙二醇法

1. 适用范围

本方法参照 GB/T 176—2008《水泥化学分析方法》中的化学分析方法，适用于通用硅酸盐水泥、白色硅盐水泥、彩色硅酸盐水泥和粉煤灰中以游离状态存在的氧化钙（f-CaO）的测定，以评价受测水泥及粉煤灰安定性及其他性能。

2. 测试原理

在加热搅拌下，使试样中的 f-CaO 与乙二醇作用生成弱碱性的乙二醇钙，以酚酞为指示剂，用苯甲酸-无水乙醇标准滴定溶液滴定，根据所消耗的标准溶液的浓度和体积，计算出试样中的 f-CaO 含量。

3. 试验器具和试剂

（1）乙醇或无水乙醇

乙醇的体积分数 95%，无水乙醇的体积分数不低于 99.5%。

（2）乙二醇

体积分数 99%。

（3）乙二醇-无水乙醇溶液（2＋1）

将 1000mL 乙二醇与 500mL 无水乙醇混合，加入 0.2g 酚酞，混匀。用氢氧化钠-无水乙醇溶液中和至微红色。贮存于干燥密封的瓶中，防止吸潮。

（4）氢氧化钠-无水乙醇溶液

浓度 0.1mol/L，即将 0.4g 氢氧化钠溶于 100mL 无水乙醇中。

（5）钙黄绿素-甲基百里香酚蓝-酚酞混合指示剂（简称 CMP 混合指示剂）

称取 1.000g 钙黄绿素、1.000g 甲基百里香酚蓝、0.200g 酚酞与 50g 已在 105～110℃ 烘干过的硝酸钾，混合研细，保存在磨口瓶中。

(6) 苯甲酸-无水乙醇标准滴定溶液

浓度0.1mol/L，按照（一）的3（6）进行。

(7) 游离氧化钙测定仪

具有加热、搅拌、计时功能，并配有冷凝管。

(8) 玻璃砂芯漏斗

直径50mm，型号G4（平均孔径4～7μm）。

4. 试验步骤

称取约0.5g试样（m_3），精确至0.0001g，置于250mL干燥的锥形瓶中，加入30mL乙二醇-乙醇溶液，放入一根搅拌子，装上冷凝管，置于游离氧化钙测定仪上，以适当的速度搅拌溶液，同时升温并加热煮沸，当冷凝下的乙醇开始连续滴下时，继续在搅拌下加热微沸4min，取下锥形瓶，用预先用无水乙醇润湿过的快速滤纸抽气过滤或预先用无水乙醇洗涤过的玻璃砂芯漏斗抽气过滤，用无水乙醇洗涤锥形瓶和沉淀3次，过滤时等上次洗涤液过滤完后再洗涤下次。滤液及洗液收集于250mL干燥的抽滤瓶中，立即用苯甲酸－无水乙醇标准滴定溶液滴定至微红色消失。

尽可能快速地进行抽气过滤，以防止吸收大气中的二氧化碳。

5. 结果计算

游离氧化钙的质量分数$w_{f\text{-}CaO}$按式（9-3）计算：

$$w_{f\text{-}CaO}=\frac{T'_{CaO}\times V_3}{m_3\times 1000}\times 100=\frac{T'_{CaO}\times V_3\times 0.1}{m_3} \tag{9-3}$$

式中　$w_{f\text{-}CaO}$——游离氧化钙的质量分数，%；

T'_{CaO}——苯甲酸-无水乙醇标准滴定溶液对氧化钙的滴定度，mg/mL；

V_3——滴定时消耗苯甲酸-无水乙醇标准滴定溶液的体积，mL；

m_3——试样的质量，g。

十、氧化钙含量

1. 适用范围

本方法参照JC/T 478.2—2013《建筑石灰试验方法　第2部分：化学分析方法》规定的EDTA滴定法，适用于建筑生石灰和建筑消石灰中氧化钙含量的测定。

2. 测试原理

本方法是在石灰的系统分析中，分离氧化硅及沉淀铁、铝等氢氧化物后，通过EDTA滴定，测定氧化钙含量。本方法也可以直接用盐酸分解，除去二氧化硅和酸不溶物后，通过EDTA滴定，测定氧化钙含量。

假使干扰元素大量存在，会干扰测定，这种干扰可以加络合剂或屏蔽剂，如三乙醇胺，加以屏蔽。

可用氢氧化钾溶液调节试液pH值为12～12.5，采用羟基萘酚蓝作指示剂，用EDTA滴定到蓝色终点。

3. 试验器具和试剂

(1) 高温炉

（2）坩埚

（3）水浴

（4）加热板

（5）玻璃器皿

移液管、锥形瓶、容量瓶。

（6）试剂

① 乙二胺四乙酸二钠（EDTA）溶液：质量浓度 $\rho_{EDTA}=4g/L$，即在水中溶解 4g EDTA，稀释至 1L。

② 氢氧化钾标准溶液：浓度 1mol/L，即在 1L 蒸馏水中溶解 56g 氢氧化钾。

③ 羟基萘酚蓝（钙指示剂）。

④ 盐酸（1+1）。

⑤ 盐酸（1+3）。

⑥ 盐酸（1+9）。

⑦ 盐酸（5+95）。

⑧ 三乙醇胺（1+2）。

⑨ 氢氧化铵（1+1）。

⑩ 氯化铵：浓度 20g/L。

⑪钙标准溶液：每毫升含有 1.00mg 氧化钙，即称 1.785g 基准标准物质碳酸钙溶解于盐酸（1+9），用蒸馏水稀释到 1L。

⑫ 甲基红溶液浓度 2g/L，即用 1L95％的乙醇溶解 2g 甲基红指示剂。

⑬ 饱和溴水。

⑭ 标准氧化钙溶液标定

用移液管吸取 10mL 标准氧化钙溶液，放入锥形瓶中，并加 100mL 蒸馏水。为防止沉淀出钙，加约 10mL EDTA 滴定液，用约 15mL 氢氧化钾溶液，调整 pH 值 12～12.5 并搅拌。加 0.2～0.3g 羟基萘酚蓝指示剂滴足到蓝色终点。氧化钙溶液的滴定度按式（10-1）计算。滴定 3 个以上等分试样，取平均值来计算氧化钙溶液的滴定度。

$$T_{(CaO/EDTA)}=\frac{10\times\rho_{CaO}}{V_1} \tag{10-1}$$

式中 $T_{(CaO/EDTA)}$——氧化钙溶液的滴定度（每毫升 EDTA 标准滴定溶液相当于氧化钙的毫克数），mg/mL；

ρ_{CaO}——钙标准溶液质量浓度。每毫升钙标准溶液含有 1.00mg 氧化钙，mg/mL；

V_1——EDTA 标准滴定溶液滴定时消耗的体积，mL。

⑮ 测定钙氧化物用滤液

称 0.5g 生石灰或消石灰，或 1g 经磨细并通过 250μm 筛的石灰石样品，放入带盖的坩埚中，置于高温炉 950℃下灼烧 15min 以上，使其完全分解。然后转移到盛有 10mL 蒸馏水的蒸发皿中，搅成浆状，加 5～10mL 盐酸，用文火加热，至完全溶解。

在水浴上将溶液蒸至接近干时，将蒸发皿放入烘箱，烘 1h，取出冷却。加 20mL 盐酸（1+1），放在水浴上 10min，然后用慢速定量滤纸过滤，用热的稀盐酸（5+95）洗涤。再用热的蒸馏水冲洗两遍。

蒸干滤液，加5～10mL盐酸溶解，之后的步骤重复如前，但加20mL盐酸（1+1）后，放在水浴上2min，然后过滤、洗涤。保留滤液以测定钙氧化物用。

4. 试验步骤

（1）滤液

称0.5g试样(若测试消石灰，在称样之前需将消石灰样品在600℃下，焙烧2h，成干基试样)(m_1)，加到250mL烧杯中，加10mL盐酸(1+1)，在加热板上仔细蒸干。溶解残渣于25mL盐酸(1+9)中，用水稀释到约100mL，在较低温度下溶解15min，冷却后转移到250mL容量瓶中，稀释到刻度，混合均匀，让其沉降，用中速滤纸过滤，滤液作氧化钙测定。

若用3（6）⑮中所得滤液来测定钙氧化物，则先加10～15mL盐酸到滤液中，再加1mL饱和溴水到滤液中，以氧化部分还原的铁，煮沸滤液，消除多余的溴水。然后加水至200～250mL，加几滴甲基红溶液，加热至沸，再加氢氧化铵（1+1）至溶液呈明显黄色，再加一滴使之过量。加热含沉淀物的溶液至沸，煮沸50～60s。停止加热使沉淀沉降（不超过5min），在沉淀或加热时，若颜色消退，则再加1～2滴指示剂。在过滤前，滤液应为明显黄色，否则再加氢氧化铵（1+1）使之变黄。用中速滤纸过滤，并用20g/L的氯化铵热溶液立即洗涤沉淀物至少8次，合并两次滤液，用盐酸酸化滤液，转移到250mL容量瓶中，用蒸馏水稀释到可读并混匀，供氧化钙分析用。

注：将两次过滤的带沉淀物滤纸放入已称量的干坩埚中，慢慢加热直至滤纸炭化，最后在1050～1100℃温度下灼烧至恒量，计算此质量占原试样质量的百分比，可得出混合氧化物（铁、铝、磷、钛、锰）的含量。

（2）滴定氧化钙

选择以上两种方法中任一种所制备的250mL容量瓶中滤液，用移液管吸取20mL滤液至锥形瓶中，用水稀释到150mL，用约30mL氢氧化钾溶液调节pH到12，并搅拌。若试样中已知含量显著（大于1%）的铁、锰和重金属，则添加10mL三乙醇胺（1+2）。添加0.2～0.3g羟基萘酚蓝指示剂，滴定至明亮的蓝色终点。

5. 结果计算

按式（10-2）计算氧化钙含量：

$$\mathrm{CaO}(\%)=\frac{T_{(\mathrm{CaO/EDTA})}\times V_3\times 12.5}{m_2\times 1000}\times 100=\frac{T_{(\mathrm{CaO/EDTA})}\times V_3\times 1.25}{m_1} \tag{10-2}$$

式中　$T_{(\mathrm{CaO/EDTA})}$——CaO溶液的滴定度，mg/mL；

V_3——EDTA标准滴定溶液滴定消耗的体积，mL；

m_1——样品质量，g；

12.5——全部试样溶液与分取试样溶液的体积比。

十一、氧化镁含量

（一）原子吸收光谱法（基准法）

1. 适用范围

本方法参照标准GB/T 176—2008《水泥化学分析方法》规定的试验方法，适用于通用硅酸盐水泥、白色硅酸盐水泥、混凝土膨胀剂等的氧化镁含量的测定和评价。

2. 原理

以氢氟酸-高氯酸分解或氢氧化钠熔融-盐酸分解试样的方法制备溶液，分取一定量的溶液，用锶盐消除硅、铝、钛等对镁的干扰，在空气-乙炔火焰中，于波长 285.2nm 处测定溶液的吸光度，通过与标准溶液的吸光度比对，从而得到氧化镁含量。

3. 试验仪器

(1) 天平：精确至 0.0001g。

(2) 铂坩埚、银坩埚：带盖，容量 20～30mL。

(3) 铂皿：容量 50～100mL。

(4) 干燥箱：可控温度范围 0～250℃，温控精度±5℃。

(5) 高温炉：隔焰加热炉，可控制温度范围 0～1200℃，温控精度±25℃。

(6) 玻璃容器器皿：滴定管、容量瓶、移液管、烧杯等。

(7) 原子吸收光谱仪：带有镁、钾、钠、铁、锰元素空心阴极灯。

(8) 试剂

① 除另有说明外，所用试剂应不低于分析纯，所用水应符合 GB/T 6682《分析实验室用水规格和试验方法》规定的三级水要求；

② 用体积比表示试剂稀释程度，例如盐酸（1+1）表示 1 份体积的浓盐酸与 1 份体积的水相混合；

③ 盐酸：1.18～1.19g/cm^3，质量分数 36%～38%；

④ 氢氟酸：1.15～1.18g/cm^3，质量分数 40%；

⑤ 高氯酸：1.60g/cm^3，质量分数 70%～72%；

⑥ 盐酸（1+1），盐酸（1+9）等；

⑦ 氢氧化钠；

⑧ 氯化锶溶液（锶 50g/L）：将 152.2g 氯化锶溶解于水中，加水稀释至 1L，必要时过滤后使用。

4. 试验步骤

(1) 分解试样制备

① 氢氟酸-高氯酸分解试样

称取约 0.1g 试样（m_0），精确至 0.0001g，置于铂坩埚（或铂皿）中，加入 0.5～1mL 水润湿，加入 5～7mL 氢氟酸和 0.5mL 高氯酸，放入通风橱内低温电热板上加热，近干时摇动铂坩埚以防溅失。待白色浓烟完全驱尽后，取下冷却。加入 20mL 盐酸（1+1），温热至溶液澄清，冷却后，移入 250mL 容量瓶中，加入 5mL 氯化锶溶液，用水稀释至标线，摇匀备用。

② 氢氧化钠熔融-盐酸分解试样

称取约 0.1g 试样（m_0），精确至 0.0001g，置于银坩埚中，加入 3～4g 氢氧化钠，盖上坩埚盖（留有缝隙），放入高温炉中，在 750℃的高温下熔融 10min，取出冷却，将坩埚放入已盛有约 100mL 沸水的 300mL 烧杯中，盖上表面皿，待熔块完全浸出后（必要时适当加热），取出坩埚，用水冲洗坩埚和盖。在搅拌下一次性加入 35mL 盐酸（1+1），用热盐酸（1+9）洗净坩埚和盖。将溶液加热煮沸，冷却后，移入 250mL 容量瓶中，用水稀释至标线，摇匀备用。

（2）氧化镁标准溶液

① 标准溶液配制

称取 1.0000g 于高温炉中（950±25）℃灼烧过 60min 的氧化镁，精确至 0.0001g，置于 250mL 烧杯中，加入 50mL 水，再缓缓加入 20mL 盐酸（1+1），低温加热至完全溶解，冷却至室温后，移入 1000mL 容量瓶中，用水稀释至标线，摇匀。此标准溶液中氧化镁含量为 1mg/mL。

吸取 25.00mL 上述标准溶液放入 500mL 容量瓶中，用水稀释至标线，摇匀。此标准溶液中氧化镁含量为 0.05mg/mL。

② 工作曲线的绘制

吸取每毫升含 0.05mg 氧化镁的标准溶液 0mL、2.00mL、4.00mL、6.00mL、8.00mL、10.00mL 和 12.00mL，分别放入 500mL 容量瓶中，加入 30mL 盐酸及 10mL 氯化锶溶液，用水稀释至标线，摇匀。

将原子吸收光谱仪调节至最佳工作状态，在空气-乙炔火焰中，用镁元素空心阴极灯，于波长 285.2nm 处，以水校零测定溶液的吸光度。

用测得的吸光度作为相对应的氧化镁含量的函数，绘制工作曲线。

（3）氧化镁含量的测定

任取上述两种分解试样中的一种，取出一定量的上述分解试样溶液，放入容量瓶中（取出量及容量瓶容积视氧化镁含量而定），加入盐酸（1+1）及氯化锶溶液，使测定溶液中盐酸的体积分数为 6%，锶的浓度为 1mg/mL。用水稀释至标线，摇匀。用原子吸收光谱仪，在空气-乙炔火焰中，用镁空心阴极灯，于波长 285.2nm 处，在仪器条件下测定溶液的吸光度，在上述绘制的工作曲线中查出氧化镁的浓度 C_1。

5. 结果计算及数据处理

氧化镁的质量分数 w_{MgO} 按式（11-1）计算：

$$w_{MgO}=\frac{C_1\times V\times n}{m_0\times 1000} \tag{11-1}$$

式中　w_{MgO}——氧化镁的质量分数，%；

C_1——测定溶液中氧化镁的浓度，mg/mL；

V——测定溶液的体积，mL；

n——全部试样溶液与所分取试样溶液的体积比；

m_0——试样的质量，g。

试验结果取两次测试结果的算术平均值。

（二）EDTA 滴定差减法（代用法）

1. 适用范围

本方法参照 JC/T 478.2—2013《建筑石灰试验方法　第 2 部分：化学分析方法》规定的 EDTA 滴定差减法（代用法），适用于建筑生石灰和建筑消石灰中氧化镁含量的测定。

2. 测试原理

本方法是在石灰的系统分析中，分离氧化硅及沉淀铁、铝等氢氧化物后，通过 EDTA

滴定，测定氧化镁含量。本方法也可以直接用盐酸分解，除去二氧化硅和酸不溶物后，通过EDTA滴定，测定氧化镁含量。

假使干扰元素大量存在，会干扰测定，这种干扰可以加络合剂或屏蔽剂，如三乙醇胺，加以屏蔽。

测定氧化镁，加钙镁指示剂，用氢氧化铵-氯化铵缓冲溶液使试液pH值保持在10，滴定钙镁氧化物。从滴定消耗钙镁氧化物的EDTA溶液体积中减去滴定氧化钙消耗的EDTA溶液体积，可计算氧化镁的含量。

3. 试验器具和试剂

（1）高温炉

（2）坩埚

（3）水浴

（4）加热板

（5）玻璃器皿

移液管、锥形瓶、容量瓶。

（6）试剂

① 乙二胺四乙酸二钠（EDTA）溶液的质量浓度 ρ_{EDTA}=4g/L：在水中溶解4g EDTA，稀释至1L。

② 氰化钾：20g/L。

③ 氢氧化铵-氯化铵缓冲溶液（pH4.5）：在300mL蒸馏水中溶解67.5g氯化铵，加570mL氢氧化铵，稀释到1L。

④ 钙镁指示剂。

⑤ 盐酸（1+1）。

⑥ 盐酸（1+3）。

⑦ 盐酸（1+9）。

⑧ 盐酸（5+95）。

⑨ 氢氧化铵（1+1）。

⑩ 氯化铵：20g/L。

⑪ 三乙醇胺（1+2）。

⑫ 镁标准溶液：每毫升含有1.00mg氧化镁，即称0.603g金属镁屑溶解于盐酸中，用蒸馏水稀释到1L。

⑬ 甲基红溶液：浓度2g/L，即用1L95％的乙醇溶解2g甲基红指示剂。

⑭ 饱和溴水。

⑮ 标准氧化镁溶液标定

用移液管吸取10mL标准氧化镁溶液至锥形瓶中，并加100mL蒸馏水。用10mL三乙醇胺缓冲溶液调节pH值到10，加0.3～0.4g钙镁指示剂。用EDTA滴定，颜色从红色变成深蓝色，达到终点（蓝色保持至少30s）。氧化镁溶液的滴定度按式（11-2）计算。

滴定3个以上等分试液，取平均值来计算MgO溶液的滴定度。

$$T_{(MgO/EDTA)} = \frac{10 \times \rho_{MgO}}{V_2} \tag{11-2}$$

式中　$T_{(MgO/EDTA)}$——氧化镁溶液的滴定度。每毫升 EDTA 标准滴定溶液相当于氧化镁的毫克数，mg/mL；

ρ_{MgO}——镁标准溶液质量浓度。每毫升镁标准溶液含 1.00mg 氧化镁，mg/mL；

V_2——EDTA 标准滴定溶液滴定时消耗的体积，mL。

⑯测定镁氧化物用滤液

同本书十 3（6）⑮，滤液可供测定钙、镁氧化物用。

4. 试验步骤

（1）滤液

同本书十 4（1），滤液可供氧化钙和氧化镁分析用。

（2）滴定氧化镁

从 250mL 容量瓶中，用移液管吸取 20mL 滤液，转入锥形瓶中，用 100mL 水稀释，加约 20mLNH_4Cl-NH_4OH 缓冲溶液调节 pH 到 10，并搅拌。添加 2～3 滴 KCN(20g/L)溶液，或 10mL 三乙醇胺，加等量的钙滴定时所消耗的 EDTA 标准溶液毫升数，然后再加约 0.4g 钙镁指示剂，用 EDTA（ρ_{EDTA}=4g/L）溶液滴定到蓝色终点，为氧化钙和氧化镁总的滴定量。

5. 结果计算

从总滴定量中减去钙的 EDTA 滴定量（参见本书十测试结果），即得氧化镁的滴定量。

氧化镁滴定所消耗的 EDTA 标准溶液的体积按式（11-3）计算：

$$V_5 = V_4 - V_3 \tag{11-3}$$

式中　V_5——相当于氧化镁滴定所消耗的 EDTA 标准溶液的体积，mL；

V_4——滴定氧化钙＋氧化镁所消耗的 EDTA 标准溶液的体积，mL；

V_3——滴定氧化钙所消耗的 EDTA 标准溶液的体积，mL。

按式（11-4）计算氧化镁含量：

$$MgO(\%) = \frac{T_{(MgO/EDTA)} \times V_5 \times 12.5}{m_1 \times 1000} \times 100 = \frac{T_{(MgO/EDTA)} \times V_5 \times 12.5}{m_1} \tag{11-4}$$

式中　$T_{(MgO/EDTA)}$——氧化镁溶液的滴定度，mg/mL；

V_5——EDTA 标准滴定溶液滴定消耗的体积，mL；

m_1——样品质量，g；

12.5——全部试样溶液与分取试样溶液的体积比。

附：氧化钙和氧化镁总含量计算

氧化钙和氧化镁总含量可按式（11-5）计算：

$$W(\%) = CaO(\%) + MgO(\%) \tag{11-5}$$

式中　W——氧化钙和氧化镁总含量，%；

CaO——氧化钙含量［由式（10-2）获得］，%；

MgO——氧化镁含量，%。

十二、二氧化碳含量

1. 适用范围

本方法参照 JC/T 478.2—2013《建筑石灰试验方法　第 2 部分：化学分析方法》规定

的碱石棉吸收重量法，适用于建筑生石灰二氧化碳含量的测定。

2. 测试原理

用磷酸分解试样，碳酸盐分解释放出的二氧化碳由不含二氧化碳的气流带入一系列的U形管，先除去硫化氢和水分，然后被碱石棉吸收，通过称量来确定二氧化碳的含量。

3. 试验仪器

(1) 二氧化碳测定装置

碱石棉吸收重量法-二氧化碳测定装示意图如图12-1所示。安装一个适宜的抽气泵和一个玻璃转子流量计，以保证气体通过装置均匀流动。

进入装置的气体先通过含钠石灰或碱石棉的吸收塔1和含碱石棉的U形管2，气体中的二氧化碳被除去。反应瓶4上部与球形冷凝管7相连接。

气体通过球形冷凝管7后，进入含硫酸的洗气瓶8，然后通过含硫化氢吸收剂的U形管9和水分吸收剂的U形管10，气体中的硫化氢和水分被除去。接着通过两个可以称量的U形管11和12，分别内装3/4碱石棉和1/4水分吸收剂。对气体流向而言，碱石棉应装在水分吸收剂之前。U形管11和12后面接一个附加的U形管13，内装钠石灰或碱石棉，以防止空气中的二氧化碳和水分进入U形管12中。

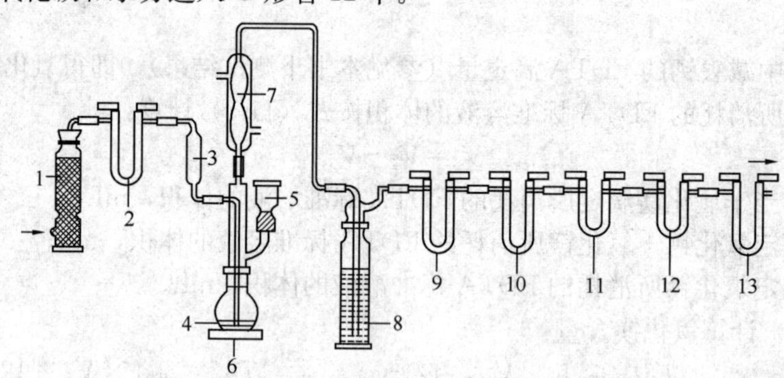

图12-1　碱石棉吸收重量法-二氧化碳测定装置示意图

1—吸收塔，内装钠石灰或碱石棉；2—U形管，内装碱石棉；3—缓冲瓶；4—反应瓶，100mL；5—分液漏斗；6—电炉；7—球形冷凝管；8—洗气瓶，内装浓硫酸；9—U形管，内装硫化氢吸收剂；10—U形管，内装水分吸收剂；11、12—U形管，内装碱石棉和水分吸收剂；13—U形管，内装钠石灰或碱石棉

(2) 天平

精确至0.0001g。

(3) 抽气泵

(4) 磷酸

密度1.68g/cm^3，质量分数85%。

(5) 硫酸铜饱和溶液。

(6) 硫化氢吸收剂

将称量过的、粒度在1～2.5mm的干燥浮石放在一个平盘内，然后用一定体积的硫酸铜饱和溶液浸泡，硫酸铜溶液的质量约为浮石质量的一半。把混合物放在(150±5)℃的干燥箱内，在玻璃棒经常搅拌下，蒸发混合物至干，烘干5h以上，将固体混合物冷却后，密封保存。

（7）碱石棉（二氧化碳吸收剂）

碱石棉，粒度 1～2mm（10～20 目），化学纯，密封保存。

（8）水分吸收剂

无水高氯酸镁，制成粒度 0.6～2mm，密封保存；或者无水氯化钙，制成粒度 1～4mm，密封保存。

（9）钠石灰

粒度 2～5mm，医药用或化学纯，密封保存。

4. 试验步骤

使用图 12-1 的仪器装置进行测定。

每次测定前，将一个空的反应瓶连接到图 12-1 所示的仪器装置上，连通 U 形管 9、10、11、12、13。启动抽气泵，控制气体流速为 50～100mL/min（每秒 3～5 个气泡），通气 30min 以上，以除去系统中的二氧化碳和水分。

关闭抽气泵，关闭 U 形管 10、11、12、13 的磨口塞。取下 U 形管 11 和 12 放在平盘上，在天平室恒温 10min，然后分别称量。重复此操作，再通气 10min，取下，恒温，称量，直至每个管子连续两次称量结果之差不超过 0.0010g 为止，以最后一次称量值为准。

提示：取用 U 形管时，应小心避免影响质量、打碎或损坏。建议进行操作时带防护手套。

如果 U 形管 11 和 12 的质量变化连续超过 0.0010g，更换 U 形管 9 和 10。

称取约 1g 试样（m_1），精确至 0.0001g，置于 100mL 的干燥反应瓶中，将反应瓶连接到图 12-1 所示的仪器装置上，并将已称量的 U 形管 11 和 12 连接到图 12-1 所示的仪器装置上。启动抽气泵，控制气体流速为 50～100mL/min（每秒 3～5 个气泡）。加入 20mL 磷酸到分液漏斗 5 中，小心旋开分液漏斗活塞，使磷酸滴入反应瓶 4 中，并留少许磷酸在漏斗中起液封作用，关闭活塞。打开反应瓶下面的小电炉，调节电压使电炉丝呈暗红色，慢慢低温加热使反应瓶中的液体至沸，并加热微沸 5min，关闭电炉，并继续通气 25min。

提示：切勿剧烈加热，以防反应瓶中的液体产生倒流现象。

关闭抽气泵，关闭 U 形管 10、11、12、13 的磨口塞。取下 U 形管 11 和 12 放在平盘上，在天平室恒温 10min，然后分别称量。用每根 U 形管增加的质量（m_2 和 m_3）计算水泥中二氧化碳的含量。

如果第二根 U 形管 12 的质量变化小于 0.0005g，计算时忽略。实际上二氧化碳应全部被第一根 U 形管 11 吸收。如果第二根 U 形管 12 的质量变化连续超过 0.0010g，应更换第一根 U 形管 11，并重新开始试验。

同时进行空白试验。计算时从测定结果中扣除空白试验值（m_4）。

如果试样中碳酸盐含量较高，应按比例适当减少试样称取量。

5. 结果计算

二氧化碳的质量分数 w_{CO_2} 按式（12-1）计算：

$$w_{CO_2} = \frac{m_2 + m_3 - m_4}{m_1} \times 100 \tag{12-1}$$

式中　w_{CO_2}——水泥中二氧化碳的质量分数，%；

m_1——试料的质量，g；

m_2——吸收后 U 形管 11 增加的质量，g；

m_3——吸收后U形管12增加的质量，g；

m_4——空白试验值，g。

十三、吸铵值

1. 适用范围

本方法参照JG/T 3048—1998《混凝土和砂浆用天然沸石粉》规定的试验方法，适用于天然沸石粉吸铵值的测定。

2. 测试原理

通过单位质量沸石粉所交换的铵离子毫摩尔数反映沸石粉的吸附能力。

3. 试验仪器

（1）氯化铵溶液1mol/L

（2）氯化钾溶液1mol/L

（3）硝酸铵溶液0.005mol/L

（4）硝酸银溶液5%

（5）NaOH标准溶液0.1mol/L

（6）甲醛溶液38%

（7）酚酞酒精溶液1%

（8）干燥器

（9）烧杯

（10）电热板或调温电炉

（11）中速滤纸

（12）漏斗

4. 试验步骤

（1）取通过80μm方孔筛的沸石粉风干样，放入干燥器中24h后，称取1.0000g，置于150mL的烧杯中，加入100mL的1mol/L的氯化铵溶液。

（2）将烧杯放在电热板或调温电炉上加热微沸2h（经常搅拌，可补充水，保持杯中溶液约30mL）。

（3）用中速滤纸过滤，取煮沸并冷却的蒸馏水洗烧杯和滤纸沉淀，再用0.005mol/L的硝酸铵淋洗至无氯离子（用黑色比色板滴两滴淋洗液，加入1滴硝酸银溶液，无白色沉淀产生，表明无氯离子）。

（4）移去滤液瓶，将沉淀移到普通漏斗中，用煮沸的1mol/L氯化钾溶液每次约30mL冲洗沉淀物。用一干净烧杯承接，分四次洗至100～120mL为止。

（5）在洗液中加入10mL甲醛溶液，静置20min。

（6）加入2～8滴酚酞指示剂，用氢氧化钠标准溶液滴定，直至微红色为终点（半分钟不褪色），记下消耗的氢氧化钠标准溶液体积。

5. 结果计算及数据处理

沸石粉吸铵值应按式（13-1）计算：

$$吸铵值（mmol/100g）=\frac{M\times V\times 100}{m} \tag{13-1}$$

式中 M——NaOH 标准溶液的摩尔浓度，mol/L；

V——消耗的 NaOH 标准溶液的体积，mL；

m——沸石粉风干样放入干燥器中 24 h 的质量，g。

测试结果应符合下列要求：同一样品分别进行两次测试，所得测试结果之差不得大于 3%，取其平均值为试验结果。计算值取到小数点后一位。当测试结果超过允许范围时，应查找原因，重新按上述试验方法进行测试。

十四、氯离子含量

（一）硫氰酸铵容量法（基准法）

1. 适用范围

本方法参照 GB/T 176—2008《水泥化学分析方法》规定的试验方法，适用于通用硅酸盐水泥（硅酸盐水泥、普通硅酸盐水泥、矿渣硅酸盐水泥、火山灰质硅酸盐水泥、粉煤灰硅酸盐水泥、复合硅酸盐水泥）、粒化高炉矿渣粉和化学添加剂（防水剂、增塑剂、防冻剂、速凝剂、减水剂）中氯离子含量的测定和质量的评价。也适于水泥基渗透结晶型防水涂料中氯离子含量的测定和质量评价。

2. 测试原理

本方法规定了硫氰酸铵容量法（基准法）测定水泥和粒化高炉矿渣粉中氯离子的化学分析方法。

测定除氟以外的卤素含量，以氯离子（Cl^-）表示结果。试样用煮沸的稀硝酸进行分解。同时消除硫化物的干扰。用已知量的硝酸银标准溶液使已溶解的氯化物沉淀。煮沸后，沉淀物用稀硝酸洗涤。将滤液和洗涤液冷却至 25℃以下，以铁（Ⅲ）盐为指示剂，用硫氰酸铵标准滴定溶液滴定过量的硝酸银。

3. 试验仪器

除另有说明外，所用试剂应不低于分析纯。用于标定与配制标准溶液的试剂应为基准试剂。所用水应符合 GB/T 6682《分析实验室用水规格和试验方法》中规定的三级水要求。

本方法所列市售浓液体试剂的密度指 20℃的密度。

在化学分析中，所用酸或氨水，凡未注浓度者均指市售的浓酸或浓氨水，用体积比表示试剂稀释程度，例如硝酸（1+2）表示：1 份体积的浓硝酸与 2 份体积的水相混合。

质量以克表示，精确至 0.0001g。滴定管体积用“毫升（mL）”表示，精确至 0.05mL。滴定度单位用“毫克每毫升（mg/mL）”表示，滴定度经修约后保留有效数字三位。

空白试验是使用相同量的试剂，不加入试样，按照相同的测定步骤进行试验，对得到的测定结果进行校正。

（1）玻璃容量器皿

滴定管、容量瓶、移液管、称量瓶。硝酸（HNO_3），密度 1.39～1.41g/cm^3 或质量分数 65%～68%。

(2) 试剂

① 硝酸(1+2)。

② 硝酸(1+100)。

③ 硝酸银标准溶液

浓度0.05mol/L,即称取8.4940g硝酸银溶于水中,转移至1L容量瓶中,用水洗净烧杯并稀释至标线,摇匀。避光保存。

④ 硫氰酸铵标准滴定溶液

浓度0.05mol/L,即称取3.8g硫氰酸铵(NH_4SCN)溶于水,稀释到1L。

⑤ 硫酸铁铵指示剂溶液

100mL硫酸铁铵的过饱和溶液加入10mL稀硝酸(1+2)。

4. 试验步骤

试样应具有代表性和均匀性,水泥取样方法按照GB/T 12573《水泥取样方法》进行,由实验室试样缩分后的试样应不少于200g。以四分法或缩分器将试样减少至不少于50g,然后研磨至全部通过0.080mm方孔筛,将试样充分混匀,装入试样瓶中,密封保存,供测定用。其余作为原样密封保存备用。

称取5g(±0.0500g)试样(m_1),精确至0.0001g,放入400mL烧杯中,加50mL水,搅拌使试样完全分散,在搅拌下加入50mL硝酸(1+2),加热至沸,在搅拌下微沸1~2min。准确移取5.00mL硝酸银标准溶液于溶液中,煮沸1~2min,加入少许滤纸浆用预先以稀硝酸(1+100)冲洗过的慢速滤纸抽气过滤或玻璃砂芯漏斗抽气过滤,滤液收集于250mL锥形瓶中,用稀硝酸(1+100)洗涤烧杯、玻璃棒和滤纸,直至滤液和洗液总体积达到约200mL,溶液在弱光线或暗处冷却至25℃以下。

加入5mL硫酸铁铵指示剂溶液,用硫氰酸铵标准滴定溶液滴定,产生的红棕色在摇动下不消失为止。记录滴定所用硫氰酸铵标准滴定溶液的体积(V_1)。如果V_1小于0.5mL,用减少一半的试样质量重新试验。

不加入试样按上述步骤进行空白试验,记录空白滴定所用硫氰酸铵标准滴定溶液的体积(V_2)。

5. 结果计算和数据处理

氯离子的含量按式(14-1)计算:

$$w_{Cl^-}=\frac{1.773\times 5(V_2-V_1)}{1000\times V_2\times m_1}\times 100=0.8865\times\frac{V_2-V_1}{V_2\times m_1} \tag{14-1}$$

式中 w_{Cl^-}——氯离子的质量分数,%;

V_1——滴定所消耗的硫氰酸铵溶液的体积,mL;

V_2——空白试验滴定消耗的硫氰酸铵溶液的体积,mL;

m_1——试样的质量,g;

1.773——硝酸银标准溶液对氯离子的滴定度,mg/mL。

(二) 磷酸蒸馏-汞盐滴定法(代用法)

1. 适用范围

本方法参照GB/T 176—2008《水泥化学分析方法》规定的试验方法,适用于通用硅酸盐水泥（硅酸盐水泥、普通硅酸盐水泥、矿渣硅酸盐水泥、火山灰质硅酸盐水泥、粉煤灰硅酸盐水泥、复合硅酸盐水泥）和粒化高炉矿渣粉中氯离子含量的质量百分数的测定和质量的评价。

2. 测试原理

本方法规定了磷酸蒸馏-汞盐滴定法（代用法）测定水泥和粒化高炉矿渣粉中氯离子的化学分析方法。

用规定的蒸馏装置在 250～260℃温度条件下，以过氧化氢和磷酸分解试样，以净化空气做载体，进行蒸馏分离氯离子，用稀硝酸作吸收液。在 pH3.5 左右，以二苯偶氮碳酰肼为指示剂，用硝酸汞标准滴定溶液进行滴定。

3. 试验器具和试剂

除另有说明外，所用试剂应不低于分析纯。用于标定与配制标准溶液的试剂应为基准试剂。所用水应符合 GB/T 6682《分析实验室用水规格和试验方法》中规定的三级水要求。

本方法所列市售浓液体试剂的密度指 20℃的密度。

在化学分析中，所用酸或氨水，凡未注浓度者均指市售的浓酸或浓氨水，用体积比表示试剂稀释程度，例如硝酸（1+2）表示：1 份体积的浓硝酸与 2 份体积的水相混合。

质量以克表示，精确至 0.0001g。滴定管体积用“毫升（mL）”表示，精确至 0.05mL。滴定度单位用“毫克每毫升（mg/mL）”表示，滴定度经修约后保留有效数字三位。

空白试验是使用相同量的试剂，不加入试样，按照相同的测定步骤进行试验，对得到的测定结果进行校正。

（1）测氯蒸馏装置

测氯蒸馏装置如图 14-1 所示。

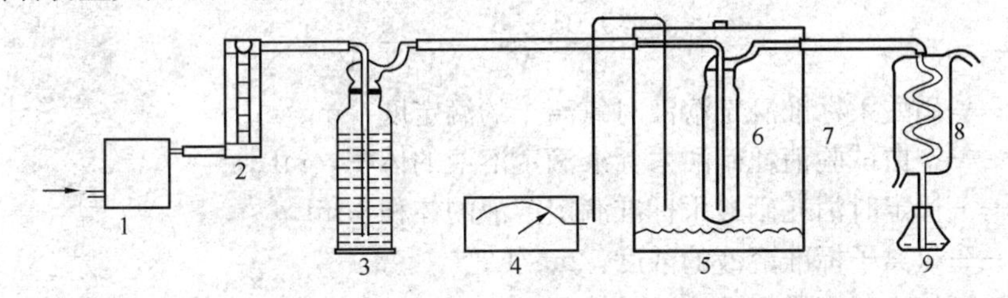

图 14-1　测氯蒸馏装置

1—吹气泵；2—转子流量计；3—洗气瓶，内装硝酸银溶液（5.10）；4—温控仪；5—电炉；6—石英蒸馏管；7—炉膛保温罩；8—蛇形冷凝管；9—50mL 锥形瓶

（2）天平

精确至 0.0001g。

（3）玻璃容量器皿

滴定管、容量瓶、移液管、称量瓶。

（4）试剂

① 硝酸：密度 1.39～1.41g/cm³或质量分数 65%～68%。

② 磷酸：密度 1.68g/cm³或质量分数≥85%。

③ 乙醇：体积分数 95%或无水乙醇。

④ 过氧化氢：质量分数 30%。

⑤ 氢氧化钠溶液

浓度0.05mol/L，即将2g氢氧化钠溶于100mL水中。

⑥ 硝酸溶液

浓度0.05mol/L，即取3mL硝酸，用水稀释至100mL。

⑦ 氯离子标准溶液

准确称取0.3297g已在105～110℃烘2h的氯化钠，溶于少量水中，然后移入1L容量瓶中，用水稀释至标线，摇匀。此溶液1mL含0.2mg氯离子。

吸取上述溶液50.00mL，注入250mL容量瓶中，用水稀释至标线，摇匀。此溶液1mL含0.04mg氯离子。

⑧ 硝酸汞标准滴定溶液

a. 硝酸汞标准滴定溶液的配制

浓度0.001mol/L，即称取0.34g硝酸汞，溶于10mL硝酸中，移入1L容量瓶内，用水稀释至标线，摇匀。

b. 硝酸汞标准滴定溶液的标定

用微量滴定管准确加入5.00mL0.04mg/mL氯离子标准溶液于50mL锥形瓶中，加入20mL乙醇及1～2滴溴酚蓝指示剂，用氢氧化钠溶液调至溶液呈蓝色，然后用硝酸调至溶液刚好变黄，再过量1滴（pH约为3.5），加入10滴二苯偶氮碳酰肼指示剂，用硝酸汞标准滴定溶液滴定至紫红色出现。

同时进行空白试验。使用相同量的试剂，不加入氯离子标准溶液，按照相同的测定步骤进行试验。

硝酸汞标准滴定溶液对氯离子的滴定度，按式（14-2）计算：

$$T_{Cl^-}=\frac{0.04\times5}{V_4-V_3}=\frac{0.2}{V_4-V_3} \tag{14-2}$$

式中 T_{Cl^-}——硝酸汞标准滴定溶液对氯离子的滴定度，mg/mL；

V_3——空白试验消耗硝酸汞标准滴定溶液的体积，mL；

V_4——标定时消耗硝酸汞标准滴定溶液的体积，mL；

0.04——氯离子标准溶液的浓度，mg/L；

5——加入氯离子标准溶液的体积，mL。

⑨ 硝酸汞标准滴定溶液

a. 硝酸汞标准滴定溶液的配制

浓度0.005mol/L，即称取1.67g硝酸汞，溶于10mL硝酸中，移入1L容量瓶内，用水稀释至标线，摇匀。

b. 硝酸汞标准滴定溶液的标定

浓度0.005mol/L，即用微量滴定管准确加入7.00mL0.2mg/mL氯离子标准溶液于50mL锥形瓶中，以下操作按（4）⑧b进行。

同时进行空白试验。使用相同量的试剂，不加入氯离子标准溶液，按照相同的测定步骤进行试验。

硝酸汞标准滴定溶液对氯离子的滴定度，按式（14-3）计算：

$$T_{Cl^-}=\frac{0.2\times7}{V_6-V_5}=\frac{1.4}{V_6-V_5} \tag{14-3}$$

式中　T_{Cl^-}——硝酸汞标准滴定溶液对氯离子的滴定度，mg/mL；

V_5——空白试验消耗硝酸汞标准滴定溶液的体积，mL；

V_6——标定时消耗硝酸汞标准滴定溶液的体积，mL；

0.2——氯离子标准溶液的浓度，mg/L；

7——加入氯离子标准溶液的体积，mL。

⑩ 硝酸银溶液

浓度5g/L，即将5g硝酸银溶于1L水中。

⑪ 溴酚蓝指示剂溶液

浓度1g/L，即将0.1g溴酚蓝溶于100mL乙醇（1+4）中。

⑫ 二苯偶氮碳酰肼溶液

浓度10g/L，即将1g二苯偶氮碳酰肼溶于100mL乙醇中。

4. 试验步骤

试样应具有代表性和均匀性，水泥取样方法按照GB/T 12573《水泥取样方法》进行，由实验室试样缩分后的试样应不小于200g。以四分法或缩分器将试样减少至不少于50g，然后研磨至全部通过0.080mm方孔筛，将试样充分混匀，装入试样瓶中密封保存，供测定用。其余作为原样密封保存备用。

向50mL锥形瓶中加入约3mL水及5滴硝酸溶液，放在冷凝管下端用以承接蒸馏液，冷凝管下端的硅胶管插于锥形瓶的溶液中。

称取约0.3g（m_2）试样，精确至0.0001g，置于已烘干的石英蒸馏管中，勿使试料黏附于管壁。

向蒸馏管中加入5滴过氧化氢溶液，摇动使试样完全分散后加入5mL磷酸，套上磨口塞，摇动，待试料分解产生的二氧化碳气体大部分逸出后，将仪器装置中的固定架套在石英蒸馏管上，并将其置于温度250～260℃的测氯蒸馏装置炉膛内，迅速地以硅橡胶管连接好蒸馏管的进出口部分（先连出气管，后连进气管），盖上炉盖。

开动气泵，调节气流速度在100～200mL/min，蒸馏10～15min后关闭气泵，拆下连接管，取出蒸馏管置于试管架内。

用乙醇吹洗冷凝管及其下端，洗液收集于锥形瓶内（乙醇用量约为15mL）。由冷凝管下部取出承接蒸馏液的锥形瓶，向其中加入1～2滴溴酚蓝指示剂，用氢氧化钠溶液调至溶液呈蓝色，然后用硝酸溶液调至溶液刚好变黄，再过量1滴，加入10滴二苯偶氮碳酰肼指示剂，用硝酸汞标准滴定溶液滴定至紫红色出现。记录滴定所用硝酸汞标准滴定溶液的体积（V_8）。

氯离子含量为0.2%～1%时，蒸馏时间应为15～20min；用硝酸汞标准滴定溶液进行滴定。

不加入试样按上述步骤进行空白试验，记录空白滴定所用硝酸汞标准滴定溶液的体积（V_7）。

5. 数据处理及结果分析

氯离子的含量按式（14-4）计算，测试结果以质量百分数计，氯离子的测试结果表示至小数点后三位。

$$w_{Cl^-} = \frac{T_{Cl^-} \times (V_8 - V_7)}{m_2 \times 1000} \times 100 = \frac{T_{Cl^-} \times (V_8 - V_7) \times 0.1}{m_2} \tag{14-4}$$

式中 w_{Cl^-} ——氯离子的质量分数，%；

T_{Cl^-} ——每毫升硝酸汞标准滴定溶液相当于氯离子的毫克数，mg/mL；

V_7——空白试验消耗硝酸汞标准滴定溶液的体积，mL；

V_8——滴定时消耗硝酸汞标准滴定溶液的体积，mL；

m_2——试样的质量，g。

每次测定的试验次数规定为两次，用两次试验平均值表示测定结果。

本方法所列允许差均为绝对偏差，用质量分数表示。氯离子测定结果的允许差见表 14-1。

表 14-1　氯离子测定结果的允许差

氯离子含量范围/%	同一试验室的允许差/%	不同实验室的允许差/%
$w_{Cl^-} \leqslant 0.10$	0.002	0.003
$0.10 < w_{Cl^-} \leqslant 0.30$	0.010	0.015
$w_{Cl^-} > 0.30$	0.020	0.030

同一试验室的允许差是指：同一分析试验室的同一分析人员（或两个分析人员），采用本方法分析同一试样时，两次分析结果之差应符合的允许差规定。如超出允许范围，应在短时间内进行第三次测定（或第三者的测定），测定结果与前两次或任一次分析结果之差值符合允许差规定时，则取其平均值，否则，应查找原因，重新按上述规定进行分析。

不同试验室的允许差是指：两个试验室采用本方法对同一试样各自进行分析时，所得分析结果的平均值之差应符合的允许差规定。

(三) 硝酸银滴定法

1. 适用范围

本方法参照 GB/T 14684—2011《建设用砂》规定的试验方法，适用于砂（天然砂、机制砂、再生细集料）中氯离子含量的质量百分数的测定和质量的评价。

2. 测试原理

利用氯离子与硝酸银溶液反应生成氯化银沉淀，以铬酸钾为指示剂进行标定。

3. 试验器具和试剂

（1）玻璃容量器皿

滴定管、500mL 容量瓶、移液管、1000mL 磨口瓶、称量瓶、300mL 三角瓶、1000mL 烧杯、滤纸、搪瓷盘、毛刷等。

（2）鼓风干燥箱

能使温度控制在（105±5)℃。

（3）天平

称量 1000g，感量 0.1g。

（4）试剂

① 0.01mol/L 氯化钠标准溶液；

② 0.01mol/L 硝酸银标准溶液；

③ 5%铬酸钾指示剂溶液；

④ 蒸馏水。

4. 试验步骤

参照 GB/T 14684—2011 中 7.1.1 取样方法进行取样，试样应具有代表性和均匀性。最少取样 4.4kg，并按照人工四分法将试样缩分至约 1100g，放在干燥箱中于（105±5）℃下烘干至恒量。待冷却至室温后，分为大致相等的两份备用。

称取 500g 试样，精确至 0.1g。将试样倒入磨口瓶中，用容量瓶量取 500mL 蒸馏水，注入磨口瓶，盖上盖子，摇动一次后，放置 2h，每隔 5min 摇动一次，共摇动 3 次，使氯盐充分溶解。

将磨口瓶上部已澄清的溶液过滤，然后用移液管吸取 50mL 滤液，注入三角瓶中。

加入 5%铬酸钾指示剂 1mL，用 0.01mol/L 硝酸银溶液滴定至呈现砖红色为终点。记录消耗的硝酸银溶液毫升数，精确至 1mL。

不加入试样的空白试验：用移液管将 50mL 蒸馏水注入三角瓶中，按上述步骤进行空白试验测试。加入 5%铬酸钾指示剂 1mL，用 0.01mol/L 硝酸银溶液滴定至呈现砖红色为终点。记录消耗的硝酸银溶液毫升数，精确至 1mL。

5. 结果计算和数据处理

氯离子的含量按式（14-5）计算：

$$Q_i = \frac{N(A-B) \times 0.0355 \times 10}{G_0} \times 100 \tag{14-5}$$

式中　Q_i——氯离子的质量分数，%；

N——硝酸银标准溶液的浓度，mol/L；

A——样品滴定消耗的硝酸银标准溶液的体积，mL；

B——空白试验滴定消耗的硝酸银标准溶液的体积，mL；

G_0——试样质量，g；

0.0355——换算系数；

10——全部试样溶液与所分取试样溶液的体积比。

氯离子测试结果以质量分数计，数值以%表示，精确至 0.001%。

每次测定的试验次数规定为两次，用两次试验平均值表示测定结果，精确至 0.01%。

采用修约值比较法进行评定。

（四）电位滴定法

1. 适用范围

本方法参照 GB/T 8077—2012《混凝土外加剂匀质性试验方法》规定的试验方法，适用于化学添加剂（防水剂、增塑剂、防冻剂、速凝剂、减水剂）中氯离子含量的质量百分数的测定和质量的评价。

2. 测试原理

本方法是以银电极或氯电极为指示电极，其电势随银离子浓度而变化，以甘汞电极为参比电极，用电位计或酸度计测定两电极在溶液中组成原电池的电势，银离子与氯离子反应生成溶解度很小的氯化银白色沉淀。在等当点前滴入硝酸银生成氯化银沉淀，两电极间电势变化缓慢，等当点时氯离子全部生成氯化银沉淀，这时滴入少量硝酸银溶液即引起电势急剧变化，指示出滴定终点。

3. 试验器具和试剂

（1）器具

① 电位测定仪或酸度计；

② 银电极或氯电极；

③ 甘汞电极；

④ 电磁搅拌器；

⑤ 滴定管、移液管；

⑥ 天平：分度值 0.0001g。

（2）试剂

① 硝酸（1＋1）；

② 硝酸银溶液 0.1000mol/L；

③ 氯化钠标准溶液 0.1000mol/L。

4. 试验步骤

称取外加剂试样 0.5～5g，精确至 0.0001g，放入烧杯中，加 200mL 水和 4mL 硝酸（1＋1），使溶液呈酸性，搅拌至完全溶解，如不能完全溶解，可用快速定性滤纸过滤，并用蒸馏水洗涤残渣至无氯离子为止。

用移液管加入 10mL 氯化钠标准溶液，烧杯内加入电磁搅拌子，将烧杯在电磁搅拌器上搅拌，并插入银电极（或氯电极）及甘汞电极，两电极与电位计或酸度计相连接，用硝酸盐溶液缓慢滴定，记录电势和对应的滴定管读数。

由于接近等当点时，电势增长很快，此时要缓慢滴加硝酸盐溶液，每次定量加入 0.1mL，当电势发生突变时，表示等当点已过，此时继续滴入硝酸银溶液，直至电势趋向变化平缓。得到第一个终点时硝酸银溶液消耗的体积 V_1。

在同一溶液中，用移液管再加入 10mL 氯化钠标准溶液，此时溶液电势降低，继续用硝酸盐溶液滴定，直至第二个等当点出现，记录电势和对应的硝酸银溶液消耗的体积 V_2。

空白试验是在干净的烧杯中加入 200mL 水和 4mL 硝酸（1＋1），其他测试步骤同上。第一和第二个终点所消耗的硝酸银溶液体积记作 V_{01} 和 V_{02}。

5. 结果计算和数据处理

化学添加剂中氯离子所消耗的硝酸银溶液体积按式（14-6）计算：

$$V=\frac{(V_1-V_{01})+(V_2-V_{02})}{2} \tag{14-6}$$

式中 V——所消耗的硝酸银溶液体积，mL；

V_1——试样溶液加 10mL 氯化钠标准溶液所消耗的硝酸银溶液体积，mL；

V_2——试样溶液加 20mL 氯化钠标准溶液所消耗的硝酸银溶液体积，mL；

V_{01}——空白试验加 10mL 氯化钠标准溶液所消耗的硝酸银溶液体积，mL；

V_{02}——空白试验加 20mL 氯化钠标准溶液所消耗的硝酸银溶液体积，mL。

化学添加剂中氯离子含量按式（14-7）计算：

$$X_{Cl^-}=\frac{V\times 35.45}{m\times 10000}\times 100 \tag{14-7}$$

式中　X_{Cl^-}——添加剂中氯离子含量，%；

V——添加剂中氯离子所消耗硝酸银溶液体积，mL；

m——添加剂样品质量，g。

氯离子测试结果以质量分数计，数值以%表示，精确至0.001%。

每次测定的试验次数规定为两次，用两次试验平均值表示测定结果。

十五、玻璃体含量

1. 适用范围

本方法参照GB/T 18046—2008《用于水泥和混凝土中的粒化高炉矿渣粉》规定的试验方法，适用于用作水泥混合材和混凝土掺合料的粒化高炉矿渣粉。目的是测定粒化高炉矿渣粉的玻璃体含量，用于评价其质量。

2. 测试原理

根据粒化高炉矿渣微粉X射线衍射图中玻璃体部分的面积与底线上面积之比为玻璃体含量。

3. 试验仪器和装置

（1）X射线衍射仪（铜靶）

功率大于3kW，试验条件：管流≥40mA，管压≥37.5kV。

（2）电子天平

量程不小于10g，最小分度不大于0.001g。

（3）电热干燥箱

温度控制范围（105±5）℃。

4. 试验步骤

在烘箱中烘干粒化高炉矿渣粉样品1h。用玛瑙研钵研磨，使其全部通过80μm方孔筛。以每分钟等于或小于1°（2θ）的扫描速度，扫描试样0.237～0.404nm晶面区间（2θ=22.0°～38.0°）。

衍射图谱曲线上1°（2θ）衍射角的线性距离不小于10mm。0.404～0.237nm晶面间的空间（*d*-空间）最强衍射峰的高度应大于100mm。

注：扫描范围扩大到10°～60°时，可搜索到杂质的存在，通过杂质的主要峰值可以辨析其主要成分，并和玻璃体含量一起报告。

5. 结果计算

在0.237～0.404nm晶面间（2θ=22.0°～38.0°）的空间在峰底画一直线代表背底。计算中仅考虑线性底部上方空间区域的面积。

在0.237～0.404nm范围内，在衍射强度曲线的振荡中点画一曲线，尖锐衍射峰代表晶体部分，其余为玻璃体部分。在纸上把衍射峰轮廓和玻璃体区域剪下并分别称重，精确至0.001g。

允许通过计算机软件直接测量相应的面积。

按式（15-1）测定玻璃体含量，取整数。

$$w_{glass} = \frac{w_{gp}}{w_{gp} + w_{cp}} \times 100 \tag{15-1}$$

式中 w_{glass}——粒化高炉矿渣粉玻璃体含量（质量分数），%；

w_{gp}——代表样品中玻璃体的纸质量，g；

w_{cp}——代表样品中晶体部分的纸质量，g。

十六、不溶物含量

1. 适用范围

本方法参照 GB/T 176—2008《水泥化学分析方法》，适用于通用硅酸盐水泥（硅酸盐水泥、普通硅酸盐水泥、矿渣硅酸盐水泥、火山灰质硅酸盐水泥、粉煤灰硅酸盐水泥、复合硅酸盐水泥）不溶物含量的测定。

2. 测试原理

将试样先以盐酸溶液处理，尽量避免可溶性二氧化硅的析出，滤出的不溶渣再以氢氧化钠溶液处理，进一步溶解可能已沉淀的痕量二氧化硅，以盐酸中和、过滤后，残渣经灼烧后称量。

3. 试验器具和试剂

除另有说明外，所用试剂应不低于分析纯。所用水应符合 GB/T 6682《分析实验室用水规格和试验方法》中规定的三级水要求。

本标准所列市售浓液体试剂的密度指 20℃的密度（ρ）。

在化学分析中所用酸，凡未注浓度者均指市售的浓酸。

用体积比表示试剂稀释程度，例如：盐酸（1+2）表示 1 份体积的浓盐酸与 2 份体积的水相混合。

（1）盐酸

1.18～1.19g/cm^3，质量分数 36%～38%。

（2）盐酸（1+1）

（3）乙醇

乙醇的体积分数 95%。

（4）氢氧化钠溶液

浓度 10g/L，即将 10g 氢氧化钠（NaOH）溶于水中，加水稀释至 1L，贮存于塑料瓶中。

（5）硝酸铵溶液

浓度 10g/L，即将 2g 硝酸铵（NH_4NO_3）溶于水中，加水稀释至 100mL。

（6）甲基红指示剂溶液

浓度 10g/L，即将 0.2g 甲基红溶于 100mL 乙醇中。

（7）天平

精确至 0.0001g。

（8）瓷坩埚

带盖，容量 20～30mL。

（9）干燥器

内装变色硅胶。

（10）高温炉

隔焰加热炉，在炉膛外围进行电阻加热。应使用温度控制器准确控制炉温，可控制温度(950±25)℃。

（11）蒸汽水浴

（12）滤纸

中速定量滤纸。

4. 试验步骤

称取约 1g 试样（m_1），精确至 0.0001g，置于 150mL 烧杯中，加入 25mL 水，搅拌使试样完全分散，在不断搅拌下加入 5mL 盐酸，用平头玻璃棒压碎块状物使其分解完全（必要时可将溶液稍稍加温几分钟）。用近沸的热水稀释至 50mL，盖上表面皿，将烧杯置于蒸汽水浴中加热 15min 。用中速定量滤纸过滤，用热水充分洗涤 10 次以上。

将残渣和滤纸一并移入原烧杯中，加入 100mL 近沸的氢氧化钠溶液，盖上表面皿，置于蒸汽水浴中加热 15min。加热期间搅动滤纸及残渣 2～3 次。取下烧杯，加入 1～2 滴甲基红指示剂溶液，滴加盐酸（1+1）至溶液呈红色，再过量 8～10 滴。用中速定量滤纸过滤，用热的硝酸铵溶液充分洗涤至少 14 次。

将残渣及滤纸一并移入已灼烧恒量的瓷坩埚中，灰化后在（950±25)℃的高温炉内灼烧30min。取出坩埚，置于干燥器中，冷却至室温，称量。反复灼烧，直至恒量。

5. 结果计算

不溶物的质量分数 w_{IR} 按式（16-1）计算：

$$w_{IR}=\frac{m_2}{m_1}\times 100 \qquad (16\text{-}1)$$

式中 w_{IR}——不溶物的质量分数，%；

m_2——灼烧后不溶物的质量，g；

m_1——试料的质量，g。

十七、不挥发物含量

1. 适用范围

本方法参照标准 GB/T 8077—2012《混凝土外加剂匀质性试验方法》规定的含固量试验方法，适用于可再分散乳胶粉的不挥发物含量的测定和评价。

2. 测试原理

将已恒量的称量瓶内放入一定质量的可再分散乳胶粉被测试样，于一定温度下烘干至恒量。恒量后的质量占烘干前质量的质量百分比，即为其不挥发物含量。

3. 试验仪器

（1）天平：精度 0.0001g。

（2）烘箱：温度范围 0～200℃，精度±2℃。

（3）带盖称量瓶：65mm×25mm。

（4）干燥器：内盛变色硅胶。

4. 试验步骤

（1）将洁净带盖称量瓶放入烘箱内，于 100～105℃烘 30min，取出置于干燥器内，冷却 30min 后称量，重复上述步骤直至恒量（即两次测量值之差≤0.0005g），其质量为 m_0。

（2）称取约 5g（精确至 0.0001g）被测样品，装入已经恒量的称量瓶内，样品厚度应小于 5mm，盖上瓶盖称出样品及称量瓶的总质量，为 m_1。

（3）将盛有样品的称量瓶放入烘箱内，将瓶盖取下，放在称量瓶旁，或将瓶盖半开，在 (105±2)℃下烘干 2h，将称量瓶盖上瓶盖，取出置于干燥器内冷却 30min 后称量，重复上述步骤直至恒量，其质量为 m_2。

5. 结果计算及数据处理

不挥发物含量 X_g按式（17-1）计算：

$$X_g=\frac{m_2-m_0}{m_1-m_0}\times 100 \tag{17-1}$$

式中 X_g——不挥发物含量，%；

m_0——称量瓶的质量，g；

m_1——称量瓶加样品烘干前的质量，g；

m_2——称量瓶加样品烘干后的质量，g。

每份样品平行测定两个结果，平行结果的差值应不大于 0.20%，取其算数平均值。

十八、烧失量

1. 适用范围

本方法参照 GB/T 176—2008《水泥化学分析方法》中的灼烧差减法，适用于胶凝材料（通用硅酸盐水泥、铝酸盐水泥、快硬硫铝酸盐水泥、低碱度硫铝酸盐水泥、白色硅酸盐、彩色硅酸盐水泥等装饰水泥）和矿物掺合料（粒化高炉矿渣粉、粉煤灰）试样加热分解的气态产物（如 H_2O，CO_2等）和有机质含量多少的测定。

2. 测试原理

试样在（950±25)℃的高温炉中灼烧，驱除二氧化碳和水分，同时将存在的易氧化的元素氧化。通常矿渣硅酸盐水泥应对由硫化物的氧化引起的烧失量的误差进行校正，而其他元素的氧化引起的误差一般可忽略不计。

3. 试验器具

（1）天平

精确至 0.0001g。

（2）铂、银、瓷坩埚

带盖，容量 20～30mL。

（3）干燥器

内装变色硅胶。

（4）高温炉

隔焰加热炉，在炉膛外围进行电阻加热。应使用温度控制器准确控制炉温，可控制温度(700±25)℃、(800±25)℃、(950±25)℃。

4. 试验步骤

称取约1g试样（m_1），精确至0.0001g，放入已灼烧恒量的瓷坩埚中，将盖斜置于坩埚上，放在高温炉内，从低温开始逐渐升高温度，在（950±25)℃下灼烧15～20min，取出坩埚置于干燥器中，冷却至室温，称量。反复灼烧，直至恒量。

5. 结果计算及数据处理

（1）烧失量的计算

烧失量的质量分数w_{LOI}按式（18-1）计算：

$$w_{LOI}=\frac{m_1-m_2}{m_1}\times 100 \tag{18-1}$$

式中　w_{LOI}——烧失量的质量分数，%；

m_1——试料的质量，g；

m_2——灼烧后试料的质量，g。

（2）粒化高炉矿渣粉、矿渣硅酸盐水泥和掺入大量矿渣的其他水泥烧失量的校正

称取两份试样，一份用来直接测定其中的三氧化硫含量；另一份则按测定烧失量的条件于（950±25)℃下灼烧15～20min，然后测定灼烧后的试料中的三氧化硫含量。

根据灼烧前后三氧化硫含量的变化，矿渣硅酸盐水泥在灼烧过程中由于硫化物氧化引起烧失量的误差可按式（18-2）进行校正：

$$w'_{LOI}=w_{LOI}+0.8\times(w_{后}-\omega_{前}) \tag{18-2}$$

式中　w'_{LOI}——校正后烧失量的质量分数，%；

w_{LOI}——实际测定的烧失量的质量分数，%；

$w_{前}$——灼烧前试料中三氧化硫的质量分数，%；

$w_{后}$——灼烧后试料中三氧化硫的质量分数，%；

0.8——S^{2-}氧化为SO_4^{2-}时增加的氧与SO_3的摩尔质量比，即（4×16）/80=0.8。

十九、MB值

1. 适用范围

本方法参照GB/T 14684—2011《建设用砂》和GB/T 30190—2013《石灰石粉混凝土》等标准规定的MB值试验方法汇成，适用于干混砂浆用机制砂、再生细集料和石灰石粉的MB值的测定和评价。

2. 测试原理

亚甲蓝（MB）值是用来判定机制砂或再生细集料中粒径小于75μm的颗粒和石灰石粉吸附性能的指标，与石粉的矿物成分有关。通过测定机制砂或再生细集料中粒径小于75μm的颗粒形成的悬浊液和石灰石粉试样中能够吸附的亚甲蓝溶液的质量，测试得到MB值。

3. 试验仪器

(1) 烘箱：能使温度控制在（105±5)℃，精度±2℃。

(2) 天平：称量1000g、精度0.1g，称量100g、精度0.01g的天平各一台。

(3) 方孔筛：孔径为75μm、1.18mm和2.36mm的筛各一只。

(4) 容器：要求淘洗试样时，保持试样不溅出（深度大于250mm)。

(5) 搪瓷盘、毛刷、1000mL烧杯、玻璃棒、蒸馏水、快速定量滤纸等。

(6) 移液管：5mL、2mL的移液管各一个。

(7) 三片或四片式叶轮搅拌器：转速可调（最高可达600r/min)，直径（75±10）mm。

(8) 定时装置：精度1s。

(9) 温度计：精度1℃。

(10) 定时装置，精度1s。

(11) 玻璃容器瓶：容量1L。

(12) 玻璃棒：2支，直径8mm，长300mm。

(13) 定量滤纸，快速。

(14) 容量为1000mL的烧杯等。

(15) 试剂：浓度1%的亚甲蓝溶液，盛放在深色储藏瓶中，置于阴暗处保存，并标明制备日期和失效日期（亚甲蓝溶液的保质期应不超过28d)。

4. 试验步骤

(1) 取样

取样方法：a. 在料堆上取样时，取样部位应均匀分布；取样前先将取样部位表层铲除，然后从不同部位随机抽取大致等量的砂8份，组成一组样品。b. 从皮带运输机上取样时，应用与皮带等宽的接料器在皮带运输机机头出料处全断面定时随机抽取大致等量的砂4份，组成一组样品。c. 从火车、汽车、货船上取样时，从不同部位和深度随机抽取大致等量的砂8份，组成一组样品。

最少取样数量为6.0kg。

(2) MB值测试

含泥量测试按照下列步骤进行：

① 干混砂浆用机制砂、再生细集料：将试样缩分至约4000g，放在干燥箱中于（105±5)℃下烘干至恒量，待冷却至室温后，筛除大于2.36mm的颗粒，分成大致相等的两份备用。

石灰石粉：将试样缩分至200g，放在烘箱中于（105±5)℃下烘干至恒量，冷却至室温；另准备500g的0.5～1mm的标准砂。

② 干混砂浆用机制砂、再生细集料：称取试样200g，记作m_0，精确至0.1g。

石灰石粉：称取50g石灰石粉和150g的0.5～1.0mm的标准砂，分别精确至0.1g；将称取的石灰石粉和标准砂拌合均匀，作为试样备用。

将试样倒入盛有（500±50）mL蒸馏水的烧杯中，用叶轮搅拌机以（600±60）r/min转速搅拌5min，使之成为悬浊液，然后持续以（400±40）r/min转速搅拌，直至试验结束。

③ 向悬浊液中加入5mL亚甲蓝溶液，以（400±40）r/min转速搅拌至少1min后，用

玻璃棒醮取一滴悬浊液（所取悬浊液滴应使沉淀物直径在 8～12mm 内），滴于滤纸（滤纸应置于空烧杯或其他合适的支撑物上，以使滤纸表面不与任何固体或液体接触）上。若沉淀物周围未出现色晕，再加入 5mL 亚甲蓝溶液，继续搅拌 1min，再用玻璃棒醮取一滴悬浊液，滴于滤纸上，观察是否出现色晕。重复上述步骤，直至沉淀物周围出现约 1mm 的稳定浅蓝色色晕。此时，应继续搅拌，不加亚甲蓝溶液，每 1min 进行一次沾染试验。若色晕在 4min 内消失，再加入 5mL 亚甲蓝溶液；若色晕在第 5min 消失，再加入 2mL 亚甲蓝溶液。两种情况下，均应继续进行搅拌和沾染试验，直至色晕可持续 5min。

④ 记录色晕持续 5min 时所加入的亚甲蓝溶液总体积，精确至 1mL。

5. 结果计算及数据处理

MB 值按式（19-1）计算，精确至 0.1：

$$MB = \frac{V}{m_0} \times 10 \tag{19-1}$$

式中　MB——亚甲蓝值（MB 值），g/kg，表示 1kg 的 0～2.36mm 粒级试样所消耗的亚甲蓝质量；

m_0——试样的质量，g；

V——试验所加入的亚甲蓝溶液体积，mL；

10——用于每千克试样所消耗亚甲蓝溶液体积换算成亚甲蓝质量。

MB 值取两个试样的试验结果算术平均值作为测定值，采用修约值比较法进行评定。

二十、碱-集料反应

本方法参照标准 GB/T 14684—2011《建设用砂》规定的碱-集料反应试验方法，适用于干混砂浆用砂（天然砂、机制砂、再生细集料和钢渣砂）的碱-集料反应的测定和评价。

（一）碱-硅酸反应

1. 适用范围

本方法适用于检验硅质集料与水泥中的碱发生潜在碱-硅酸反应的危害性。不适用于碳酸盐类集料。

2. 测试原理

碱-硅酸反应是水泥中的碱与集料中的活性氧化硅成分反应产生碱硅酸盐凝胶（或称碱硅凝胶），碱硅凝胶固体体积大于反应前的体积，而且有强烈的吸水性，吸水后膨胀引起混凝土内部膨胀应力，而且碱硅凝胶吸水后进一步促进碱-集料反应的发展、使混凝土内部膨胀应力增大，导致混凝土开裂，甚至崩溃。通过测定水泥胶砂在较高养护温度下的体积变化率来衡量集料是否发生了碱-硅酸反应。

3. 试验器具和条件

（1）烘箱：能使温度控制在（105±5）℃，精度±2℃。

（2）天平：称量 1000g，精确至 0.1g。

（3）方孔筛：孔径为 4.75mm、2.36mm、1.18mm、600μm、300μm 及 150μm 的筛各一只。

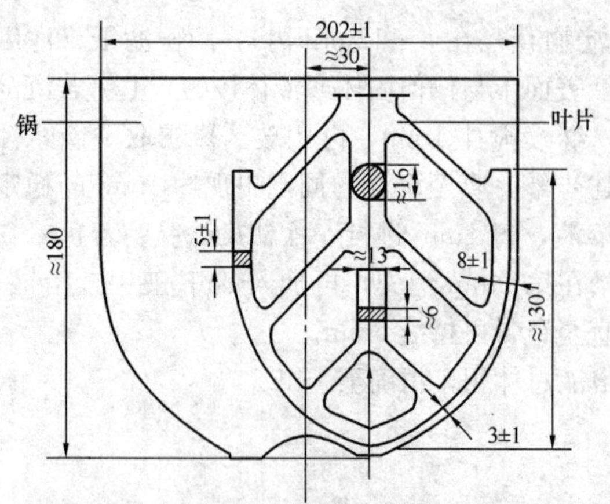

图 20-1　搅拌机中的搅拌锅和搅拌叶片（mm）

（4）比长仪：由百分比和支架组成，百分比量程为 10mm，精度 0.01mm。

（5）水泥胶砂搅拌机：符合 JC/T 681—2005《行星式水泥胶砂搅拌机》标准要求。

行星式水泥胶砂搅拌机（简称搅拌机），由胶砂搅拌锅和搅拌叶片（图 20-1）及相应的机构组成。搅拌锅可以随意挪动，但可以很方便地固定在锅座上，而且搅拌时也不会明显晃动和转动；搅拌叶片呈扇形，搅拌时顺时针自转，外沿锅周边逆时针公转，并具有高低两种速度，属行星式搅拌机。

搅拌叶片高速与低速时的自转和公转速度应符合表 20-1 要求：

表 20-1　搅拌叶片高速与低速时的自转和公转速度

搅拌叶 / 速度档	自转/（r/min）	公转/（r/min）
低	140±5	62±5
高	285±10	125±10

胶砂搅拌机的工作程序分手动和自动两种。

自动控制程序为：低速（30±1）s，再低速（30±1）s，同时自动加砂开始并在 20～30s 内全部加完，高速（30±1）s，停（90±1）s，高速（60±1）s。

手动控制具有高、停、低三挡速度及加砂功能控制钮，并与自动互锁。

一次试验所用标准砂应全部进入锅内不应外溅。

搅拌锅应耐锈蚀。搅拌锅深度为（180±2）mm，内径为（202±1）mm，壁厚为（1.5±0.1）mm。

搅拌叶片由铸钢或不锈钢制造。搅拌叶片轴外径为 ϕ（27.0±0.5）mm；与搅拌叶片传动轴联接螺纹为 M18×1.5～6H；定位孔直径为 $\phi 15_{0}^{+0.027}$ mm，深度≥18mm；搅拌叶片总长为（198±1）mm；搅拌有效长度为（130±2）mm；搅拌叶片总宽为 135.0～135.5mm；搅拌叶片翅宽为（8±1）mm；搅拌叶片翅厚为（5±1）mm。

搅拌叶片与锅底、锅壁的工作间隙为（3±1）mm。

在机头醒目位置标有搅拌叶片公转方向的标志。搅拌叶片自转方向为顺时针，公转方向为逆时针。

胶砂搅拌机运转时声音正常，锅和搅拌叶片不得有明显的晃动现象。

胶砂搅拌机的电气控制稳定可靠，整机绝缘电阻≥2MΩ。

胶砂搅拌机外表面不得有粗糙不平及图中未规定的凸起、凹陷。

胶砂搅拌机非加工表面均应进行防锈处理，外表面油漆应平整、光滑、均匀和色调一致。

胶砂搅拌机的零件加工面不得有碰伤、划痕和锈斑。

用多台搅拌机工作时，搅拌锅和搅拌叶片应保持配对使用。叶片与锅之间的间隙，是指叶片与锅壁最近的距离，应每月检查一次。

（6）恒温养护箱或养护室：温度（40±2）℃，相对湿度≥95%RH。

（7）养护筒：由耐腐蚀材料制成，应不漏水，筒内设有试件架。

（8）试模：规格为25mm×25mm×280mm，试模两端正中有小孔，装有不锈钢质膨胀端头。

（9）调桌、秒表、干燥器、搪瓷盘、毛刷等。

4. 试验步骤

（1）试验条件

材料准备室和成型室的温度应在20～27.5℃，拌合水及养护室温度应保持在（20±2）℃；恒温养护箱或养护室温度应保持在（20±2）℃；成型室、测长室的相对湿度应≥80%RH。

（2）砂的取样和处理

按本书十九4（1）中规定的取样方法进行取样，并将试样缩分至约5kg，用水淋洗干净后，放在烘箱中于（105±5）℃下烘干至恒量，待冷却至室温后，筛除大于4.75mm及小于150μm的颗粒，然后筛分成150～300μm、300～600μm、600μm～1.18mm、1.18～2.36mm和2.36～4.75mm五个粒级，分别放在干燥器内备用。按表20-2准备各粒级砂的质量。

表20-2　各粒级砂的质量

筛孔尺寸	4.75～2.36mm	2.36～1.18mm	1.18mm～600μm	600～300μm	300～150μm
质量/g	99.0	247.5	247.5	247.5	148.5

（3）水泥试样准备：采用碱含量（以Na_2O计，即K_2O×0.658+Na_2O）大于1.2%的高碱水泥。低于此值时，掺浓度为10%的Na_2O溶液，将碱含量调至水泥量的1.2%。

（4）试件的砂浆配合比：水泥与砂的质量比为1∶2.25，每组三个试件，共需水泥440g，砂990g（各粒级的质量按表20-2分别称取）。用水量按本书四十或GB/T 2419《水泥胶砂流动度测定方法》确定，跳桌跳动频率为6s跳动10次，流动度以105～120mm为准。

（5）试件制作：每锅胶砂用水泥胶砂搅拌机进行机械搅拌。先使搅拌机处于待工作状态，然后按以下的程序进行操作。

把水加入锅里，再加入水泥，把锅放在固定架上，上升至固定位置。然后立即开动机器，低速搅拌30s后，在第二个30s开始的同时均匀地将砂子加入。当各级砂是分装时，从最粗粒级开始，依次将所需的每级砂量加完。把机器转至高速再拌30s。停拌90s，在第1个15s内用一胶皮刮具将叶片和锅壁上的胶砂，刮入锅中间。在高速下继续搅拌60s。各个搅拌阶段，时间误差应在±1s以内。

（6）试件成型：搅拌完成后，立即将砂浆分两次装入已装有膨胀测头的试模中，每层捣40次，注意膨胀测头四周应小心捣实，浇捣完毕后用镘刀刮除去多余的砂浆，抹平，编号，并标明测长方向。

（7）试件养护和测长

① 成型后，立即带模放入标准养护室中，养护（24±4）h后脱模，立刻测量试件的长

度，此长度为试件的基准长度（L_0）。测长应在（20±2)℃的恒温室中进行。每个试件至少重复测量两次，其算术平均值作为长度测定值，待测的试件须用湿布覆盖，以防止水分蒸发。

② 测完基准长度后，将试件垂直立于养护筒的试件架上，架下放水，但试件不能与水接触，加盖后放入（40±2)℃养护室或养护箱内养护 14d、1 个月、2 个月、3 个月、6 个月五个龄期，如有必要还可适当延长。在测长前一天，应把养护筒从（40±2)℃养护室或养护箱内取出，放入（20±2)℃的恒温室，分别测量其长度（L_t）。试件的测长方法与测量基准长度相同，测完后应将试件放入养护筒内，放回（40±2)℃养护室或养护箱内继续养护至下一个测试龄期。

（8）每次测量时，应对每个试件进行挠度测量和外观检查。挠度测量：把试件放在水平面上，测量试件与平面间的最大距离，应不大于 0.3mm。外观检查：肉眼观察试件有无裂缝，表面沉积物或渗出物，特别注意在空隙中有无胶体存在，并做详细记录。

5. 结果计算及数据处理

试件膨胀率按式（20-1）计算，精确至 0.001%：

$$\varepsilon_t=\frac{L_t-L_0}{L_0-2\Delta}\times 100 \tag{20-1}$$

式中 ε_t——试件在 t 天龄期的膨胀率，%；

L_t——试件在 t 天龄期的长度，mm；

L_0——试件的基准长度，mm；

Δ——膨胀端头的长度，mm。

膨胀率以 3 个试件膨胀值的算术平均值作为试验结果，精确至 0.01%。一组试件中任何一个试件的膨胀率与平均值相差不大于 0.01%，则结果有效；而膨胀率平均值大于 0.05%时，每个试件的测定值与平均值之差小于平均值的 20%时，也认为结果有效。

结果判定：当 6 个月膨胀率小于 0.10%时，判定为无潜在碱-硅酸反应危害。否则，则判定为有潜在碱-硅酸反应危害。采用修约值比较法进行判定。

（二）快速碱-硅酸反应

1. 适用范围

本方法适用于检验硅质集料与水泥中的碱发生潜在碱-硅酸反应的危害性。不适用于碳酸盐类集料。

2. 测试原理

碱-硅酸反应是水泥中的碱与集料中的活性氧化硅成分反应产生碱硅酸盐凝胶（或称碱硅凝胶），碱硅凝胶固体体积大于反应前的体积，而且有强烈的吸水性，吸水后膨胀引起混凝土内部膨胀应力，而且碱硅凝胶吸水后进一步促进碱-集料反应的发展、使混凝土内部膨胀应力增大，导致混凝土开裂，甚至崩溃。通过测定水泥胶砂在 80℃的高养护温度下体积变化率，来衡量集料是否发生了碱-硅酸反应。

3. 试验器具和试剂

（1）烘箱：能使温度控制在（105±5)℃，精度±2℃。

（2）天平：称量1000g，精确至0.1g。

（3）方孔筛：孔径为4.75mm、2.36mm、1.18mm、600μm、300μm及150μm的筛各一只。

（4）比长仪：由百分比和支架组成，百分比量程为10mm，精度0.01mm。

（5）水泥胶砂搅拌机：按照本书二十（一）3（5）规定。

（6）恒温养护箱或水浴：温度（80±2）℃。

（7）养护筒：由耐腐蚀材料制成，应不漏水，筒内设有试件架，筒的容积可以保证试件分离地浸没在体积为（2208±276）mL的水中或1mol/L的NaOH溶液中，且不能与容器壁接触。

（8）试模：规格为25mm×25mm×280mm，试模两端正中有小孔，装有不锈钢质膨胀端头。

（9）调桌、秒表、干燥器、搪瓷盘、毛刷等。

（10）试剂

① NaOH：分析纯；

② 蒸馏水或去离子水；

③ NaOH溶液：40gNaOH溶于900mL水中，然后加水到1L，所需NaOH溶液总体积为试件总体积的（4±0.5）倍（每个试件体积约为184mL）。

4. 试验步骤

（1）试验条件

材料准备室和成型室的温度应在20～27.5℃，拌合水及养护室温度应保持在（20±2）℃；恒温养护箱或水浴温度应保持在（80±2）℃；成型室、测长室的相对湿度应≥80%RH。

（2）砂的取样和处理

按十九4（1）中规定的取样方法进行取样，并将试样缩分至约5kg，用水淋洗干净后，放在烘箱中于（105±5）℃下烘干至恒量，待冷却至室温后，筛除大于4.75mm及小于150μm的颗粒，然后筛分成150～300μm、300～600μm、600μm～1.18mm、1.18～2.36mm和2.36～4.75mm五个粒级，分别放在干燥器内备用。按表20-1准备各粒级砂的质量。

（3）水泥试样：采用符合GB 175《通用硅酸盐水泥》规定的硅酸盐水泥，水泥中不得有结块，并在保质期内。

（4）试件的砂浆配合比：水泥与砂的质量比为1∶2.25，水灰比为0.47。每组三个试件，共需水泥440g，砂990g（各粒级的质量按表20-1分别称取）。

（5）试件制作：每锅胶砂用水泥胶砂搅拌机进行机械搅拌。先使搅拌机处于待工作状态，然后按以下的程序进行操作。

把水加入锅里，再加入水泥，把锅放在固定架上，上升至固定位置。然后立即开动机器，低速搅拌30s后，在第二个30s开始的同时均匀地将砂子加入。当各级砂是分装时，从最粗粒级开始，依次将所需的每级砂量加完。把机器转至高速再拌30s。停拌90s，在第1个15s内用一胶皮刮具将叶片和锅壁上的胶砂，刮入锅中间。在高速下继续搅拌60s。各个搅拌阶段，时间误差应在±1s以内。

（6）试件成型：搅拌完成后，立即将砂浆分两次装入已装有膨胀测头的试模中，每层捣40次，注意膨胀测头四周应小心捣实，浇捣完毕后用镘刀刮除去多余的砂浆，抹平，编号并标明测长方向。

（7）试件养护和测长

① 成型后，立即带模放入标准养护室中，养护（24±4）h后脱模，立刻测量试件的初始长度。测长应在（20±2）℃的恒温室中进行。待测的试件须用湿布覆盖，以防止水分蒸发。

② 测完基准长度后，将试件浸没于养护筒内的水中（一个养护筒内的试件品种应相同），加盖后放入（80±2）℃水浴或养护箱内养护（24±4）h。

③ 从（80±2）℃水浴或养护箱内拿出一个养护筒，从养护筒内取出试件，用毛巾擦干表面，立即测出试件的长度［从取出试件至完成读数应在（15±5）s内］，此长度为试件的基准长度（L_0）。在试件上覆盖湿毛巾，全部试件测完基准长度后，再将所有时间分别浸没于养护筒内的1mol/LNaOH溶液中，然后加盖放入恒温养护箱或水浴中，并保持溶液温度在（80±2）℃的范围内。

④ 测长龄期自测定基准长度之日起计算，在测基准长度后第3d、7d、10d、14d再分别测长（L_t）。每次测长时间应安排在每天近似同一时刻内，测长方法与测基准长度的方法相同。每次测长完毕后，应将试件放入原养护筒内，加盖后放回恒温养护箱或水浴中，并保持溶液温度在（80±2）℃的范围内。

如有必要还可适当延长。在测长前一天，应把养护筒从（40±2）℃养护室或养护箱内取出，放入（20±2）℃的恒温室，分别测量其长度试件的测长方法与测量基准长度相同，测完后应将试件放入养护筒内，放回（40±2）℃养护室或养护箱内继续养护至下一个测试龄期。14d后，如需继续测长，可每7d测长一次。

（8）每次测量时，应对每个试件进行挠度测量和外观检查。挠度测量：把试件放在水平面上，测量试件与平面间的最大距离，应不大于0.3mm。外观检查：肉眼观察试件有无裂缝，表面沉积物或渗出物，特别注意在空隙中有无胶体存在，并做详细记录。

5. 结果计算及数据处理

试件膨胀率按式（20-2）计算，精确至0.001%：

$$\varepsilon_t=\frac{L_t-L_0}{L_0-2\Delta}\times 100 \tag{20-2}$$

式中 ε_t——试件在t天龄期的膨胀率，%；

L_t——试件在t天龄期的长度，mm；

L_0——试件的基准长度，mm；

Δ——膨胀端头的长度，mm。

膨胀率以3个试件膨胀值的算术平均值作为试验结果，精确至0.01%。一组试件中任何一个试件的膨胀率与平均值相差不大于0.01%，则结果有效；而膨胀率平均值大于0.05%时，每个试件的测定值与平均值之差小于平均值的20%时，也认为结果有效。

结果判定：当14d膨胀率小于0.10%时，可判定为无潜在碱-硅酸反应危害。当14d膨胀率大于0.20%时，可判定为有潜在碱-硅酸反应危害。当14d膨胀率在0.10%～0.20%之间时，不能最终判定有无潜在碱-硅酸反应危害，此时可按（一）碱-硅酸反应的方法进行判定。采用修约值比较法进行判定。

二十一、泥及泥块含量

(一) 含泥量

1. 适用范围

本方法参照标准 GB/T 14684—2011《建设用砂》规定的含泥量试验方法，适用于干混砂浆用天然砂、机制砂、再生细集料和钢渣砂的含泥量或石粉含量的测定和评价。

2. 测试原理

含泥量和石粉含量的含义相同，仅因细集料的来源不同而用词不同：天然砂中粒径小于 75μm 的颗粒含量即为含泥量；机制砂、再生细集料和钢渣砂中粒径小于 75μm 的颗粒含量即为石粉含量。细集料的含泥量或石粉含量过大，会对水泥砂浆的物理力学性能和耐久性能产生不良影响。通过水分淘洗澄清前后的质量变化，即可得到其含泥量或石粉含量。

3. 试验器具

(1) 烘箱：能使温度控制在 (105±5)℃，精度±2℃。

(2) 天平：称量 1000g，精确至 0.1g。

(3) 方孔筛：孔径为 75μm 及 1.18mm 的筛各一只。

(4) 容器：要求淘洗试样时，保持试样不溅出（深度大于 250mm)。

(5) 搪瓷盘、毛刷等。

4. 试验步骤

(1) 取样

取样方法：①在料堆上取样时，取样部位应均匀分布；取样前先将取样部位表层铲除，然后从不同部位随机抽取大致等量的砂 8 份，组成一组样品。②从皮带运输机上取样时，应用与皮带等宽的接料器在皮带运输机机头出料处全断面定时随机抽取大致等量的砂 4 份，组成一组样品。③从火车、汽车、货船上取样时，从不同部位和深度随机抽取大致等量的砂 8 份，组成一组样品。

最少取样数量为 4.4kg。

(2) 试样处理

① 用分料器法：将样品在潮湿状态下拌合均匀，然后通过分料器，取接料斗中的其中一份再次通过分料器。重复上述过程，直至把样品缩分到试验所需量为止。

② 人工四分法：将所取样品置于平板上，在潮湿状态下拌合均匀，并堆成厚度约为 20mm 的圆饼，然后沿互相垂直的两条直径把圆饼分成大致相等的四份，取其中对角线的两份重新拌匀，再堆成圆饼。重复上述过程，直至把样品缩分到试验所需量为止。

(3) 含泥量测试

含泥量测试按照下列步骤进行：

① 将试样缩分至约 1100g，放在干燥箱中于 (105±5)℃下烘干至恒量，待冷却至室温后，分成大致相等的两份备用。

② 称取试样 500g，记作 m_0，精确至 0.1g。将试样倒入淘洗容器中，注入清水，使水面高于试样面约 150mm，充分搅拌均匀后，浸泡 2h，然后用手在水中淘洗试样，使尘屑、

淤泥和黏土与砂粒分离，把浑水缓缓倒入 1.18mm 及 75μm 的套筛上（1.18mm 筛放在 75μm 筛上面），滤去小于 75μm 的颗粒。试验前筛子两面应先用水润湿，在整个过程中应小心防止砂粒流失。

③ 再向容器注入清水，重复上述操作，直至容器内的水目测清澈为止。

④ 用水淋洗剩余在筛上的细粒，并将 75μm 筛放在水中（使水面略高出筛中砂粒的上表面）来回摇动，以充分洗掉小于 75μm 的颗粒，然后将两只筛的筛余颗粒和清洗容器中已经洗净的试样一并倒入搪瓷盘，放在干燥箱中于（105±5)℃下烘干至恒量，待冷却至室温后，称出其质量 m_1，精确至 0.1g。

5. 结果计算及数据处理

含泥量按式（21-1）计算，精确至 0.1%：

$$Q_a = \frac{m_0 - m_1}{m_0} \times 100 \tag{21-1}$$

式中　Q_a——含泥量，%；

m_0——试验前烘干试样的质量，g；

m_1——试验后烘干试样的质量，g。

含泥量取两个试样的试验结果算术平均值作为测定值，采用修约值比较法进行评定。

（二）泥块含量

1. 适用范围

本方法参照标准 GB/T 14684—2011《建设用砂》规定的泥块含量试验方法，适用于干混砂浆用天然砂、机制砂和再生细集料的泥块含量的测定和评价。

2. 测试原理

砂中原粒径大于 1.18mm，经水浸洗、手捏小于 600μm 的颗粒含量即为泥块含量。泥块含量过大，会对水泥砂浆的物理力学性能和耐久性能产生不良影响。通过水分淘洗、人工搓洗碾碎，然后放在 600μm 筛上，用水淘洗，直至水分澄清，淘洗前后的质量变化，即可得到其泥块含量。

3. 试验器具

（1）烘箱：能使温度控制在（105±5)℃，精度±2℃。

（2）天平：称量 1000g，精确至 0.1g。

（3）方孔筛：孔径为 600μm 及 1.18mm 的筛各一只。

（4）容器：要求淘洗试样时，保持试样不溅出（深度大于 250mm)。

（5）搪瓷盘、毛刷等。

4. 试验步骤

（1）取样和试样处理

取样方法、试样处理方法同（一）含泥量试验的取样方法。最少取样数量为 20kg。

（2）泥块含量测试

泥块含量测试按照下列步骤进行：

① 将试样缩分至约 5000g，放在干燥箱中于（105±5)℃下烘干至恒量。待冷却至室温后，筛除小于 1.18mm 的颗粒，所得样品即为待测试样，分成大致相等的两份备用。

② 称取试样 200g，记作 m_0，精确至 0.1g。将试样倒入淘洗容器中，注入清水，使水面高于试样面约 150mm，充分搅拌均匀后，浸泡 24h。然后用手碾碎泥块，再把试样放在 600μm 的套筛上，用水淘洗，直至容器内的水分目测清澈为止。试验前筛子两面应先用水润湿，在整个过程中应小心防止砂粒流失。

③ 再向容器注入清水，重复上述操作，直至容器内的水目测清澈为止。

④ 保留下来的试样从筛中小心取出，一并倒入搪瓷盘，放在干燥箱中于（105±5)℃下烘干至恒量，待冷却至室温后，称出其质量 m_1，精确至 0.1g。

5. 结果计算及数据处理

泥块含量按式（21-2）计算，精确至 0.1%：

$$Q_b = \frac{m_0 - m_1}{m_0} \times 100 \tag{21-2}$$

式中　Q_b——泥块含量，%；

m_0——试验前烘干试样的质量，g；

m_1——试验后烘干试样的质量，g。

含泥量取两个试样的试验结果算术平均值作为测定值，采用修约值比较法进行评定。

二十二、云母含量

1. 适用范围

本方法参照标准 GB/T 14684—2011《建设用砂》规定的云母含量试验方法，适用于干混砂浆用天然砂和再生细集料的云母含量的测定和评价。

2. 测试原理

通过测试云母质量占砂子质量的百分比，求得云母含量。

3. 试验器具

（1）烘箱：能使温度控制在（105±5)℃，精度±2℃。

（2）天平：称量 100g，精度 0.01g。

（3）方孔筛：孔径为 300μm 及 4.75mm 的筛各一只。

（4）放大镜：3～5 倍放大率。

（5）钢针、搪瓷盘等。

4. 试验步骤

（1）取样

取样方法：①在料堆上取样时，取样部位应均匀分布；取样前先将取样部位表层铲除，然后从不同部位随机抽取大致等量的砂 8 份，组成一组样品。②从皮带运输机上取样时，应用与皮带等宽的接料器在皮带运输机机头出料处全断面定时随机抽取大致等量的砂 4 份，组成一组样品。③从火车、汽车、货船上取样时，从不同部位和深度随机抽取大致等量的砂 8 份，组成一组样品。

最小取样量 600g。

（2）将试样缩分至约 150g，放在烘箱中于（105±5)℃下烘干至恒量，待冷却至室温后，样品筛除大于 4.75mm 及小于 300μm 的颗粒后，分为大致相等的两份备用。

(3) 称取试样 15g，记作 m_0，精确至 0.01g。将试样倒入搪瓷盘中摊开，在放大镜下用钢针挑出全部云母，称量云母质量，记作 m_1，精确至 0.01g。

5. 结果计算及数据处理

云母含量按式 (22-1) 计算，精确至 0.1%：

$$Q_c = \frac{m_1}{m_0} \times 100 \tag{22-1}$$

式中 Q_c——云母含量,%；

m_0——300μm～4.75mm 颗粒试样的质量，g；

m_1——云母质量，g。

云母含量取两个试样的试验结果算术平均值作为测定值，采用修约值比较法进行评定。

二十三、轻物质含量

1. 适用范围

本方法参照标准 GB/T 14684—2011《建设用砂》规定的轻物质含量试验方法，适用于干混砂浆用天然砂和再生细集料的轻物质含量的测定和评价。

2. 测试原理

砂子中表观密度小于 2000kg/m^3 的物质称为轻物质。通过利用轻物质密度低于重液密度，能浮在重液表面，将砂子倒入重液中，使得轻物质与砂子分离，测试轻物质质量占砂子质量的百分比，求得轻物质的含量。

3. 试验器具和试剂

(1) 烘箱：能使温度控制在 (105±5)℃，精度±2℃。

(2) 天平：称量 1000g，精度 0.1g。

(3) 方孔筛：孔径为 300μm 及 4.75mm 的筛各一只。

(4) 量具：1000mL 的量杯，250mL 的量筒，150mL 的烧杯各一只。

(5) 比重计：测量范围为 1800～2200kg/m^3。

(6) 网篮：内径和高度均约为 70mm，网孔孔径不大于 300μm。

(7) 玻璃棒、毛刷、搪瓷盘等。

(8) 试剂：

① 化学纯级别的氯化锌。

② 重液。向 1000mL 的量杯中加水至 600mL 刻度处，再加入 1500g 氯化锌；用玻璃棒搅拌使氯化锌充分溶解，待冷却至室温后，将部分溶液倒入 250mL 量筒中测其相对密度；若相对密度小于 2000kg/m^3，则倒回 1000mL 量杯中，再加入氯化锌，待全部溶解并冷却至室温后测其密度，直至溶液密度达到 2000kg/m^3 为止。

4. 试验步骤

(1) 取样

取样方法：①在料堆上取样时，取样部位应均匀分布；取样前先将取样部位表层铲除，然后从不同部位随机抽取大致等量的砂 8 份，组成一组样品。②从皮带运输机上取样时，应用与皮带等宽的接料器在皮带运输机机头出料处全断面定时随机抽取大致等量的砂 4 份，组成一组样品。③从火车、汽车、货船上取样时，从不同部位和深度随机抽取大致等量的砂8份，组成一组样品。

最小取样量3.2kg。

(2) 将试样缩分至约800g，放在烘箱中于（105±5)℃下烘干至恒量，待冷却至室温后，样品筛除大于4.75mm及小于300μm的颗粒后，分为大致相等的两份备用。

(3) 称取试样200g，记作m_0，精确至0.1g。将试样倒入盛有重液的量杯中，用玻璃棒充分搅拌，使试样中的轻物质与砂充分分离，静置5min后，将浮起的轻物质连同部分重液倒入网篮中，轻物质留在网篮上，而重液通过网篮流入另一容器，倾倒重液时应避免带出砂粒，一般当重液表面与砂表面相距20～30mm时即停止倾倒，流出的重液倒回盛试样的量杯中，重复上述过程，直至无轻物质浮起为止。

(4) 用清水洗净留存于网篮中的物质，然后将它移入已恒量的烧杯中（烧杯质量记作m_1)，放在烘箱中于（105±5)℃下烘干至恒量，待冷却至室温后，称量轻物质与烧杯的总质量，记作m_2，精确至0.1g。

5. 结果计算及数据处理

轻物质含量按式（23-1）计算，精确至0.1%：

$$Q_d = \frac{m_2 - m_1}{m_0} \times 100 \tag{23-1}$$

式中　Q_d——轻物质含量,%；

m_0——300μm～4.75mm颗粒试样的质量，g；

m_1——烘干恒量的烧杯质量，g；

m_2——烘干后的轻物质与烧杯的质量，g。

轻物质含量取两个试样的试验结果算术平均值作为测定值，采用修约值比较法进行评定。

二十四、有机物含量

1. 适用范围

本方法参照标准GB/T 14684—2011《建设用砂》规定的有机物含量试验方法，适用于干混砂浆用天然砂、机制砂和再生细集料的有机物含量的测定和评价。

2. 测试原理

通过利用有机物能与氢氧化钠溶液反应，使得溶液颜色发生变化的特点，比较反应后的试样溶液颜色与标准溶液颜色，如果试样溶液颜色浅于标准溶液，则说明有机物含量合格。

3. 试验器具和试剂

(1) 天平：称量1000g、精度0.1g及称量100g、精度0.01g的天平各一台。

(2) 方孔筛：孔径为4.75mm的筛一只。

(3) 量筒：容积分别为10mL、100mL、250mL和1000mL的量筒。

(4) 玻璃棒、烧杯、移液管等。

(5) 试剂：

① 分析纯级别的氢氧化钠、鞣酸、无水乙醇和蒸馏水。

② 标准溶液。取2g鞣酸溶解于98mL浓度为10%乙醇溶液中（无水乙醇10mL加蒸馏水90mL）即得所需的鞣酸溶液。然后取该溶液25mL注入975mL浓度为3%的氢氧化钠溶液中（3g氢氧化钠溶于97mL蒸馏水中），加塞后剧烈摇动，静置24h即得标准溶液。

4. 试验步骤

（1）取样

取样方法：①在料堆上取样时，取样部位应均匀分布；取样前先将取样部位表层铲除，然后从不同部位随机抽取大致等量的砂8份，组成一组样品。②从皮带运输机上取样时，应用与皮带等宽的接料器在皮带运输机机头出料处全断面定时随机抽取大致等量的砂4份，组成一组样品。③从火车、汽车、货船上取样时，从不同部位和深度随机抽取大致等量的砂8份，组成一组样品。

最小取样量2.0kg。

（2）将试样缩分至约500g，风干后，筛除大于4.75mm的颗粒，分为大致相等的两份备用。

（3）向250mL量筒中装入风干试样至130mL刻度处，然后注入浓度为3%的氢氧化钠溶液至200mL刻度处，加塞后剧烈摇动，静置24h。

（4）比较试样上部溶液和标准溶液的颜色，盛装标准溶液与盛装试样的量筒大小应一致。

5. 结果评定

试样上部的溶液颜色浅于标准溶液颜色时，则表示试样有机物含量合格。

若两种溶液的颜色接近，应把试样连同上部溶液一起倒入烧杯中，放在60～70℃的水浴中，加热2～3h，然后再与标准溶液比较，如浅于标准溶液，则认为有机物含量合格；若深于标准溶液，则应配制成水泥砂浆作进一步试验：即将一份原试样用3%氢氧化钠溶液洗除有机物，再用清水淋洗干净，与另一份原试样分别按相同的配合比按本书四十五的规定制成水泥胶砂，测定其28d的抗压强度；当原试样制成的水泥胶砂强度不低于洗除有机物后的试样制成的水泥胶砂强度的95%时，则认为有机物含量合格。

二十五、贝壳含量

1. 适用范围

本方法参照标准GB/T 14684—2011《建设用砂》规定的贝壳含量试验方法，适用于干混砂浆用天然砂、机制砂和再生细集料的贝壳含量的测定和评价。

2. 测试原理

通过利用贝壳主要成分为碳酸盐，能与盐酸溶液反应，放出二氧化碳气体并生成可溶性盐的特点，比较反应前后的试样质量变化，来测试得到贝壳含量。

3. 试验器具和试剂

（1）烘箱：能使温度控制在（105±5)℃，精度±2℃。

（2）天平：称量1000g、精度0.1g及称量5000g、精度5g的天平各一台。

（3）方孔筛：孔径为4.75mm的筛一只。

（4）量筒：容积为1000mL的量筒。

（5）玻璃棒、容积2000mL的烧杯、搪瓷盘等。

（6）试剂：盐酸溶液，由浓盐酸（相对密度1.18，浓度26%～38%）和蒸馏水按1∶5的比例配制而成。

4. 试验步骤

（1）取样：按十九4（1）中规定的取样方法取样，最小取样量9.6kg。

（2）将试样缩分至约2400g，置于温度为（105±5)℃烘箱中烘干至恒量，冷却至室温后，筛除大于4.75mm的颗粒，分为大致相等的两份备用。

（3）称取约500g试样，记作m_0，精确至0.1g。先按照本书二十一的方法测出砂的含泥量Q_a，再将试样放入烧杯中备用。

（4）向盛有试样的烧杯中加入盐酸溶液900mL，不断用玻璃棒搅拌，使反应完全。待溶液中不再有气体产生后，再加入少量上述盐酸溶液，若再无气体生成则表明反应已完全。否则，应重复上一步骤，直至无气体产生为止。

（5）然后进行五次清洗，清洗过程中要避免砂粒丢失。洗净后，置于温度为（105±5)℃烘箱中烘干至恒量，取出冷却至室温，称量，记作m_1。

5. 结果计算及数据处理

贝壳含量按式（25-1）计算，精确至0.1%：

$$Q_g = \frac{m_0 - m_1}{m_0} \times 100 - Q_a \tag{25-1}$$

式中　Q_g——砂中贝壳含量，%；

m_0——试样的质量，g；

m_1——试样去除贝壳后的质量，g；

Q_a——砂的含泥量，%。

贝壳含量取两次试验结果的算术平均值作为测定值，采用修约值比较法进行评定。当两次试验结果之差超过0.5%时，应重新取样进行试验。

二十六、产浆量

1. 适用范围

本方法参照JC/T 478.1—2013《建筑石灰试验方法　第1部分：物理试验方法》规定的试验方法，适用于生石灰的产浆量和未消化残渣的测定和生石灰质量的评价。

2. 测试原理

生石灰产浆量是生石灰与足够量的水作用，在规定时间内产生的石灰浆的体积，以升每10千克（L/10kg）表示。

3. 试验器具

（1）生石灰消化器：如图26-1所示，生石灰消化器是由耐石灰腐蚀的金属制成的带盖双层容器，两层容器壁之间的空隙由保温材料矿渣棉填充。生石灰消化器每2mm高度产浆量为1L/10kg。

（2）玻璃量筒：500mL。

（3）天平：量程为1000g，精确度1g。

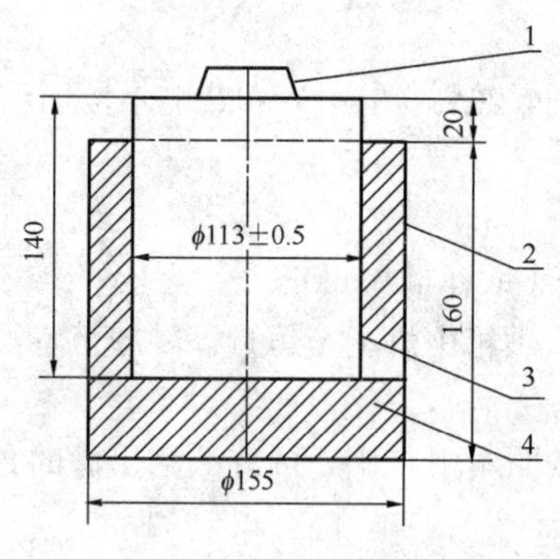

图 26-1　带盖消化器（mm）
1—盖子；2—外筒；3—内筒；4—保温材料

（4）搪瓷盘：200mm×300mm。

（5）钢板尺：量程为 300mm。

（6）烘箱：最高温度 200℃。

4. 试验步骤

在消化器中加入（320±1）mL 温度为（20±2）℃的水，然后加入（200±1）g 生石灰（块状石灰则碾碎成小于 5mm 的粒子）（M）。慢慢搅拌混合物，然后根据生石灰的消化需要立刻加入适量的水。继续搅拌片刻后，盖上生石灰消化器的盖子。静置 24h 后，取下盖子，若此时消化器内，石灰膏顶面之上有不超过 40mL 的水，说明消化过程中加入的水量是合适的，否则调整加水量。测定石灰膏的高度，结果取 4 次测定的平均值（H），计算产浆量（X）。

提起消化器内筒，用清水冲洗筒内残渣，至水流不浑浊（冲洗用清水仍倒入筛筒内，水总体积控制在 3000mL），将渣移入搪瓷盘内，在 100～105℃烘箱中，烘干至恒量，冷却至室温后用 5mm 圆孔筛筛分，称量筛余物（M_2），计算未消化残渣含量（X_2）。

5. 结果计算

以每 2mm 的浆体高度标识产浆量，按式（26-1）计算产浆量：

$$X = \frac{H}{2} \tag{26-1}$$

式中　X——产浆量，L/10kg；

H——四次测定的浆体高度平均值，mm。

按式（26-2）计算未消化残渣百分含量：

$$X_2 = \frac{M_2}{M} \times 100 \tag{26-2}$$

式中　X_2——未消化残渣百分含量，%；

M_2——未消化残渣质量，g；

M——样品质量，g。

二十七、含水率（含湿量）

1. 适用范围

本方法参照标准 GB/T 20313—2006《建筑材料及制品的湿热性能　含湿率的测定　烘干法》、JC 475—2004《混凝土防冻剂》、JC/T 478.1—2013《建筑石灰试验方法　第 1 部分：物理试验方法》、GB/T 20973—2007《膨润土》、GB/T 1596—2005《用于水泥和混凝土中的粉煤灰》附录 C 和 GB/T 18046—2008《用于水泥和混凝土中的粒化高炉矿渣粉》附录 B 规定的含水率（含水量、含湿量）试验方法，适用于干混砂浆用砂子（天然砂、机制砂、再生细集料、钢渣砂）、轻质集料（膨胀珍珠岩）、聚羧酸高性能减水剂、砌筑砂浆增塑剂、砂浆/混凝土防水剂、抹灰砂浆增塑剂、水泥砂浆防冻剂、混凝土膨胀剂、喷射混凝土用速凝剂等外加剂、石灰石粉、膨润土、粉煤灰和粒化高炉矿渣粉的含水率（含水量、含湿量）的测定和评价。

2. 测试原理

含水率主要是反映固体或粉体材料可能含有的湿气/水分的多少。可通过样品干燥前后的质量变化，来评估其含水率（含湿量、含湿率或含水量）的大小。

3. 试验器具

（1）烘箱：温控范围 0～200℃，精度±2℃。

（2）天平：天平量程 1000g，精度 0.1g；量程 200g，精度 0.0001g。

（3）干燥器：内有变色硅胶。

（4）带盖称量瓶：高度 65mm，直径 25mm。

（5）托盘、烧杯、毛刷等。

4. 试验步骤

（1）试验条件

实验室温度应为（23±6）℃。

（2）砂子的含水率试验方法

① 取样：按十九 4（1）中取样方法进行取样。砂子（天然砂、机制砂、再生细集料）的试样取样数量应不小于 4.4kg；膨胀珍珠岩等轻集料的试样取样数量应不小于 5L。

② 将自然潮湿状态下的试样用四分法缩分至约 1100g，拌匀后分成大致相等的两份，备用。

③ 将洗净的烧杯放在烘箱中，在（105±5）℃下烘干至恒量，记作 m_0。

④ 称取一份试样的质量（500±10)g，装入已烘干至恒量的烧杯内，称出试样及烧杯总质量为 m_1，精确至 0.1g。

⑤ 将试样倒入已知质量的烧杯中，放在烘箱中，在（105±5)℃下烘干至恒量。

⑥ 取出，放在干燥器内冷却到室温，然后再称出试样和烧杯的总质量 m_2，精确至 0.1g。

（3）外加剂、膨润土、石灰石粉的含水率试验方法

① 将洁净带盖的称量瓶放入烘箱内，于 105～110℃烘箱内烘 30min，取出置于干燥器内，冷却 30min 后称量，重复上述步骤至恒量（两次称量的质量差小于 0.3mg），称其质量为 m_0。

② 称取外加剂或膨润土试样（10±0.2)g、石灰石粉试样 5g，装入已烘干至恒量的称量瓶内，盖上盖，称出试样及称量瓶总质量为 m_1。

③ 将盛有试样的称量瓶放入烘箱中，开启瓶盖，将瓶盖放置在称量瓶旁，烘箱升温至 105～110℃，恒温 2h 取出，盖上盖，置于干燥器内，冷却 30min 后称量，重复上述步骤至恒量，其质量为 m_2。

（4）粒化高炉矿渣粉、粉煤灰和消石灰的含水率试验方法

① 将洗净的烧杯放在烘箱中，在（105±5)℃下烘干至恒量，记作 m_0。

② 称取一份试样的质量 50g（测消石灰时为 5g），装入已烘干至恒量的烧杯内，称出试样及烧杯总质量为 m_1，精确至 0.1g。

③ 将试样倒入已知质量的烧杯中，放在烘箱中，在（105±5)℃下烘干至恒量。

④ 取出，放在干燥器内冷却到室温，然后再称出试样和烧杯的总质量 m_2，精确

至0.1g。

5. 结果计算及数据处理

含水率按式（27-1）计算：

$$Z=\frac{m_1-m_2}{m_2-m_0}\times 100 \tag{27-1}$$

式中　Z——含水率，%；

m_0——烧杯或带盖称量瓶恒量后的质量，g；

m_1——试样及烧杯（或带盖称量瓶）烘干前的质量，g；

m_2——试样及烧杯（或带盖称量瓶）烘干后的质量，g。

含水率取两次试验结果的算术平均值，精确到0.1%。当两次试验结果之差大于0.2%时，应重新进行试验。

二十八、吸水率

1. 适用范围

本方法包括测试集料的饱和面干吸水率测试方法和体积吸水率测试方法。

饱和面干吸水率测试方法参照标准GB/T 14684—2011《建设用砂》规定的试验方法，适用于砂子（天然砂、机制砂、再生细集料）和轻集料的饱和面干吸水率的测定和评价。

体积吸水率测试方法参照标准JC/T 1042—2007《膨胀玻化微珠》附录B规定的体积吸水率试验方法，适用于玻化微珠的体积吸水率的测定和评价。

2. 测试原理

材料在水中能吸收水分的性质称为吸水性。材料的吸水性用吸水率表示，吸水率有质量吸水率和体积吸水率两种表示方法。材料表面干燥而内部孔隙含水达饱和时称饱和面干状态，此时的吸水率称为饱和面干吸水率；处于饱和面干状态的集料，既不从水泥砂浆中吸取水分，也不向水泥砂浆拌合物中释放水分，从而不会影响水泥砂浆的用水量和集料用量。材料吸水饱和时，所吸水分的体积占干燥材料体积的百分数，即为体积吸水率。

3. 试验器具

（1）天平：量程2100g，精度0.1g。

（2）容量筒：容积1000mL。

（3）烧杯：容量3000mL。

（4）烘箱：温控范围0～200℃，精度±2℃。

（5）手提式吹风机。

（6）饱和面干试模及重340g的捣棒（图28-1）。

（7）干燥器、玻璃棒、搪瓷盘、毛刷、不锈钢盘等。

4. 试验步骤

（1）取样

按十九4（1）中规定的取样方法进行取样。

砂子（天然砂、机制砂、再生细集料）的最小取样量4.4kg，在自然状态下用分料器法或四分法将试样缩分至约1100g，分成大致相等的两份，备用。

玻化微珠等轻集料的最小取样量 20L，用四分法将试样缩分至约 5L，备用。

（2）饱和面干吸水率的测试

① 将试样倒入搪瓷盘中，注入洁净水，使水面高出试样表面 20mm 左右，水温控制在（23±5)℃，用玻璃棒连续搅拌 5min，以排除气泡，静置 24h。

② 浸泡完成后，在水澄清的状态下，细心地倒去试样上部的清水，不得将细粉部分倒走。在盘中摊开试样，用吹风机缓缓吹拂暖风，并不断翻动试样，使表面水分均匀蒸发，不得将砂样颗粒吹出。

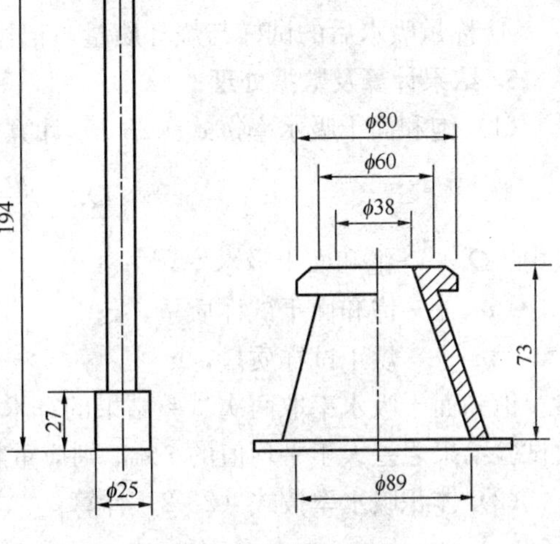

图 28-1　饱和面干试模及捣棒（mm）

③ 将试样分两层装入饱和面干试模中，第一层装入模高度的一半，用捣棒均匀捣 13 下（捣棒离试样表面约 10mm 处自由落下）。第二层装满试模，再轻捣 13 下，刮平试模上试样后，垂直将试模徐徐提起，如试样呈图 28-2a、图 28-3a 状，说明试样应含有表面水，应再行暖风干燥，并按上述方法试验，直至试模提起后，试样呈图 28-2b、图 28-3b 状为止。若试模提起后，试样呈图 28-2c、图 28-3c 状，则说明试样过干，此时应喷洒水 50mL，在充分拌匀后，静置于加盖容器中 30min，再按上述方法进行试验，直至达图 28-2b、图 28-3b 状为止。

④ 立刻称取饱和面干试样 500g，记作 m_0，精确至 0.1g，倒入已知质量的烧杯（或搪瓷盘）中，置于（105±5)℃的烘箱中烘干至恒量，在干燥器内冷却至室温后，称取干燥试样的质量，记作 m_1，精确至 0.1g。

图 28-2　机制砂饱和面干试样的状态

图 28-3　天然砂饱和面干试样的状态

（3）体积吸水率的测试

① 将试样置于烘箱中，在（105±5)℃下烘干至恒量，随后移至干燥器内冷却至室温。

② 量取 1000mL 干燥恒量后的样品，放入干燥烧杯中，称量试样与烧杯质量，记作 m_0。

③ 缓慢均匀地向试样中加水，边加水边用玻璃棒轻柔搅拌，使待测试样能全部充分润

湿，待刚刚析出水时停止加水。

④ 称量吸水后的试样与烧杯质量，记作 m_1。

5. 结果计算及数据处理

（1）饱和面干吸水率按式（28-1）计算：

$$Q_x = \frac{m_0 - m_1}{m_1} \times 100 \tag{28-1}$$

式中 Q_x——饱和面干吸水率，%；

m_0——饱和面干试样质量，g；

m_1——烘干试样质量，g。

饱和面干吸水率取两次试验结果的算术平均值作为其测定结果，精确至 0.1%。如果两次试验结果之差大于平均值的 3%，则应重新试验。

（2）体积吸水率按式（28-2）计算：

$$X = \frac{m_1 - m_0}{\rho \cdot V} \times 100 \tag{28-2}$$

式中 X——体积吸水率，%；

m_0——吸水前试样与烧杯的质量，g；

m_1——吸水后试样与烧杯的质量，g；

ρ——自来水的密度，取 $1g/cm^3$；

V——试样的体积，取 1000mL。

体积吸水率按三次试验结果的算术平均值作为测定值，保留两位有效数字。

二十九、干燥失重率

1. 适用范围

本方法参照标准 JC/T 2190—2013《建筑干混砂浆用纤维素醚》附录 A 规定的干燥失重率试验方法，适用于纤维素醚的干燥失重率的测定和评价。

2. 测试原理

纤维素醚的干燥失重率主要是反映其在存放过程中，可能含有的湿气的多少。其干燥失重率的大小可通过其干燥前后的质量变化来评估。

3. 试验器具

（1）分析天平：精确至 0.0001g。

（2）称量瓶：带盖称量瓶，直径 60mm，高度 30mm。

（3）烘箱：温控范围 0～200℃，精度±2℃。

4. 试验步骤

（1）称取约 5g 样品，精确至 0.0001g，记作 m_0。

（2）将称量好的样品平铺在称量瓶中，厚度应不超过 5mm。

（3）将称量瓶和样品放入烘箱中，将瓶盖取下，置于称量瓶旁，或将瓶盖半开，在(105±2)℃下干燥 2h。

（4）将称量瓶盖好，取出放在干燥器中冷却至室温，称重。

(5) 再放入烘箱中干燥 30min，取出，冷却至室温，称重。如此反复，直至恒量，记作 m_1。

5. 结果计算及数据处理

干燥失重率按式 (29-1) 计算：

$$M=\frac{m_0-m_1}{m_0}\times 100 \tag{29-1}$$

式中　M——样品干燥失重率,%；

m_0——样品质量，g；

m_1——干燥后的样品质量，g。

试样的干燥失重率测试结果取两次平行测定结果的算术平均值，两次平行测定结果的差值应不大于 0.20%。

三十、透光率

1. 适用范围

本方法参照标准 JC/T 2190—2013《建筑干混砂浆用纤维素醚》附录 B 规定的透光率试验方法，适用于甲基纤维素 MC、羟乙基纤维素 HEC、羟乙基甲基纤维素 HEMC 和羟丙基甲基纤维素 HPMC 等纤维素醚的透光率的测定和评价。

2. 测试原理

透光率是表示材料能透过光的效率，是透过透明或半透明体的光通量与其入射光通量的百分率。分光光度计测试透光率的原理是用波长为 λ 强度为 I 的单色光照射某溶液时，一部分光被吸收，一部分透过，则透过光的强度与入射光的强度之比值即为透光率。

3. 试验器具

(1) 分光光度计。

(2) 分析天平：精确至 0.0001g。

(3) 高型烧杯：400mL。

(4) 恒温槽：温控范围 0～100℃。

(5) 温度计：量程为 0～50℃，分度为 0.1℃。

(6) 烘箱：温度范围 0～200℃，精度为±2℃。

(7) 玻璃棒、比色皿等。

4. 试验步骤

(1) 试验条件

试验室温度 (23±2)℃、相对湿度 (50±5)%，试验区的循环风速小于 0.2m/s。

试验材料及所用器具应在试验条件下放置 24h。

(2) MC、HEMC、HPMC 试样溶液的制备

取在 (105±5)℃下干燥至恒量的样品约 8g (精确至 0.0001g) 加入高型烧杯中，加 90℃左右的蒸馏水 392g，用玻璃棒充分搅拌约 10min，形成均匀体系，然后放入到 0～5℃的冰浴中冷却 40min，冷却过程中继续搅匀至产生黏度为止。

补水，将试样溶液浓度调到试样的质量分数为 2%，除去气泡，备用。

(3) HEC试样溶液的制备

取在(105±5)℃下干燥至恒量的样品约8g(精确至0.0001g)加入高型烧杯中，加蒸馏水392g，用玻璃棒充分搅拌约10min，形成均匀体系，待溶解完全除去气泡，形成2%浓度的溶液，备用。

(4) 透光率测试

① 将分光光度计预热15min；

② 调波长选择钮，置所需波长590nm；

③ 开启试样室盖，调零，使数值显示为000.0；

④ 将浓度为2%并除去气泡的试样溶液，注入10mm×30mm×40mm比色皿中，然后将比色皿插入试样槽，盖上试样室盖，将空白试样(蒸馏水)移入光路，空白数值为100.0%，反复3次；

⑤ 数值测量，将被测试样移入光路，读取测量值，反复3次，允许光度精度跳动±0.5%。

5. 数据处理

透光率值为三次测量值的算术平均值，精确至0.1%。

三十一、体积漂浮率

1. 适用范围

本方法参照标准JC/T 1042—2007《膨胀玻化微珠》附录C规定的体积漂浮率试验方法，适用于玻化微珠的体积漂浮率的测定和评价。

2. 测试原理

颗粒密闭性越好，中空程度越高的轻集料，漂浮在水上的数量和程度越高，用于拌制水泥砂浆时，越利于提高砂浆的保温性能。因此可通过测试集料漂浮在水中的样品体积占样品总体积的百分比，来评价其体积漂浮率。

3. 试验器具

(1) 烧杯：容积3000mL以上的烧杯。

(2) 量筒：量程500mL。

(3) 烘箱：温度范围0～200℃，精度±2℃。

(4) 干燥器：内装变色硅胶。

4. 试验步骤

(1) 取样：随机抽取5包样品，按照四分法缩分至约8L。

(2) 将上述试样放入烘箱中，在(105±5)℃的温度下烘干至恒量，随后移至干燥器内冷却到室温。

(3) 用量筒量取500mL试样放入烧杯中，加入适量的水，水量应能使试样在水中明显分层，轻轻搅拌后放置7d，放置过程中应搅拌几次，每次搅拌1min，以使试样得到充分湿润，试样放置过程中应封盖烧杯口。

(4) 取出全部沉淀的试样颗粒，放入烘箱中，在(105±5)℃下烘干至恒量，随后移至干燥器内冷却至室温，用量筒测量其体积。

5. 结果计算及数据处理

体积漂浮率按式（31-1）计算：

$$L=\frac{V_0-V_1}{V_0}\times 100 \tag{31-1}$$

式中　L——体积漂浮率，%；

V_0——试样原始体积，取 500mL；

V_1——沉淀的试样体积，mL。

体积漂浮率以三次试验结果的算术平均值作为测定值，保留两位有效数字。

三十二、表面玻化闭孔率

1. 适用范围

本方法参照标准 JC/T 1042—2007《膨胀玻化微珠》附录 D 规定的表面玻化闭孔率试验方法，适用于玻化微珠的表面玻化闭孔率的测定和评价。

2. 测试原理

玻化微珠的表面玻化，会形成一定的颗粒强度，理化性能十分稳定，耐老化耐候性强，具有优异的绝热、防火、吸声性能。玻化微珠作为轻质集料，可提高砂浆的和易性、流动性和强度，减少吸水率和干燥收缩率，提高产品综合性能，降低综合生产成本。表面玻化闭孔率越高，玻化微珠的性能越好，制备得到的砂浆性能也越好。表面玻化会形成类似玻璃的釉状光泽，可以通过放大一定倍数，直接观察颗粒表面的玻化情况和闭孔情况，来判定其表面玻化闭孔率。

3. 试验器具

放大镜或显微镜：放大倍数与玻化微珠粒径相适宜的放大镜或显微镜。

4. 试验步骤

（1）取样：随机抽取 5 包样品，按照四分法将样品缩分至 5L。

（2）从试样中随机取出 50～100 个玻化微珠颗粒，将试样置于放大镜或显微镜下，逐个仔细观察样品颗粒表面玻化封闭的程度，记录表面玻化封闭的样品颗粒个数以及所观察的样品颗粒总个数。

5. 结果计算及数据处理

表面玻化闭孔率按式（32-1）计算：

$$H=\frac{S_1}{S_0}\times 100 \tag{32-1}$$

式中　H——表面玻化闭孔率，%；

S_0——所观察的样品颗粒总个数；

S_1——表面玻化封闭的样品颗粒个数。

三十三、灰分

1. 适用范围

本方法参照标准 GB/T 7531—2008《有机化工产品灼烧残渣的测定》以及 JC/T 2190—

2013《建筑干混砂浆用纤维素醚》附录 A 规定的试验方法，适用于干混砂浆用可再分散乳胶粉和纤维素醚的灰分含量的测定和评价。

2. 测试原理

样品经炭化、高温灼烧后所残留的物质，即为所测样品的灰分质量。

3. 试验器具和试剂

（1）分析天平：精度为 0.0001g。

（2）高温炉：可控制温度在 500～1000℃，温控精度为±25℃。

（3）坩埚：容积为 30～100mL 的瓷坩埚、石英坩埚、铂金坩埚等。

（4）干燥器：内装适当的干燥剂（如变色硅胶、无水氯化钙等）。

（5）加热用电炉。

（6）符合 GB/T 625《化学试剂　硫酸》规定的浓硫酸，以及 20％的盐酸溶液、硝酸溶液。

4. 试验步骤

（1）可再分散乳胶粉灰分试验方法

① 用 20％的盐酸溶液处理坩埚。瓷坩埚浸泡 24h 或煮沸 0.5h；石英坩埚、铂金坩埚浸泡 2h。洗净，烘干。

② 将已经处理过的坩埚放入高温炉中，在（650±25)℃的试验温度下灼烧适当时间，取出坩埚，在空气中冷却 1～3min，然后移入内有干燥剂的干燥器中冷却至室温（约 45min)，称量坩埚质量 m_1，精确至 0.0002g。重复操作至恒量，即两次称量结果之差不大于 0.0003g。

③ 用上述已经恒量的坩埚称取规定质量的样品，样品加坩埚质量记作 m_2；每个测量的样品称样质量应以获得的残渣质量不小于 3mg 为依据。称样量大时，可采取一次称样分次加样的方法，直到全部样品炭化或挥发完全为止。

④ 将盛有试样的坩埚放在电炉上缓慢加热，直到试样全部炭化（不再冒白烟）。将坩埚移入高温炉中，在（650±25)℃的试验温度下灼烧适当时间，取出坩埚，在空气中冷却 1～3min，然后移入内有干燥剂的干燥器中冷却至室温（约 45min)，称量，坩埚和残渣的质量记作 m_3，精确至 0.0002g。重复操作至恒量，即两次称量结果之差不大于 0.0003g。

⑤ 较难灼烧的试样，可在炭化后的坩埚中加入 0.5～1.0mL 的硝酸，使炭化物润湿，在电炉上加热，直到棕色盐雾消失，然后移入高温炉中高温灼烧，操作程序见上一步骤。

⑥ 在同一试验中，应使用同一干燥器，每次恒量放入相同数量的坩埚。空坩埚和带残渣的坩埚的冷却时间相同。

（2）纤维素醚灰分试验方法

① 用 20％的盐酸溶液处理坩埚。瓷坩埚浸泡 24h 或煮沸 0.5h；石英坩埚、铂金坩埚浸泡 2h。洗净，烘干。

② 将已经处理过的坩埚放入高温炉中，在（650±25)℃的试验温度下灼烧适当时间，取出坩埚，在空气中冷却 1～3min，然后移入内有干燥剂的干燥器中冷却至室温（约 45min)，称量坩埚质量 m_1，精确至 0.0002g。重复操作至恒量，即两次称量结果之差不大于 0.0003g。

③ 将纤维素醚样品在（105±2)℃下烘干 2h，放在干燥器内冷却，备用。

④ 用上述已经恒量的坩埚称取约 2g 纤维素醚样品（精确至 0.0001g），样品加坩埚质量记作 m_2。

⑤ 将盛有试样的坩埚放在电炉上缓慢加热，坩埚盖半开，直到试样全部炭化（不再冒白烟），挥发物完全散去。

⑥ 冷却坩埚，加入 2mL 浓硫酸，使残留物润湿。缓慢加热至冒出白色烟雾。待白色烟雾消失后，将坩埚（半盖坩埚盖）移入高温炉中，在（750±50）℃的试验温度下灼烧 1h，直至所有的碳化物烧尽。关掉高温炉，将坩埚先在高温炉中冷却，然后取出坩埚，移入内有干燥剂的干燥器中冷却至室温（约 45min），称量，坩埚和残渣的质量记作 m_3，精确至 0.0002g。重复操作至恒量，即两次称量结果之差不大于 0.0003g。

⑦ 在同一试验中，应使用同一干燥器，每次恒量放入相同数量的坩埚。空坩埚和带残渣的坩埚的冷却时间相同。

5. 结果计算及数据处理

灼烧残渣的质量分数（即灰分含量）ω，按式（33-1）计算得到：

$$\omega = \frac{m_3 - m_1}{m_2 - m_1} \times 100 \tag{33-1}$$

式中　ω——灰分的质量分数，%；

m_1——坩埚的质量，g；

m_2——试样加坩埚的质量，g；

m_3——坩埚加残渣的质量，g。

取两次平行测定结果的算术平均值，作为灰分含量的测定结果。

两次平行测定结果的绝对差值应不大于这两个测定值算术平均值的 10%。

三十四、拉伸强度和断裂伸长率

1. 适用范围

本方法参照标准 GB/T 29594—2013《可再分散乳胶粉》附录 A 规定的拉伸强度和断裂伸长率试验方法，适用于可再分散乳胶粉成膜后的拉伸强度和断裂伸长率的测定和评价。

2. 测试原理

沿试样纵向主轴横竖拉伸，直至断裂，测量在这一过程中试样承受的负荷及其伸长，从而获得其拉伸强度和断裂伸长率。

3. 试验器具

（1）拉力试验机：规格 500N，试验宽度 0～30mm，行程 600mm；拉力试验机夹具的移动速率为（300±30）mm/min；配有伸长测量系统；精度 1 级。

（2）切割刀：能裁切 15mm 宽度的试样。

（3）玻璃板。

（4）涂膜器：能将试样涂布出厚度（0.5±0.02）mm、宽度 15mm 以上的涂膜器，不锈钢材质、耐腐蚀。

（5）游标卡尺：分度值 0.02mm。

4. 试验步骤

（1）试样制备

将可再分散乳胶粉配制成50%水分散体，充分搅拌均匀，静置至无气泡。

用少许水滴湿玻璃板，并用聚乙烯膜覆盖在表面去除空气，用带子将膜四周固定一个范围。

用涂膜器将上述水分散体涂在聚乙烯膜固定范围内，涂膜厚度（0.5±0.02）mm。

放在温度（23±2）℃、相对湿度（50±10）%的环境下干燥48h，形成均匀干燥的膜，将膜小心取下，作为试样备用。

（2）试样的选取与裁制

选择上述制备得到的平整、无褶皱、无针孔的试样。

用切割刀裁切宽度为15mm、长度不小于160mm的试样数个。

检查裁制的试样，应边缘平滑无缺口，有缺陷的舍去。每组试样6个。

（3）试样状态调节

将已选出的6个试样，放在温度（23±2）℃、相对湿度（50±10）%的环境下进行状态调节120h。

（4）试验测试

试验时，环境温度应为（23±2）℃、相对湿度为（50±10）%。

测试试样的厚度：将状态调节后的试样，选均匀分布的三处测量其厚度，取平均值作为试样厚度。

测试试样的宽度：将状态调节后的试样，选均匀分布的三处测量其宽度，取平均值作为试样宽度。

试样的装夹：调整拉力试验机上下夹具夹口初始距离为60mm，将试样一端夹在拉力试验机的上夹具，拧紧，然后使其自然竖直下垂，再把另一端夹在下夹具，拧紧。

启动拉力试验机，拉伸速度为（300±30）mm/min，使试样拉伸至断裂，记录拉伸过程最大荷载和试样断裂瞬间上夹具实际运行位移。

每组6个试样都要进行上述试验。当试样在夹具内出现滑移或在距任一夹具10mm以内断裂，或由于明显缺陷导致过早破坏时，由此试样得到的数据应舍弃。

5. 结果计算及数据处理

拉伸强度按式（34-1）计算得到：

$$T_s = \frac{F}{b \cdot d} \tag{34-1}$$

式中 T_s——试样的拉伸强度，MPa；

F——试样断裂时的最大荷载值，N；

b——试样的宽度，mm；

d——试样的厚度，mm。

断裂伸长率按式（34-2）计算得到：

$$E_b = \frac{L_1}{L_0} \times 100 \tag{34-2}$$

式中 E_b——试样的断裂伸长率，%；

L_1——试样断裂时的上夹具实际运行位移，mm；

L_0——上下夹具初始距离，mm。

取 6 次平行测定结果的算术平均值作为测定结果，拉伸强度结果保留至小数点后 1 位，断裂伸长率结果取整数。

三十五、凝胶温度和最低成膜温度

(一) 凝胶温度

1. 适用范围

本方法参照标准 JC/T 2190—2013《建筑干混砂浆用纤维素醚》附录 C 规定的凝胶温度试验方法，适用于纤维素醚的凝胶温度的测定和评价。

2. 测试原理

将纤维素醚溶液加热，随着温度升高，溶液开始出现乳白色丝状凝胶到完全变成乳白色时的温度区间，即为其凝胶温度范围。

3. 试验器具和试剂

(1) 比色管：纳氏 100mL。

(2) 温度计：分度值为 0.1℃，量程范围 50～100℃。

(3) 分析天平：精确至 0.0001g。

(4) 水浴、烧杯、容量瓶、玻璃棒等。

(5) 水：蒸馏水或去离子水。

4. 试验步骤

(1) 称取干燥样品 0.5g（精确至 0.0001g），倒入烧杯中，加入 90℃左右的水约 50mL，充分搅拌使其溶胀，然后将烧杯置于 0～5℃的冰水浴中冷却溶解，冷却过程中不断搅拌，然后将溶液移至 250mL 容量瓶中，用蒸馏水稀释至刻度，摇匀备用。

(2) 取上述溶液 50mL 于 100mL 比色管中，插入温度计，将比色管置于 500mL 烧杯水浴中加热，缓慢升温并轻轻搅拌试样。当温度升至 40℃时，控制升温速率为 0.5～1℃/min，仔细观察溶液变化，当溶液出现乳白色丝状凝胶时，记下此时温度，即为凝胶温度下限 T_1；继续升温至溶液刚完全变成乳白色时，记下此时温度，即为凝胶温度上限 T_2。

5. 数据处理

试验记录下来的凝胶温度下限 T_1 和凝胶温度上限 T_2 区间，即为纤维素醚的凝胶温度区间。

试验结果取两次试验结果的算术平均值。

(二) 最低成膜温度

1. 适用范围

本方法参照标准 GB/T 9267—2008《涂料用乳液和涂料、塑料用聚合物分散体　白点温度和最低成膜温度的测定》规定的最低成膜温度试验方法，适用于可再分散乳胶粉的最低成膜温度的测定和评价。

2. 测试原理

在一个合适的温度梯度下，用干燥的气流干燥可再分散乳胶粉水分散体，即可测出聚合

（形成连续透明薄膜）和未聚合（不透明或未成膜）这个交界点的温度，即为试样的最低成膜温度。

3. 试验器具和装置

（1）速率可调的高速搅拌机。

（2）天平：精确至 0.01g。

（3）最低成膜温度测定仪（图 35-1）：主要由金属（铝、不锈钢或铜）矩形板构成，可形成一合适的线性的温度梯度，其表面可以是完全平滑的，也可以开几道 0.3mm 深的槽。

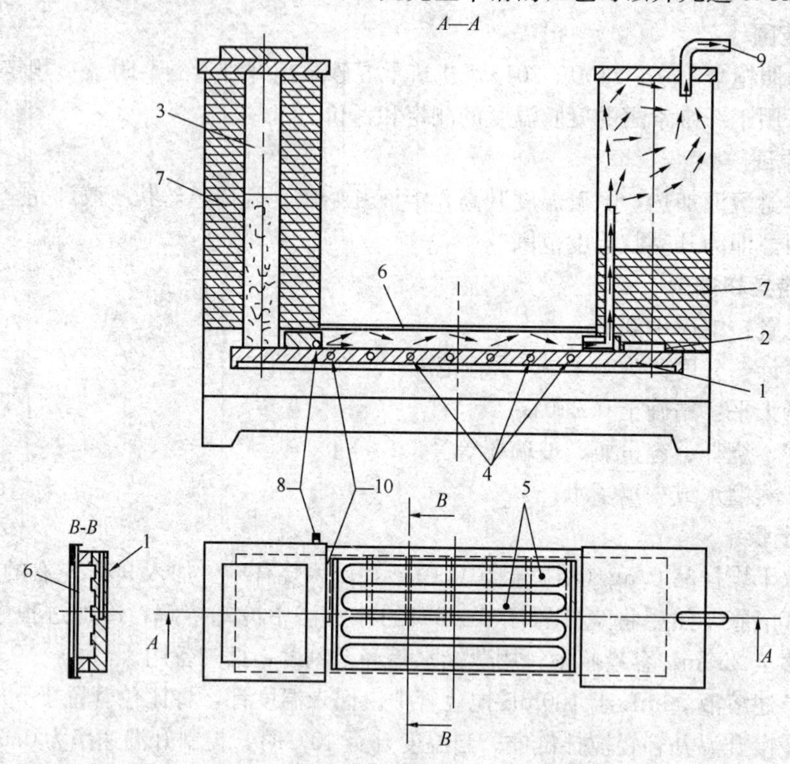

图 35-1　最低成膜温度测定仪构造图

1—矩形金属板；2—电阻器；3—制冷剂容器；4—直径为 5mm 的温度计孔；5—板面上 0.3mm 深的槽（不是必须的）；6—玻璃罩；7—绝缘材料；8—干燥空气进孔；9—空气排放孔；10—第一个温度计孔

为了清洗方便，板表面可以覆盖一层薄薄的铝箔（如 0.02mm 厚），用刷子将其刷平，可滴几滴甘油使铝箔和板紧密结合。

为了形成温度梯度，板的一端可通过一个电阻器加热作为热源，另一端可通过一个绝缘容器中的制冷剂制冷作为冷源。

板的边缘有几个间隔相等的孔，孔中可插入温度计，以测量平衡时板的温度梯度，第一个孔垂直于冷端下面，最后一个孔位于热端下面，其他孔在冷端和热端两者之间。

干燥的空气流（可通过干燥剂 $CaCl_2$ 得到）在玻璃罩中从冷端流至热端，使平板上或槽中的乳液或聚合物分散体干燥。

在板的上方放一个玻璃罩，两段各留一个孔，使空气流可以从一端流向另一端。

（4）温度测量装置：测量范围－10～＋50℃，精确至 0.1℃，如玻璃水银温度计、热电偶、表面温度计等。

(5) 薄膜涂布器：惰性材料（如不锈钢或塑料）制，用于制备如下薄膜：

① 槽中的薄膜（涂布器如图 35-2 所示）。

② 平板上约 0.1mm 厚，20～25mm 宽的薄膜。

4. 试验步骤

(1) 分散体的配制

将 50mL 蒸馏水倒入烧杯中，用搅拌机以小于 100r/min 低速搅拌，同时慢慢倒入 50g 待检测的可再分散乳胶粉，倒入完毕后，将搅拌机转速调至 300～500r/min，搅拌 15min 后停机，静置消泡后备用。测定前用小于 100r/min 低速再搅拌 3min。

(2) 温度梯度的形成

将温度测量装置放在测量位置上，调节热源和冷源的温度，使仪器形成一个合适的温度梯度来测试样品，确保：①最低成膜温度在板的中间部位测得；②温度梯度的上下限（冷热源之间）应在温度测量装置的量程内，温差设定范围在 20～40℃之间，试验期间应保持恒定。

温度梯度应尽可能是线性的，即相邻两温度点之间的温差相等。

(3) 最低成膜温度测定

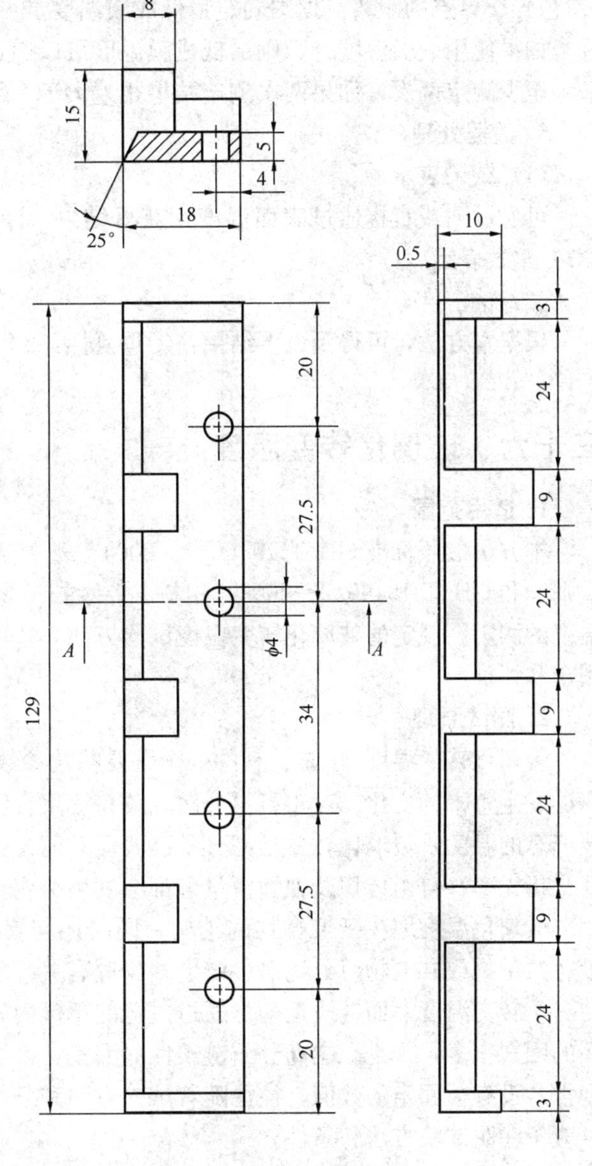

图 35-2　有槽板用的涂布器（mm）

温度平衡达到后，将试样均匀施涂在板上，从高温端开始涂布。

① 采用有槽板时，将稍微超过槽总量的样品从高温端注入槽中，用薄膜涂布器沿着槽开始涂布，除去多余的样品。

② 采用平板时，用薄膜涂布器从板的高温端开始将试样涂布成约 0.1mm 厚、20～25mm 宽的狭长的条带。

盖上玻璃罩，以恒定的低速度从冷端至热端通入干燥的空气流。

注意在平板的各个不同部位温度测量装置所显示的温度，以各温度测量装置之间间隔的距离作为横坐标，温度测量装置显示的温度作为纵坐标，作图（如果温度梯度是线性的，作出的图是直线，就不必作图）。

测量出温度测量装置第一个孔至完全形成薄膜（透明、无裂纹）部分和没有聚合的部分

（白色）交界点的距离。据图确定最低成膜温度。

如果使用表面温度计，则最低成膜温度可以通过温度计的刻度直接得出。

至少测定两次，如果两次测定结果相差大于 2℃，则需重新测定。

5. 数据处理

（1）结果表示

可通过图或直接通过表面温度计获得结果，计算几次测定结果的平均值，以摄氏温度（℃）整数表示。

（2）精密度

根据本方法，可得到以下结果：①重复性：2℃；②再现性：4℃。

三十六、玻璃化转变温度

1. 适用范围

本方法参照标准 GB/T 19466.1—2004《塑料　差示扫描量热法（DSC）　第 1 部分：通则》和 GB/T 19466.2—2004《塑料　差示扫描量热法（DSC）　第 2 部分：玻璃化转变温度的测定》规定的玻璃化转变温度试验方法，适用于可再分散乳胶粉的玻璃化转变温度的测定和评价。

2. 测试原理

玻璃化转变温度 T_g 是材料的一个重要特性参数，材料的许多特性都在玻璃化转变温度附近发生急剧的变化。对于可再分散乳胶粉等聚合物而言，是随着温度降低从高弹态转变为玻璃态的温度，玻璃化转变是高分子链段运动的松弛过程，此时其比热容、热膨胀系数、黏度、折光率、自由体积及弹性模量等都会发生突变。

玻璃化温度取决于聚合物的结构，同时还与聚合物中相邻分子之间的作用力、塑剂用量、共聚物或共混物组分比例、链度多少等有关。玻璃化温度是高分子的链段从冻结到运动的一个转变温度，而链段运动是通过主链的单键内旋转来实现的，因此影响聚合物玻璃化转变的因素很多，凡是影响高分子链柔性的因素，都会对玻璃化转变温度产生影响。玻璃化温度常常没有很固定的数值，往往随着试验方法和条件，如升温速率等而改变。因此，在测试时应予注明试验方法和条件。

测定玻璃化转变温度对于了解可再分散乳胶粉的性能转变及其应用具有重要的意义。利用 DSC 热分析仪测试玻璃化转变温度的原理，是在规定的气氛及程度温度控制下，测量输入到试样和参比样的热流速率差随温度和/或时间变化的关系，通过材料的比热容随温度的变化，并由所得的曲线确定玻璃化转变特征温度。

3. 试验器具和气体

（1）差示扫描量热法 DSC，主要性能如下：

① 能以 0.5～20℃/min 的速率，等速升温或降温；

② 能保持试验温度恒定在±0.5℃内至少 60min；

③ 能够进行分段程序升温或其他模式的升温；

④ 气体流动速率范围在 10～50mL/min，偏差控制在±10%范围内；

⑤ 温度信号分辨能力在 0.1℃内，噪声低于 0.5℃；

⑥ 为便于校准和使用，试样量最小应为1mg（特殊情况下，试样量可以更小）；

⑦ 仪器能够自动记录DSC曲线，并能对曲线和基准基线间的面积进行积分，偏差小于22%；

⑧ 配有一个或多个样品支持器的样品架组件。

（2）样品皿：用来装试样和参比样，由相同质量的同种材料制成。在测量条件下，样品皿不与试样和气氛发生物理或化学变化；样品皿应具有良好的导热性能，能够加盖和密封，并能承受在测量过程中产生的过压。

（3）分析天平：精确至0.01mg。

（4）气源：分析级气源，例如氮气、氩气、氦气等。

4. 试验步骤

（1）试验条件

试验室温度（23±2）℃、相对湿度50%±5%，试验区的循环风速小于0.2m/s。

仪器的维护和操作应在GB/T 2918《塑料试样状态调节和试验的标准环境》规定的环境下进行。测量时，应避免环境温度、气压和电源电压剧烈波动。

（2）试样的状态调节

测定前，应将可再分散乳胶粉放在温度（23±2）℃、相对湿度50%±5%的试验室环境下存放24h。

（3）仪器准备

试验前，接通仪器电源至少1h，以便电器元件温度平衡。

将具有相同质量的两个空样品皿放置在样品支持器上，调节到实际测量的条件。在要求的温度范围内，DSC曲线应是一条直线，当得不到一条直线时，在确认重复性后记录DSC曲线。

（4）试样放在样品皿内

① 选择两个相同的样品皿，一个作试样皿，一个作参比皿；

② 称量样品皿及盖子，精确到0.01mg；

③ 将试样和参比样分别放在样品皿内；

④ 再次称量试样皿和参比皿。

（5）把样品皿放在仪器内

用镊子或其他合适的工具将两个样品皿放入样品支持器中，确保试样和皿之间、皿和支持器之间接触良好。盖上样品支持器的盖子。

（6）温度扫描测量

① 在开始升温操作前，用氮气预先清洁5min。

② 以20℃/min的速率（也可以采用其他速率）开始升温并记录。将试样皿加热到足够高的温度，以消除试验材料以前的热历史。

③ 保持温度5min。

④ 将温度骤冷到比预期的玻璃化转变温度低约50℃。

⑤ 保持温度5min。

⑥ 再次以20℃/min的速率进行第2次升温并记录，加热到比外推终止温度T_{efg}高约30℃。

⑦ 将仪器冷却到室温，取出试样皿，观察试样皿是否变形或试样是否溢出。

⑧ 重新称量皿和试样，精确至 0.1mg。

⑨ 如果有任何质量损失，应怀疑发生了化学变化，打开皿并检查试样。如果试样已降解，舍弃此试验结果，选择较低的上限温度重新试验。

变形的样品皿不能再用于其他试验。

如果在测试过程中有试样溢出，应清理样品支持器组件。清理按照仪器制造商的说明书进行，并用至少一种标准样品进行温度和能量的校准，确认仪器有效。

⑩ 按仪器制造商的说明处理数据。

⑪ 应由使用者决定重复试验。

5. 数据处理

转变温度的测定曲线如图 36-1 所示。通常两条直线不是平行的。在这种情况下，T_{mg}就是两条外推基线间的中线与曲线的交点。

也可以把测定的拐点本身作为玻璃化转变特征温度 T_g。它可以通过测定微分 DSC 信号最大值或转变区域斜率最大处对应的温度而得到。

若 DSC 曲线出现图 36-1（b）所示的情况，确定玻璃化转变温度的方法是相同的。

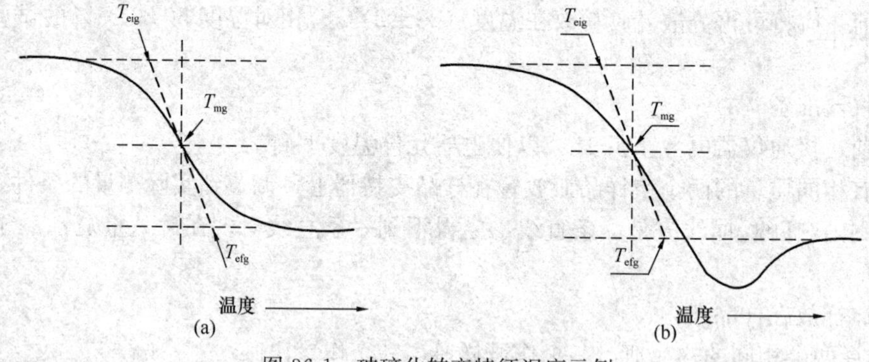

图 36-1　玻璃化转变特征温度示例

三十七、白度

1. 适用范围

本方法参照 GB/T 5950—2008《建筑材料与非金属矿产品白度测量方法》和 GB/T 11942—1989《彩色建筑材料色度测量方法》等标准规定的试验方法汇成，适用于白色硅酸盐水泥白度的测定。

2. 测试原理

当光谱反射比均为 1 的理想完全反射漫射体的白度为 100，光谱反射比均为 0 的绝对黑体白度为 0 时，采用本标准规定的条件，测出试样的三刺激值，再用所规定的公式计算白度。

3. 试验器具

（1）传递标准白板和工作标准白板

① 传递标准白板

应使用 GSB A 67001 氧化镁白度标准样品。

② 工作标准白板

使用GSB A 67002陶瓷标准白板或白色硅酸盐水泥白度系列国家标准样品。有矛盾时以GSBA 67002陶瓷标准白板为准。

（2）采用光谱测色仪或光电积分类测色仪器测定白色硅酸盐水泥白度。对白色硅酸盐水泥白度系列国家标准样品测定的最大误差应不超过0.5。光谱测色仪应符合GB/T 3979《物体色的测量方法》和GB/T 11942《彩色建筑材料色度测量方法》的规定。光电积分类测色仪器应满足JJG 512—2002《白度计检定规程》的规定。

（3）仪器校正

应选择与待测样品三刺激值相近的白色硅酸盐水泥白度系列国家标准样品或GSB A 67002陶瓷白板作为工作标准白板对仪器进行校正。

4. 试验步骤

（1）白色粉末状试样板的制备。

试验用试样应密封保存且质量应不少于200g。试验时取一定量的白色硅酸盐水泥试样放入恒压粉体压样器中，压制成表面平整、无纹理、无疵点、无污点的试样板。每个白色硅酸盐水泥样品需在相同条件下压制3件试样板。

（2）仪器的调校

① 按仪器使用说明预热稳定仪器，调零。

② 用标准白板调校仪器。

③ 三刺激值的测量

分别将三块粉体试样板置于测量孔上，测量每块试样扳的三刺激值，取三块测量结果的平均值。

5. 结果计算及结果评定

白色硅酸盐水泥的白度采用亨特（hunter）白度公式。即：

$$W_H = 100 - [(100 - L)^2 + a^2 + b^2]^{1/2} \tag{37-1}$$

$$L = 10Y_{10}^{1/2} \tag{37-2}$$

$$a = \frac{17.2(1.0546X_{10} - Y_{10})}{Y_{10}^{1/2}} \tag{37-3}$$

$$b = 6.7(Y_{10} - 0.9318Z_{10})/Y_{10}^{1/2} \tag{37-4}$$

式中　W_H——试样的亨特（hunter）白度；

L——亨特（hunter）明度指数；

a，b——亨特（hunter）色品指数；

X_{10}、Y_{10}、Z_{10}——试样的三刺激值。

计算结果修约至小数点后一位。

以三块试样板的白度平均值为试样的白度。当三块粉体试样板的白度值中有一个超过平均值的±0.5时，应予剔除，取其余两个测量值的平均值作为白度结果；如果两个超过平均值的±0.5时，应重做测量。同一试验室偏差应不超过0.5。

三十八、黏度

1. 适用范围

本方法参照标准 JC/T 2190—2013《建筑干混砂浆用纤维素醚》附录 B 规定的黏度试验方法，适用于纤维素醚溶液的黏度值的测定和评价。

2. 测试原理

黏度是衡量溶液或液体流动或受外力作用移动时分子间产生的内摩擦力的量度。可以将流动着的液体看作许多相互平行移动的液层，各层速度不同，形成速度梯度（dv/dx），这是流动的基本特征。由于速度梯度的存在，流动较慢的液层阻滞较快液层的流动，因此，液体产生运动阻力。为使液层维持一定的速度梯度运动，必须对液层施加一个与阻力相反的反向力。因此其在外力作用下的切应力与切变速率是表征液体流变性质的两个基本参数。

3. 试验器具

（1）NDJ-1 型旋转黏度计。

（2）分析天平：精确至 0.0001g。

（3）高型烧杯：400mL。

（4）恒温槽：温控范围 0～100℃。

（5）温度计：量程为 0～50℃，分度为 0.1℃。

（6）烘箱：温度范围 0～200℃，精度为±2℃。

（7）玻璃棒。

4. 试验步骤

（1）试验条件

试验室温度（23±2)℃、相对湿度 50%±5%，试验区的循环风速小于 0.2m/s。

试验材料及所用器具应在试验条件下放置 24h。

（2）MC、HEMC、HPMC 试样溶液黏度的测定

取在（105±5)℃下干燥至恒量的样品约 8g（精确至 0.0001g）加入高型烧杯中，加 90℃左右的蒸馏水 392g，用玻璃棒充分搅拌约 10min，形成均匀体系，然后放入到 0～5℃的冰浴中冷却 40min，冷却过程中继续搅匀至产生黏度为止。

补水，将试样溶液调到试样的质量分数为 2%，除去气泡。

将溶液放入恒温槽中，恒温至（20±0.1)℃，用黏度计测定其黏度。

（3）HEC 试样溶液黏度的测定

取在（105±5)℃下干燥至恒量的样品约 8g（精确至 0.0001g）加入高型烧杯中，加蒸馏水 392g，用玻璃棒充分搅拌约 10min，形成均匀体系，待溶解完全除去气泡。

将溶液放入恒温槽中，恒温至（25±0.1)℃，用黏度计测定其黏度。

上述四种溶液黏度测试时，黏度计转子号数与转速按表 38-1 所示对应关系选择。

表 38-1　黏度计转子与转速对应关系

转子号	量程/mPa·s			
	60r/min	30r/min	12r/min	6r/min
0	10	20	50	100

续表

转子号	量程/mPa·s			
	60r/min	30r/min	12r/min	6r/min
1	100	200	500	1000
2	500	1000	2500	5000
3	2000	4000	10000	20000
4	10000	20000	50000	100000

5. 结果计算及数据处理

黏度按式（38-1）计算：

$$\eta = k\alpha \tag{38-1}$$

式中　η——试样溶液黏度值，mPa·s；

k——转子系数；

α——指针读数。

黏度试验结果取两次试验结果的算术平均值，两次试验结果之差应不超过二者算术平均值的2%。

三十九、保水性（保水率和泌水率）

1. 适用范围

本方法参照标准JC/T 2190—2013《建筑干混砂浆用纤维素醚》、JC/T 517—2004《粉刷石膏》和JC/T 2031—2010《水泥砂浆防冻剂》规定的试验方法，适用于分别用纤维素醚和增塑剂改性的水泥砂浆的保水性（以保水率表示）的测定和评价，以及防冻剂和减水剂分别掺入水泥砂浆保水性（以泌水率表示）的测定和评价，以及防冻剂和减水剂分别掺入水泥砂浆保水性（以泌水率表示）的测定和评价。

2. 测试原理

保水性是反映材料保持水分而不散失的能力。保水率是通过测试材料在外力作用下，其内部水分保持程度，通过测定水分保留质量来确定；泌水率是指水泥浆体（砂浆）所含水分从浆体中析出的难易程度，通过测定水分泌出质量来确定。

3. 试验器具

（1）真空泵：负压可达106.65kPa（800mm汞柱）。

（2）布氏漏斗：内径150mm，深65mm，孔径2mm，孔数169个。

（3）U形压力计：管长800mm。

（4）T形刮板：由厚度1mm的硬质耐磨材料制成，如图39-1所示。

（5）油灰刀、刮平刀、抹刀、钢板尺、量筒和中速定性滤纸等。

（6）保水率测定装置，如图39-2所示。

（7）天平，最大量程2100g，精度0.1g。

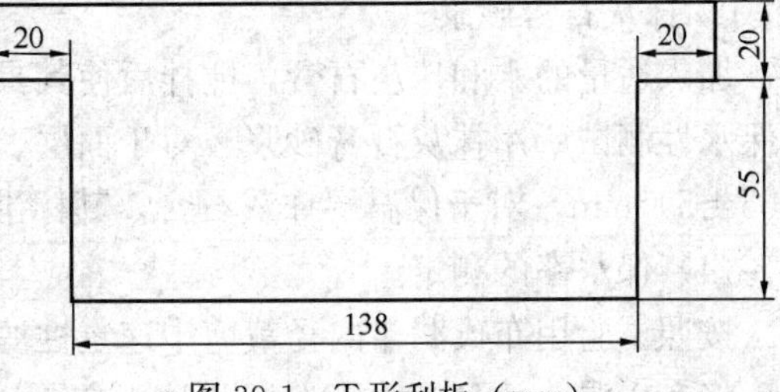

图39-1　T形刮板（mm）

4. 试验步骤

（1）试验条件

试验室温度（23±2)℃、相对湿度

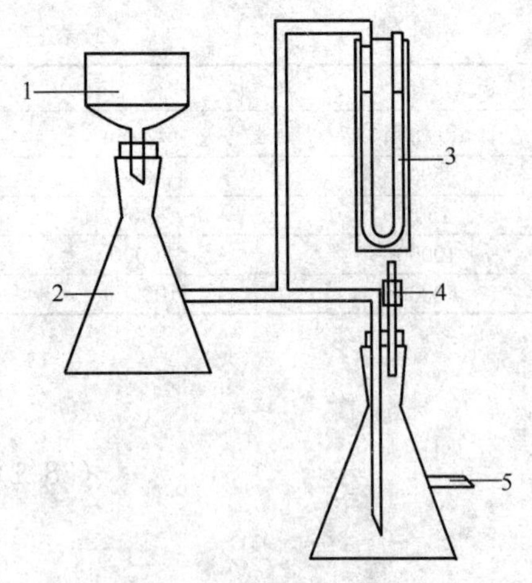

图 39-2 保水率测定装置
1—布氏漏斗；2—抽滤瓶；3—U形压力计；4—调压阀；5—接真空泵

50%±5%，试验区的循环风速小于 0.2m/s。

(2) 试验材料

基准水泥：符合 GB 8076《混凝土外加剂》附录 A 的要求；

标准砂：符合 GB/T 17671《水泥胶砂强度检验方法》的要求；

拌合水：符合 JGJ 63《混凝土用水标准》的要求；

试验材料和器具应在试验条件下放置 24h。

(3) 试验砂浆的配制

① 水泥砂浆

纤维素醚保水性测试用基准砂浆配合比为：基准水泥(450±2)g、标准砂(1350±5)g、水 225g。受检水泥砂浆配合比为：基准水泥(450±2)g、标准砂(1350±5)g、纤维素醚(2.7±0.1)g，用水量根据流动度确定，流动度控制在(170±5)mm 范围内。

增塑剂的保水性测试用基准砂浆配合比：胶砂比（基准水泥与细度模数 2.4～2.6 的Ⅱ区天然砂）为 1∶4，用水量根据稠度来确定，稠度控制在 80～90mm；受检砂浆配合比为胶砂比（基准水泥与细度模数 2.4～2.6 的Ⅱ区天然砂）为 1∶4，增塑剂掺量为推荐掺量，用水量根据稠度来确定，稠度控制在 80～90mm。

防冻剂的泌水率测试用基准砂浆配合比：胶砂比（基准水泥与细度模数 1.8～2.0 的砂）为 1∶3，用水量根据稠度来确定，稠度控制在 70～80mm；受检砂浆配合比为胶砂比（基准水泥与细度模数 1.8～2.0 的砂）为 1∶3，防冻剂掺量为推荐掺量，用水量根据稠度来确定，稠度控制在 70～80mm。

减水剂的泌水率测试用基准砂浆和受检砂浆配合比参见防冻剂，受检砂浆中减水剂掺量为其推荐掺量。

确定试验砂浆流动度（或稠度）控制范围内的用水量时，流动度按本书四十规定的方法测定，稠度参照本书五十五（一）规定的方法测定。

将按流动度（稠度）控制范围内的用水量所称量的水加至搅拌锅内，随后加入上述预混均匀的砂浆，按照如下搅拌制度搅拌：开动水泥胶砂搅拌机，低速搅拌 1min，然后停拌 90s，用铲刀刮掉黏附在搅拌叶和搅拌锅内壁上的砂浆，并用铲刀手动搅拌 3 次，将其堆积于搅拌锅之间，然后再低速搅拌 1min 停止；然后将搅拌锅从搅拌机上取下，用铲刀搅拌砂浆 10 次。制得的砂浆备用。

② 抹灰石膏砂浆

加入适量的水和抹灰石膏，搅拌后使其具有标准扩散度用水量，此时制得的石膏浆，即为保水性测试所用抹灰石膏砂浆。对于面层、底层和轻质底层抹灰石膏，其标准扩散度应为（165±5）mm，对于保温层抹灰石膏，其标准扩散度应为（150±5）mm。

(4) 保水率的测定

按照试验用布氏漏斗内径裁剪中速定性滤纸一张，将其铺在布氏漏斗底部，用水浸湿。

将布氏漏斗放到抽滤瓶上，开动真空泵，抽滤 1min；取下布氏漏斗，用滤纸将下口残余水分擦净后称量质量 m_1，精确至 0.1g。

将上述制得的砂浆放入称量后的布氏漏斗内，用 T 形刮板在漏斗中垂直旋转刮平，使砂浆厚度保持在（10±0.5）mm 范围内。擦净布氏漏斗内壁上的残余砂浆后，然后称量质量 m_2，精确至 0.1g。从砂浆搅拌完毕到称量完成的时间间隔应不大于 5min。

将称量后的布氏漏斗和砂浆放到抽滤瓶上，开动真空泵。在 30s 内将负压调至（53.33±0.67）kPa（即 400mm±5mm 汞柱），抽滤 20min，然后取下布氏漏斗，用滤纸将下口残余水分擦净，然后称量质量 m_3，精确至 0.1g。

（5）泌水率的测定

将圆筒内壁用湿布润湿，但应避免圆筒内壁积水，称量圆筒质量。

将搅拌好的水泥砂浆分两层装入高和直径均为 137mm 的金属圆筒内，每层高度大致相等，每装入一层后用捣棒插捣 25 次。然后用抹刀轻轻刮平，不得用力挤压试样，试样表面比筒口低 20mm 左右。

将圆筒擦拭干净，称量总质量，然后将圆筒放置稳妥，加盖，防止水分蒸发。

自抹面完毕开始计时，每隔 15min 吸取一次泌水量。30min 后，每隔 30min 测一次，直至表面无泌水为止。

每次吸水后，应将圆筒轻轻放平，并立即盖上筒盖。试验过程中，不得使水泥砂浆受到振动。

5. 结果计算及数据处理

保水率按照式（39-1）计算：

$$R = 1 - \frac{W_2 \times (K+1)}{W_1 \times K} \times 100 \tag{39-1}$$

式中　R——砂浆保水率，%；

W_1——等于（$m_2 - m_1$），砂浆原质量，g；

W_2——等于（$m_2 - m_3$），砂浆失去的水分质量，g；

m_1——布氏漏斗与滤纸的质量，g；

m_2——布氏漏斗装入砂浆后的质量，g；

m_3——布氏漏斗装入砂浆抽滤后的质量，g；

K——砂浆的标准流动度需水量，%。

保水率取两次测试结果的算术平均值，如果两次测试结果与其算术平均值之差大于 3%，则需重做试验。

泌水率按式（39-2）计算：

$$P_t = \frac{G_w}{W_m} \times 100 \tag{39-2}$$

式中　P_t——泌水率，%；

G_w——累计泌水量，g；

W_m——砂浆含水质量，g。

泌水率取 3 次测试结果的算术平均值，精确至 0.1%。

保水率比则是指掺加添加剂的受检水泥砂浆与基准砂浆的保水率之比值，精确至 1%。

泌水率比则是指掺加添加剂的受检水泥砂浆与基准砂浆的泌水率之比值，精确至 1%。

砂浆含水质量按式（39-3）计算，精确至 1g：

$$W_{m} = \frac{(G_{2} - G_{1}) \times (W/C)}{4 + W/C} \tag{39-3}$$

式中 W_m——砂浆含水质量，g；

G_1——圆筒质量，g；

G_2——圆筒加试样总质量，g；

W/C——砂浆水灰比。

四十、流动度和流动度比

1. 适用范围

本方法参照 GB/T 2419—2005《水泥胶砂流动度测定方法》规定的试验方法，适用于通用硅酸盐水泥、白色硅酸盐水泥、彩色硅酸盐水泥、铝酸盐水泥、硫铝酸盐水泥的胶砂流动度及粒化高炉矿渣粉和石灰石粉的流动度比的测定和评价。也适用于减水剂对水泥砂浆流动度和流动度比影响的测定和评价。

2. 测试原理

本方法是通过测量一定配比的水泥胶砂在规定振动状态下的扩展范围来衡量水泥的流动性；通过测量一定配比的试验胶砂和对比胶砂在规定振动状态下的扩展范围的比值来衡量粒化高炉矿渣粉和石灰石粉的流动性比。

3. 试验器具

（1）水泥胶砂流动度测定仪（简称跳桌）（图 40-1）

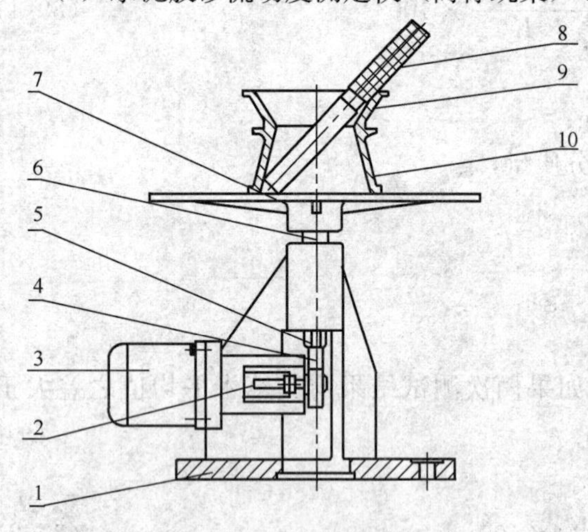

图 40-1 跳桌结构示意图

1—机架；2—接近开关；3—电机；4—凸轮；5—滑轮；6—推杆；7—圆盘桌面；8—捣棒；9—模套；10—截锥圆模

（2）水泥胶砂搅拌机按照本书二十（一）3（5）规定

（3）试模

由截锥圆模和模套组成。金属材料制成，内表面加工光滑。圆模尺寸为：

高度（60±0.5）mm；

上口内径（70±0.5）mm；

下口内径（100±0.5）mm；

下口外径 120mm；

模壁厚大于 5mm。

（4）捣棒

金属材料制成，直径为(20±0.5)mm，长度约 200mm。

捣棒底面与侧面成直角，其下部光滑，上部手柄滚花。

（5）卡尺

量程不小于 300mm，分度值不大于 0.5mm。

（6）小刀

刀口平直，长度大于 80mm。

（7）天平

量程不小于1000g，分度值不大于1g。

4. 试验步骤

如跳桌在24h内未被使用，先空跳一个周期25次。

水泥胶砂制备按本书四十五的有关规定进行。在制备胶砂的同时，用潮湿棉布擦拭跳桌台面、试模内壁、捣棒以及与胶砂接触的用具，将试模放在跳桌台面中央并用潮湿棉布覆盖。

将拌好的胶砂分两层迅速装入试模，第一层装至截锥圆模高度约三分之二处，用小刀在相互垂直两个方向各划5次，用捣棒由边缘至中心均匀捣压15次（图40-2）；随后，装第二层胶砂，装至高出截锥圆模约20mm，用小刀在相互垂直两个方向各划5次，再用捣棒由边缘至中心均匀捣压10次（图40-3）。捣压后胶砂应略高于试模。捣压深度，第一层捣至胶砂高度的二分之一，第二层捣实不超过已捣实底层表面。装胶砂和捣压时，用手扶稳试模，不要使其移动。

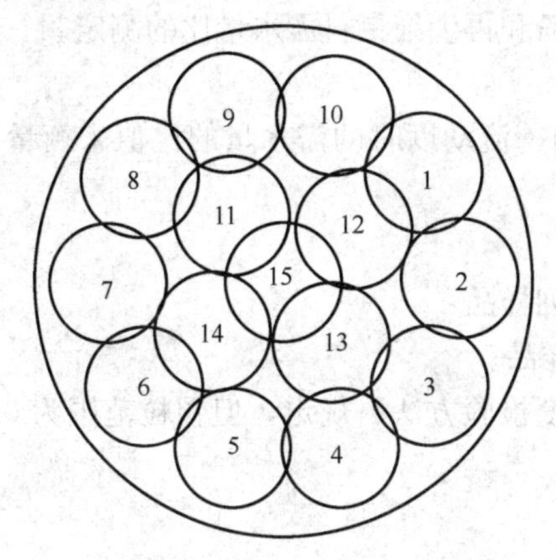

图40-2　第一层捣压位置示意图

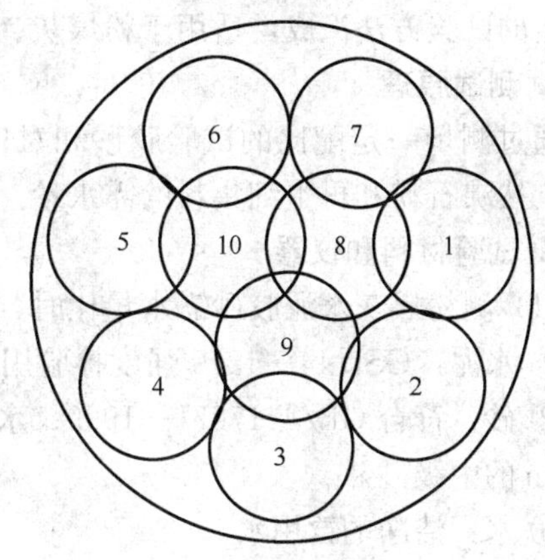

图40-3　第二层捣压位置示意图

捣压完毕，取下模套，将小刀倾斜，从中间向边缘分两次以近水平的角度抹去高出截锥圆模的胶砂，并擦去落在桌面上的胶砂。将截锥圆模垂直向上轻轻提起。立刻开动跳桌，以每秒钟一次的频率，在（25±1）s内完成25次跳动。

流动度试验，从胶砂加水开始到测量扩散直径结束，应在6min内完成。

石灰石粉和粒化高炉矿渣粉对比胶砂和试验胶砂制备分别按照表40-1和表47-3的胶砂配比按以上步骤进行，分别测定对比胶砂和试验胶砂的流动度。

减水剂对比胶砂和试验胶砂均与表40-1中的对比胶砂配比相同，而试验胶砂只是在对比胶砂中再掺入推荐掺量的减水剂。

表40-1　石灰石粉胶砂配比

胶砂种类	对比水泥/g	石灰石粉/g	中国ISO标准砂/g	水/mL
对比胶砂	450±2	—	1350±5	225±1
试验胶砂	315±1	135±1	1350±5	225±1

5. 结果计算

水泥胶砂跳动完毕，用卡尺测量胶砂底面互相垂直的两个方向直径，计算平均值，取整数，单位为毫米。该平均值即为该水量的水泥胶砂流动度。

流动度比按式（40-1）计算，计算结果保留至整数。

$$F = \frac{L \times 100}{L_m} \tag{40-1}$$

式中 F——流动度比，%；

L_m——对比样品胶砂流动度，mm；

L——试验样品胶砂流动度，mm。

四十一、需水量比

1. 适用范围

本方法参照 GB/T 1596—2005《用于水泥和混凝土中的粉煤灰》和 JG/T 3048—1998《混凝土和砂浆用天然沸石粉》和 GB/T 25176—2010《混凝土和砂浆用再生细骨料》等标准规定的试验方法汇成，适用于粉煤灰、天然沸石粉和再生细集料需水量比的测定。

2. 测试原理

通过测量一定配比的试验胶砂和对比胶砂在同一流动度时的需水量的比值来衡量粉煤灰、天然沸石粉和再生细集料的需水量。

3. 试验材料和仪器

（1）测粉煤灰水泥胶砂需水量比时，应采用下列样品：

① 水泥：GSB 14—1510 强度检验用水泥标准样品。

② 砂：符合 GB/T 17671—1999《水泥胶砂强度检验方法》规定，但颗粒范围为 0.5～1.0mm 的中级砂。

③ 水：洁净的饮用水。

胶砂配比按表 41-1。

表 41-1　粉煤灰胶砂配比

胶砂种类	水泥/g	粉煤灰/g	砂/g	加水量/mL
对比胶砂	250	—	750	125
试验胶砂	175	75	750	按流动度达到 130～140mm 调整

（2）测沸石粉水泥胶砂需水量比时，应采用下列样品：

① 试验样品：90g 沸石粉，210g P·I 型硅酸盐水泥和 750g 砂。

② 对比试样：300g P·I 型硅酸盐水泥和 750g 砂。

（3）测再生细集料水泥胶砂需水量比时，应采用下列样品：

① 试验样品：540g 52.5P·I 型硅酸盐水泥或 GB 8076 规定的基准水泥，1350g 再生细集料。

② 对比试样：540g 52.5P·I 型硅酸盐水泥或基准水泥，1350g 标准砂。

试验仪器参照四十。

4. 试验步骤

测试方法应按照 GB/T 2419《水泥胶砂流动度测定方法》的规定进行。应分别测定试验样品的流动度达到 130～140mm（粉煤灰）和 125～135mm（天然沸石粉和再生细集料）时的需水量 W_1(mL)和对比样品达到同一流动度时的需水量 W_2(mL)。

5. 结果计算

需水量比按式（41-1）计算，计算结果应精确至1%。

$$需水量比 = \frac{W_1}{W_2} \times 100\% \tag{41-1}$$

结果取三个试验结果的算术平均值，精确至0.01。

四十二、凝结时间

1. 适用范围

本方法参照GB/T 1346—2011《水泥标准稠度用水量、凝结时间、安定性检验方法》、JC/T 453—2004《自应力水泥物理检验方法》和GB/T 17669.4—1999《建筑石膏　净浆物理性能的测定》等标准规定的试验方法汇成，适用于通用硅酸盐水泥、白色硅酸盐水泥、彩色硅酸盐水泥、硫铝酸盐水泥和建筑石膏等净浆及铝酸盐水泥胶砂凝结硬化过程中的初凝和终凝状态的测定和试样塑性状态变化的测定。也适用于化学添加剂（防水剂、增塑剂、防冻剂、膨胀剂、速凝剂和减水剂）配制水泥净浆的凝结时间和凝结时间差的测定。

2. 测试原理

本方法是通过测定试针沉入试样标准稠度净浆或胶砂至一定深度所需的时间来表示试样的初凝时间与终凝时间。

3. 试验器具和材料

（1）水泥样品

水泥试样应事先通过0.9mm方孔筛并记录筛余物，试验时要充分拌匀。

（2）建筑石膏样品

应保存在密闭的容器中。

（3）砂（适于制备铝酸盐水泥胶砂试件）

符合GB/T 17671—1999《水泥胶砂强度检验方法》规定的0.5～1.0mm的中级砂。其中SiO_2不小于98%，粒径大于1.0mm和小于0.5mm的含量各小于5%。

（4）试验用水

试验用水为饮用水，若需对结果进行仲裁时用去离子水或蒸馏水，温度为（20±2）℃。

（5）水泥净浆搅拌机（适于搅拌水泥净浆）

水泥净浆搅拌机主要由搅拌锅、搅拌叶片、传动机构和控制系统组成。搅拌叶片在搅拌锅内做旋转方向相反的公转和自转，并可在竖直方向调节。搅拌锅可以升降，传动结构保证搅拌叶片按规定的方向和速度运转，控制系统具有按程序自动控制与手动控制两种功能。

搅拌叶片高速与低速时的自转和公转速度应符合表42-1的要求。

表42-1　搅拌叶片高速与低速时的自转和公转速度

搅拌叶片 搅拌速度	自转/（r/min）	公转/（r/min）
慢速	140±5	62±5
快速	285±10	125±10

搅拌机拌合一次的自动控制程序：慢速(120±3)s，停拌(15±1)s，快速(120±3)s。

搅拌锅由不锈钢或带有耐蚀电镀层的铁质材料制成，形状和基本尺寸如图42-1所示。

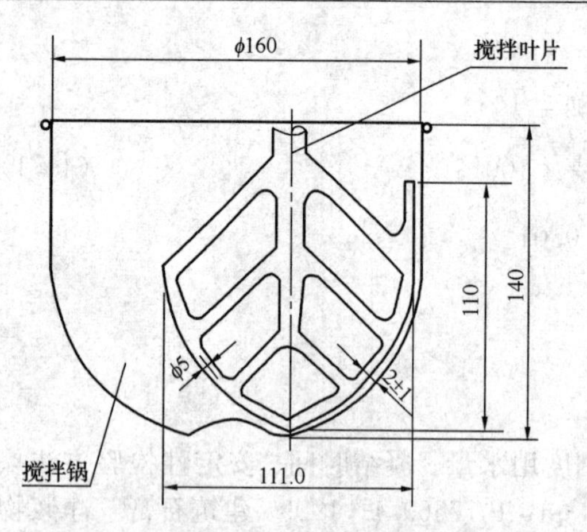

图 42-1　搅拌锅和搅拌叶片的形状和基本尺寸

搅拌锅深度：(139±2)mm。

搅拌锅内径：(160±1)mm。

搅拌锅壁厚：≥0.8mm。

搅拌叶片由铸钢或不锈钢制造，形状和基本尺寸如图 42-1 所示。

搅拌叶片轴外径为 ϕ(20.0±0.5)mm；与搅拌叶片传动轴联接螺纹为 M16×1～7H-L；定位孔直径为 $\phi 12_{0}^{+0.043}$ mm，深度≥32mm。

搅拌叶片总长：(165±1)mm；搅拌有效长度：(110±2)mm；搅拌叶片总宽：$111.0_{0}^{+1.5}$mm；搅拌叶片翅外沿直径：$\phi 5_{0}^{+1.5}$mm。

搅拌叶片与锅底、锅壁的工作间隙：(2±1)mm。通过减小搅拌翅和搅拌锅之间间隙，可以制备更加均匀的净浆。

在机头醒目位置标有搅拌叶片公转方向的标志。搅拌叶片自转方向为顺时针，公转方向为逆时针。

搅拌机运转时声音正常，搅拌锅和搅拌叶片没有明显的晃动现象。

搅拌机的电气部分绝缘良好，整机绝缘电阻≥2MΩ。

搅拌机外表面不得有粗糙不平及图中未规定的凸起、凹陷。

搅拌机非加工表面均应进行防锈处理，外表面油漆应平整、光滑、均匀和色调一致。

搅拌机的零件加工面不得有碰伤、划痕和锈斑。

(6) 水泥胶砂搅拌机（适于搅拌水泥胶砂）

按照本书二十（一）3（5）的规定。

(7) 标准法维卡仪

图 42-2 测定水泥标准稠度和凝结时间用维卡仪及配件示意图中包括：

a 为测定初凝时间时维卡仪和试模示意图；

b 为测定终凝时间反转试模示意图；

c 为标准稠度试杆；

d 为初凝用试针；

e 为终凝用试针等。

标准稠度试杆由有效长度为（50±1）mm，直径为 ϕ（10±0.05）mm 的圆柱形耐腐蚀金属制成。初凝用试针由钢制成，其有效长度初凝针为（50±1）mm、终凝针为（30±1）mm，直径为 ϕ（1.13±0.05）mm。滑动部分的总质量为（300±1）g。与试杆、试针联结的滑动杆表面应光滑，能靠重力自由下落，不得有紧涩和旷动现象。

盛装水泥净浆的试模由耐腐蚀的、有足够硬度的金属制成。试模为深（40±0.2）mm、顶内径 ϕ（65±0.5）mm、底内径 ϕ（75±0.5）mm 的截顶圆锥体。每个试模应配备一个边长或直径约 100mm、厚度 4～5mm 的平板玻璃底板或金属底板。

(8) 代用法维卡仪

符合 JC/T 727《水泥净浆标准稠度与凝结时间测定仪》要求。其结构与标准法维卡仪基本相同，但一些尺寸参数有差别。

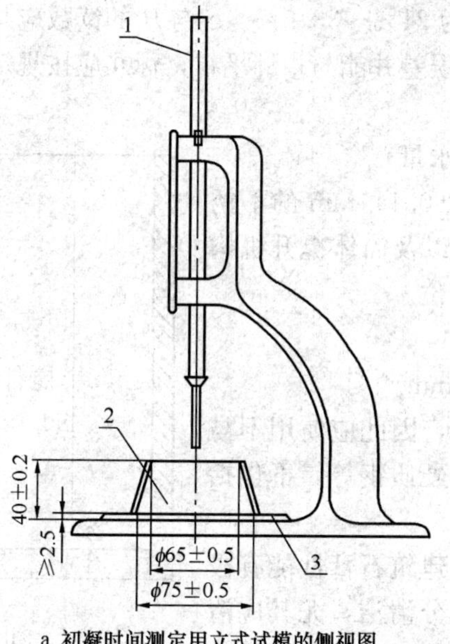

a. 初凝时间测定用立式试模的侧视图

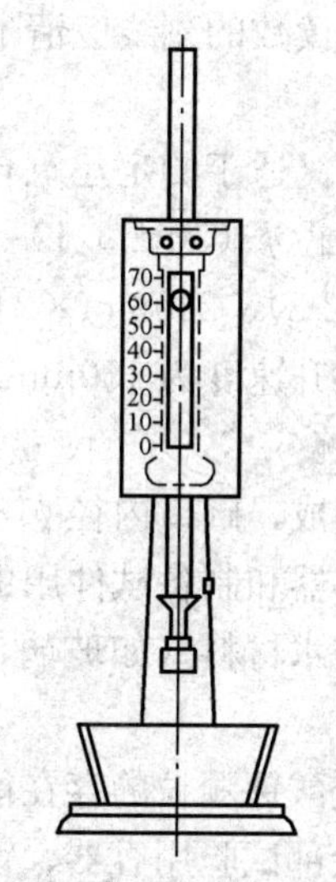

b. 终凝时间测定用反转试模的前视图

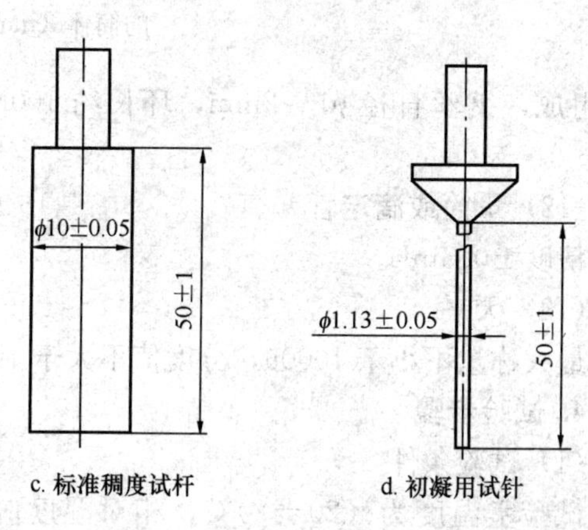

c. 标准稠度试杆　　d. 初凝用试针　　e. 终凝用试针

图 42-2　测定水泥标准稠度和凝结时间用维卡仪及配件示意图

1—滑动杆；2—试模；3—玻璃板

代用法维卡仪技术要求如下：

① 试锥角度：43°36′；

② 试锥高度：50mm；

③ 试锥材料：黄铜；

④ 锥模角度：43°36′

⑤ 锥模工作高度：75mm，总高度：82mm；

⑥ 试杆直径：$\phi 12^{-0.02}_{-0.07}$；

⑦ 试锥和试杆光洁度：▽6；

⑧ 圆模上部内径：(65±0.5) mm，圆模下部内径：(75±0.5) mm，圆模高度：(40±0.5) mm；

⑨ 滑动部分重量：试杆装试锥后总重量均为 (300±2) g；

⑩ 试杆表面应光滑平整，能靠自重自由下落，不得有紧涩和旷动现象；

⑪ 标尺读数的刻度范围 S 为 0～70mm，P 为 21%～33.5%。S 与 P 的读数应与公式要求相对应。标尺读数的刻线应清晰，无明显目测误差并能与指针平行，标尺应按规定位置牢固安装。

（9）稠度仪（适于测定建筑石膏标准稠度用水量）

稠度仪由内径 ϕ（50±0.1）mm，高（100±0.1）mm 的不锈钢质筒体（图 42-3）、240mm×240mm 的玻璃板以及筒体提升机构所组成。筒体上升速度为 150mm/s，并能下降复位。

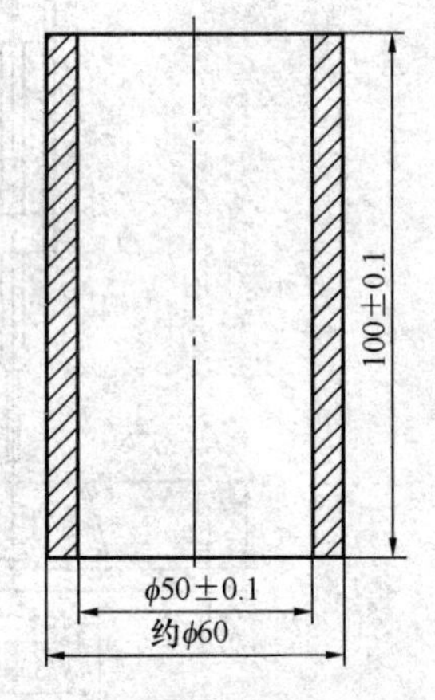

图 42-3 稠度仪的筒体（mm）

（10）搅拌碗

用不锈钢制成，碗口内径 ϕ180mm，碗深 60mm。

拌合用的容器和制备试件用的模具应能防漏，因此应使用不与硫酸钙反应的防水材料（如玻璃、铜、不锈钢、硬质钢等，不包括塑料）制成。

由于二水硫酸钙颗粒的存在能形成晶核，对建筑石膏性能有极大影响，所以全部试验用容器、设备都应保持十分清洁，尤其应清除已凝固石膏。

（11）拌合棒

由三个不锈钢丝弯成的椭圆形套环所组成，钢丝直径 ϕ1～2mm，环长约 100mm（图 42-4）。

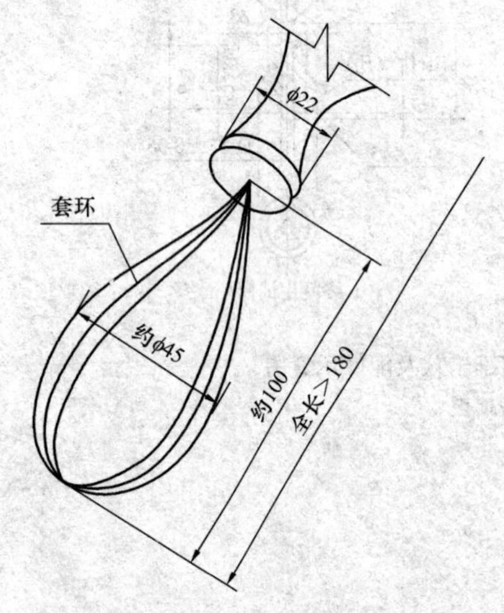

图 42-4 拌合棒（mm）

（12）量筒或滴定管

精度±0.5mL。

（13）天平

最大称量不小于 1000g，分度值不大于 1g。

4. 试验步骤

（1）试验条件

试验室温度为（20±2）℃，相对湿度应不低于 50%；试样、拌合水、仪器和用具的温度应与试验室温度一致。

湿气养护箱或雾室的温度为（20±1）℃，相对湿度不低于 90%。

建筑石膏标准试验实验室温度（20±2）℃，试验仪器、设备及材料（试样、水）的温度应为室温；空气相对湿度 65%±5%；大气压 860～1060hPa。

建筑石膏常规试验实验室温度（20±5）℃，试验仪器、设备及材料（试样、水）的温度应为室温；空气相对湿度 65%±10%。

（2）硅酸盐水泥标准稠度用水量的测定（标准法）

① 试验前准备工作

维卡仪的滑动杆能自由滑动。试模和玻璃底板用湿布擦拭，将试模放在底板上。

调整至试杆接触玻璃板时指针对准零点。

搅拌机运行正常。

② 水泥净浆的拌制

用水泥净浆搅拌机搅拌，搅拌锅和搅拌叶片先用湿布擦过，将拌合水倒入搅拌锅内，然后在5～10s内小心将称好的500g水泥（以及推荐掺量的化学添加剂）加入水中，防止水和水泥溅出；拌合时，先将锅放在搅拌机的锅座上，升至搅拌位置，启动搅拌机，低速搅拌120s，停15s，同时将叶片和锅壁上的水泥浆刮入锅中间，接着高速搅拌120s停机。

③ 标准稠度用水量的测定步骤

拌合结束后，立即取适量水泥净浆一次性将其装入已置于玻璃底板上的试模中，浆体超过试模上端，用宽约25mm的直边刀轻轻拍打超出试模部分的浆体5次以排除浆体中的孔隙，然后在试模上表面约1/3处，略倾斜于试模分别向外轻轻锯掉多余净浆，再从试模边沿轻抹顶部一次，使净浆表面光滑。在锯掉多余净浆和抹平的操作过程中，注意不要压实净浆。抹平后迅速将试模和底板移到维卡仪上，并将其中心定在试杆下，降低试杆直至与水泥净浆表面接触，拧紧螺丝1～2s后，突然放松，使试杆垂直自由地沉入水泥净浆中。在试杆停止沉入或释放试杆30s时记录试杆距底板之间的距离，升起试杆后，立即擦净；整个操作应在搅拌后1.5min内完成。以试杆沉入净浆并距底板（6±1）mm的水泥净浆为标准稠度净浆。其拌合水量为该水泥的标准稠度用水量（P），按水泥质量的百分比计。

（3）硅酸盐水泥标准稠度用水量的测定（代用法）

① 试验前准备工作

维卡仪的金属棒能自由滑动。

调整至试锥接触锥模顶面时指针对准零点。

搅拌机运行正常。

② 水泥净浆的拌制同4（2）②。

③ 标准稠度用水量的测定

采用代用法测定水泥标准稠度用水量可用调整水量和不变水量两种方法的任一种测定。采用调整水量方法时拌合水量按经验找水，采用不变水量方法时拌合水量用142.5mL。

拌合结束后，立即将拌制好的水泥净浆装入锥模中，用宽约25mm的直边刀在浆体表面轻轻插捣5次，再轻振5次，刮去多余的净浆；抹平后迅速放到试锥下面固定的位置上，将试锥降至净浆表面，拧紧螺丝1～2s后，突然放松，让试锥垂直自由地沉入水泥净浆中。到试锥停止下沉或释放试锥30s时记录试锥下沉深度。整个操作应在搅拌后1.5min内完成。

用调整水量方法测定时，以试锥下沉深度（30±1）mm时的净浆为标准稠度净浆。其拌合水量为该水泥的标准稠度用水量（P），按水泥质量的百分比计。如下沉深度超出范围需另称试样，调整水量，重新试验，直至达到（30±1）mm为止。

用不变水量方法测定时，根据式（42-1）（或仪器上对应标尺）计算得到标准稠度用水量P。当试锥下沉深度小于13mm时，应改用调整水量法测定。

$$P = 33.4 - 0.185S \tag{42-1}$$

式中 P——标准稠度用水量，%；

S——试锥下沉深度，mm。

（4）铝酸盐水泥胶砂标准稠度用水量的测定

有两种方法可供选择使用，但当结果有疑义时以基准法为准。

测定前检查仪器设备试验条件是否符合要求。

测定标准稠度用水量时的维卡仪应用图 42-2 中的标准稠度试杆或 3（7）中的试锥和 3（8)中的锥模。

① 称取 450g 水泥样品和 450g 标准砂，将标准砂倒入搅拌机的砂斗里，把一定量的水倒入搅拌锅内，再将称好的水泥样加入，把锅放在搅拌机的搅拌位置上固定，开动机器，按 ISO 胶砂搅拌程序完成搅拌。

② 基准法

将搅拌好的胶砂立即装入圆模内用小刀插划振动数次，刮去多余砂浆，放在维卡仪试杆下面的位置上，将试杆放至浆体表面拧紧固定螺丝，记下标尺读数，然后突然放松，让试杆自由沉入砂浆中，30s 后记下标尺读数。当试杆沉入深度达到距底板（6±1）mm 时，所加水量为该水泥 1∶1 砂浆的标准稠度用水量，用水泥质量的百分数来表示。

当试杆达不到上述深度时，重新称取样品改变加水量，按上述规定重新拌制胶砂。测定试杆下沉深度，直至达到距底板（6±1）mm 时为止。

每次测定应在完成搅拌后 1.5min 内完成。

③ 标准法

用 4（4）①拌制的胶砂，按（3）③的方法操作，测定试锥的下沉深度。当试锥下沉深度为（26±2）mm 时的胶砂用水量，即为 1∶1 砂浆的标准稠度用水量，用水泥质量的百分数来表示。

每一次测定应在完成搅拌后 1.5min 内完成。

（5）建筑石膏标准稠度用水量的测定

将试样按下述步骤连续测定两次。

先将稠度仪的简体内部及玻璃板擦净，并保持湿润，将筒体复位，垂直放置于玻璃板上。将估计的标准稠度用水量的水倒入搅拌碗中。称取试样 300g，在 5s 内倒入水中。用拌合棒搅拌 30s，得到均匀的石膏浆，然后边搅拌边迅速注入稠度仪筒体内，并用刮刀刮去溢浆，使浆面与筒体上端面齐平。从试样与水接触开始至 50s 时，开动仪器提升按钮。待筒体提去后，测定料浆扩展成的试饼两垂直方向上的直径，计算其算术平均值。

记录料浆扩展直径等于（180±5）mm 时的加水量。该加入的水的质量与试样的质量之比，以百分数表示。

取两次测定结果的平均值作为该试样标准稠度用水量，精确至 1%。

（6）水泥凝结时间的测定

① 试验前准备工作

调整凝结时间测定仪的试针接触玻璃板时指针对准零点。

② 试件的制备

铝酸盐水泥以外的水泥（化学添加剂掺量为推荐掺量），以标准稠度用水量按 4（2）②制成标准稠度净浆，按 4（2）③装模刮平后，立即放入湿气养护箱中。记录水泥全部加入水中的时间作为凝结时间的起始时间。

铝酸盐水泥，以标准稠度用水量按 4（4）①搅拌制成标准稠度胶砂，按 4（4）②装模、振实、刮平、编号后，立即放入湿箱中养护。也可以用测定标准稠度用水量时试杆已经达到规定下沉深度的砂浆，接下去进行凝结时间的测定。记录加水开始的时间作为凝结时间的起始时间。

③ 初凝时间的测定

水泥净浆在湿气养护箱中养护至加水后30min时进行第一次测定。测定时，从湿气养护箱中取出试模放到试针下，降低试针与水泥净浆表面接触。拧紧螺丝1～2s后，突然放松，试针垂直自由地沉入水泥净浆。观察试针停止下沉或释放试针30s时指针的读数。临近初凝时间时每隔5min（或更短时间）测定一次，当试针沉至距底板（4±1）mm时，为水泥达到初凝状态；由水泥全部加入水中至初凝状态的时间为水泥的初凝时间，用min来表示。

快硬硫铝酸盐水泥和低碱度硫铝酸盐水泥初凝开始测定时间应不迟于产品标准规定的初凝时间前10min。

铝酸盐水泥胶砂试件在加水后20min时开始进行凝结时间的测定。从加水开始至达到初凝状态所需时间为初凝时间，用min来表示。

④ 终凝时间的测定

为了准确观测试针沉入水泥净浆的状况，在终凝针上安装了一个环形附件（图42-2e）。在完成初凝时间测定后，立即将试模连同浆体以平移的方式从玻璃板取下，翻转180°，直径大端向上，小端向下放在玻璃板上，再放入湿气养护箱中继续养护。临近终凝时间时每隔15min（或更短时间）测定一次，当试针沉入试体0.5mm时，即环形附件开始不能在试体上留下痕迹时，为水泥达到终凝状态。由水泥全部加入水中至终凝状态的时间为水泥的终凝时间，用min来表示。

铝酸盐水泥胶砂试件测完初凝时间后，即将圆模从玻璃板上取下，把它翻过来放在玻璃板上，用终凝针测定终凝时间。当试针下沉在浆体表面没有外圈压痕只留下针眼时为达到终凝状态，从加水开始至达到终凝状态所需时间为终凝时间，用h来表示。

(7) 建筑石膏凝结时间测定方法

将试样按下述步骤连续测定两次。

按标准稠度用水量称量水，并把水倒入搅拌碗中。称取试样200g，在5s内将试样倒入水中。用拌合棒搅拌30s，得到均匀的料浆，倒入环模中，然后将玻璃底板抬高约10mm，上下振动五次。用刮刀刮去溢浆，并使料浆与环模上端齐平。将装满料浆的环模连同玻璃底板放在仪器的钢针下，使针尖与料浆的表面相接触，且离开环模边缘大于10mm。迅速放松杆上的固定螺丝，针即自由地插入料浆中。每隔30s重复一次，每次都应改变插点，并将针擦净、校直。

记录从试样与水接触开始，至钢针第一次碰不到玻璃底板所经历的时间，此即试样的初凝时间。记录从试样与水接触开始，至钢针第一次插入料浆的深度不大于1mm所经历的时间，此即试样的终凝时间。

取二次测定结果的平均值，作为该试样的初凝时间和终凝时间，精确至1min。

5. 数据处理及结果评定

除铝酸盐水泥以外的水泥，由水泥全部加入水中至初凝状态的时间为水泥的初凝时间，用min来表示。由水泥全部加入水中至终凝状态的时间为水泥的终凝时间，用min来表示。

化学添加剂导致的凝结时间差，即为未掺加化学添加剂的水泥净浆凝结时间与掺加化学添加剂水泥净浆的凝结时间之差值。

测定时应注意，在最初测定的操作时应轻轻扶持金属柱，使其徐徐下降，以防试针撞弯，但结果以自由下落为准；在整个测试过程中试针沉入的位置至少要距试模内壁10mm。

临近初凝时，每隔5min（或更短时间）测定一次，临近终凝时每隔15min（或更短时间）测定一次，到达初凝时应立即重复测一次，当两次结论相同时才能确定到达初凝状态，到达终凝时，需要在试体另外两个不同点测试，确认结论相同才能确定到达终凝状态。每次测定不能让试针落入原针孔，每次测试完毕须将试针擦净并将试模放回湿气养护箱内，整个测试过程要防止试模受振。

铝酸盐水泥从加水开始至达到初凝状态所需时间为初凝时间，用min来表示。从加水开始至达到终凝状态所需时间为终凝时间，用h来表示。测定应重复两次，以下落深度大的为准。

建筑石膏从加水开始至达到初凝状态所需时间为初凝时间，用min来表示。从加水开始至达到终凝状态所需时间为终凝时间，用min来表示。测定应重复两次，取两次测定结果的平均值，作为该试样的初凝时间和终凝时间，精确至1min。

可以使用能得出与标准中规定方法相同结果的凝结时间自动测定仪，有矛盾时以标准规定方法为准。

四十三、筒压强度

1. 适用范围

本方法参照标准GB/T 17431.2—2010《轻集料及其试验方法　第2部分：轻集料试验方法》和标准JC/T 1042—2007《膨胀玻化微珠》规定的试验方法，适用于干混砂浆用玻化微珠的筒压强度的测定和评价。

2. 测试原理

筒压强度是一定粒度的物料试样，置入承压筒内，将试样压入筒内20mm深度时，所承受的压力值，是测定集料颗粒的平均相对强度指标，用以评定集料的质量。

3. 试验器具

（1）压力机：合适吨位的压力机，筒压强度测定值的大小宜在所选压力机最大量程的20%～80%范围内。

（2）天平：最大量程5kg，精度5g。

（3）干燥器：内装变色硅胶。

（4）烘箱：温度量程0～200℃，精度为±2℃。

（5）承压筒：由圆柱形筒体（含筒底）［图43-1（a）］、导向筒［图43-1（a）］和冲压模［图43-1（b）］三部分组成。圆柱形筒体可用无缝钢管制作，有足够刚度，筒体内表面和冲压模底面需经渗碳处理。筒体可拆，并装有把手，冲压模外面有刻度线，以控制装料高度和压入深度，导向筒用以导向和防止偏心。

（6）刮板、取样勺、料铲、木锤等。

4. 试验步骤

（1）取样。按照本书十九4（1）的取样方法进行，取样数量不小于20L。

（2）混合试样，用四分法将试样缩分为约5L，将试样放入电热鼓风干燥箱中，在（105±5)℃下烘干至恒量，然后移至干燥器中冷却至室温。

（3）用取样勺或料铲将试样从距离承压筒口上方50mm处均匀装入，让试样自然落下，不得碰撞承压筒，装满后使承压筒上部试样呈锥体，用木锤轻敲筒壁数次，然后用刮板沿承

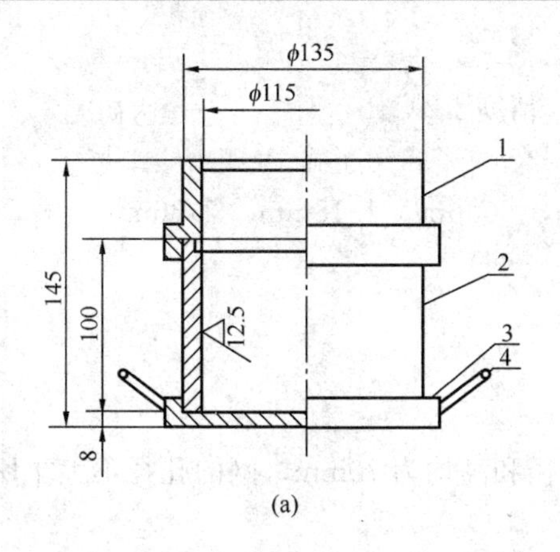

(a)

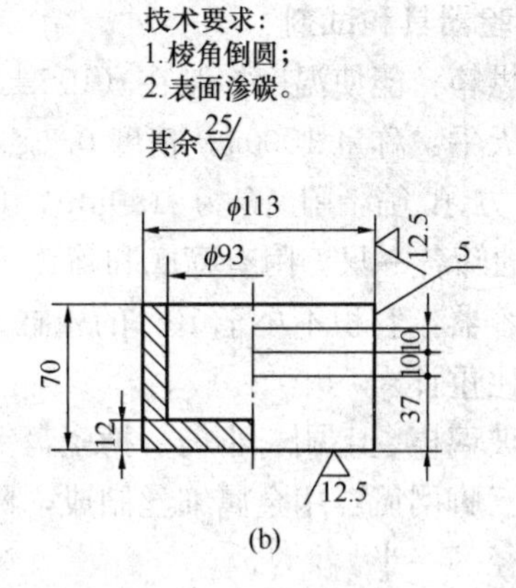

(b)

图 43-1　承压筒（mm）

1—导向筒；2—筒体；3—筒底；4—把手；5—冲压模

压筒边缘从中心向两边刮平，表面凹陷处用粒径较小的集料填平。

（4）装上导向筒和冲压模，使冲压模的下刻度与承压筒的上缘重合。

（5）把装好试样和冲压模的承压筒置于压力机的下压板上，对准压板中心，以 300～500N/s 的速率均匀加荷，当冲压板压入深度为 20mm 时，停止加压，记下压力值。

5. 结果计算及数据处理

筒压强度按照式（43-1）计算：

$$f_a = \frac{P_1 + P_2}{A} \tag{43-1}$$

式中　f_a——筒压强度，MPa；

P_1——压入深度为 20mm 时的压力值，N；

P_2——冲压模质量，N；

A——承压面积（即冲压模面积，等于 $10000mm^2$），mm^2。

筒压强度以三次测定值的算术平均值作为试验结果。如果 3 次测定值中最大值和最小值之差大于平均值的 15%以上，则应重新取样进行试验。

四十四、坚固性

1. 适用范围

本方法参照标准 GB/T 14684—2011《建设用砂》规定的坚固性试验方法，适用于干混砂浆用天然砂、机制砂和再生细集料的坚固性指标的测定和评价。

2. 测试原理

砂的坚固性可采用硫酸钠溶液法和压碎指标法来衡量。

硫酸钠溶液法的测试原理是利用砂中已风化或坚固性差的物质能与硫酸钠溶液反应，生成可溶性物质的特点，通过测定砂在硫酸钠溶液浸泡前后，其质量的变化来反映砂的坚固性。

压碎指标法是利用在一定压力作用下，砂中已风化或坚固性差的物质会破碎，从而使得其粒径变小，通过粒径变小的颗粒质量占试样总质量的比例，来反映出砂的坚固性。

3. 试验器具和试剂

（1）烘箱：能使温度控制在（105±5）℃，精度±2℃。

（2）天平：称量1000g，精度0.1g。

（3）方孔筛：孔径为150μm，300μm，600μm，1.18mm，2.36mm、4.75mm及9.50mm的筛各一只，附有筛底和筛盖。

（4）容器：容积不小于10L的瓷缸。

（5）比重计。

（6）玻璃棒、毛刷、小勺、搪瓷盘等。

（7）三脚网篮：用金属细丝制成，网篮直径和高均为70mm，网的孔径不大于所盛试样中最小粒径的一半。

（8）压力试验机：量程50～1000kN，I级精度。

（9）受压钢模：由圆筒、底盘和加压压块组成，其尺寸如图44-1所示。

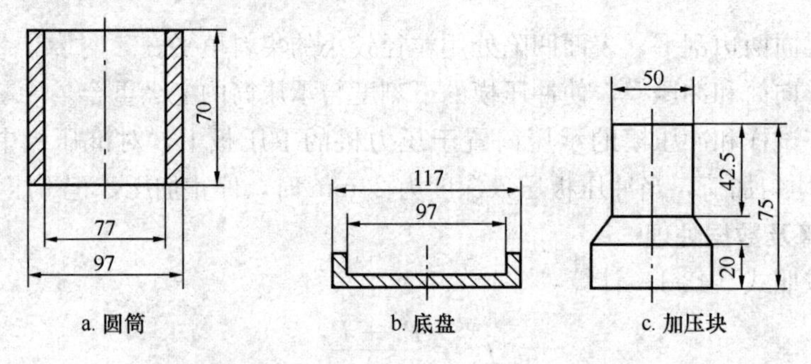

图44-1 受压钢模尺寸图（mm）

（10）试剂：

① 10%氯化钡溶液；

② 硫酸钠溶液：在1L水中（水温30℃左右），加入无水硫酸钠（Na_2SO_4）350g，或结晶硫酸钠（$Na_2SO_4 \cdot H_2O$）750g，边加边用玻璃棒搅拌，使其溶解并饱和。然后冷却至20～25℃，在此温度下静置48h，即为试验溶液，其密度应为1.151～1.174g/cm³。

4. 试验步骤

（1）硫酸钠溶液法

① 取样：按本书十九4（1）规定的取样方法取样，最小取样量8.0kg。

② 将试样缩分至约2000g，将试样倒入容器中，用水浸泡、淋洗干净后，置于温度为（105±5）℃烘箱中烘干至恒量，冷却至室温后，筛除大于4.75mm及小于300μm的颗粒，然后将试样筛分成300～600μm、600μm～1.18mm、1.18～2.36mm和2.36～4.75mm四个粒级，备用。

③ 称取各粒级试样各100g，记作m_0，精确至0.1g。将不同粒级的试样分别装入网篮，并浸入盛有硫酸钠溶液的容器中，溶液的体积应不小于试样总体积的5倍。网篮浸入溶液时，应上下升降25次，以排除试样的气泡，然后静置于该容器中，网篮底面应距离容器底面约30mm，网篮之间距离应不小于30mm，液面至少高出试样表面30mm，溶液温度应保持在20～25℃。

④ 浸泡20h后，把装试样的网篮从溶液中取出，放在温度为（105±5）℃烘箱中烘干4h，至此，完成了第一次试验循环。待试样冷却至20～25℃后，再按上述方法进行第二次

循环。从第二次循环开始，浸泡与烘干时间均为4h，供循环5次。

⑤ 最后一次循环后，用清洁的温水淋洗试样，直至淋洗试样后的水加入少量氯化钡溶液不出现白色浑浊为止，洗过的试样置于温度为（105±5）℃烘箱中烘干至恒量，取出冷却至室温后，用孔径为试样粒级下限的筛过筛，称量出各粒级试样试验后的筛余量，记作 m_1，精确至0.1g。

（2）压碎指标法

① 取样方法按（1）硫酸钠溶液法的规定进行。

② 将试样置于温度为（105±5）℃烘箱中烘干至恒量，冷却至室温后，筛除大于4.75mm及小于300μm的颗粒，然后将试样筛分成300～600μm、600μm～1.18mm、1.18～2.36mm和2.36～4.75mm四个粒级，每粒级1000g备用。

③ 称取各粒级试样各330g，记作 m_0，精确至1g。将试样倒入已组装成的受压钢模内，使试样高度约为50mm。整平钢模内试样的表面，将加压块放入圆筒内，并转动一周使之与试样均匀接触。

④ 将装好试样的受压钢模置于压力机的支承板上，对准压板中心后，开动机器，以500N/s的速率加荷。加荷至25kN时稳荷5s后，以同样的速率卸荷。

⑤ 取下受压模，移去加压块，倒出压过的试样，然后用该粒级的下限筛进行筛分，称量试样的筛余量（记作 G_1）和通过下限筛的质量（记作 G_2），均精确至1g。

5. 结果计算及数据处理

（1）硫酸钠溶液法

各粒级试样质量损失率按式（44-1）计算，精确至0.1%：

$$P_i = \frac{m_0 - m_1}{m_0} \times 100 \tag{44-1}$$

式中　P_i——各粒级试样质量损失率，%；

m_0——各粒级试样试验前的质量，g；

m_1——各粒级试样试验后的筛余量，g。

试样的总质量损失率按式（44-2）计算，精确至1%：

$$P = \frac{\partial_1 P_1 + \partial_2 P_2 + \partial_3 P_3 + \partial_4 P_4}{\partial_1 + \partial_2 + \partial_3 + \partial_4} \times 100 \tag{44-2}$$

式中　P——试样的总质量损失率，%；

∂_1、∂_2、∂_3、∂_4——分别为各粒级质量占试样总质量的百分比，%；

P_1、P_2、P_3、P_4——分别为各粒级试样的质量损失率，%。

各粒级试样的最大损失率作为试样坚固性判定结果，采用修约值比较法进行评定。

（2）压碎指标法

各粒级试样的压碎指标按式（44-3）计算，精确至0.1%：

$$Y_i = \frac{G_2}{G_1 + G_2} \times 100 \tag{44-3}$$

式中　Y_i——各粒级试样的压碎指标值，%；

G_1——各粒级试样的筛余量，g；

G_2——各粒级试样通过下限筛的质量，g。

各粒级试样的压碎指标值取三次试验结果的算术平均值，精确至1%。

取各粒径压碎指标值中的最大值作为试样的压碎指标值，采用修约值比较法进行评定。

四十五、抗压强度

1. 适用范围

本方法参照GB/T 17671—1999《水泥胶砂强度检验方法（ISO法）》、GB/T 17669.1—1999《建筑石膏　一般试验条件》和GB/T 17669.3—1999《建筑石膏力学性能的测定》等标准规定的试验方法汇成，适用于通用硅酸盐水泥、白色硅酸盐水泥、彩色硅酸盐水泥、铝酸盐水泥、硫铝酸盐水泥和建筑石膏的抗压强度的测定及试样强度等级的评价。也适用于采用再生细集料和化学添加剂（防水剂、增塑剂、防冻剂、膨胀剂、速凝剂、减水剂等）时抗压强度（比）的测试评价。

2. 测试原理

本方法是采用压力机对棱柱体侧面均匀加荷直至破坏时，单位面积上所受到的最大荷载来评价样品的抗压强度。

3. 试验器具

（1）试验筛（适用于砂的筛析试验）

金属丝网试验筛应符合GB/T 6003要求，其筛网孔尺寸见表45-1（R20系列）。

表45-1　试验筛

系列	网眼尺寸/mm	系列	网眼尺寸/mm
R20	2.0	R20	0.50
	1.6		0.16
	1.0		0.080

（2）水泥胶砂搅拌机（适于搅拌水泥胶砂）

按照本书二十（一）3（5）规定。

（3）搅拌容器（适于搅拌建筑石膏）

按照本书四十二3（10）规定。

（4）拌合棒（适于搅拌建筑石膏）

按照本书四十二3（11）规定。

（5）试模

试模组件的隔板和端板采用经调质后布氏硬度不小于HB150的钢材。

试模底座表面应光滑、无气孔、整洁、无粗糙不平现象，上平面粗糙度Ra不大于1.6，平面公差不大于0.03mm。底座非加工面无毛刺，经涂漆处理不留痕迹。

端板与隔板工作面的平面公差不大于0.03mm，工作面粗糙度Ra不大于1.6。

试模底座底面应与上平面平行，其四角高度极差应小于0.1mm。

试模的每个组件应有标记，以便组装并保证符合公差要求。

试模组装后模腔基本尺寸：长(A)为(160±0.8)mm，宽(B)为(40±0.2)mm，深(C)为(40.1±0.1)mm。

试模底座外形尺寸：长(245±2)mm，宽(165±1)mm，高(65±2)mm。

试模质量：(6.25±0.25)kg。

不同生产厂家生产的试模和振实台可能有不同的尺寸和重量，因而买主应在采购时考虑其与振实台设备的匹配性。

试模由三个水平的模槽组成（图 45-1），可同时成型三条截面为 40mm×40mm、长 160mm 的棱形试体。

当试模的任何一个公差超过规定的要求时，就应更换。在组装备用的干净模型时，应用黄干油等密封材料涂覆模型的外接缝。试模的内表面应涂上一薄层模型油或机油。

成型操作时，应在试模上面加有一个壁高 20mm 的金属模套，当从上往下看时，模套壁与模型内壁应该重叠，超出内壁不应大于 1mm。

为了控制料层厚度和刮平胶砂，应备有如图 45-2 所示的两个拨料器和一个金属刮平直尺。

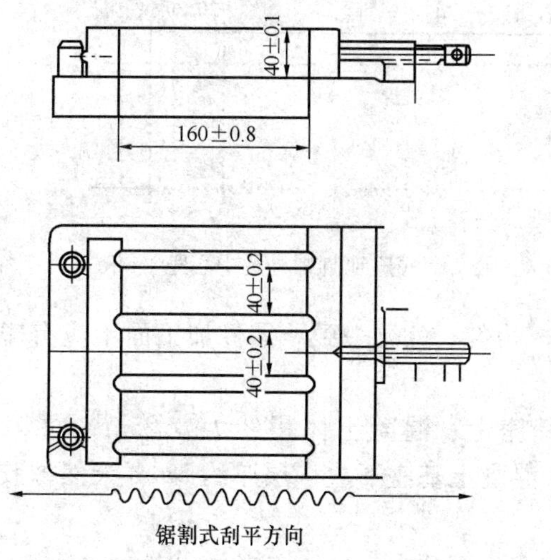

图 45-1　典型的试模（mm）

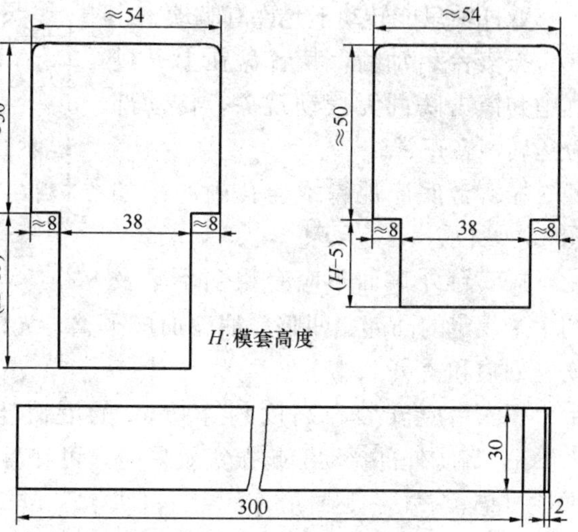

H:模套高度

图 45-2　典型的拨料器和金属刮平尺（mm）

（6）振实台（适于振实水泥）

振实台由台盘和使其跳动的凸轮等组成。台盘上有固定试模用的卡具，并连有两根起稳定作用的臂，凸轮由电机带动，通过控制器控制按一定的要求转动并保证使台盘平稳上升至一定高度后自由落下，其中心恰好与止动器撞击。卡具与模套连成一体，可沿与臂杆垂直方向向上转动不小于 100°。基本结构如图 45-3 所示。

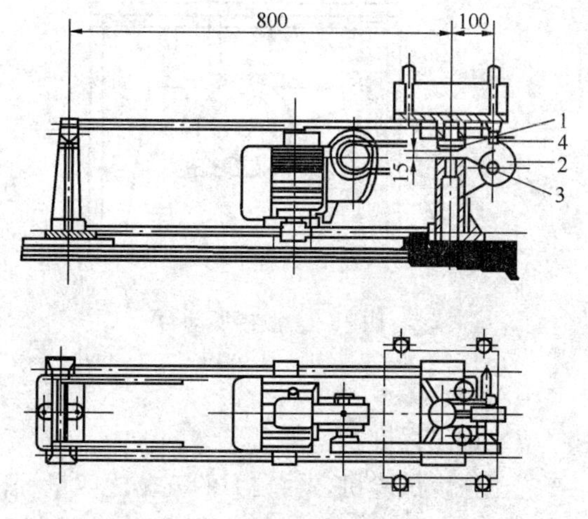

图 45-3　典型的振实台（mm）

1—凸头；2—凸轮；3—止动器；4—随动轮

振实台的振幅：(15.0±0.3)mm。

振动 60 次的时间：(60±2)s。

台盘(包括臂杆、模套和卡具)的总质量：(13.75±0.25)kg，并将实测数据标识在台盘的侧面。

两根臂杆及其十字拉肋的总质量：(2.25±0.25)kg。

台盘中心到臂杆轴中心的距离：(800±1)mm。

当凸头落在止动器上时，台盘表面应是水平的，四个角中任一角的高度与其平均高度差不应大于1mm。

凸头的工作面为球面，其与止动器的接触为点接触。

凸头和止动器由洛氏硬度≥55HRC的全硬化钢制造。

凸轮由洛氏硬度≥40HRC的钢制造。

卡具与模套连成一体，卡紧时模套能压紧试模并与试模内侧对齐。

控制器和计数器灵敏可靠，能控制振实台振动60次后自动停止。

整机绝缘电阻≥2.5MΩ。

臂杆轴只能转动不允许有旷动。

振实台启动后，其台盘在上升过程中和撞击瞬间无摆动现象，传动部分运转声音正常。

振实台底座地脚螺栓孔中心距如图45-4所示。

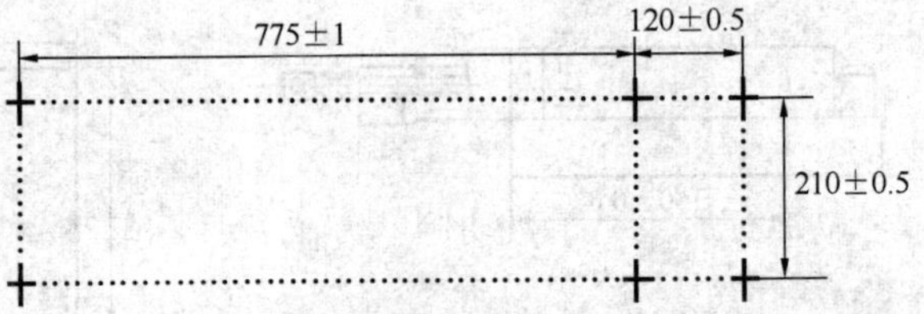

775±1
120±0.5
210±0.5

图45-4　振实台底座地脚螺栓孔中心距（mm）

振实台外表面不应有粗糙不平及图中未规定的凸起、凹陷。油漆面应平整、光滑、均匀、色调一致。零件加工面不应有碰伤、划痕和锈斑。

振实台应安装在高度约400mm的混凝土基座上。混凝土体积约为0.25m^3，重约600kg。需防外部振动影响振实效果时，可在整个混凝土基座下放一层厚约5mm天然橡胶弹性衬垫。

将仪器用地脚螺丝固定在基座上，安装后设备呈水平状态，仪器底座与基座之间要铺一层砂浆以保证它们的完全接触。

振实台的代用设备振动台如图45-5和图45-6所示。

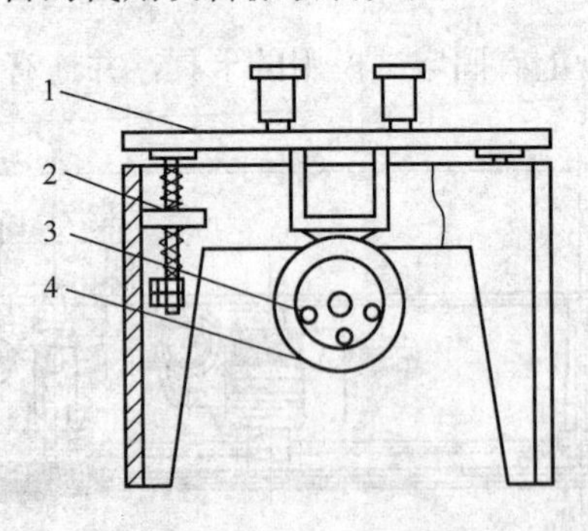

图45-5　胶砂振动台

1—台板；2—弹簧；3—偏重轮；4—电机

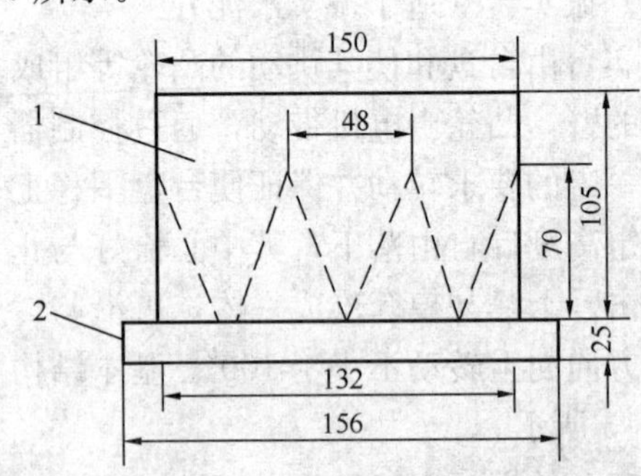

图45-6　下料漏斗（mm）

1—漏斗；2—模套

（7）抗压强度试验机

抗压强度试验机，在较大的五分之四量程范围内使用时记录的荷载应有±1%精度，并具有按（2400±200）N/s速率的加荷能力，应有一个能指示试件破坏时荷载并把它保持到试验机卸荷以后的指示器，可以用表盘里的峰值指针或显示器来达到。人工操纵的试验机应配有一个速度动态装置以便于控制荷载增加。

压力机的活塞竖向轴应与压力机的竖向轴重合，在加荷时也不例外，而且活塞作用的合力要通过试件中心。压力机的下压板表面应与该机的轴线垂直并在加荷过程中一直保持不变。

压力机上压板球座中心应在该机竖向轴线与上压板下表面相交点上，其公差为±1mm。

上压板在与试体接触时能自动调整，但在加荷期间上下压板的位置应固定不变。

试验机压板应由维氏硬度不低于 HV600 硬质钢制成，最好为碳化钨，厚度不小于 10mm，宽为（40±0.1）mm，长不小于 40mm。压板和试件接触的表面平面度公差应为 0.01mm，表面粗糙度（*R*a）应在 0.1～0.8 之间。

当试验机没有球座，或球座已不灵活或直径大于 120mm 时，应采用 3（8）规定的夹具。

试验机的最大荷载以 200～300kN 为佳，可以有两个以上的荷载范围，其中最低荷载范围的最高值大致为最高范围里的最大值的五分之一。

采用具有加荷速度自动调节方法和具有记录结果装置的压力机是合适的。

可以润滑球座以便使其与试件接触更好，但在加荷期间不致因此而发生压板的位移。在高压下有效的润滑剂不适宜使用，以免导致压板的移动。

“竖向”、“上”、“下”等术语是对传统的试验机而言。此外，轴线不呈竖向的压力机也可以使用，只要按 GB/T 17671 中第 11.7 项规定和其他要求接受为代用试验方法时。

（8）抗压强度试验机用夹具

当需要使用夹具时，应把它放在压力机的上下压板之间并与压力机处于同一轴线，以便将压力机的荷载传递至胶砂试件表面。

抗压夹具由框架、传压柱、上下压板组成，上压板带有球座，用两根吊簧吊在框架上，下压板固定在框架上。工作时传压柱、上下压板与框架处于同轴线上。结构为双臂式，如图 45-7 所示。

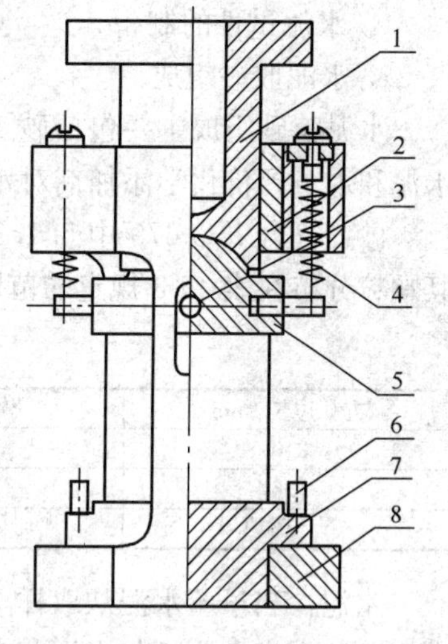

图 45-7　抗压夹具结构示意图

1—传压柱；2—铜套；3—定位销；4—吊簧；5—上压板和球座；6—定位销；7—下压板；8—框架

上、下压板宽度：（40.0±0.1）mm；长度：大于 40mm；厚度：大于 10mm；受压面积：40mm×40mm。

上、下压板自由距离大于 45mm。

定位销的材料硬度应大于 55HRC。定位销高度不高于压板表面 5mm，间距为 41～55mm。两定位销内侧连线与下压板中心线的垂直度小于 0.06mm。定位销内侧到下压板中心的垂直距离为（20.0±0.1）mm。

框架底部中心定位孔直径为 ϕ（8.0±0.1）mm，深度为 8～10mm。

传压柱进行导向运动时垂直滑动而不发生摩擦和晃动，上端中心工艺孔直径为 ϕ（8.0±0.1）mm，深度为 8～10mm。

导向销与导向槽配合光滑，无阻涩和旷动。

当抗压夹具上放置 2300g 砝码时，上下压板间的距离应在 37～42mm 之间。

外表面应平整光滑，无碰伤和划痕。底座平齐，无凸出或凹进。下压板与框架接触紧密。

抗压夹具在压力机上位置如图 45-8 所示，夹具要保持清洁，球座应能转动以使其上压板能从一开始就适应试体的形状并在试验中保持不变。

可以润滑夹具的球座，但在加荷期间不会使压板发生位移，不能用高压下有效的润滑剂。

试件破坏后，滑块能自动回复到原来的位置。

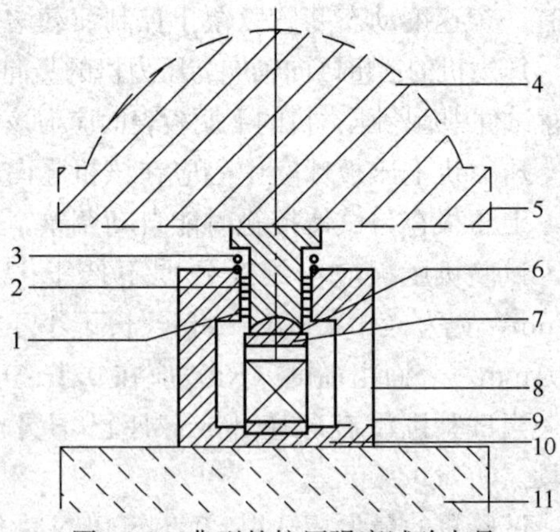

图 45-8 典型的抗压强度试验夹具

1—滚珠轴承；2—滑块；3—复位弹簧；4—压力机球座；5—压力机上压板；6—夹具球座；7—夹具上压板；8—试体；9—底板；10—夹具下垫板；11—压力机下压板

4. 试验步骤

（1）试件的制备

① 水泥试件的制备

a. 水泥胶砂组成

水泥胶砂组成主要包括砂（或再生细集料）、水泥和水。评价化学添加剂对水泥胶砂抗压强度影响时，还应包括推荐掺量的化学添加剂。

砂：符合 ISO 679 中 5.1.3 要求的 ISO 标准砂，质量控制按 GB/T 17671—1999 进行，其颗粒分布在表 45-2 规定的范围内。

表 45-2 ISO 标准砂颗粒分布

方孔边长/mm	累计筛余/%	方孔边长/mm	累计筛余/%
2.0	0	0.5	67±5
1.6	7±5	0.16	87±5
1.0	33±5	0.08	99±1

水泥：当试验水泥从取样至试验要保持 24h 以上时，应把它贮存在基本装满和气密的容器里，这个容器应不与水泥起反应。

水：仲裁试验或其他重要试验用蒸馏水，其他试验可用饮用水。

b. 水泥胶砂的制备

配合比：测防水剂时，对比胶砂和试验胶砂的灰砂比为 1∶3，用水量按流动度（140±5）mm 时确定。测膨胀剂和速凝剂时，灰砂比为 1∶3，水灰比为 0.5，试验胶砂中，推荐掺量的膨胀剂替代等质量的水泥，而速凝剂为外掺。测增塑剂、防冻剂和减水剂时，对比胶砂和试验胶砂配合比参见三十九。测再生细集料抗压强度比时，对比胶砂和试验胶砂配合比参见四十一中再生细集料水泥胶砂需水量比测定方法。一锅胶砂成三条试体，每锅材料需要量见表 45-3。

表 45-3 每锅胶砂的材料数量

水泥品种 \ 材料量	水泥	标准砂	水	水泥品种 \ 材料量	水泥	标准砂	水
硅酸盐水泥	450±2	1350±5	225±1	粉煤灰硅酸盐水泥	450±2	1350±5	225±1
普通硅酸盐水泥				复合硅酸盐水泥			
矿渣硅酸盐水泥				石灰石硅酸盐水泥			

铝酸盐水泥水灰比作如下修改：

CA-50 成型时，水灰比按 0.44 和胶砂流动度达到 130～150mm 来确定。当用 0.44 水灰比制成的胶砂流动度正好在 130～150mm 时即用 0.44 水灰比，当胶砂流动度超出该流动度范围时，应在 0.44 基数上以 0.01 的整数倍或减少水灰比，使制成胶砂流动度达到 130～140mm 或减至 150～140mm，试件成型时用达到上述要求流动度的水灰比来制备胶砂。

CA-60、CA-70、CA-80 成型时，水灰比按 0.40 和胶砂流动度达到 130～150mm 来确定，若用 0.40 水灰比制成胶砂的流动度超出上述范围时按 CA-50 的方法进行调整。

胶砂流动度试验，除胶砂组成外，操作方法按本书四十进行。

快硬硫铝酸盐水泥和低碱度硫铝酸盐水泥水灰比作如下修改：

用水量按水灰比 0.47（211.5mL）和胶砂流动度达到 165～175mm 来确定。当按水灰比 0.47 制备的胶砂流动度超出规定的范围时应按 0.01 的整数倍增减水灰比使流动度达到规定的范围。胶砂流动度测定按本书四十进行。

配料：水泥、砂、水和试验用具的温度与试验室相同，称量用的天平精度应为±1g。当用自动滴管加 225mL 水时，滴管精度应达到±1mL。

搅拌：每锅胶砂用搅拌机进行机械搅拌。先使搅拌机处于待工作状态，然后按以下的程序进行操作。

把水加入锅里，再加入水泥，把锅放在固定架上，上升至固定位置。然后立即开动机器，低速搅拌 30s 后，在第二个 30s 开始的同时均匀地将砂子加入。当各级砂是分装时，从最粗粒级开始，依次将所需的每级砂量加完。把机器转至高速再拌 30s。停拌 90s，在第 1 个 15s 内用一胶皮刮具将叶片和锅壁上的胶砂，刮入锅中间。在高速下继续搅拌 60s。各个搅拌阶段，时间误差应在±1s 以内。

c. 试件的制备

试件尺寸应是 40mm×40mm×160mm 的棱柱体。

用振实台成型：胶砂制备后立即进行成型。将空试模和模套固定在振实台上，用一个适当勺子直接从搅拌锅里将胶砂分两层装入试模，装第一层时，每个槽里约放 300g 胶砂，用大拨料器垂直架在模套顶部沿每个模槽来回一次将料层拨平，接着振实 60 次。再装入第二层胶砂，用小拨料器拨平，再振实 60 次。移走模套，从振实台上取下试模，用一金属直尺以近似 90°的角度架在试模模顶的一端，然后沿试模长度方向以横向锯割动作慢慢向另一端移动，一次将超过试模部分的胶砂刮去，并用同一直尺以近乎水平的情况下将试体表面抹平。

在试模上作标记或加字条标明试件编号和试件相对于振实台的位置。

当使用代用的振动台成型时，操作如下：

在搅拌胶砂的同时将试模和下料漏斗卡紧在振动台的中心。将搅拌好的全部胶砂均匀地装入下料漏斗中，开动振动台，胶砂通过漏斗流入试模。振动（120±5）s 停车。振动完毕，取下试模，用刮平尺以近似 90°的角度架在试模模顶的一端，然后沿试模长度方向以横向锯割动作慢慢向另一端移动，一次将超过试模部分的胶砂刮去，并用同一直尺以近乎水平的情况下将试体表面抹平。接着在试模上作标记或用字条表明试件编号。

② 建筑石膏试件的制备

一次调和制备的建筑石膏量，应能填满制作三个试件的试模，并将损耗计算在内，所需料浆的体积为 950mL，采用标准稠度用水量，用式（45-1）、式（45-2）计算出建筑石膏用量和加水量。

$$m_g = \frac{950}{0.4 + (W/P)} \tag{45-1}$$

式中 m_g——建筑石膏质量，g；

W/P——标准稠度用水量，应符合本书四十二 4（5）的规定，%。

$$m_w = m_g \times \frac{W}{P} \tag{45-2}$$

式中 m_w——加水量，g；

m_g——建筑石膏质量，g。

在试模内侧薄薄地涂上一层矿物油，并使连接缝封闭，以防料浆流失。

先把所需加水量的水倒入搅拌容器中，再把已称量的建筑石膏倒入其中，静置 1min，然后用拌合棒在 30s 内搅拌 30 圈。接着，以 3r/min 的速度搅拌，使料浆保持悬浮状态，然后用勺子搅拌至料浆开始稠化（即当料浆从勺子上慢慢落到浆体表面刚能形成一个圆锥为止）。

一边慢慢搅拌、一边把料浆舀入试模中。将试模的前端抬起约 10mm，再使之落下，如此重复五次以排除气泡。

当从溢出的料浆判断已经初凝时，用刮平刀刮去溢浆，但不必反复刮抹表面。终凝后，在试件表面作上标记，并拆模。

（2）试件的养护

① 水泥试件的养护

a. 脱模前的处理和养护

去掉留在模子四周的胶砂。立即将做好标记的试模放入雾室或湿箱的水平架子上养护，湿空气应能与试模各边接触。养护时不应将试模放在其他试模上。一直养护到规定的脱模时间时取出脱模。脱模前，用防水墨汁或颜料笔对试体进行编号和作其他标记。两个龄期以上的试体，在编号时应将同一试模中的三条试体分在两个以上龄期内。

铝酸盐水泥试体成型后连同试模一起放在（20±1）℃水中养护。养护时不得与其他品种水泥试体放在一起。

当铝酸盐水泥试体因脱模可能影响试体强度试验结果时，可以延长养护时间，并作记录。

b. 脱模

脱模应非常小心（可用塑料锤或橡皮榔头或专门的脱模器）。对于 24h 龄期的，应在成型试验前 20min 内脱模。对于 24h 以上龄期的，应在成型后 20～24h 之间脱模。

如经 24h 养护，会因脱模对强度造成损害时，可以延迟至 24h 以后脱模，但在试验报告中应予说明。

已确定作为 24h 龄期试验（或其他不下水直接做试验）的已脱模试体，应用湿布覆盖至做试验时为止。

快硬硫铝酸盐水泥和低碱度硫铝酸盐水泥试体成型后，带模置于温度（20±1）℃、相对湿度不小于 90%的养护箱中养护 6h 后脱模，如果脱模可能对试体造成损害时，可适当延长脱模时间，但要作记录。

c. 水中养护

将做好标记的试件立即水平或竖直放在（20±1）℃水中养护，水平放置时刮平面应朝上。

试件放在不易腐烂的篦子上（不宜用木篦子），且彼此间保持一定间距，以让水与试件的六个面接触。养护期间试件之间间隔或试体上表面的水深不得小于5mm。

每个养护池只养护同类型的水泥试件。

最初用自来水装满养护池（或容器），随后随时加水保持适当的恒定水位，不允许在养护期间全部换水。

除24h龄期或延迟至48h脱模的试体外，任何到龄期的试体应在试验（破型）前15min从水中取出。揩去试体表面沉积物，并用湿布覆盖至试验为止。

d. 强度试验试体的龄期

试体龄期是从水泥加水搅拌开始试验时算起。不同龄期强度试验在下列时间里进行。

——24h±15min；

——48h±30min；

——72h±45min；

——7d±2h；

——>28d±8h。

铝酸盐水泥各龄期强度试验时间如下：

——6h±15min；

——1d±30min；

——3d±45min；

——7d±2h；

——28d±4h。

② 建筑石膏试件的养护

遇水后2h就将做力学性能试验的试件，脱模后存放在试验室环境中。

需要在其他水化龄期后做强度试验的试件，脱模后立即存放于封闭处。在整个水化期间，封闭处空气的温度为（20±2）℃、相对湿度为90%±5%。每一类建筑石膏试件都应规定试件龄期。

到达规定龄期后，用于测定湿强度的试件应立即进行强度测定。用于测定干强度的试件先在（40±4）℃的烘箱中干燥至恒量，然后迅速进行强度测定。

（3）抗压强度测定

① 水泥试件

抗压强度试验在半截棱柱体的侧面上进行，受压面是试体成型时的两个侧面，面积为40mm×40mm。

当不需要抗折强度数值时，抗折强度试验可以省去，但抗压强度试验应在不使试件受有害应力情况下折断的两截棱柱体上进行。

半截棱柱体中心与压力机压板受压中心差应在±0.5mm内，棱柱体露在压板外的部分约有10mm。

在整个加荷过程中以（2400±200）N/s的速率均匀地加荷直至破坏。

② 建筑石膏试件抗压强度测定

每一类存放龄期的试件至少应保存三条，用于抗折强度的测定。做完抗折强度测定后得到的不同试件上的三块半截试件用作抗压强度测定，另外三块半截试件用于石膏硬度测定。

对已做完抗折试验后的不同试件上的三块半截试件进行试验：将试件成型面侧立，置于抗压夹具内，并使抗压夹具的中心处于上、下夹板的轴心上，保证上夹板球轴通过试件受压面中心。开动抗压试验机，使试件在开始加荷后20～40s内破坏。

5. 结果计算、数据处理及结果评定

（1）水泥试件

抗压强度按式（45-3）进行计算得到：

$$R_c = \frac{F_c}{A} \tag{45-3}$$

式中 R_c——抗压强度，MPa；

F_c——破坏时的最大荷载，N，；

A——受压部分面积（40mm×40mm=1600mm²），mm²。

各个半棱柱体得到的单个抗压强度结果计算至0.1MPa，以一组三个棱柱体上得到的六个抗压强度测定值的算术平均值为试验结果，计算精确至0.1MPa。

如六个测定值中有一个超出六个平均值的±10%，就应剔除这个结果，而以剩下五个的平均数为结果。如果五个测定值中再有超过它们平均数±10%的，则此组结果作废。

抗压强度比则为试验胶砂（掺加化学添加剂的水泥胶砂或用再生细集料胶砂）抗压强度与基准水泥胶砂抗压强度之比值。

（2）建筑石膏试件

抗压强度R_c按式（45-4）计算得到：

$$R_c = \frac{P}{S} = \frac{P}{2500} \tag{45-4}$$

式中 R_c——抗压强度，MPa；

P——破坏荷载，N；

S——试件受压面积，2500mm²。

计算三块试件抗压强度平均值，精确至0.05MPa。如果所测得的三个R_c值与其平均值之差不大于平均值的15%，则用该平均值作为试样抗压强度值；如果有一个值与平均值之差大于平均值的15%，应将此值舍去，以其余二值计算平均值；如果有一个以上的值与平均值之差大于平均值的15%，则用三块新试件重作试验。

四十六、抗折强度

1. 适用范围

本方法参照GB/T 17671—1999《水泥胶砂强度检验方法（ISO法）》、GB/T 17669.1—1999《建筑石膏　一般试验条件》和GB/T 17669.3—1999《建筑石膏力学性能的测定》等标准规定的试验方法汇成，适用于通用硅酸盐水泥、白色硅酸盐水泥、彩色硅酸盐水泥、铝酸盐水泥、硫铝酸盐水泥和建筑石膏的抗折强度的测定。

2. 测试原理

本方法是以中心加荷法来测定水泥样品的抗折强度。

3. 试验器具

（1）试验筛（适用于砂的筛析试验）

符合本书四十五 3（1）的要求。

（2）搅拌机（适于测水泥）

符合本书二十（一）3（5）的要求。

（3）搅拌容器（适于测建筑石膏）

符合本书四十二 3（10）的要求。

（4）拌合棒（适于测建筑石膏）

符合本书四十二 3（11）的要求。

（5）试模

符合本书四十五 3（5）的要求。

（6）振实台（适于测水泥）

符合本书四十五 3（6）的要求。

（7）抗折强度试验机

试件在夹具中受力状态如图 46-1 所示。

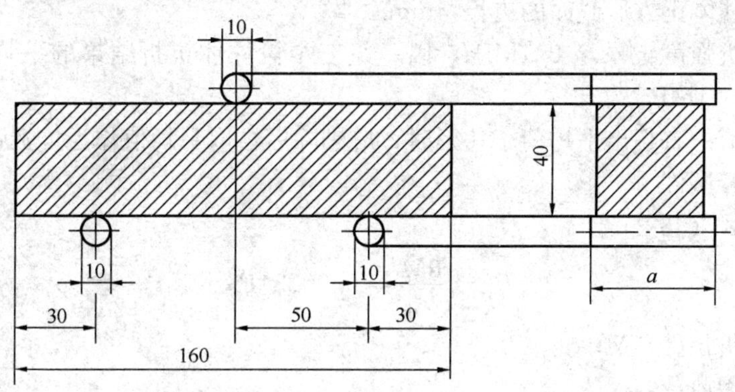

图 46-1　抗折强度测定加荷图（mm）

通过三根圆柱轴的三个竖向平面应该平行，并在试验时继续保持平行和等距离垂直试体的方向，其中一根支撑圆柱和加荷圆柱能轻微地倾斜使圆柱与试体完全接触，以便荷载沿试体宽度方向均匀分布，同时不产生任何扭转应力。

抗折强度也可用抗压强度试验机来测定，此时应使用符合上述规定的夹具。

4. 试验步骤

（1）试件的制备

符合本书四十五 4 的要求。

（2）试件的养护

符合本书四十五 4 的要求。

（3）抗折强度测定

① 水泥试件抗折强度测定

将试体一个侧面放在试验机支撑圆柱上，试体长轴垂直于支撑圆柱，通过加荷圆柱以（50±10）N/s 的速率均匀地将荷载垂直地加在棱柱体相对侧面上，直至折断。保持两个半截棱柱体处于潮湿状态直至抗压试验。

② 建筑石膏试件抗折强度测定

每一类存放龄期的试件至少应保存三条，用于抗折强度的测定。做完抗折强度测定后得到的不同试件上的三块半截试件用作抗压强度测定，另外三块半截试件用于石膏硬度测定。将试件置于抗折试验机的两根支撑辊上，试件的成型面应侧立。试件各棱边与各辊保持垂直，并使加荷辊与两根支撑辊保持等距。开动抗折试验机后逐渐增加荷载，最终使试件断裂。

记录试件的断裂荷载值或抗折强度值。

5. 结果计算及数据处理

(1) 水泥试件

抗折强度按式（46-1）进行计算：

$$R_f = \frac{1.5F_fL}{b^3} \tag{46-1}$$

式中 R_f——抗折强度，MPa；

F_f——折断时施加于棱柱体中部的荷载，N；

L——支撑圆柱之间的距离，mm；

b——棱柱体正方形截面的边长，mm。

各试体的抗折强度记录至0.1MPa，以一组三个棱柱体抗折结果的平均值作为试验结果，计算精确至0.1MPa。

当三个强度值中有超出平均值±10%时，应剔除后再取平均值作为抗折强度试验结果。

(2) 建筑石膏试件

抗折强度按式（46-2）计算：

$$R_f = \frac{6M}{b^3} = 0.00234P \tag{46-2}$$

式中 R_f——抗折强度，MPa；

P——断裂荷载，N；

M——弯矩，N·mm；

b——试件方形截面边长，b=40mm。

R_f值也可从JC/T 724《水泥胶砂电动抗折试验机》所规定的抗折试验机的标尺中直接读取。

计算三个试件抗折强度平均值，精确至0.05MPa。如果所测得的三个R_f值与其平均值之差不大于平均值的15%，则用该平均值作为抗折强度值；如果有一个值与平均值之差大于平均值的15%，应将此值舍去，以其余两个值计算平均值；如果有一个以上的值与平均值之差大于平均值的15%，则用三个新试件重做试验。

四十七、活性

(一) 化学成分分析法

1. 适用范围

本方法参照GB/T 203—2008《用于水泥中的粒化高炉矿渣》规定的试验方法，适用于用作水泥活性混合材料的粒化高炉矿渣化学成分的测定。

2. 测试原理

本方法是采用矿渣中的氧化钙、氧化镁、三氧化二铝质量分数之和与二氧化硅、二氧化钛、一氧化锰质量分数之和的比值来评价矿渣的活性。

3. 试验器具和试剂

除另有说明外，所用试剂应不低于分析纯。所用水应符合 GB/T 6682《分析实验室用水规格和试验方法》中规定的三级水要求。

本方法所列市售浓液体试剂的密度指 20℃的密度（ρ）。

在化学分析中，所用酸或氨水，凡未注浓度者均指市售的浓酸或浓氨水。

用体积比表示试剂稀释程度，例如：盐酸（1＋2）表示 1 份体积的浓盐酸与 2 份体积的水相混合。

经第一次灼烧、冷却、称量后，通过连续对每次 15min 的灼烧，然后冷却、称量的方法来检查恒定质量，当连续两次称量之差小于 0.0005g 时，即达到恒量。

（1）盐酸

密度 1.18～1.19g/cm^3，质量分数 36％～38％。

（2）氢氟酸

密度 1.15～1.18g/cm^3，质量分数 40％。

（3）硝酸

密度 1.39～1.41g/cm^3，质量分数 65％～68％。

（4）硫酸

密度 1.84g/cm^3，质量分数 95％～98％。

（5）磷酸

密度 1.68g/cm^3，质量分数 85％。

（6）氨水

密度 0.90～0.91g/cm^3，质量分数 25％～28％。

（7）三乙醇胺

密度 1.12g/cm^3，质量分数 99％。

（8）乙醇或无水乙醇

乙醇的体积分数 95％，无水乙醇的体积分数不低于 99.5％。

（9）溴水

质量分数≥3％。

（10）氢氧化钠

（11）无水碳酸钠

将无水碳酸钠用玛瑙研钵研细至粉末状，贮存于密封瓶中。

（12）氯化铵

（13）过硫酸铵

（14）盐酸羟胺

（15）焦硫酸钾

将市售的焦硫酸钾在瓷蒸发皿中加热熔化，加热至无泡沫发生，冷却并压碎熔融物，贮存于密封瓶中。

（16）碳酸钠-硼砂混合熔剂（2+1）

将2份质量的无水碳酸钠与1份质量的无水硼砂混匀研细，贮存于密封瓶中。

（17）高碘酸钾

（18）氢氧化钾溶液

浓度200g/L，即将200g氢氧化钾溶于水中，加水稀释至1L，贮存于塑料瓶中。

（19）硝酸银溶液

浓度5g/L，即将0.5g硝酸银溶于水中，加入1mL硝酸，加水稀释至100mL，贮存于棕色瓶中。

（20）硝酸铵溶液

浓度20g/L，即将2g硝酸铵溶于水中，加水稀释至100mL。

（21）钼酸铵溶液

浓度50g/L，即将5g钼酸铵溶于热水中，冷却后加水稀释至100mL，贮存于塑料瓶中，必要时过滤后使用。此溶液在一周内使用。

（22）抗坏血酸溶液

浓度5g/L，即将0.5g抗坏血酸（V.C）溶于100mL水中，必要时过滤后使用。用时现配。

（23）二安替比林甲烷溶液

浓度30g/L盐酸溶液，即将3g二安替比林甲烷溶于100mL盐酸（1+10）中，必要时过滤后使用。

（24）草酸铵溶液

密度50g/L，即将50g草酸铵溶于水中，加水稀释至1L，必要时过滤后使用。

（25）pH3.0的缓冲溶液

将3.2g无水乙酸钠溶于水中，加入120mL冰乙酸，加水稀释至1L。

（26）pH4.3的缓冲溶液

将42.3g无水乙酸钠溶于水中，加入80mL冰乙酸，加水稀释至1L。

（27）pH10的缓冲溶液

将67.5g氯化铵溶于水中，加入570mL氨水，加水稀释至1L。

（28）酒石酸钾钠溶液

浓度100g/L，即将10g酒石酸钾钠溶于水中，加水稀释至100mL。

（29）氯化锶溶液

浓度50g/L，即将152.2g氯化锶溶解于水中，加水稀释至1L，必要时过滤后使用。

（30）氯化钾

颗粒粗大时，研细后使用。

（31）氯化钾溶液

浓度50g/L，即将50g氯化钾溶于水中，加水稀释至1L。

（32）氯化钾-乙醇溶液

浓度50g/L，即将5g氯化钾溶于50mL水后，加入50mL乙醇，混匀。

（33）氟化钾溶液

浓度150g/L，即将150g氟化钾置于塑料杯中，加水溶解后，加水稀释至1L，贮存于塑料瓶中。

（34）氟化钾溶液

浓度20g/L，即将20g氟化钾溶于水中，加水稀释至1L，贮存于塑料瓶中。

（35）过氧化氢-盐酸溶液

将0.5mL30%（质量分数）过氧化氢与100mL热盐酸（1+3）混合。

（36）二氧化钛标准溶液

① 二氧化钛标准溶液的配制

称取0.1000g已于（950±25)℃灼烧过60min的二氧化钛（光谱纯），精确至0.0001g，置于铂坩埚中，加入2g焦硫酸钾，在500～600℃下熔融至透明。冷却后，熔块用硫酸(1+9)浸出，加热至50～600℃使熔块完全熔解，冷却至室温后，移入1000mL容量瓶中，用硫酸（1+9）稀释至标线，摇匀。此标准溶液每毫升含0.1mg二氧化钛。

吸取100.00mL上述标准溶液放入500mL容量瓶中，用硫酸（1+9）稀释至标线，摇匀。此标准溶液每毫升含0.02mg二氧化钛。

② 工作曲线的绘制

吸取每毫升含0.02mg二氧化钛的标准溶液0mL、2.00mL、4.00mL、6.00mL、8.00mL、10.00mL、12.00mL、15.00mL，分别放入100mL容量瓶中，依次加入10mL盐酸（1+1)、10mL抗坏血酸溶液、5mL醇、20mL二安替比林甲烷溶液，用水稀释至标线，摇匀。放置40min后，使用分光光度计，10mm比色皿，以水作参比，于波长420nm处测定溶液的吸光度。用测得的吸光度作为相对应的二氧化钛含量的函数，绘制工作曲线。

（37）一氧化锰标准溶液

① 无水硫酸锰

取一定量硫酸锰（基准试剂或光谱纯）或含水硫酸锰（基准试剂或光谱纯）置于称量瓶中，在（250±10)℃温度下烘干至恒量，所获得的产物为无水硫酸锰。

② 一氧化锰标准溶液的配制

称取0.1064g无水硫酸锰，精确至0.0001g，置于300mL烧杯中，加水溶解后，加入约1mL硫酸(1+1)，移入1000mL容量瓶中，用水稀释至标线，摇匀。此标准溶液每毫升含0.05mg一氧化锰。

③ 工作曲线的绘制

吸取每毫升含0.05mg一氧化锰的标准溶液0mL、2.00mL、6.00mL、10.00mL、14.00mL、20.00mL，分别放入150mL烧杯中，加入5mL磷酸（1+1）及10mL硫酸(1+1)，加水稀释至约50mL，加入约1g高锰酸钾，加热微沸10～15min至溶液达到最大颜色深度，冷却至室温后，移入100mL容量瓶中，用水稀释至标线，摇匀。使用分光光度计，10mm比色皿，以水作参比，于波长530nm处测定溶液的吸光度。用测得的吸光度作为相对应的一氧化锰含量的函数，绘制工作曲线。

（38）碳酸钙标准溶液

浓度0.024mol/L，即称取0.6g（m_1）已于105～110℃烘过2h的碳酸钙（基准试剂），精确至0.0001g，置于400mL烧杯中，加入约100mL水，盖上表面皿，沿杯口慢慢加入5～10mL盐酸（1+1），搅拌至碳酸钙全部溶解，加热煮沸并微沸1～2min。冷却至室温后，移入 250mL 容量瓶中，用水稀释至标线，摇匀。

（39）EDTA 标准滴定溶液

① EDTA 标准滴定溶液的配制

浓度 0.015mol/L，即称取 5.6gEDTA（乙二胺四乙酸二钠），置于烧杯中，加入约 200mL 水，加热溶解，过滤，加水稀释至 1L，摇匀。

② EDTA 标准滴定溶液浓度的标定

吸取 25.00mL 碳酸钙标准溶液放入 300mL 烧杯中，加水稀释至约 200mL 水，加入适量的 CMP 混合指示剂，在搅拌下加入氢氧化钾溶液至出现绿色荧光后再过量 2～3mL，用 EDTA 标准滴定溶液滴定至绿色荧光消失并呈现红色。

EDTA 标准滴定溶液的浓度按式（47-1）计算：

$$c(\mathrm{EDTA})=\frac{m_1\times 25\times 1000}{250\times V_1\times 100.09}=\frac{m_1}{V_1\times 1.0009} \tag{47-1}$$

式中　$c(\mathrm{EDTA})$——EDTA 标准滴定溶液的浓度，mol/L；

m_1——按 3（38）配制碳酸钙标准溶液的碳酸钙的质量，g；

V_1——滴定时消耗 EDTA 标准滴定溶液的体积，mL；

100.09——$CaCO_3$的摩尔质量，g/mol。

③ EDTA 标准滴定溶液对各氧化物的滴定度的计算

EDTA 标准滴定溶液对三氧化二铝、氧化钙、氧化镁、一氧化锰的滴定度分别按式（47-2）、式（47-3）、式（47-4）、式（47-5）计算：

$$T_{Al_2O_3}=c(\mathrm{EDTA})\times 50.98 \tag{47-2}$$

$$T_{CaO}=c(\mathrm{EDTA})\times 56.08 \tag{47-3}$$

$$T_{MgO}=c(\mathrm{EDTA})\times 40.31 \tag{47-4}$$

$$T_{MnO}=c(\mathrm{EDTA})\times 70.94 \tag{47-5}$$

式中　$T_{Al_2O_3}$——EDTA 标准滴定溶液对三氧化二铝的滴定度，mg/mL；

T_{CaO}——EDTA 标准滴定溶液对氧化钙的滴定度，mg/mL；

T_{MgO}——EDTA 标准滴定溶液对氧化镁的滴定度，mg/mL；

T_{MnO}——每毫升 EDTA 标准溶液相当于一氧化锰的毫克数，mg/mL；

$c(\mathrm{EDTA})$——EDTA 标准滴定溶液的浓度，mol/L；

50.98——（$1/2Al_2O_3$）的摩尔质量，g/mol；

56.08——CaO 的摩尔质量，g/mol；

40.31——MgO 的摩尔质量，g/mol；

70.94——MnO 的摩尔质量，g/mol。

（40）硫酸铜标准滴定溶液[$c(CuSO_4)=0.015$mol/L]

① 硫酸铜标准滴定溶液的配制

称取 3.7g 硫酸铜（$CuSO_4\cdot H_2O$）溶于水中，加入 4～5 滴硫酸（1+1），加水稀释至 1L，摇匀。

② EDTA 标准滴定溶液与硫酸铜标准滴定溶液体积比的标定

从滴定管中缓慢放出 10.00～15.00mLEDTA 标准滴定溶液于 300mL 烧杯中，加水稀释至约 I50mL，加入 15mL pH4.3 的缓冲溶液，加热至沸，取下稍冷，加入 4～5 滴 PAN

指示剂溶液，用硫酸铜标准滴定溶液滴定至亮紫色。

EDTA 标准滴定溶液与硫酸铜标准滴定溶液的体积比按式（47-6）计算：

$$K_2 = \frac{V_2}{V_3} \tag{47-6}$$

式中　K_2——EDTA 标准滴定溶液与硫酸铜标准滴定溶液的体积比；

V_2——加入 EDTA 标准滴定溶液的体积，mL；

V_3——滴定时消耗硫酸铜标准滴定溶液的体积，mL。

（41）高锰酸钾标准滴定溶液

① 高锰酸钾标准滴定溶液的配制

浓度 0.18mol/L，即称取 5.7g 高锰酸钾置于 400mL 烧杯中，溶于约 250mL 水，加热微沸数分钟，冷至室温，用玻璃砂芯漏斗或垫有一层玻璃棉的漏斗将溶液过滤于 1000mL 棕色瓶中，然后用新煮沸过的冷水稀释至 1L，摇匀，于阴暗处放置一周后标定。

由于高锰酸钾标准滴定溶液不稳定，建议至少两个月重新标定一次。

② 高锰酸钾标准滴定溶液浓度的标定

称取 0.5g（m_2）已于 105～110℃烘过 2h 的草酸钠（基准试剂），精确至 0.0001g，置于 400mL 烧杯中，加入约 150mL 水，20mL 硫酸（1+1），加热至 70～80℃，用高锰酸钾标准滴定溶液滴定至微红色出现，并保持 30s 不消失。

高锰酸钾标准滴定溶液的浓度按式（47-7）计算：

$$c(1/5KMnO_4) = \frac{m_2 \times 1000}{V_4 \times 67.00} \tag{47-7}$$

式中　$c(1/5KMnO_4)$——高锰酸钾标准滴定溶液的浓度，mol/L；

m_2——草酸钠的质量，g；

V_4——滴定时消耗高锰酸钾标准滴定溶液的体积，mL；

67.00——（$1/2Na_2C_2O_4$）的摩尔质量，g/mol。

③ 高锰酸钾标准滴定溶液对氧化钙的滴定度的计算

高锰酸钾标准滴定溶液对氧化钙的滴定度按式（47-8）计算：

$$T'_{CaO} = c(1/5KMnO_4) \times 28.04 \tag{47-8}$$

式中　T'_{CaO}——高锰酸钾标准滴定溶液对氧化钙的滴定度，mg/mL；

$c(1/5KMnO_4)$——高锰酸钾标准滴定溶液的浓度，mol/L；

28.04——（1/2CaO）的摩尔质量，g/mol。

（42）氢氧化钠标准滴定溶液

① 氢氧化钠标准滴定溶液的配制

浓度 0.15mol/L，即称取 30g 氢氧化钠溶于水后，加水稀释至 5L，充分摇匀，贮存于塑料瓶或带胶塞（装有钠石灰干燥管）的硬质玻璃瓶内。

② 氢氧化钠标准滴定溶液浓度的标定

称取 0.8g（m_3）苯二甲酸氢钾（基准试剂），精确至 0.0001g，置于 300mL 烧杯中，加入约 200mL 预先新煮沸过并冷却后用氢氧化钠溶液中和至酚酞呈微红色的冷水，搅拌使其溶解，加入 6～7 滴酚酞指示剂溶液，用氢氧化钠标准滴定溶液滴定至微红色。

氢氧化钠标准滴定溶液的浓度按式（47-9）计算：

$$c(NaOH)=\frac{m_3\times 1000}{V_5\times 204.2} \tag{47-9}$$

式中 $c(NaOH)$——氢氧化钠标准滴定溶液的浓度，mol/L；

m_3——苯二甲酸氢钾的质量，g；

V_5——滴定时消耗氢氧化钠标准滴定溶液的体积，mL；

204.2——苯二甲酸氢钾的摩尔质量，g/mol。

③ 氢氧化钠标准滴定溶液对二氧化硅的滴定度的计算

氢氧化钠标准滴定溶液对二氧化硅的滴定度按式（47-10）计算：

$$T_{SiO_2}=c(NaOH)\times 15.02 \tag{47-10}$$

式中 T_{SiO_2}——氢氧化钠标准滴定溶液对二氧化硅的滴定度，mg/mL；

$c(NaOH)$——氢氧化钠标准滴定溶液的浓度，mol/L；

15.02——（$1/4SiO_2$）的摩尔质量，g/mol。

（43）EDTA-铜溶液

按 EDTA 标准滴定溶液[3(39)]与硫酸铜标准滴定溶液的体积比[3(40)②]，准确配制成等物质的量浓度的混合溶液。

（44）钙黄绿素-甲基百里香酚蓝-酚酞混合指示剂（简称 CMP 混合指示剂）

称取 1.000g 钙黄绿素、1.000g 甲基百里香酚蓝、0.200g 酚酞与 50g 已在 105～110℃烘干过的硝酸钾，混合研细，保存在磨口瓶中。

（45）酸性铬蓝 K-萘酚绿 B 混合指示剂（简称 KB 混合指示剂）

称取 1.000g 酸性铬蓝 K、2.500g 萘酚绿 B 与 50g 已在 105～110℃烘干过的硝酸钾，混合研细，保存在磨口瓶中。

滴定终点颜色不正确时，可调节酸性铬蓝 K 与萘酚绿 B 的配制比例，并通过国家标准样品/标准物质进行对比确认。

（46）酚酞指示剂溶液

浓度 10g/L，即将 1g 酚酞溶于 100mL 乙醇中。

（47）磺基水杨酸钠指示剂溶液

浓度 100g/L，即将 10g 磺基水杨酸钠溶于水中，加水稀释至 100mL。

（48）1-（2-吡啶偶氮）-2 萘酚指示剂溶液（简称 PAN 指示剂溶液）

浓度 2g/L，即将 0.2g1-（2-吡啶偶氮）-2 萘酚溶于 100mL 乙醇中。

（49）甲基红指示剂溶液

浓度 2g/L，即将 0.2g 甲基红溶于 100mL 乙醇中。

（50）溴酚蓝指示剂溶液

浓度 2g/L，即将 0.2g 溴酚蓝溶于 100mL 乙醇中。

（51）滤纸浆

将定量滤纸撕成小块，放入烧杯中，加水浸没，在搅拌下加热煮沸 10min 以上，冷却后放入广口瓶中备用。

（52）天平

精确至 0.0001g。

（53）铂、银坩埚

带盖，容量20～30mL。

(54) 铂皿

容量50～100mL。

(55) 瓷蒸发皿

容量150～200mL。

(56) 干燥器

内装变色硅胶。

(57) 高温炉

隔焰加热炉，在炉膛外围进行电阻加热。应使用温度控制器准确控制炉温，可控制温度(700±25)℃、(800±25)℃、(950±25)℃。

(58) 蒸汽水浴

(59) 滤纸

快速、中速、慢速三种型号的定量滤纸。

(60) 玻璃容器皿

滴定管、容量瓶、烧杯、表面皿、玻璃棒、玻璃三角架。

(61) 分光光度计

可在波长400～800nm范围内测定溶液的吸光度，带有10mm、20mm比色皿。

(62) 离子计或酸度计

可连接氟离子选择电极和饱和氯化钾甘汞电极。

(63) 精密pH试纸

可测1.8～2.0和3.0～3.5之间pH值。

(64) 玻璃砂芯漏斗

直径50mm，型号G4（平均孔径4～7μm）。

4. 试验步骤

试样在称取前应在105～110℃烘干2h。

(1) 溶液A的制备

准确称取0.5g试样（m_4），精确至0.0001g，置于铂坩埚中，将盖斜置于坩埚上，在950～1000℃下灼烧5min，取出坩埚冷却。用玻璃棒仔细压碎块状物，加入（0.30±0.01）g已磨细的无水碳酸钠，仔细混匀。再将坩埚置于950～1000℃下灼烧10min，取出坩埚冷却。

将烧结块移入瓷蒸发皿中，加入少量水润湿，用平头玻璃棒压碎块状物，盖上表面皿，从皿口慢慢加入5mL盐酸及2～3滴硝酸，待反应停止后取下表面皿，用平头玻璃棒压碎块状物使其分解完全，用热盐酸（1+1）清洗坩埚数次，洗液合并于蒸发皿中。将蒸发皿置于蒸汽水浴上，皿上放一玻璃三角架，再盖上表面皿。蒸发至糊状后，加入约1g氯化铵，充分搅匀，在蒸汽水浴上蒸发至干后继续蒸发10～15min。蒸发期间用平头玻璃棒仔细搅拌并压碎大颗粒。

取下蒸发皿，加入10～20mL热盐酸（3+97），搅拌使可溶性盐类溶解。用中速定量滤纸过滤，用胶头擦棒擦洗玻璃棒及蒸发皿，用热盐酸（3+97）洗涤沉淀3～4次，然后用热水充分洗涤沉淀，直至检验无氯离子为止。

检查氯离子（Cl^-）（硝酸银检验）：按规定洗涤沉淀数次后，用数滴水淋洗漏斗的下端，用数毫升水洗涤滤纸和沉淀，将滤液收集在试管中，加几滴硝酸银溶液[3(19)]，观察试管中溶液是否浑浊。如果浑浊，继续洗涤并检验，直至用硝酸银检验不再浑浊为止。

滤液及洗液收集于250mL容量瓶中。

将沉淀连同滤纸一并移入铂坩埚中，将盖斜置于坩埚上，在电炉上干燥、灰化完全后，放入950～1000℃的高温炉内灼烧60min，取出坩埚置于干燥器中，冷却至室温，称量。反复灼烧，直至恒量。

向坩埚中慢慢加入数滴水润湿沉淀，加入3滴硫酸（1+4）和10mL氢氟酸，放入通风橱内电热板上缓慢加热，蒸发至干，升高温度继续加热至三氧化硫白烟完全驱尽。将坩埚放入950～1000℃的高温炉内灼烧30min，取出坩埚置于干燥器中，冷却至室温，称量。反复灼烧，直至恒量。

向经过氢氟酸处理后得到的残渣中加入0.5g焦硫酸钾，在喷灯上熔融，熔块用热水和数滴盐酸（1+1）溶解，溶液合并入分离二氧化硅后得到的滤液和洗液中。用水稀释至标线，摇匀。此溶液A供测定三氧化二铝、氧化钙、二氧化钛、氧化镁用。

（2）二氧化硅的测定——氟硅酸钾容量法

在有过量的氟离子、钾离子存在的强酸性溶液中，使硅酸形成氟硅酸钾（K_2SiF_6）沉淀。经过滤、洗涤及中和残余酸后，加入沸水使氟硅酸钾沉淀水解生成等物质的量的氢氟酸。然后以酚酞为指示剂，用氢氧化钠标准滴定溶液进行滴定。

准确称取0.5g试样（m_5），精确至0.0001g，置于银坩埚中，先于650～700℃高温炉中预烧20min，取出冷却后，再加入6～7g氢氧化钠，盖上坩埚盖（留有缝隙），放入高温炉中，从低温升起，在650～700℃的高温下熔融20min，期间取出摇动1次。取出冷却，将坩埚放入已盛有约100mL沸水的300mL烧杯中，盖上表面皿，在电炉上适当加热，待熔块完全浸出后，取出坩埚，用水冲洗坩埚和盖。在搅拌下一次加入25～30mL盐酸，再加入1mL硝酸，用热盐酸（1＋5）洗净坩埚和盖。将溶液加热煮沸，冷却至室温后，移入250mL容量瓶中，用水稀释至标线，摇匀。此溶液B供测定二氧化硅、三氧化二铝、氧化钙、氧化镁和二氧化钛用。

从4（1）溶液A或上述溶液B中吸取25.00mL溶液放入300mL烧杯中，加水稀释至约100mL，用氨水（1+1）和盐酸（1+1）调节溶液pH值在1.8～2.0之间（用精密pH试纸或酸度计检验）。将溶液加热至70℃，加入10滴磺基水杨酸钠指示剂溶液，用EDTA标准滴定溶液缓慢地滴定至亮黄色（终点时溶液温度应不低于60℃，如终点前溶液温度降至近60℃时，应再加热至65～70℃）。保留此溶液C供测定三氧化二铝用。

从上述溶液B中吸取50.00mL溶液，放入300mL塑料杯中，然后加入10～15mL硝酸，搅拌，冷却至30℃以下。加入氯化钾，仔细搅拌、压碎大颗粒氯化钾至饱和并有少量氯化钾析出，然后再加入2g氯化钾和10mL氟化钾溶液[3（33）]，仔细搅拌、压碎大颗粒氯化钾，使其完全饱和，并有少量氯化钾析出（此时搅拌，溶液应该比较浑浊，如氯化钾析出量不够，应再补充加入氯化钾，但氯化钾的析出量不宜过多），在30℃以下放置15～20min，期间搅拌1～2次。用中速滤纸过滤，先过滤溶液，固体氯化钾和沉淀留在杯底，溶液滤完后用氯化钾溶液洗涤塑料杯及沉淀3次，洗涤过程中使固体氯化钾溶解，洗涤液总量不超过25mL。将滤纸连同沉淀取下，置于原塑料杯中，沿杯壁加入10mL30℃以下的氯化钾-乙醇溶液及 1mL 酚酞指示剂溶液，将滤纸展开，用氢氧化钠标准滴定溶液中和未洗尽的酸，仔细搅动、挤压滤纸并随之擦洗杯壁直至溶液呈红色（过滤、洗涤、中和残余酸的操作应迅速，以防止氟硅酸钾沉淀的水解）。向杯中加入约 200mL 沸水（煮沸后用氢氧化钠溶液中和至酚酞呈微红色的沸水），用氢氧化钠标准滴定溶液滴定至微红色。

二氧化硅的质量分数 ω_{SiO_2} 按式（47-11）计算：

$$\omega_{SiO_2}=\frac{T_{SiO_2}\times V_6\times 5}{m_5\times 1000}\times 100=\frac{T_{SiO_2}\times V_6\times 0.5}{m_5} \qquad (47\text{-}11)$$

式中　ω_{SiO_2}——二氧化硅的质量分数，%；

T_{SiO_2}——氢氧化钠标准滴定溶液对二氧化硅的滴定度，mg/mL；

V_6——滴定时消耗氢氧化钠标准滴定溶液的体积，mL；

m_5——4(2)(m_5) 中试料的质量，g。

（3）三氧化二铝的测定——EDTA 直接滴定法（基准法）

将溶液 C 的 pH 值调节至 3.0，在煮沸下以 EDTA-铜和 PAN 为指示剂，用 EDTA 标准滴定溶液滴定。

将溶液 C 加水稀释至约 200mL，加入 1～2 滴溴酚蓝指示剂溶液，滴加氨水（1+1）至溶液出现蓝紫色，再滴加盐酸（1+1）至黄色。加入 15mL pH3.0 的缓冲溶液，加热煮沸并保持微沸 1min，加入 10 滴 EDTA-铜溶液及 2～3 滴 PAN 指示剂溶液，用 EDTA 标准滴定溶液滴定至红色消失。继续煮沸，滴定，直至溶液经煮沸后红色不再出现呈稳定的亮黄色为止。

三氧化二铝的质量分数 $\omega_{Al_2O_3}$ 按式（47-12）计算：

$$\omega_{Al_2O_3}=\frac{T_{Al_2O_3}\times V_7\times 10}{m_6\times 1000}\times 100=\frac{T_{Al_2O_2}\times V_7}{m_6} \qquad (47\text{-}12)$$

式中　$\omega_{Al_2O_3}$——三氧化二铝的质量分数，%；

$T_{Al_2O_3}$——EDTA 标准滴定溶液对三氧化二铝的滴定度，mg/mL；

V_7——滴定时消耗 EDTA 标准滴定溶液的体积，mL；

m_6——4(1)(m_4)或 4(2)(m_5)中试料的质量，g。

（4）三氧化二铝的测定——硫酸铜返滴定法（代用法）

在溶液 C 中，加入对铝、钛过量的 EDTA 标准滴定溶液，控制溶液 pH3.8～4.0，以 PAN 为指示剂，用硫酸铜标准滴定溶液返滴定过量的 EDTA。

本法只适用于一氧化锰含量在 0.5%以下的试样。

往溶液 C 加入 EDTA 标准滴定溶液至过量 10.00～15.00mL（对铝、钛含量而言），加水稀释至 150～200mL。将溶液加热至 70～80℃后，在搅拌下用氨水（1+1）调节溶液 pH 值在 3.0～3.5 之间（用精密 pH 试纸检验），加入 15mL pH4.3 的缓冲溶液，加热煮沸并保持微沸 1～2min，取下稍冷，加入 4～5 滴 PAN 指示剂溶液，用硫酸铜标准滴定溶液滴定至亮紫色。

三氧化二铝的质量分数 $\omega_{Al_2O_3}$ 按式（47-13）计算：

$$\begin{aligned}\omega_{Al_2O_3}&=\frac{T_{Al_2O_3}\times(V_8-K_2\times V_9)\times 10}{m_7\times 1000}\times 100-0.64\times\omega_{TiO_2}\\&=\frac{T_{Al_2O_3}\times(V_8-K_2\times V_9)}{m_7}-0.64\times\omega_{TiO_2}\end{aligned} \qquad (47\text{-}13)$$

式中 $\omega_{Al_2O_3}$——三氧化二铝的质量分数，%；

$T_{Al_2O_3}$——EDTA 标准滴定溶液对三氧化二铝的滴定度，mg/mL；

V_8——加入 EDTA 标准滴定溶液的体积，mL；

V_9——滴定时消耗硫酸铜标准滴定溶液的体积，mL；

K_2——EDTA 标准滴定溶液与硫酸铜标准滴定溶液的体积比；

m_7——4(1)(m_4)或 4(2)(m_5)中试料的质量，g；

ω_{TiO_2}——按 4（9）测得的二氧化钛的质量分数，%；

0.64——二氧化钛对三氧化二铝的换算系数。

（5）氧化钙的测定——EDTA 滴定法（基准法）

在 pH13 以上的强碱性溶液中，以三乙醇胺为掩蔽剂，用钙黄绿素-甲基百里香酚蓝-酚酞混合指示剂（简称 CMP 混合指示剂），用 EDTA 标准滴定溶液滴定。

从 4（1）溶液 A 中吸取 25.00mL 溶液放入 300mL 烧杯中，加水稀释至约 200mL。加入 10mL 三乙醇胺溶液（1+2）及适量的 CMP 混合指示剂，在搅拌下加入氢氧化钾溶液至出现绿色荧光后再过量 5～8mL，此时溶液酸度在 pH13 以上，用 EDTA 标准滴定溶液滴定至绿色荧光完全消失并呈现红色。

氧化钙的质量分数 ω_{CaO}按式（47-14）计算：

$$\omega_{CaO}=\frac{T_{CaO}\times V_{10}\times 10}{m_4\times 1000}\times 100=\frac{T_{CaO}\times V_{10}}{m_4} \tag{47-14}$$

式中 ω_{CaO}——氧化钙的质量分数，%；

T_{CaO}——EDTA 标准滴定溶液对氧化钙的滴定度，mg/mL；

V_{10}——滴定时消耗 EDTA 标准滴定溶液的体积，mL；

m_4——4(1)中试料的质量，g。

（6）氧化钙的测定——氢氧化钠熔样-EDTA 滴定法（代用法）

在酸性溶液中加入适量的氟化钾，以抑制硅酸的干扰。然后在 pH13 以上的强碱性溶液中，以三乙醇胺为掩蔽剂，用钙黄绿素-甲基百里香酚蓝-酚酞混合指示剂，用 EDTA 标准滴定溶液滴定。

从 4（2）溶液 B 中吸取 25.00mL 溶液放入 300mL 烧杯中，加入氟化钾溶液[3(34)]，加入量按表 47-1 规定加入，搅匀并放置 2min 以上。然后加水稀释至约 200mL。加入 10mL 三乙醇胺溶液(1+2)及适量的 CMP 混合指示剂，在搅拌下加入氢氧化钾溶液至出现绿色荧光后再过量 5～8mL，此时溶液酸度在 pH13 以上，用 EDTA 标准滴定溶液滴定至绿色荧光完全消失并呈现红色。

表 47-1 二氧化硅的质量分数与氟化钾溶液的加入量

二氧化硅的质量分数/%	氟化钾溶液加入量/mL
<30	5～7
30～50	10

氧化钙的质量分数 ω_{CaO}按式（47-15）计算：

$$\omega_{CaO}=\frac{T_{CaO}\times V_{11}\times 10}{m_5\times 1000}\times 100=\frac{T_{CaO}\times V_{11}}{m_5} \tag{47-15}$$

式中　ω_{CaO}——氧化钙的质量分数，%；

T_{CaO}——EDTA 标准滴定溶液对氧化钙的滴定度，mg/mL；

V_{11}——滴定时消耗 EDTA 标准滴定溶液的体积，mL；

m_5——4(2) 中试料的质量，g。

（7）氧化钙的测定——高锰酸钾滴定法（代用法）

以氨水将铁、铝、钛等沉淀为氢氧化物，过滤除去。然后，将钙以草酸钙形式沉淀，过滤和洗涤后，将草酸钙溶解，用高锰酸钾标准滴定溶液滴定。

称取约 0.3g 试样（m_8），精确至 0.0001g，置于铂坩埚中，将盖斜置于坩埚上，在 950～1000℃下灼烧 5min，取出坩埚冷却。用玻璃棒仔细压碎块状物，加入（0.20±0.01）g 已磨细的无水碳酸钠，仔细混匀。再将坩埚置于 950～1000℃下灼烧 10min，取出坩埚冷却。

将烧结块移入 300mL 烧杯中，加入 30～40mL 水，盖上表面皿。从杯口慢慢加入 10mL 盐酸（1+1）及 2～3 滴硝酸，待反应停止后取下表面皿，用热盐酸（1+1）清洗坩埚数次，洗液合并于烧杯中，加热煮沸使熔块全部溶解，加水稀释至 150mL，煮沸取下，加入 3～4 滴甲基红指示剂溶液，搅拌下缓慢滴加氨水（1+1）至溶液呈黄色，再过量 2～3 滴，加热微沸 1min，加入少许滤纸浆，静置待氢氧化物下沉后，趁热用快速滤纸过滤，并用热硝酸铵溶液洗涤烧杯及沉淀 8～10 次，滤液及洗液收集于 500mL 烧杯中，弃去沉淀。

当样品中锰含量较高时，应用以下方法除去锰。把滤液用盐酸（1+1）调节至甲基红呈红色，加热蒸发至约 150mL，加入 40mL 溴水和 10mL 氨水（1+1），再煮沸 5min 以上。静置待氢氧化物下沉后，用中速滤纸过滤，用热水洗涤 7～8 次，弃去沉淀。滴加盐酸（1+1）使滤液呈酸性，煮沸，使溴完全驱尽，然后按以下步骤进行操作。

加入 10mL 盐酸（1+1），调整溶液体积至约 200mL（需要时加热浓缩溶液），加入 30mL 草酸铵溶液 [3（24）]，煮沸取下，然后加 2～3 滴甲基红指示剂溶液，在搅拌下缓慢逐滴加入氨水（1+1），至溶液呈黄色，并过量 2～3 滴，静置（60±5）min，在最初的 30min 期间内，搅拌混合溶液 2～3 次。加入少许滤纸浆，用慢速滤纸过滤，用热水洗涤沉淀 8～10 次（洗涤烧杯和沉淀用水总量不超过 75mL）。在洗涤时，洗涤水应该直接绕着滤纸内部以便将沉淀冲下，然后水流缓慢地直接朝着滤纸中心洗涤，目的是为了搅动和彻底地清洗沉淀。

逐滴加入氨水（1+1）时应缓慢进行，否则生成的草酸钙在过滤时可能有透过滤纸的趋向。当同时进行几个测定时，下列方法有助于保证缓慢地中和。边搅拌边向第一个烧杯中加入 2～3 滴氨水（1+1），再向第二个烧杯中加入 2～3 滴氨水（1+1），依此类推。然后返回来再向第一个烧杯中加 2～3 滴，直至每个烧杯中的溶液呈黄色，并过量 2～3 滴。

将沉淀连同滤纸置于原烧杯中，加入 150～200mL 热水，10mL 硫酸（1+1），加热至 70～80℃，搅拌使沉淀溶解，将滤纸展开，贴附于烧杯内壁上部，立即用高锰酸钾标准滴定溶液滴定至微红色后，再将滤纸浸入溶液中充分搅拌，继续滴定至微红色出现并保持 30s 不消失。

当测定空白试验或草酸钙的量很少时，开始时高锰酸钾的氧化作用很慢，为了加速反应，在滴定前溶液中加入少许硫酸锰。

氧化钙的质量分数 ω_{CaO} 按式（47-16）计算：

$$\omega_{CaO} = \frac{T'_{CaO} \times V_{12}}{m_8 \times 1000} \times 100 = \frac{T'_{CaO} \times V_{12} \times 0.1}{m_8} \quad (47\text{-}16)$$

式中 ω_{CaO}——氧化钙的质量分数，%；

T'_{CaO}——高锰酸钾标准滴定溶液对氧化钙的滴定度，mg/mL；

V_{12}——滴定时消耗高锰酸钾标准滴定溶液的体积，mL；

m_8——试料的质量，g。

（8）氧化镁的测定——EDTA 滴定差减法

在 pH10 的溶液中，以酒石酸钾钠、三乙醇胺为掩蔽剂，用酸性铬蓝 K-萘酚绿 B 混合指示剂，用 EDTA 标准滴定溶液滴定。

当试样中一氧化锰含量（质量分数）＞0.5%时，在盐酸羟胺存在下，测定钙、镁、锰总量，差减法测得氧化镁的含量。

① 一氧化锰含量（质量分数）≤0.5%时，氧化镁的测定

从 4（1）溶液 A 或 4（2）溶液 B 中吸取 25.00mL 溶液放入 300mL 烧杯中，加水稀释至约 200mL，加入 1mL 酒石酸钾钠溶液，搅拌，然后加入 10mL 三乙醇胺（1+2），搅拌。加入 25mL pH10 缓冲溶液及适量的酸性铬蓝 K-萘酚绿 B 混合指示剂，用 EDTA 标准滴定溶液滴定，近终点时应缓慢滴定至纯蓝色。

氧化镁的质量分数 ω_{MgO} 按式（47-17）计算：

$$\omega_{MgO} = \frac{T_{MgO} \times (V_{13} - V_{14}) \times 10}{m_7 \times 1000} \times 100 = \frac{T_{MgO} \times (V_{13} - V_{14})}{m_7} \quad (47\text{-}17)$$

式中 ω_{MgO}——氧化镁的质量分数，%；

T_{MgO}——EDTA 标准滴定溶液对氧化镁的滴定度，mg/mL；

V_{13}——滴定钙、镁总量时消耗 EDTA 标准滴定溶液的体积，mL；

V_{14}——按 4（5）或 4（6）测定氧化钙时消耗 EDTA 标准滴定溶液的体积，mL；

m_7——4(1)(m_4) 或 4(2)(m_5) 中试料的质量，g。

② 一氧化锰含量（质量分数）＞0.5%时，氧化镁的测定

除在三乙醇胺（1+2）滴定前加入 0.5～1g 盐酸羟胺外，其余分析步骤同 4（8）①。

氧化镁的质量分数 ω_{MgO} 按式（47-18）计算：

$$\omega_{MgO} = \frac{T_{MgO} \times (V_{15} - V_{14}) \times 10}{m_7 \times 1000} \times 100 - 0.57 \times \omega_{MnO}$$

$$= \frac{T_{MgO} \times (V_{15} - V_{14})}{m_7} - 0.57 \times \omega_{MnO} \quad (47\text{-}18)$$

式中 ω_{MgO}——氧化镁的质量分数，%；

T_{MgO}——EDTA 标准滴定溶液对氧化镁的滴定度，mg/mL；

V_{15}——滴定钙、镁、锰总量时消耗 EDTA 标准滴定溶液的体积，mL；

V_{14}——按 4（5）或 4（6）测定氧化钙时消耗 EDTA 标准滴定溶液的体积，mL；

m_7——4(1)(m_4) 或 4(2)(m_5) 中试料的质量，g；

ω_{MnO}——按 4（10）或 4（11）测定的一氧化锰的质量分数，%；

0.57——一氧化锰对氧化镁的换算系数。

（9）二氧化钛的测定——二安替比林甲烷分光光度法

在酸性溶液中钛氧基离子（TiO^{2+}）与二安替比林甲烷生成黄色配合物，于波长 420nm 处测定溶液的吸光度。用抗坏血酸消除三价铁离子的干扰。

从 4（1）溶液 A 或 4（2）溶液 B 中，吸取适量溶液放入 100mL 容量瓶中，试样溶液的分取量视二氧化钛含量而定，加入 10mL 盐酸（1＋2），10mL 抗坏血酸溶液，放置 5min，加入 5mL 乙醇、20mL 二安替比林甲烷溶液。用水稀释至标线，摇匀。放置 40min 后，用分光光度计，10mm 比色皿，以水作参比，于波长 420nm 处测定溶液的吸光度，在工作曲线［3（35）2）］上查出二氧化钛的含量（m_9）。

二氧化钛的质量分数 ω_{TiO_2} 按式（47-19）计算：

$$\omega_{TiO_2} = \frac{m_9 \times 10}{m_7 \times 1000} \times 100 = \frac{m_9}{m_7} \tag{47-19}$$

式中　ω_{TiO_2}——二氧化钛的质量分数，%；

m_9——100mL 测定溶液中二氧化钛的含量，mg；

m_7——4（1）（m_4）或 4（2）（m_5）中试料的质量，g。

（10）一氧化锰的测定——高碘酸钾氧化分光光度法

矿渣中一氧化锰的质量分数不超过 1.0%时，用分光光度法测定。

在硫酸介质中，用高碘酸钾将锰氧化成高锰酸根，于波长 530nm 处测定溶液的吸光度。用磷酸掩蔽三价铁离子的干扰。

称取约 0.5g 试样（m_{10}），精确至 0.0001g，置于铂坩埚中，加入 3g 碳酸钠-硼砂混合熔剂，混匀，在 950～1000℃下熔融 10min，用坩埚钳夹持坩埚旋转，使熔融物均匀地附于坩埚内壁，冷却后，将坩埚放入已盛有 50mL 硝酸（1＋9）及 100mL 硫酸（5＋95）并加热至微沸的 300mL 烧杯中，并继续保持微沸状态，直至熔融物完全溶解，用水洗净坩埚及盖，用快速滤纸将溶液过滤至 250mL 容量瓶中，并用热水洗涤数次。将溶液冷却至室温后，用水稀释至标线，摇匀。

吸取 50.00mL 上述溶液放入 150mL 烧杯中，依次加入 5mL 磷酸（1＋1）、10mL 硫酸（1＋1）和约 1g 高碘酸钾，加热微沸 10～15min 至溶液达到最大颜色深度，冷却至室温后，移入 100mL 容量瓶中，用水稀释至标线，摇匀。用分光光度计，10mm 比色皿，以水作参比，于波长 530nm 处测定溶液的吸光度。在工作曲线［3（37）3）］上查出一氧化锰的含量（m_{11}）。

一氧化锰的质量分数 ω_{MnO} 按式（47-20）计算：

$$\omega_{MnO} = \frac{m_{11} \times 5}{m_{10} \times 1000} \times 100 = \frac{m_{11} \times 0.5}{m_{10}} \tag{47-20}$$

式中　ω_{MnO}——一氧化锰的质量分数，%；

m_{11}——100mL 测定溶液中一氧化锰的含量，mg；

m_{10}——试料的质量，g。

（11）一氧化锰的测定——配位滴定法

矿渣中一氧化锰的质量分数大于 1.0%时，用配位滴定法测定。

吸取 50mL 制备好的试样溶液，放入 300mL 烧杯中，加水稀释至 150mL，用氨水（1＋

1）和盐酸（1＋1）调节溶液 pH 至 2.0～2.5（用精密 pH 试纸检验）。加入约 1g 过硫酸铵，盖上表面皿，加热煮沸待沉淀出现后继续微沸 5min，取下，加入稍许滤纸浆，静止片刻，以慢速滤纸过滤，用热水洗涤沉淀 8～10 次，弃去滤液。

用热的过氧化氢-盐酸溶液冲洗沉淀及滤纸，使沉淀溶解于原烧杯中，再用热水洗涤滤纸 8～10 次后，弃去滤纸，并以加热的过氧化氢-盐酸溶液冲洗杯壁，盖上表面皿，加热微沸 5～6min，冷却至室温。然后加水稀释至约 200mL，加入 5mL 三乙醇胺（1＋2），在充分搅拌下滴加氨水（1＋1）调节溶液 pH 至 6～7。加入 20mL 氨水-氯化铵缓冲溶液（pH＝10），再加 0.5～1g 盐酸羟胺，搅拌使其溶解。然后加入适量酸性铬蓝 K-萘酚绿 B 混合指示剂，以 0.015mol/LEDTA 标准溶液滴定，近终点时应缓慢滴定至纯蓝色。

同时进行空白试验，并对测定结果加以校正。

一氧化锰的含量按式（47-21）计算：

$$\omega_{MnO}=\frac{T_{MnO}\times V_{16}\times 5}{m_{10}\times 1000}\times 100 \tag{47-21}$$

式中 ω_{MnO}——一氧化锰的质量分数，%；

T_{MnO}——每毫升 EDTA 标准溶液相当于一氧化锰的毫克数，mg/mL；

V_{16}——滴定时消耗 EDTA 标准溶液的体积，mL；

m_{10}——4（10）（m_{10}）中试料的质量，g；

5——全部试样溶液与所分取试样溶液的体积比。

5. 结果计算、数据处理及结果评定

矿渣的质量系数由化学成分的质量分数按式（47-22）计算：

$$K=\frac{\omega_{CaO}+\omega_{MgO}+\omega_{Al_2O_3}}{\omega_{SiO_2}+\omega_{TiO_2}+\omega_{MnO}} \tag{47-22}$$

式中 K——矿渣的质量系数；

ω_{CaO}——矿渣中氧化钙的质量分数，%；

ω_{MgO}——矿渣中氧化镁的质量分数，%；

$\omega_{Al_2O_3}$——矿渣中三氧化二铝的质量分数，%；

ω_{SiO_2}——矿渣中二氧化硅的质量分数，%；

ω_{TiO_2}——矿渣中二氧化钛的质量分数，%；

ω_{MnO}——矿渣中一氧化锰的质量分数，%。

化学分析结果的允许差不得超过表 47-2 中的数值。

表 47-2 化学分析结果的允许差

测定项目	允许差	
	同一试验室	不同试验室
二氧化硅	0.30	0.40
三氧化二铝	0.25	0.35

续表

测定项目		允许差	
		同一试验室	不同试验室
氧化钙		0.30	0.40
氧化镁		0.25	0.35
一氧化锰	含量＜1	0.10	0.15
	含量＞1	0.15	0.25
二氧化钛	含量＜1	0.10	0.15
	含量＞1	0.15	0.25

允许差为重复性限和再现性限。

重复性条件：在同一实验室，由同一操作员使用相同的设备，按相同的测试方法，在短时间内对同一被测对象相互独立进行的测试条件。

再现性条件：在不同的实验室，由不同的操作员使用不同设备，按相同的测试方法，对同一被测对象相互独立进行的测试条件。

重复性限：一个数值，在重复性条件下，两个测试结果的绝对差小于或等于此数的概率为95％。

再现性限：一个数值，在再现性条件下，两个测试结果的绝对差小于或等于此数的概率为95％。

（二）活性指数

1. 适用范围

本方法参照GB/T 18046—2008《用于水泥和混凝土中的粒化高炉矿渣粉》、GB/T 1596—2005《用于水泥和混凝土中的粉煤灰》、GB/T 30190—2013《石灰石粉混凝土》、JG/T 3048—1998《混凝土和砂浆用天然沸石粉》和GB/T 17671—1999《水泥胶砂强度检验方法（ISO法）》规定的试验方法，适用于粒化高炉矿渣粉、粉煤灰、石灰石粉和天然沸石粉的活性指数（对天然沸石粉来说称为28d抗压强度比）的测定和活性的评价。

2. 测试原理

测定试验样品和对比样品的抗压强度，采用两种样品同龄期的抗压强度之比确定试验样品的活性指数，作为其活性的评价指标。

3. 试验器具

天平、搅拌机、振实台或振动台、抗压强度试验机等均应符合本书四十五的规定。

4. 试验步骤

（1）样品

① 粒化高炉矿渣粉分析用原材料

对比水泥：符合GB 175《通用硅酸盐水泥》规定的强度等级为42.5的硅酸盐水泥或普通硅酸盐水泥，且7d抗压强度35～45MPa，28d抗压强度50～60MPa，比表面积300～400m^2/kg，SO_3含量（质量分数）2.3％～2.8％，碱含量（$Na_2O+0.658K_2O$）（质量分数）0.5％～0.9％。

试验样品：由对比水泥和粒化高炉矿渣粉按质量比1∶1组成。

水：洁净的饮用水。

② 粉煤灰分析用原材料

水泥：GSB 14—1510 强度检验用水泥标准样品。

标准砂：符合本书四十五规定的中国 ISO 标准砂。

水：洁净的饮用水。

③ 石灰石粉分析用原材料

石灰石粉：符合 GB/T 12573 取样规则的样品。

水泥：基准水泥或符合 GB 175 规定的硅酸盐水泥。当有争议或仲裁检验时，应采用基准水泥。

标准砂：符合本书四十五规定的中国 ISO 标准砂。

水：自来水或蒸馏水。

④ 天然沸石粉分析用原材料

沸石粉：含水率应小于 1.0%，细度应为 80μm 方孔筛筛余不大于 5%。

P·I 型硅酸盐水泥：安定性必须合格，28d 抗压强度应大于 42.5MPa，比表面积应为 290～310m²/kg，石膏掺入量（外掺）以 SO_3 计应为 1.5%～2.5%。

水：洁净的饮用水。

(2) 砂浆配比

粒化高炉矿渣粉的对比胶砂和试验胶砂配比见表 47-3。

表 47-3　粒化高炉矿渣粉的胶砂配比

胶砂种类	对比水泥/g	粒化高炉矿渣粉/g	标准砂/g	水/mL
对比胶砂	450	—	1350	225
试验胶砂	225	225	1350	225

粉煤灰的对比胶砂和试验胶砂配比见表 47-4。

表 47-4　粉煤灰的胶砂配比

胶砂种类	水泥/g	粉煤灰/g	标准砂/g	水/mL
对比胶砂	450	—	1350	225
试验胶砂	315	135	1350	225

天然沸石粉的对比胶砂和试验胶砂配比见表 47-5。

表 47-5　天然沸石粉胶砂配比

胶砂种类	水泥/g	沸石粉/g	标准砂/g	水/mL
对比胶砂	540	—	1350	238
试验胶砂	378	162	1350	259.2

成型时加水量，对试验样品应按固定水胶比 0.48（259.2mL）计算确定。

(3) 砂浆制备和养护

将对比胶砂和试验胶砂分别按本书四十五的规定进行搅拌、试体成型和养护。

试体养护至 7d（仅针对检测粒化高炉矿渣粉和石灰石粉时）、28d，按本书四十五规定分别测定对比胶砂和试验胶砂的抗压强度。

5. 结果计算

分别测定对比胶砂和试验胶砂的 7d（粒化高炉矿渣粉和石灰石粉）、28d 抗压强度。

粒化高炉矿渣粉和石灰石粉 7d 活性指数按式（47-23）计算，计算保留至整数：

$$A_7 = \frac{R_7 \times 100}{R_{o7}} \quad (47\text{-}23)$$

式中　A_7——粒化高炉矿渣粉或石灰石粉 7d 活性指数，%；

R_{o7}——对比胶砂 7d 抗压强度，MPa；

R_7——试验胶砂 7d 抗压强度，MPa。

试验样品 28d 活性指数按式（47-24）计算，计算结果精确至 1%：

$$A_{28} = \frac{R_{28} \times 100}{R_{o28}} \quad (47\text{-}24)$$

式中　A_{28}——试样 28d 活性指数，%；

R_{o28}——对比胶砂 28d 抗压强度，MPa；

R_{28}——试验胶砂 28d 抗压强度，MPa。

粉煤灰对比胶砂 28d 抗压强度也可取 GSB 14—1510 强度检验用水泥标准样品给出的标准值。

四十八、安定性

（一）雷氏法（标准法）

1. 适用范围

本方法参照 GB/T 1346—2011《水泥标准稠度用水量、凝结时间、安定性检验方法》规定的试验方法，适用于通用硅酸盐水泥、白色硅酸盐水泥、彩色硅酸盐水泥和粉煤灰由游离氧化钙造成的浆体体积膨胀程度的测定和体积安定性的评价。也适用于掺防水剂砂浆的安定性评价。

2. 测试原理

雷氏法是通过测定水泥标准稠度净浆在雷氏夹中沸煮后试针的相对位移表征其体积膨胀的程度。

3. 试验器具

（1）水泥净浆搅拌机

符合本书四十二 3（5）的要求。

（2）雷氏夹

由铜质材料制成，其结构如图 48-1 所示。当一根指针的根部先悬挂在一根金属丝或尼龙丝上，另一根指针的根部再挂上 300g 质量的砝码时，两根指针针尖的距离增加应在（17.5±2.5）mm 范围内，即 $2x=$（17.5±2.5）mm（图 48-2），当去掉砝码后针尖的距离能恢复至挂砝码前的状态。

（3）沸煮箱

沸煮箱的有效容积约为 410mm×240mm×310mm，篦板结构应不影响试验结果，篦板与

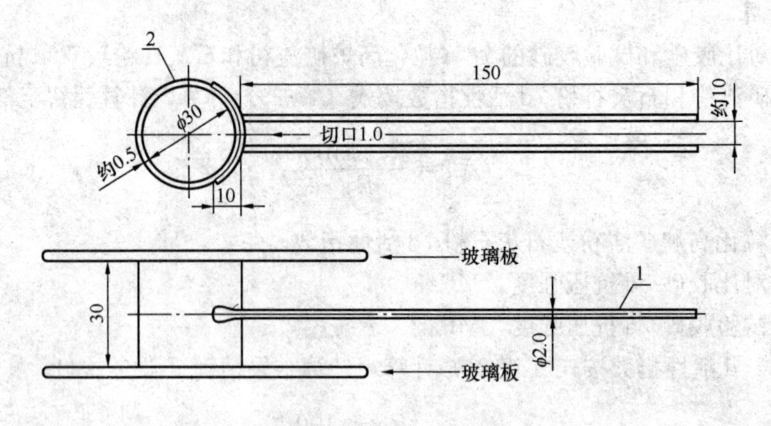

图 48-1　雷氏夹（mm）

1—指针；2—环模

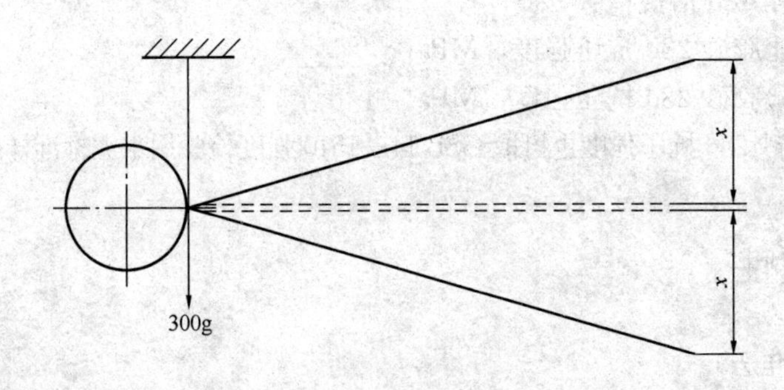

图 48-2　雷氏夹受力示意图

加热器之间的距离大于 50mm。箱的内层由不易锈蚀的金属材料制成，能在（30±5）min 内将箱内的试验用水由室温升至沸腾并可保持沸腾状态 3h 以上，整个试验过程中不需补充水量。

（4）雷氏夹膨胀测定仪

如图 48-3 所示，标尺最小刻度为 0.5mm。

（5）量筒或滴定管

精度±0.5mL。

（6）天平

最大称量不小于 1000g，分度值不大于 1g。

（7）玻璃板

两块边长或直径约 80mm、厚度 4～5mm 的玻璃板。

4. 试验步骤

试验室温度为（20±2)℃，相对湿度应不低于 50%；水泥试样、拌合水、仪器和用具的温度应与试验室一致。

湿气养护箱的温度为（20±1)℃，相对湿度不低于 90%。

粉煤灰安定性评价用净浆试样由对比样品（符合 GSB 14—1510《强度检验用水泥标准样品》）和被试验粉煤灰按 7∶3 质量比混合而成。

防水剂安定性评价用净浆试样为：向水泥中加入推荐掺量的防水剂，加水搅拌成水泥浆

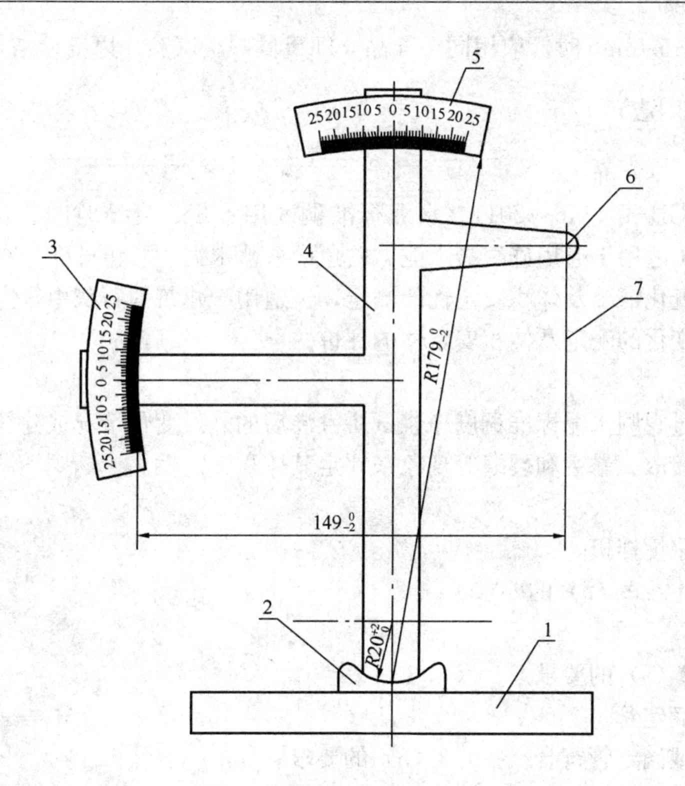

图 48-3　雷氏夹膨胀测定仪（mm）

1—底座；2—模子座；3—测弹性标尺；4—立柱；5—测膨胀值标尺；
6—悬臂；7—悬丝

体，用水量根据水泥浆体的标准稠度确定。

（1）试验前准备工作

每个试样需成型两个试件，每个雷氏夹需配备两个边长或直径约 80mm、厚度 4～5mm 的玻璃板，凡与水泥净浆接触的玻璃板和雷氏夹内表面都要稍稍涂上一层油。

有些油会影响凝结时间，矿物油比较合适。

（2）雷氏夹试件的成型

将预先准备好的雷氏夹放在已稍擦油的玻璃板上，并立即将已制好的标准稠度净浆一次装满雷氏夹，装浆时一只手轻轻扶持雷氏夹，另一只手用宽约 25mm 的直边刀在浆体表面轻轻插捣 3 次，然后抹平，盖上稍涂油的玻璃板，接着立即将试件移至湿气养护箱内养护（24±2）h。

（3）沸煮

调整好沸煮箱内的水位，使能保证在整个沸煮过程中都超过试件，不需中途添补试验用水，同时又能保证在（30±5）min 内升至沸腾。

脱去玻璃板取下试件，先测量雷氏夹指针尖端间的距离（A），精确到 0.5mm，接着将试件放入沸煮箱水中的试件架上，指针朝上，然后在（30±5）min 内加热至沸并恒沸（180±5）min。

5. 数据处理及结果评定

沸煮结束后，立即放掉沸煮箱中的热水，打开箱盖，待箱体冷却至室温，取出试件进行判别。测量雷氏夹指针尖端的距离（C），准确至 0.5mm，当两个试件煮后增加距离（C－A）的平均值不大于 5.0mm 时，即认为该水泥安定性合格，当两个试件煮后增加距离（C－

A）的平均值大于 5.0mm 时，应用同一样品立即重做一次试验。以复检结果为准。

（二）试饼法（代用法）

1. 适用范围

本方法参照 GB/T 1346—2011《水泥标准稠度用水量、凝结时间、安定性检验方法》规定的试验方法，适用于通用硅酸盐水泥、白色硅酸盐水泥、彩色硅酸盐水泥由游离氧化钙造成的浆体外形变化情况及体积安定性的测定，也适用于建筑消石灰由未完全消化的氧化物造成的浆体体积变化的测定及体积安定性的评价。

2. 测试原理

试饼法是通过观测水泥标准稠度净浆试饼煮沸后的外形变化情况或建筑消石灰净浆饼块干燥后是否产生溃散、暴突和裂缝等现象来评定其体积安定性。

3. 试验器具

（1）水泥净浆搅拌机

符合本书四十二 3（5）的要求。

（2）沸煮箱

符合（一）3（3）的要求。

（3）量筒或滴定管

水泥用量筒或滴定管符合（一）3（5）的要求。

建筑消石灰用量筒 250mL。

（4）天平

水泥用天平符合（一）3（6）的要求。最大称量不小于 1000g，分度值不大于 0.2g。

（5）玻璃板

约 100mm×100mm 的玻璃板两块。

（6）直尺

（7）牛角勺

（8）蒸发皿

300mL。

（9）耐热板

外径不小于 125mm，耐热温度大于 150℃。

（10）烘箱

最高温度 200℃。

4. 试验步骤

水泥试样测试的试验室温度和湿气养护箱温度符合（一）4 的要求。

建筑消石灰试验用水为常温清水。

（1）水泥体积安定性检验方法

① 试验前准备工作

每个样品需准备两块边长约 100mm 的玻璃板，凡与水泥净浆接触的玻璃板都要稍稍涂上一层油。

② 试饼的成型方法

将制好的标准稠度净浆取出一部分分成两等份，使之成球形，放在预先准备好的玻璃板上，轻轻振动玻璃板并用湿布擦过的小刀由边缘向中央抹，做成直径70～80mm、中心厚约10mm，边缘渐薄、表面光滑的试饼，接着将试饼放入湿气养护箱内养护(24±2)h。

③ 沸煮

调整好沸煮箱内的水位，使能保证在整个沸煮过程中都超过试件，不需中途添补试验用水，同时又能保证在（30±5）min内升至沸腾。

脱去玻璃板取下试饼，在试饼无缺陷的情况下将试饼放在沸煮箱水中的篦板上，在（30±5）min内加热至沸并恒沸（180±5）min。

（2）建筑消石灰体积安定性检验方法

称取试样100g，倒入300mL蒸发皿内，加入常温清水约120mL左右，在3min内拌合成稠浆。一次性浇注于两块耐热板上，其饼块直径50～70mm，中心高8～10mm。成饼后在室温下放置5min，然后放入温度为100～105℃烘箱中，烘干4h取出。

5. 结果评定

水泥试样沸煮结束后，立即放掉沸煮箱中的热水，打开箱盖，待箱体冷却至室温，取出试件进行判别。目测试饼未发现裂缝，用钢直尺检查也没有弯曲（使钢直尺和试饼底部紧靠，以两者间不透光为不弯曲）的试饼为安定性合格，反之为不合格。当两个试饼判别结果有矛盾时，该水泥的安定性为不合格。

建筑消石灰烘干后肉眼观察饼块无溃散、暴突、裂缝等现象，评定为体积安定性合格；若出现三种现象中之一者，评定为体检定性不合格。

（三）沸煮-压蒸法

1. 适用范围

本方法参照GB/T 24764—2009《外墙外保温抹面砂浆和粘结砂浆用钢渣砂》规定的试验方法，适用于钢渣砂体积安定性的评价。

2. 测试原理

通过测定水泥胶砂沸煮和压蒸后体积膨胀程度和表面状况来判定钢渣砂安定性是否满足要求。

3. 试验器具

（1）水泥胶砂搅拌机

符合本书二十（一）3（5）要求的胶砂搅拌机。

（2）煮沸箱

符合本章（一）3（3）的要求。

（3）压蒸釜

符合GB/T 750的要求。

（4）25mm×25mm×280mm的试模、钉头、捣棒和比长仪等。

符合JC/T 603的要求。

4. 试验步骤

（1）原材料准备

符合GB 8076的基准水泥；烘干钢渣砂，级配满足表48-1的要求；自来水。

表 48-1　钢渣砂颗粒级配

方孔筛筛孔	2.36mm	1.18mm	600μm	300μm	150μm
累计筛余/%	0	35	60	85	100

（2）水泥砂浆的制备

水泥与钢渣砂质量比为1∶2.25，每组三条试件，共需水泥440g，钢渣砂990g。

用水量按照流动度控制，跳桌跳动10次，流动度控制在105～120mm。

水泥砂浆的搅拌和成型参照本书四十五进行。

（3）试件的沸煮

在标准养护箱中养护24h后，脱模、编号、标明方向。试件脱模后，测试其初长L_0。

调整好沸煮箱内水位，确保沸煮时水位高于试件，且在30min内温度升至沸腾。

将测试完初长的试件平放在沸煮箱的试架上，在（30±5）min内加热至沸腾并恒沸腾（180±5）min。

沸煮结束后，立即放掉热水，打开箱盖，冷却至室温，取出试件。

（4）试件的压蒸

沸煮后的试件应在4d内完成压蒸。沸煮后至压蒸前应放在20℃的水中养护。

压蒸时，试件间应留有空隙。压蒸釜内应保持饱和水蒸气压，加水量为容积的7%～10%，但试件不能接触到水面。

在加热初期应打开放气阀，让釜内空气排出，直至看到有蒸汽放出后关闭放气阀，然后提高温度，从加热开始经45～75min，达到表压2.0MPa，在此压力下保持3h，切断电源，使蒸压釜在90min内冷却至釜内压力小于0.1MPa，然后微开放气阀排出釜内剩余蒸汽。

打开蒸压釜，取出试件立即置于90℃以上的热水中，然后在热水中均匀地注入冷水，在15min内使水温降至20℃，注入水时不要直接冲向试件表面。再经15min取出试件擦净，测试长度L_1。如发现试件表面鼓包、裂痕、脱落、粉化应作记录。

5. 数据处理及结果评定

试件压蒸膨胀率按式（48-1）计算：

$$L_a = \frac{L_1 - L_0}{L} \times 100 \tag{48-1}$$

式中　L_a——试件压蒸膨胀率，%；

L——试件有效长度，250mm；

L_0——试件脱模后的初长，mm；

L_1——试件压蒸后的长度，mm。

压蒸膨胀率取3个试件的算术平均值，精确至0.01%。

四十九、颜色耐久性

1. 适用范围

本方法参照GB/T 1865—2009/ISO11341：2004《色漆和清漆　人工气候老化和人工辐射曝露　滤过的氙弧辐射》和GB/T 11942—1989《彩色建筑材料色度测量方法》等标准规定的试验方法汇成，适用于彩色硅酸盐水泥在人工老化过程前后的色差变化的测定和彩色硅酸盐水泥颜色耐久性的评价。

2. 测试原理

本方法是采用经滤光器滤过的氙弧灯光对试样进行人工气候老化或人工曝露辐射，使试样在经受一定的曝露辐射能后，色差产生一定程度的变化来评定试样的颜色耐久性。

3. 试验器具

（1）试验箱

试验箱体应由耐腐蚀材料制成，其内装置包括有滤光系统的辐射源、样板架等。

（2）辐射源和过滤系统

辐射源由一个或多个氙灯组成，它们产生的辐射经过滤光系统过滤，使辐照度在样板架平面的相对光谱能量分布与太阳的紫外光和可见光辐射近似。

表 49-1 给出了要求的辐射光谱能量分布，用百分数的形式表示占 290～400nm 范围内总辐射能的多少，表 49-1 为用日光滤光器的氙灯。

表 49-1　使用日光滤光器的氙灯要求的光谱辐照度分布（人工气候老化）

波长 λ/nm	最小值[a,b]/%	CIE No. 85：1989 表 4[c,d]/%	最大值[a,b]/%
λ≤290	—	—	0.15
290<λ≤320	2.6	5.4	7.9
320<λ≤360	28.2	38.2	38.6
360<λ≤400	55.8	56.4	77.5

注：a. 最小值限、最大值限是根据厂商的推荐使用条件，测量不同批号及不同使用时间后的 113 个装有日光滤光器的水冷氙灯和气冷氙灯的光谱后得到的。最小值限、最大值限距所有测量值的平均值至少 3 倍标准差。

b. 最小值、最大值的和不一定为 100%，是因为它们代表的是测量值的最小值和最大值。对任何一个光谱的辐照度，在此表中的各波段百分值加起来为 100%。任何一个带有日光滤光器的氙灯，每一个波段的百分值均在表中给出的最小值和最大值之间。如果使用辐照度超出允许偏差的氙灯装置，测试结果将有所不同，可与氙灯设备制造商联系索取详细的氙灯和滤光器光谱辐照度数据。

c. 参见 GB/T 1865 附录 B 中给出的 CIE 刊物 No. 85：1989 表 4 中日光光谱数据，这些数据作为装有日光滤光器的氙灯的标准值。

d. 参见 GB/T 1865 附录 B 中给出的 CIE 刊物 No. 85：1989 表 4 中日光光谱数据，其中（290～400nm）的紫外光辐照度在（290～800nm）范围内占总辐照度 11%，可见光辐照度（400～800nm）在（290～800nm）范围内占总辐照度的 91%。实际当中样板在氙灯装置中曝露时，由于曝露样板的数量以及它们的反射性能，紫外光和可见光辐照度的百分比可能变化。

一般而言，辐射通量的选择是为了使 300～400nm 之间试验样板表面的平均辐照度 E 为 60W/m^2，或在 340nm 处为 0.51W/m^2。

双方可以商定使用高辐照度的试验，可以选择 300～400nm 之间使试验样板表面的平均辐照度 E 达到 60～180W/m^2，或在 340nm 处为 0.51～1.5W/m^2。

高辐照度试验已被证实对几种材料是有效的，例如：汽车内饰件。当进行高辐照度试验时，需仔细检查性能是否随辐照度的线性变化。在其他测试参数（黑标准温度、黑板温度、箱体温度、相对湿度）不变时，可以比较不同辐照度下得到的结果。

推荐测量并报告在 300～800nm 之间的实际辐照度 E。在非连续运行的例子中［见四十九 4(4)］，这个值包括箱体内壁反射到测试样板表面的辐射。

上面所用的用于根据宽频带（300～400nm）的辐照度来计算窄频带（340nm 或 420nm）

辐照度的转换因子是取不同滤光体系的平均值。这种转换因子的具体值通常由生产商提供。

到达试样表面任何一点的辐照度 E 的变化应不超过到达整个面上辐照度算术平均值的 ±10%。氙灯运行过程中产生的臭氧不允许进入测试箱体，应单独排出。如果做不到这一点，试板应每隔一段时间换一次位置，使在每个位置得到同样的曝露。

为了进一步加速老化，如果对于特定受试试样的性能与自然气候老化的相关性是已知的，则可由相关方商定使用各种不同于上述相关光谱能量分布和辐照度条件。这样可以通过增加辐照度或通过规定的方法移向短波终端光谱能量分布的波段，缩短波长来实现进一步加速老化。有关不同于此方法说明的，均要在报告中注明。

氙灯和滤光器的老化会导致运行过程中相对光谱能量分布的变化和辐照度的降低，更新滤光器使光谱能量分布及辐照度保持恒定，也可以参考设备制造商的说明书来调整设备使辐照度保持恒定。

(3) 试验箱体调节系统

为了保持 4 (6) 中规定试验箱体的黑板温度，箱体中应流通着除尘空气，其湿度和温度是受控制的。试验箱体内空气的温度和相对湿度由温度、湿度传感器来控制，传感器不直接受到辐射。相对湿度的调节用水必须为 4 (5) 中规定的蒸馏水或软化水。

当给试验箱体连续供应新鲜空气时，设备的操作条件可以不一样。例如夏天和冬天不一样是因为夏天的空气湿度一般高于冬天的空气湿度，这将会影响到试验结果。在严格密闭的环路中流通空气，可以提高结果的再现性。

(4) 润湿样板的装置

样板的润湿是为了模拟户外环境中的降雨和凝露。

润湿装置的设计详见 4 (5)，在整个润湿过程中所用试验样板应按下列两种方法之一进行润湿：

① 表面用水喷淋；

② 样板在测试箱体浸入水中。

样板的喷淋和浸入水中，得到的试验结果不一定相似。

如果样板围绕辐射源旋转，喷水的喷嘴应能使每一块样板均满足 4 (5) 中的要求那样排布。

用于润湿的蒸馏水或软化水的电导率应低于 2μS/cm 且蒸馏残余物小于 1mg/kg。

循环水不能再使用，除非它经过过滤达到要求的纯度，否则会在样板的表面形成沉积而导致错误的结果。

供水的储罐、管子和喷嘴应由耐腐蚀的材料制成。

(5) 样板架

样板架应由惰性材料制成。

(6) 黑标准/黑板温度计

在干燥片段，使用黑标准温度计或者黑板温度计来测量样板表面的温度。

如果使用黑标准温度计，它应由厚度约为 0.5mm 的不锈钢平板构成，其典型的长宽尺寸为 70mm×40mm。正对着辐射源的板面应涂有能吸收波长高达 2500nm 以内 90%～95%的入射辐射能的涂层，该涂层具有良好的耐老化性能。在远离辐射源板的中央处，连有一个铂金温度电阻传感器，它与板有着良好的热接触。在背对着辐射源的板面连有 5mm 厚、没有填充物的聚偏氟乙烯（PVDF）衬板，在 PVDF 衬板里设置一个足够放置铂金温度电阻传感器的小空间。

传感器和 PVDF 板的凹槽的边缘距离约 1mm。PVDF 板的长度和宽度应足够大以保证黑标准温度计的金属板和安装它的支架之间没有金属与金属间的热接触。支架的金属部分与黑标准温度计的金属板的边缘相距至少 4mm。可以允许使用不同结构的黑标准温度计，只要做到在曝露装置能够达到的所有稳定态温度和辐照度设定条件下，更改结构的温度计与规定结构的温度计指示的温度相差在±1℃以内即可。此外，更改了结构的黑标准温度计达到稳定状态所需的时间必须在规定结构的黑标准温度计达到稳定态需要时间的 10％偏差内。

如果用的是黑板温度计，它也应是由耐腐蚀的金属板组成。典型的尺寸是长 150mm，宽 70mm，厚 1mm。正对着光源的面板涂有黑色抗老化的涂层。涂层应能吸收 2500nm 内至少 90％～95％的辐射。对着辐射源的板面中央固定着一个杆状铂金热电偶。金属板的背面应曝露在箱体内的空气中。

如果黑色的表面出现任何变化，应参照设备制造商的说明。

黑标准温度计与黑板温度计的不同在于前者是固定在一个绝热的支架上。所测量的温度与在低热传导率底材上涂有黑色或深色涂层的曝露样板表面的温度相当，浅色涂层样板的曝露面温度一般较低。

测试样板表的温度取决于多方面的因素，包括吸收辐射的总量、散发的辐射总量、样板的热导性、样板与空气之间的热传导、样板与样板架之间的热传导等因素。因此样板表面的温度不能精确预计。

在典型的曝露测试条件下（非高辐照度试验），黑标准温度计测量的温度比黑板温度计所测的大约高 5℃。高辐照度试验条件下，两者之间的温度差会增大。

黑标准温度计也叫做绝热黑板温度计。黑板温度计也称为非绝热黑板温度计。

为了能在曝露过程中测量样板表面的温度范围，更好地控制设备的曝露条件，除黑标准温度计或黑板温度计之外，类似于黑标或黑板温度计设计的一种白标准温度计或白板温度计也被推荐使用。为此，使用了一种耐老化的白色涂层，其对 300～1000nm 波长辐射的反射至少达 90％，对 1000～2000nm 波长辐射的反射至少达 60％。

（7）辐射量测定仪

试验箱中试板表面的辐照度 E 和曝露辐射能 H 应采用具有 2π 球面视场和良好余弦对应曲线的光电接收器的辐射量测定仪进行测量。辐射量测定仪应根据表 49-2 中列出的光谱分布进行校准，应按制造商的自备说明书检查校准值。

如果每种情况下使用的都是同一种类型的辐射量测定仪，就能够直接比较曝露设备中所测得的辐射曝露与自然气候老化过程中测得的辐射曝露。

（8）设备的校准

设备应按制造商的说明进行校准。

4. 试验步骤

（1）样板的放置

将试板放置在样板架上，使试板周围的空气可以流通。

使试板在样板架上排列位置以有规律的间隔时间改变，例如上排与下排交换。

（2）试样制备

每组 4 个试样，采用木制或钢制模具，用标准稠度净浆制备试样，试样尺寸要求不小于 50mm×50mm×15mm。标准稠度净浆按 GB/T 1346《水泥标准稠度用水量、凝结时间、安定性检验方法》拌制，成型时先在模子内刷上一薄层机油，然后用小刀使净浆呈一小球放到模子内振动，并用刀面挤压浆体充满试模，抹平，接着放入温度（20±1)℃、相对湿度不低于90%的湿气养护箱中，养护1d脱模。其中3个试样放入耐候试验机中进行颜色耐久性试验。老化后的试样从耐候试验机中拿出后，与原始试样在同等试验室条件下放置24h后，分别测量三块老化后的试样与原始试样间的色差。

(3) 试验箱体内空气的温度

正常试验下，试验箱内的空气温度为（38±3)℃。

(4) 样板的曝露

对样板及辐射量测定仪的曝露采用连续（连续运行）或周期性改变辐照度（非连续运行）的方式，无论哪种方式都连续使用黑标温度计或黑板温度计。

非连续方式运行时，通过样板架翻转180°使样板转向或转离辐射源来产生周期性的变化。

为了保证辐照度达到平均值，非连续运行的方式是需要的。

(5) 样板的润湿及试验箱体中的相对湿度

除非另有商定，按循环A和B的规定周期性的润湿样板（表49-3)。

箱体中所测得的空气湿度不一定要与板面附近的空气湿度完全相同，因为样板颜色不同导致样板的温度不同。

润湿过程中，辐射曝露不应中断。

表49-2 海平面的日光光谱辐照度

（摘自CIE出版物No.85：1989，表4）

参数：
相对空气质量=1；
水蒸气含量=1.42cm沉积水（PW)；
臭氧含量=0.34cmSTP（标准温度与压力)；
空气溶胶消光的光谱学深度（在λ=500nm处）=0.1；
地表反射率=0.2；
λ——以nm计的波长；
$E_{G(0\sim\lambda)}$ ——从0～λ积分得到的辐照度，W/m²；
$E_{G(0\sim\infty)}$ ——从0～∞积分得到的辐照度，W/m²。

λ/nm	$E_{G(0\sim\lambda)}$ / (W/m²)	$\frac{E_{G(0\sim\lambda)}}{E_{G(0\sim\infty)}}$	λ/nm	$E_{G(0\sim\lambda)}$ / (W/m²)	$\frac{E_{G(0\sim\lambda)}}{E_{G(0\sim\infty)}}$
305	0.24	0.0002	420	104.47	0.0958
310	0.90	0.0008	430	117.85	0.1081
315	2.19	0.0020	440	133.89	0.1228
320	4.06	0.0037	450	152.45	1.1398
325	6.39	0.0059	460	171.34	0.1571
330	9.69	0.0089	470	198.82	0.1741
335	12.83	0.0118	480	208.69	0.1914
340	16.23	0.0149	490	226.39	0.2076
345	19.57	0.0179	500	244.08	0.2238
350	24.99	0.0229	510	262.10	0.2404
360	32.51	0.0298	520	278.88	0.2558
370	41.85	0.0384	530	296.60	0.2720
380	51.62	0.0473	540	314.00	0.2880
390	61.27	0.0562	550	340.21	0.3120
400	74.56	0.0684	570	373.30	0.342
410	89.48	0.0821	590	404.20	0.3707

续表

λ/nm	$E_{G(0\sim\lambda)}$ / (W/m^2)	$\frac{E_{G(0\sim\lambda)}}{E_{G(0\sim\infty)}}$	λ/nm	$E_{G(0\sim\lambda)}$ / (W/m^2)	$\frac{E_{G(0\sim\lambda)}}{E_{G(0\sim\infty)}}$
610	436.17	0.4000	1161	911.15	0.8356
630	467.07	0.4283	1180	920.41	0.8441
650	497.39	0.4562	1200	932.64	0.8553
670	526.68	0.4830	1235	954.24	0.8751
690	550.98	0.5053	1290	971.98	0.8914
710	570.17	0.5229	1320	980.26	0.8990
718	578.35	0.5304	1350	982.20	0.9008
724.4	591.01	0.5420	1395	982.40	0.9010
740	608.92	0.5584	1442.5	985.07	0.9034
752.5	619.96	0.5686	1462.5	987.28	0.9054
757.5	626.16	0.5742	1477	989.47	0.9074
762.5	629.87	0.5777	1497	993.77	0.9114
767.5	639.46	0.5864	1520	999.49	0.9166
780	658.53	0.6039	1539	1004.62	0.9213
800	678.78	0.6225	1558	1009.88	0.9262
816	689.81	0.6326	1578	1014.16	0.9301
823.7	696.60	0.6389	1592	1018.06	0.9337
631.5	704.52	0.6461	1610	1022.41	0.9376
840	718.81	0.6592	1630	1026.75	0.9416
860	738.91	0.6773	1646	1032.32	0.9467
880	760.35	0.6973	1678	1042.63	0.9562
905	774.29	0.7101	1740	1053.24	0.9659
915	781.63	0.7168	1800	1055.74	0.9682
925	787.23	0.7220	1860	1055.99	0.9684
930	790.11	0.7246	1920	1056.14	0.9686
937	793.00	0.7273	1960	1057.11	0.9695
948	798.36	0.7322	1985	1059.27	0.9714
965	807.64	0.7407	2005	1060.11	0.9722
980	817.18	0.7494	2035	1063.13	0.9750
993.5	839.65	0.7700	2065	1065.29	0.9770
1040	865.89	0.7941	2100	1068.90	0.9803
1070	884.94	0.8116	2148	1072.80	0.9839
1100	896.19	0.8219	2198	1077.11	0.9878
1120	898.43	0.8239	2270	1082.67	0.9929
1130	900.46	0.8258	2360	1088.21	0.9980
1137	903.07	0.8282	2450	1090.40	1.0000

表 49-3　样板润湿循环

循环	A	B
运行模式	连续运行	非连续运行
润湿时间/min	18	18
干燥时间/min	102	102
干燥期间的相对湿度/%	40～60	40～60

（6）老化条件

试验条件为：黑板温度（55±3)℃，相对湿度（不允许降雨）40%～60%，连续光照500h。另外一块原始试样在试验室条件中自然养护500h，注意试样的各表面均应曝露于空气。

（7）色差测量

按GB/T 11942《彩色建筑材料色度测量方法》粉体试样色差测量方法进行。采用10°视场，标准照明体D_{65}，根据CIELAB均匀色空间色差公式计算。用于颜色测量的光谱测色仪器或三刺激值式色度计应符合相应检定规程的要求。仲裁时按GB/T 11942粉体试样色差测量方法进行。

① 三刺激值的测量

分别将三块块状制品的试样置于测量孔上，测量每块试样的三刺激值，取三块试样测量结果的平均值。

② 色差的测量

每批产品须取一有代表性试样作为标准样与每一分割样进行对比测量，测量出该批产品的色差ΔE。对于不同批产品的色差测量，同每批产品的测量方法。

5. 结果计算、数据处理及结果评价

（1）不同照明体下的色品坐标按式（49-1）～式（49-3）计算：

$$x_{10}=\frac{X_{10}}{X_{10}+Y_{10}+Z_{10}} \tag{49-1}$$

$$y_{10}=\frac{Y_{10}}{X_{10}+Y_{10}+Z_{10}} \tag{49-2}$$

$$z_{10}=\frac{Z_{10}}{X_{10}+Y_{10}+Z_{10}}=1-x_{10}-y_{10} \tag{49-3}$$

式中　X_{10}、Y_{10}、Z_{10}——为10°视场的三刺激值；

x_{10}、y_{10}、z_{10}——为10°视场的色品坐标。

计算结果修约至小数点后四位。

以刺激值Y_{10}和色品坐标x_{10}、y_{10}表示结果。

（2）试样的明度指数L^*和色品指数a^*、b^*按式（49-4）～式（49-7）计算：

$$L^*=116\left(\frac{Y}{Y_n}\right)^{1/3}-16 \tag{49-4}$$

$$\frac{Y}{Y_n}>0.008856$$

$$L^* = 903.3\left(\frac{Y}{Y_n}\right) \tag{49-5}$$

$$\frac{Y}{Y_n} \leqslant 0.008856$$

$$a^* = 500\left[f(X/X_n) - f\left(\frac{Y}{Y_n}\right)\right] \tag{49-6}$$

$$b^* = 200\left[f\left(\frac{Y}{Y_n}\right) - f\left(\frac{Z}{Z_n}\right)\right] \tag{49-7}$$

式中：

$$f\left(\frac{X}{X_n}\right) = \left(\frac{X}{X_n}\right)^{1/3}$$

$$\frac{X}{X_n} > 0.008856$$

$$f\left(\frac{X}{X_n}\right) = 7.787\left(\frac{X}{X_n}\right) + 16/116$$

$$\frac{X}{X_n} \leqslant 0.008856$$

$$f\left(\frac{Y}{Y_n}\right) = \left(\frac{Y}{Y_n}\right)^{1/3}$$

$$\frac{Y}{Y_n} > 0.008856$$

$$f\left(\frac{Y}{Y_n}\right) = 7.787\left(\frac{Y}{Y_n}\right) + 16/116$$

$$\frac{Y}{Y_n} \leqslant 0.008856$$

$$f\left(\frac{Z}{Z_n}\right) = \left(\frac{Z}{Z_n}\right)^{1/3}$$

$$\frac{Z}{Z_n} > 0.008856$$

$$f\left(\frac{Z}{Z_n}\right) = 7.787\left(\frac{Z}{Z_n}\right) + 16/116$$

$$\frac{Z}{Z_n} \leqslant 0.008856$$

X、Y、Z 为试样的三刺激值。

X_n、Y_n、Z_n为完全反射漫射体在标准照明体下的三刺激值（表 49-4）

表 49-4　完全反射漫射体在标准照明体下的三刺激值和色品坐标

三刺激值及色品坐标	X_n	Y_n	Z_n	x_n	y_n
$\Delta\lambda$=15nm，10°D_{65}	94.81	100.00	107.32	0.3138	0.3310

计算结果修约至小数点后两位，以明度指数 L^* 和色品指数 a^*、b^* 表示结果。

(3) 色差 ΔE^*_{ab} 按式 (49-8) 计算：

$$\Delta E^*_{ab} = [(\Delta L^*)^2 + (\Delta a^*)^2 + (\Delta b^*)^2]^{1/2} \tag{49-8}$$

式中 ΔE^*_{ab}——两被测试样间的色差；

ΔL^*——两被测试样的明度指数之差；

Δa^*、Δb^*——两被测试样的色品指数之差。

计算结果修约至小数点后一位。

(4) 所测量的三块老化后的试样与原始试样间的色差，取两个较接近的色差值的平均值为老化前后的色差。

五十、膨胀率

(一) 自由膨胀率

1. 适用范围

本方法参照 JC/T 313—2009《膨胀水泥膨胀率试验方法》规定的试验方法，适用于低碱度硫铝酸盐水泥 28d 的自由膨胀率的测定和水泥膨胀性能的评价。

2. 测试原理

本方法是将一定长度的水泥净浆试体，在规定条件下的水中养护，通过测量规定的龄期试体长度变化率来评定水泥浆体的膨胀性能。

3. 试验器具

(1) 水泥胶砂搅拌机

《行星式水泥胶砂搅拌机》按照本书二十（一）3（5）规定。

(2) 天平

最大量程不小于 2000g，分度值不大于 1g。

(3) 比长仪

由百分表、支架及校正杆组成，百分表分度值为 0.01mm，最大基长不小于 300mm，量程为 10mm。

(4) 试模

试模为三联模，由相互垂直的隔板、端板、底座以及定位螺栓组成，结构如图 50-1 所示。各组件可以拆卸，组装后每联内壁尺寸长 280mm、宽 25mm、高 25mm，使用中试模允许误差长（280±3）mm、宽（25±0.3）mm、高（25±0.3）mm。端板有三个安置测量钉头的小孔，其位置应保证成型后试体的测量钉头在试体的轴线上。

隔板和端板采用布氏硬度不小于 HB150 的钢材制成，工作面的表面粗糙度 R_a 不大于 1.6。底座用 HT100 灰口铸铁加工，底座上表面粗糙度 R_a 不大于 1.6，底座非加工面涂漆无流痕。

(5) 测量用钉头

用不锈钢或铜制成，规格如图 50-2 所示。成型试体时测量钉头深入试模端板的深度为（10±1）mm。

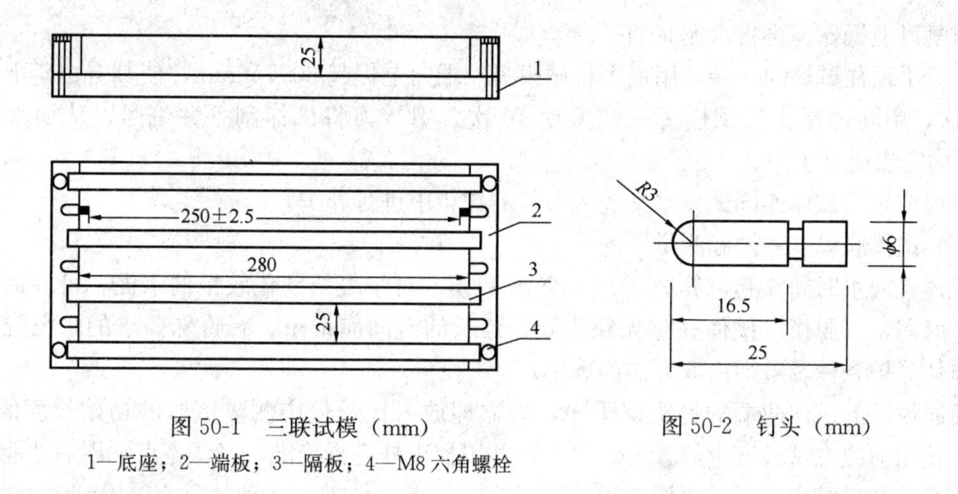

图 50-1　三联试模（mm）

1—底座；2—端板；3—隔板；4—M8 六角螺栓

图 50-2　钉头（mm）

4. 试验步骤

（1）材料

水泥试样应通过 0.9mm 的方孔筛，并充分混合均匀。

拌合用水应是洁净的饮用水。有争议时采用 GB/T 6682《分析实验室用水规格和试验方法》要求的Ⅲ级以上的水。

（2）试验条件

成型试验室温度应保持在（20±2)℃，相对湿度不低于 50%。

湿气养护箱温度应保持在（20±1)℃，相对湿度不低于 90%。

试体养护池水温应在（20±1)℃范围内。

试验室、养护箱温度和相对湿度及养护池水温在工作期间每天至少记录一次。

（3）试件组成

① 水泥试样量

水泥膨胀率试验需成型一组三条 25mm×25mm×280mm 试体。成型时需称取水泥试样 1200g。

② 成型用水量

按本书四十二 4（2）、（3）规定测定水泥样品的水泥净浆标准稠度用水量，成型按标准稠度用水量加水。

（4）试体成型

将试模擦净并装配好，内壁均匀地刷一层薄机油。然后将钉头插入试模端板上的小孔中，钉头插入深度为（10±1）mm，松紧适宜。

用量筒量取拌合用水量，并用天平称取水泥 1200g。

用湿布将搅拌锅和搅拌叶擦拭，然后将拌合用水全部倒入搅拌锅中，再加入水泥，装上搅拌锅，开动搅拌机，按自动程序进行搅拌（即慢拌 60s，快拌 30s，停 90s，再快拌 60s），用餐刀刮下粘在叶片上的水泥浆，取下搅拌锅。

将搅拌好的水泥浆均匀地装入试模内，先用餐刀插划试模内的水泥浆，使其填满试模的边角空间，再用餐刀以 45°角由试模的一端向另一端压实水泥浆约 10 次，然后再向反方向返回压实水泥浆约 10 次，用餐刀在钉头两侧插实 3～5 次，这一操作反复进行两遍，每一条试体都重复以上操作。再将水泥浆铺平。

一只手顶住试模的一端，用提手将试模另一端向上提起30～50mm，使其自由落下，振动10次，用同样操作将试模另一端振动10次。用铲刀将试体刮平并编号。从加水时起10min内完成成型工作。

将成型好的试体连同试模水平放入湿气养护箱中进行养护。

（5）试体脱模、养护和测量

试体自加水时间算起，养护（24±2）h脱模。对于凝结硬化较慢的水泥，可以适当延长养护时间，以脱模时试体完整无缺为限，延长的时间应记录。有特殊要求的水泥脱模时间、试体养护条件及龄期由双方协商确定。

将脱模后的试体两端的钉头擦干净，并立即放入比长仪中测量试体的初始长度值L_1。比长仪使用前应在试验室中放置24h以上，并用校正杆进行校准，确认零点无误后才能用于试体测量。测量结束后，应再用校正杆重新检查零点，如零点变动超过±0.01mm，则整批试体应重新测定。

零点是一个基准数，不一定是零。

试体初始长度值测量完毕后，立即放入水中进行养护。

试体水平放置，刮平面朝上，放在不易腐烂的箅子上，并且试体彼此间应保持一定间距，以让水与试体的六个面接触。养护期间试体之间间隔或试体上表面的水深不得小于5mm。试体每次测量后立即放入水中继续养护至全部龄期结束。

每个养护池只养护同类型的水泥试体。最初用自来水装满养护池（或容器），随后随时加水保持适当的恒定水位，不允许在养护期间全部换水。

试体的养护龄期按产品标准规定的要求进行。试体的养护龄期计算是从测量试体的初始长度值时算起。

在水中养护至相应龄期后，测量试体某龄期的长度值L_x，试体在比长仪中的上下位置应与初始测量时的位置一致。

测量读数时应旋转试体，使试体钉头和比长仪正确接触，指针摆动不得大于±0.02mm，表针摆动时，取摆动范围内的平均值。读数应记录至0.001mm。一组试体从脱模完成到测量初始长度应在10min内完成。

任何到龄期的试体应在测量前15min内从水中取出。擦去试体表面沉积物，并用湿布覆盖至测量试验为止。测量不同龄期试体长度值在下列时间范围内进行：

——1d±15min；

——2d±30min；

——3d±45min；

——7d±2h；

——14d±4h；

——≥28d±8h。

5. 结果计算及数据处理

水泥试体某龄期的膨胀率E_x（%）按式（50-1）计算，计算至0.001%：

$$E_x = \frac{L_x - L_1}{250} \times 100 \quad (50\text{-}1)$$

式中　E_x——试体某龄期的膨胀率，%；

L_x——试体某龄期长度读数，mm；

L_1——试体初始长度读数，mm；

250——试体的有效长度 250mm。

以三条试体膨胀率的平均值作为试样膨胀率的结果，如三条试体膨胀率最大极差大于 0.010%时，取相接近的两条试体膨胀率的平均值作为试样的膨胀率结果。

（二）限制膨胀率

1. 适用范围

本方法参照标准 GB 23439—2009《混凝土膨胀剂》附录 A 规定的限制膨胀率试验方法，适用于干混砂浆用膨胀剂的限制膨胀率的测定和评价。

2. 测试原理

通过利用水泥砂浆在纵向受到应力限制的情况下，测试其纵向尺寸变化，得到掺加膨胀剂后的试样限制膨胀率。

3. 试验器具和材料

（1）符合 GB/T 17671 规定的胶砂搅拌机、胶砂振动台、三联模及下料漏斗。

（2）测量仪：由千分表和支架组成，如图 50-3 所示。

（3）纵向限制器：由纵向钢丝与钢板焊接制成，如图 50-4 所示；钢丝为 GB/T 4357《冷拉碳素弹簧钢丝》规定的 D 级弹簧钢丝，铜焊处拉脱强度不低于 785MPa，纵向限制器不应变形，试验使用不应超过 5 次。

（4）试验材料：基准水泥、ISO 标准砂、自来水。

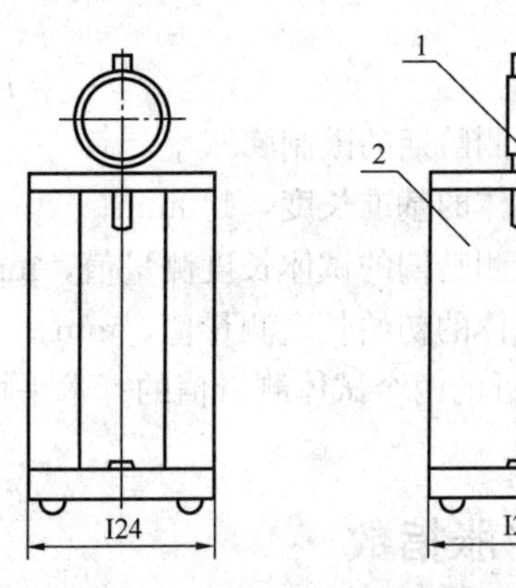

图 50-3　测量仪（mm）

1—电子数量千分表量程 10mm 千分表；2—支架

4. 试验步骤

（1）水泥砂浆的试验配合比为：水泥∶膨胀剂∶标准砂∶水＝607.5∶67.5∶1350∶270。

（2）水泥砂浆的搅拌和制备按照本书四十五中的水泥胶砂搅拌和制备规定进行，试体全

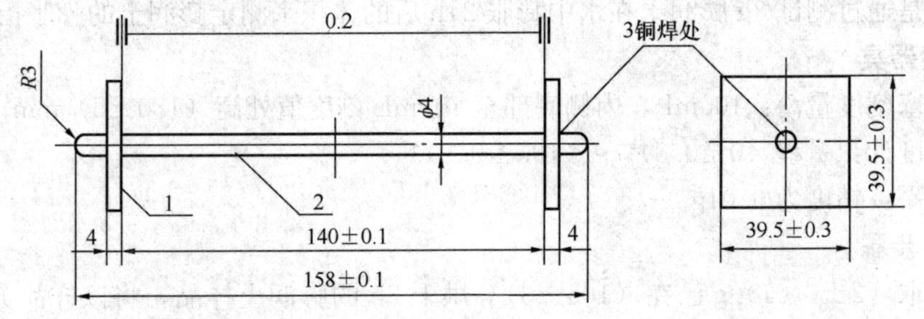

图 50-4　纵向限制器（mm）

1—钢板；2—钢丝；3—铜焊处

长 158mm，其中水泥砂浆的尺寸为 40mm×40mm×140mm。

（3）试体脱模：脱模时间根据试体抗压强度达到（10±2）MPa 的时间确定。

（4）试体测长

测量前 3h，将测量仪、标准杆放在标准试验室内，用标准杆校正测量仪并调整千分表零点。

测量前，将试体及测量仪测头擦净。每次测量时，试体记有标志的一面与测量仪的相对位置必须一致，纵向限制器测头与测量仪应正确接触，读数应精确至 0.001mm。不同龄期的试体应在规定时间±1h 内测量。

试体脱模后在 1h 内测量试体的初始长度。

测量完初始长度的试体立即放入（20±2）℃水中养护，测量第 7d 的长度。然后放入(20±2)℃、(60±5)％RH 的恒温恒湿箱养护，测量第 21d 的长度。也可以根据需要测量不同龄期的长度，观察膨胀收缩变化趋势。

养护时，应注意不损伤试体测头。试体之间应保持 15mm 以上的间距。试体支点距离限制钢板两端约 30mm。

5. 结果计算及数据处理

各龄期限制膨胀率按式（50-2）计算，精确至 0.001％：

$$\varepsilon = \frac{L_1 - L}{L_0} \times 100 \tag{50-2}$$

式中 ε——所测龄期的限制膨胀率，％；

L_0——试体的基准长度，140mm；

L_1——所测龄期的试体长度测量值，mm；

L——试体的初始长度测量值，mm。

取数值相近的两个试体测量值的算术平均值作为限制膨胀率测定值。

五十一、膨胀指数

1. 适用范围

本方法参照 GB/T 20973—2007《膨润土》，适用于铸造、冶金球团和钻井泥浆用膨润土的膨胀指数的测定和膨润土质量的评价。

2. 测试原理

本方法是通过测试 2g 膨润土在水中膨胀 24h 后的体积来测定膨润土的膨胀指数。

3. 试验器具

（1）具塞刻度量筒：100mL，内侧底部至 100mL 刻度值处高（180±5）mm；

（2）温度计：量程（0±0.5）～（105±0.5)℃；

（3）天平：精度为 0.01g。

4. 试验步骤

准确称取（2±0.01）g 已在（105±3)℃烘干 2h 的膨润土样品，将该样品分多次加入已有 90mL 蒸馏水的 100mL 刻度量筒内。每次加入量不超过 0.1g，用 30s 左右时间缓慢加入，待前次加入的膨润土沉至量筒底部后再次添加，相邻两次加入的时间间隔不少于

10min，直至试样完全加入到量筒中。

全部添加完毕后，用蒸馏水仔细冲洗黏附在量筒内侧的粉粒使其落入水中，最后将量筒内的水位增加到100mL的标线处，用玻璃塞盖紧（2h后，如果发现量筒底部沉淀物中有夹杂的空气或水的分隔层，应将量筒45°角倾斜并缓慢旋转，直至沉淀物均匀）。静置24h后，记录沉淀物界面的量筒刻度值（沉淀物不包括低密度的胶溶或絮凝状物质），精确至0.5mL。

记录试验开始时和结束时试验室的温度，精确到0.5℃。

5. 数据处理

对同一试样的两次平行测量，平均值大于10时，其绝对误差不得大于2mL，平均值小于或等于10时，其绝对误差不得大于1mL。

五十二、导热系数

1. 适用范围

本方法参照标准GB/T 10294—2008《绝热材料稳态热阻及有关特性的测定　防护热板法》规定的试验方法，适用于膨胀珍珠岩、玻化微珠等轻集料的导热系数的测定和评价。

2. 测试原理

导热系数是指在稳定传热条件下，1m厚的材料两侧表面温差为1K，在1s内通过$1m^2$面积传递的热量，单位为W/(m·K)。导热系数代表了需要多少能量才能维持该1K的温度梯度。导热系数热稳态平板测试方法的原理是在稳态条件下，在具有平行表面的均匀板状试件内，建立类似于以两个平行的温度均匀的平面为界的无限大平板中存在的一维的均匀热流密度。测量过程中，精确设定输入到热板上的能量。通过调整输入到辅助加热器上的能量，对热源与辅助板之间的测量温度和温度梯度进行调整。热板周围的保护加热器与样品的放置方式确保从热板到辅助加热器的热流是线性的、一维的。通过测量加到热板上的能量、温度梯度及样品的厚度，应用Fourier方程便能够算出材料的导热系数。

3. 试验器具

（1）烘箱：温控范围0～200℃，精度±2℃。

（2）天平：精度0.1g。

（3）干燥器、搪瓷盘、直尺或游标卡尺等。

（4）导热系数平板测定仪。

4. 试验步骤

（1）取样

按本书十九4（1）规定的取样方法进行取样，随机抽取，最小取样量20L，用四分法将试样缩分至约5L，备用。

（2）试验条件

试验室条件应控制在温度（25±1）℃、相对湿度（50±5）%，试验区的循环风速小于0.2m/s。所有的试样和仪器设备应在试验条件下至少放置24h。

（3）试样的制备

试样放入搪瓷盘中，在（105±5）℃的烘箱中干燥至恒量，在干燥器中冷却至室温，备用。

试件的厚度应至少为其颗粒平均尺寸的10～20倍。

装置在垂直位置运行时，试样的制备方法为：在导热系数测定仪的加热面板和冷却面板间设立要求的间隔柱，组装好防护热板组件，在周围或防护单元与冷却面板的外边缘之间铺设适合封闭样品的低导热系数材料，形成两个顶部开口的盒子（用于加热单元两侧各一个）。

装置在水平位置运行时，试样的制备方法为：用低导热系数材料做成两个外部尺寸与加热单元相同的薄壁盒子。盒子的深度等于被测试件的厚度，用不超过50μm的塑料薄片或耐热且不反射的薄片（如石棉纸或其他适当的均匀薄片材料）制作盒子开口面的盖子和底板，以粘结或其他方法把底板固定到盒子的壁上。将已称量过质量并经过状态调节的材料分成相等的两份，每份作为一个试件，把试件放入盒子内。注意使试件具有相等且均匀的密度。然后盖上另一个盖板，形成能放入防护热板装置的封闭的试件。

测试之前，测量制备好的试件的质量和厚度，质量精确至0.1g，厚度精确至0.1mm。

(4) 热流量的测定

测量施加于计量部分的平均电功率，精度不低于0.2%。宜使用直流电，此时常使用有电压和电流端的四线制电位差计测定。

宜采用自动稳压的输入功率，由输入功率的随机波动、变化引起的热板表面温度波动或变化应小于热板和冷板间温差的0.3%。

(5) 冷面控制

使用双试件装置时，调节冷却单元或冷面加热器使两个试件的温差的差异不大于2%。

(6) 温差检测

用具有足够精确度和准确度的埋设在加热面板和冷却面板内部的温度传感器（常为热电偶）来测定加热面板和冷却面板的温度，以及计量到防护的温度平衡。

(7) 过渡时间和测量间隔

本方法是建立在热稳态状态下的，为得到热性质的准确值，让装置和试件有充分的热平衡时间非常重要。

应充分考虑到以下方面：

① 冷却单元、加热单元的计量部分、加热单元的防护部分的热容量及控制系统；

② 装置的绝热；

③ 试件的热扩散系数、水蒸气渗透率和厚度；

④ 试验过程中的试验温度和环境；

⑤ 试验开始时试件的温度和含湿量。

应较精确地估计过渡时间和测量间隔。

在不可能较精确估计过渡时间或者没有在同一装置里，在同样测试条件下，可按式（52-1)计算时间间隔Δt：

$$\Delta t = (\rho_p \cdot C_p \cdot d_p + \rho_s \cdot C_s \cdot d_s)R \quad (52\text{-}1)$$

式中 Δt——测量的时间间隔，s；

ρ_p、ρ_s——加热单元面板测量和试件的密度，kg/m^3；

C_p、C_s——加热单元面板测量和试件的比热容，J/kg；

d_p、d_s——加热单元面板测量和试件的厚度，m；

R——试件的热阻，m^2·K/W。

以等于或大于 Δt 的时间间隔，按第（4）和（6）的要求读取热流量和温差的数据。持续到连续四组读数给出的热阻值的差别不大于1%，并且不是单调地朝一个方向改变。

在不可能较精确估计过渡时间或者没有在同一装置里，在同样的测定条件下测试时，按照稳定状态开始的定义，也可不设定过渡时间间隔读取数据，但读取数据至少应持续24h。

（8）最终质量和厚度的测试

在读取完数据后，立刻测试试件的质量和厚度，并记录。

5. 结果计算及数据处理

导热系数按式（52-2）计算：

$$\lambda=\frac{\phi \cdot d}{A(T_1-T_2)} \tag{52-2}$$

式中 λ——材料的导热系数，W/（m·K）；

ϕ——加热单元计量部分的平均加热功率，W；

d——试件的平均厚度，m；

A——计量面积（即隔峰中心线包围的面积，双试件装置需乘以2），m^2；

T_1——试件热面温度平均值，K；

T_2——试件冷面温度平均值，K。

导热系数测定结果取两次测试结果的算术平均值，精确至0.01W/（m·K）。

五十三、燃烧等级

1. 适用范围

本方法参照标准GB/T 5464—2010《建筑材料不燃性试验方法》规定的试验方法，并按照标准GB 8624—2012《建筑材料及制品燃烧性能分级》来评定其燃烧性能等级，适用于保温材料或轻质砂浆燃烧等级的测定和评价。

2. 测试原理

材料的燃烧等级反映了其抵抗火焰燃烧的能力。燃烧等级是通过在一定温度和火焰作用下的质量损失、试样火焰持续时间，以及试样表面的温升情况来判定划分。

3. 试验器具

（1）加热炉、支架和气流罩

① 加热炉管应由 Al_2O_3 含量大于89%的铝矾土耐火材料制成，高（150±1）mm，内径（75±1）mm，壁厚（10±1）mm。

② 加热炉管安置在一个由隔热材料制成的高150mm、壁厚10mm的圆柱管的中心部位，并配以带有内凹缘的顶板和底板，以便将加热炉管定位。加热炉管与圆柱管之间的环状空间内应填充氧化镁保温材料。

③ 加热炉底面连接一个两端开口的倒锥形空气稳流器。其长500mm，并从内径为（75±1）mm的顶部均匀缩减至内径为（10±0.5）mm的底部。采用1mm厚的钢板制成，内表面光滑，与加热炉之间接口处应紧密、不漏气、内表面光滑，其上部采用矿棉等保温材料隔热处理。

④ 气流罩采用与空气稳流器相同的材料制成，安装在加热炉顶部。气流罩高50mm、

内径（75±1）mm，与加热炉的接口处的内表面应光滑。气流罩外面采用合适的保温材料进行隔热处理。

⑤ 加热炉、空气稳流器和气流罩三者的组合体应安装在稳固的水平支架上。该支架具有底座和气流屏，气流屏用以减少稳流器底部的气流抽力。气流屏高 550mm，稳流器底部高于支架底面 250mm。

（2）试样架和插入装置

试样架采用镍/铬或耐热钢丝制成，试样架底部安有一层耐热金属丝网盘，试样架质量为（15±2）g；试样架应悬挂在一根外径 6mm、内径 4mm 的不锈钢管制成的支撑件底端。

试样架应配以适当的插入装置，能平稳地沿加热炉轴线下降。插入装置为一根金属滑动杆，能在加热炉侧面的垂直导槽内自由滑动。

对于松散填充材料，试样架应为圆柱体，外径与试样的外径相同，试样架顶部应开口，且质量不应超过 30g。

（3）热电偶

热电偶采用丝径 0.3mm，外径 1.5mm 的 K 型热电偶或 N 型热电偶，其热接点应绝缘接地。热电偶应符合 GB/T 16839.2《热电偶　第 2 部分：允差》规定的一级精度要求，铠装保护材料应为不锈钢或镍合金。新热电偶使用前应进行人工老化，以减少其反射性。炉内热电偶的热接点应符合 GB/T 5464—2010《建筑材料不燃性试验方法》中第 4.3.3 条规定的要求。

（4）接触式热电偶

接触式热电偶应由第（3）条规定型号的热电偶构成，并焊接在一个直径（10±0.2）mm、高度（15±0.2）mm 的铜柱体上。

（5）观察镜

观察镜为正方形，其边长为 300mm，与水平方向呈 30°夹角，宜安放在加热炉上方 1m 处。

（6）天平：精度 0.01g。

（7）稳压器：额定功率不小于 1.5kVA 的单相自动稳压器，其电压在从零至满负荷的输出过程中，精度应在额定值的±1%以内。

（8）调压变压器：控制最大功率应达 1.5kVA，输出电压应能在零至输入电压的范围内进行线性调节。

（9）电气仪表：应配备电流表、电压表或功率表，这些仪表应满足对电量的测定。

（10）功率控制器：可替代上述稳压器、调压变压器和电气仪表。

（11）温度记录仪：应能测量热电偶的输出信号，其精度约 1℃或相应的毫伏值，并能生成间隔时间不超过 1s 的持续记录。

（12）计时器：记录试验持续时间，精度 1s/h。

（13）干燥皿。

4. 试验步骤

（1）试样准备

试样应从代表性的样品上制取，试样为圆柱形，体积（76±8）cm^3，直径 45mm，高度（50±3）mm。

若材料厚度不够，可通过叠加该材料的层数或调整材料厚度来达到（50±3）mm的试样高度。每层材料均应在试样架中水平放置，并用两根直径不超过0.5mm的铁丝将各层捆扎在一起，以排除各层间的气隙，但不应施加显著的压力。

松散填充材料的试样应代表实际使用的外观和密度等特性。

每个样品测试五组试样。

（2）状态调节

试验前将试样放入（60±5）℃的通风干燥箱内调节20～24h，然后置于干燥皿中冷却至室温。试验前应称量试样的质量，精确至0.01g。

（3）试验前准备程序

将试样架及其支撑件从炉内移开，按规定布置热电偶，连接电源。试验期间，加热炉不应采用自动恒温控制。

进行炉内温度平衡，调节加热炉的输入功率，使炉内温度平均值平衡在（750±5）℃至少10min，其温度漂移在10min内不超过2℃，且相对平均温度的最大偏差在10min内不超过10℃，并对温度作连续记录。

（4）校准程序

校准炉壁温度、校准炉内温度。

（5）试验测试

使加热炉温度平衡在（750±5）℃。将试样放入试样架内，试样架悬挂在支撑件上，将试样架插入炉内规定位置（应在5s内操作完毕），立即开启计时器。

记录试验过程中炉内热电偶测量的温度、试样表面温度和中心温度。

如果炉内温度在30min时达到最终温度平衡，则可停止试验。如果30min内没有达到温度平衡，应继续试验，同时每隔5min检查是否达到最终温度平衡，当炉内温度达到最终温度平衡或试验时间达60min时应结束试验。记录试验结束时间，然后从加热炉内取出试样架。

如果使用了附加热电偶，则应所有的热电偶都达到最终温度平衡，或持续时间达60min，结束试验。

收集试验时和试验后试样碎裂或掉落的所有碳化物、灰和其他残屑，同试样一起放入干燥皿中冷却至室温后，称量试样的残留质量。

（6）试验期间的观察

试验前后分别记录试样的质量，并观察记录试验期间试样的燃烧行为。

记录发生的持续火焰及持续时间，精确到秒。试样可见表面上产生持续5s或更长时间的连续火焰才应视作持续火焰。

记录以下炉内热电偶的测量温度：炉内初始温度T_1（炉内温度平衡期最后10min的温度平均值）、炉内最高温度T_{max}（试验期间最高温度的离散值）、炉内最终温度T_f（试验过程最后1min的温度平均值）。

5. 数据处理

（1）质量损失

计算并记录按规定测量的试样的质量损失，以试样初始质量的百分数表示。

（2）火焰

计算并记录按规定测量的试样持续火焰持续时间的总和，以秒表示。

(3) 温升

计算并记录按规定测量的试样的热电偶温升，$\Delta T = T_{max} - T_f$，以摄氏度表示。

每个样品测试 5 个试样的结果的算术平均值，作为最终测试结果。

通过样品的最终测试结果，基于 GB 8624—2012《建筑材料及制品燃烧性能分级》规定的等级进行试样燃烧性能分级评判。

下篇　干混砂浆产品检测方法

五十四、均匀性

1. 适用范围

本方法参照 JG/T 283—2010《膨胀玻化微珠轻质砂浆》，适用于测定膨胀玻化微珠轻质砂浆等轻质砂浆干混料的均匀性。

2. 测试原理

通过测试不同取样部位的试样的堆积密度差异计算轻质砂浆干混料的均匀性。

3. 试验器具

（1）量筒：圆柱形金属筒（尺寸为内径 108mm、高 109mm）容积为 $0.001m^3$，要求内壁光洁，并具有足够的刚度。

（2）堆积密度漏斗，如图 54-1 所示。

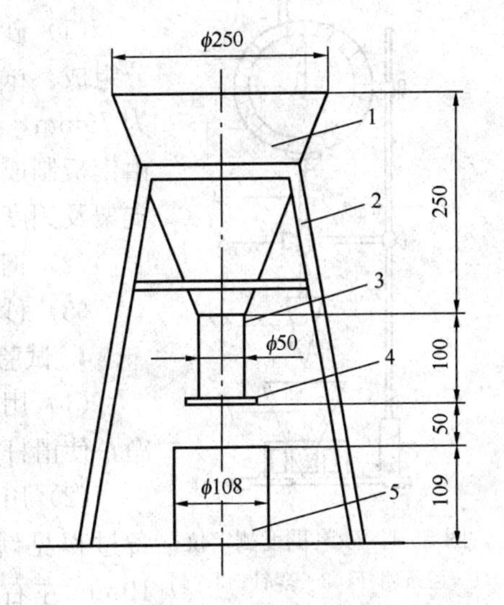

图 54-1　堆积密度漏斗

1—漏斗；2—支架；3—导管；4—活动门；5—量筒

4. 试验步骤

（1）称量量筒的质量 m_0，将试样放入堆积密度漏斗中，启动活动门，将试样注入量筒，用直尺刮平量筒试样表面，刮平时直尺应紧贴量筒上表面边缘。

（2）称量量筒和试样总质量 m_1。在试验过程中应保证试样呈松散状态，防止任何程度的振动。

5. 结果计算及数据处理

（1）堆积密度按式 54-1 计算，精确至 $1kg/m^3$。

$$\rho=\frac{m_1-m_0}{V} \tag{54-1}$$

式中　ρ——堆积密度，kg/m^3；

m_0——量筒质量，kg；

m_1——量筒和试样总质量，kg；

V——量筒容积，$0.001m^3$。

（2）均匀性按式（54-2）计算，取三次试验的最大值，精确至 1%。

$$\mu=\frac{|\rho_0-\rho_i|}{\rho_0}\times 100 \tag{54-2}$$

式中　μ——均匀性，%；

ρ_i——第 i 次堆积密度，kg/m^3；

ρ_0——平均堆积密度，kg/m^3。

五十五、稠度及稠度损失率

（一）贯入阻力法

1. 适用范围

稠度测试方法参照 JGJ/T 70—2009《建筑砂浆基本性能试验方法标准》，适用于确定普通砂浆和防水砂浆等水泥基砂浆配合比或施工过程中控制砂浆的稠度，以达到控制用水量的目的。稠度的测试也是评价砂浆稠度损失、测试砂浆分层度的基本步骤。

2. 测试原理

水泥砂浆对标准试杆的沉入具有一定的阻力，通过试验标准试杆对水泥砂浆的穿透性，可确定水泥砂浆的稠度。

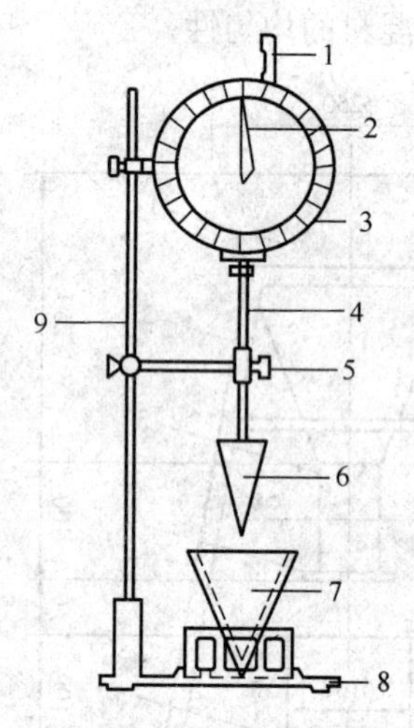

图 55-1　砂浆稠度测定仪

1—齿条测杆；2—摆针；3—刻度盘；4—滑杆；5—制动螺栓；6—试锥；7—盛装容器；8—底座；9—支架

3. 试验仪器

（1）砂浆稠度仪：如图 55-1 所示，由试锥、容器和支座三部分组成。试锥由钢材或铜材制成，试锥高度为 145mm，锥底直径为 75mm，试锥连同滑杆的重量应为（300±2）g；盛载砂浆容器由钢板制成，筒高为 180mm，锥底内径为 150mm；支座分底座、支架及刻度显示三个部分，由铸铁、钢及其他金属制成。

（2）钢制捣棒：直径 10mm、长 350mm，端部磨圆。

（3）秒表等。

4. 试验步骤

（1）用少量润滑油轻擦滑杆，再将滑杆上多余的油用吸纸擦净，使滑杆能自由滑动。

（2）用湿布擦净盛装容器和试锥表面，将砂浆拌合物（制备过程见跳桌法）一次装入容器，使砂浆表面低于容器口约 10mm 左右。用捣棒自容器中心向边缘均匀地插捣 25 次，然后轻轻地将容器摇动或敲击 5～6 下，使砂浆表面平整，然后将容器置于稠度测定仪的底座上。

（3）拧松制动螺栓，向下移动滑杆，当试锥尖端与砂浆表面刚接触时，拧紧制动螺栓，使齿条测杆下端刚接触滑杆上端，读出刻度盘上的读数（精确至 1mm）。

（4）拧松制动螺栓，同时计时间，10s 时立即拧紧螺栓，将齿条测杆下端接触滑杆上端，从刻度盘上读出下沉深度（精确至 1mm），两次读数的差值即为砂浆的稠度值。

（5）盛装容器内的砂浆，只允许测定一次稠度，重复测定时，应重新取样测定。

如果需要测定稠度损失率，则继续以下步骤：

（6）将剩余砂浆拌合物装入用湿布擦过的 10L 容量筒内，容器表面不覆盖，然后置于标准试验条件下。

（7）从砂浆加水开始计时，2h 时测试砂浆的稠度。测试稠度前应将容量筒内的砂浆拌合物人工拌合均匀，砂浆表面泌水不清除。

5. 结果计算及数据处理

（1）稠度

① 取两次试验结果的算术平均值，精确至1mm。

② 如两次试验值之差大于10mm，应重新取样测定。

（2）稠度损失率

砂浆稠度损失率按式（55-1）计算：

$$S = \frac{S_0 - S_{2h}}{S_0} \times 100 \tag{55-1}$$

式中　S——2h砂浆稠度损失率，%，精确到0.1%；

S_0——砂浆初始稠度，mm；

S_{2h}——2h时测试的砂浆稠度，mm。

（二）跳桌法

1. 适用范围

本方法参照标准GB/T 29756—2013《干混砂浆物理性能试验方法》，适用于测试新拌砂浆的稠度。

2. 测试原理

通过测量新拌合砂浆在规定的振动状态下的扩展范围来表征其稠度。

3. 试验器具

（1）天平：感量0.1g，称量范围不小于5kg。

（2）搅拌机：符合本书二十（一）3（5）的规定。

（3）跳桌：符合GB/T 2419—2005《水泥胶砂流动度测定方法》的规定。

（4）捣棒：直径为20mm，长约200mm的非吸收性材质圆棒。

（5）钢直尺：最小刻度值为1mm，长度为500mm。

（6）钢直板：长度为200mm，宽度为10mm，厚度为0.5mm的钢制直板。

4. 试验步骤

（1）砂浆拌合方法

按产品说明，准备砂浆试样所需的水或液料组分，用天平称量（如给出一个数值范围，则应取平均值）。然后使用搅拌机，按下列步骤进行操作：

① 将水或液料倒入搅拌锅中。

② 将砂浆试样撒入。

③ 低速搅拌60s。

④ 静停60s，取下搅拌锅，清理搅拌叶片和锅壁上的试样至锅内，并重新安装上搅拌锅，再低速搅拌60s。

砂浆拌合后，按照产品说明熟化，再低速搅拌30s。

（2）试验步骤

① 试验前用湿布将跳桌桌面、捣棒、截锥圆模和模套内壁擦干净，晾干。如果跳桌在24h以上未经使用，在使用之前可正常操作跳桌10次，以保证跳桌在试验过程中正常工作。

② 将截锥圆模放在跳桌台面中央，迅速将按照（1）拌合好的砂浆均分两层装入截锥圆

模，每一层砂浆用捣棒捣压10次，第二层装到高出截锥圆模20mm，再用捣棒捣压10次，以确保砂浆均匀装满模具。在装填和捣压砂浆时，注意用一只手扶住截锥圆模，避免移动。

③ 捣压完毕，取下模套，用刮刀将高出截锥圆模的砂浆刮去并抹平，先用钢直板沿截锥试模内壁切割试样，然后垂直向上轻轻提起截锥圆模，从装样到提起截锥圆模所用时间不要超过2min，开动跳桌，以每秒1次的频率，在（15±1）s内完成15次跳动。

④ 跳动完毕，用钢直尺测量试样底部两个垂直方向上的直径，精确到1mm，以两个直径测量值的平均值作为稠度结果。如果两个垂直方向上的直径相差过大，则重新进行试验。

五十六、分层度

1. 适用范围

本方法参照JGJ/T 70—2009《建筑砂浆基本性能试验方法标准》，适用于测定砂浆拌合物在运输及停放时内部组分的稳定性，尤其是保持水分的能力。

2. 测试原理

砂浆分层度是砂浆保水性的指标，砂浆装入分层度筒后，静置一段时间，水分上浮，致使砂浆上下层稠度不一，通过测量静置前和静置后下层砂浆的稠度差可确定砂浆分层度，用于评定保水性。

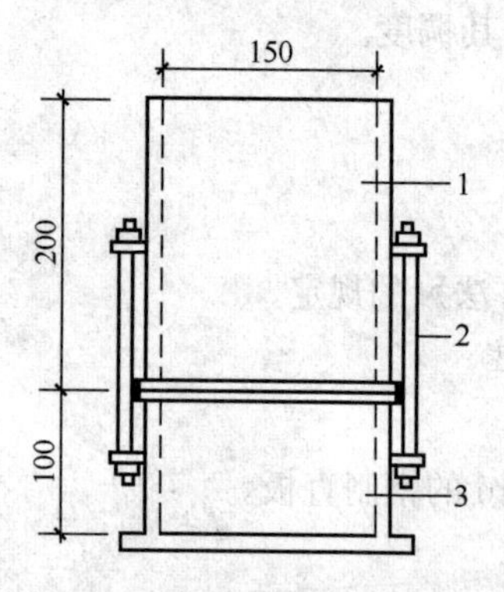

图56-1 砂浆分层度测定仪

1—无底圆筒；2—连接螺栓；3—有底圆筒

3. 试验器具

（1）砂浆分层度测定仪（图56-1）：圆筒内径为150mm，上节高度为200mm，下节带底净高为100mm，用金属板制成，上下层连接处需加宽到3～5mm，并设有橡胶垫圈。

（2）振动台：振幅（0.5±0.05）mm，频率（50±3）Hz。

（3）稠度仪、木锤等。

4. 试验步骤

（1）首先将砂浆拌合物按本书五十五（一）稠度试验方法测定稠度。

（2）将砂浆拌合物一次装入分层度筒内，待装满后，用木锤在容器周围距离大致相等的四个不同部位轻轻敲击1～2下，如砂浆沉落到低于筒口，则应随时添加，然后刮去多余的砂浆并用抹刀抹平。

（3）静置30min后，去掉上节200mm砂浆，剩余的100mm砂浆倒出放在拌合锅内拌2min，再按本书五十五（一）稠度试验方法测其稠度。前后测得的稠度之差即为该砂浆的分层度值（mm）。

注：也可采用快速法测定分层度，其步骤是：①按本书五十五（一）稠度试验方法测定稠度；②将分层度筒预先固定在振动台上，砂浆一次装入分层度筒内，振动20s；③然后去掉上节200mm砂浆，剩余100mm砂浆倒出放在拌合锅内拌2min，再按本书五十五（一）稠度试验方法测其稠度，前后测得的稠度之差即为该砂浆的分层度值。但如有争议时，以标准法为准。

5. 数据处理

（1）取两次试验结果的算术平均值作为该砂浆的分层度值。

（2）两次分层度试验值之差如大于10mm，应重新取样测定。

五十七、泌水率

1. 适用范围

本方法参照GB/T 50080—2002《普通混凝土拌合物性能试验方法标准》，适用于集料最大粒径不大于40mm的混凝土拌合物泌水测定。

2. 测试原理

通过压力泌水仪，测定出混凝土拌合物加压不同时间的泌水量，从而计算出混凝土拌合物的泌水率。

3. 试验器具

（1）试样筒：容积为5L的容量筒并配有盖子。金属制成的圆筒，两旁装有提手。对集料最大粒径不大于40mm的拌合物采用容积为5L的容量筒，其内径与内高均为（186±2）mm，筒壁厚为3mm；集料最大粒径大于40mm时，容量筒的内径与内高均应大于集料最大粒径的4倍。容量筒上缘及内壁应光滑平整，顶面与底面应平行并与圆柱体的轴垂直。

容量筒容积应予以标定，标定方法可采用一块能覆盖住容量筒顶面的玻璃板，先称出玻璃板和空筒的质量，然后向容量筒中灌入清水，当水接近上口时，一边不断加水，一边把玻璃板沿筒口徐徐推入盖严，应注意使玻璃板下不带入任何气泡；然后擦净玻璃板面及筒壁外的水分，将容量筒连同玻璃板放在台秤上称其质量。两次质量之差（kg）即为容量筒的容积（L）。

（2）台秤：称量为50kg、感量为50g；

（3）量筒：容量为10mL、50mL、100mL的量筒及吸管；

（4）振动台：应符合JG/T 245—2009《混凝土试验室用振动台》中技术要求的规定；

（5）捣棒：应符合JG/T 248—2009《混凝土坍落度仪》中有关技术要求的规定。

4. 试验步骤

（1）应用湿布湿润试样筒内壁后立即称量，记录试样筒的质量。再将混凝土试样装入试样筒，混凝土的装料及捣实方法有两种：

① 方法A：用振动台振实。将试样一次装入试样筒内，开启振动台，振动应持续到表面出浆为止，且应避免过振，并使混凝土拌合物表面低于试样筒筒口（30±3）mm，用抹刀抹平。抹平后立即计时并称量，记录试样筒与试样的总质量。

② 方法B：用捣棒捣实。采用捣棒捣实时，混凝土拌合物应分两层装入，每层的插捣次数应为25次；捣棒由边缘向中心均匀地插捣，插捣底层时捣棒应贯穿整个深度，插捣第二层时，捣棒应插透本层至下一层的表面。每一层捣完后用橡皮锤轻轻沿容量筒外壁敲打5～10次，进行振实，直至拌合物表面插捣孔消失并不见大气泡为止，并使混凝土拌合物表面低于试样筒筒口（30±3）mm，用抹刀抹平。抹平后立即计时并称量，记录试样筒与试样的总质量。

（2）在以下吸取混凝土拌合物表面泌水的整个过程中，应使试样筒保持水平、不受振动；除了吸水操作外，应始终盖好盖子；室温应保持在（20±2）℃。

（3）从计时开始后60min内，每隔10min吸取1次试样表面渗出的水。60min后，每隔

30min 吸 1 次水，直至认为不再泌水为止。为了便于吸水，每次吸水前 2min，将一片 35mm 厚的垫块垫入筒底一侧使其倾斜，吸水后平稳地复原。吸出的水放入量筒中，记录每次吸水的水量并计算累计水量，精确至 1mL。

5. 结果计算及数据处理

（1）泌水量应按式（57-1）计算：

$$B_a = \frac{V}{A} \tag{57-1}$$

式中 B_a——泌水量，mL/mm^2；

V——最后一次吸水后累计的泌水量，mL；

A——试样外露的表面面积，mm^2。

计算应精确至 $0.01mL/mm^2$。泌水量取三个试样测值的平均值。三个测值中的最大值或最小值，如果有一个与中间值之差超过中间值的 15%，则以中间值为试验结果；如果最大值和最小值与中间值之差均超过中间值的 15%时，则此次试验无效。

（2）泌水率应按式（57-2）、式（57-3）计算：

$$B = \frac{V_w}{(W/G)G_w} \times 100 \tag{57-2}$$

$$G_w = G_1 - G_0 \tag{57-3}$$

式中 B——泌水率，%；

V_w——泌水总量，mL；

G_w——试样质量，g；

W——混凝土拌合物总用水量，mL；

G——混凝土拌合物总质量，g；

G_1——试样筒及试样总质量，g；

G_0——试样筒质量，g。

计算应精确至 1%。泌水率取三个试样测值的平均值。三个测值中的最大值或最小值，如果有一个与中间值之差超过中间值的 15%，则以中间值为试验结果；如果最大值和最小值与中间值之差均超过中间值的 15%时，则此次试验无效。

五十八、保水性

（一）水泥砂浆

1. 适用范围

本方法参照 JGJ/T 70—2009《建筑砂浆基本性能试验方法标准》规定的试验方法，适用于测定水泥基砂浆，如砌筑砂浆、抹灰砂浆、普通地面砂浆、普通防水砂浆、加气混凝土界面砂浆的保水性，以判定这些砂浆拌合物（新拌砂浆）保持水分的能力。

2. 测试原理

将规定流动度范围的新拌砂浆，用滤纸在一定的时间内进行吸水处理。吸水处理后砂浆中保留的水量占原始水量的质量百分率即为砂浆保水率，用来表征砂浆保水性。

3. 试验器具

（1）金属或硬塑料圆环试模：内径 100mm、内部高度 25mm。

（2）可密封的取样容器：应清洁、干燥。

（3）2kg 的重物。

（4）医用棉纱：尺寸为 110mm×110mm，宜选用纱线稀疏、厚度较薄的棉纱。

（5）超白滤纸：符合 GB/T 1914—2007《化学分析滤纸》中速定性滤纸；直径 110mm，$200g/m^2$。

（6）2 片金属或玻璃的方形或圆形不透水片，边长或直径大于 110mm。

（7）天平：量程 200g，感量 0.1g；量程 2000g，感量 1g。

（8）烘箱。

4. 试验步骤

（1）称量下不透水片与干燥试模质量 m_1 和 8 片中速定性滤纸质量 m_2。

（2）将砂浆拌合物一次性填入试模，并用抹刀插捣数次，当填充砂浆略高于试模边缘时，用抹刀以 45°角一次性将试模表面多余的砂浆刮去，然后再用抹刀以较平的角度在试模表面反方向将砂浆刮平。

（3）抹掉试模边的砂浆，称量试模、下不透水片与砂浆总质量 m_3。

（4）用 2 片医用棉纱覆盖在砂浆表面，再在棉纱表面放上 8 片滤纸，用不透水片盖在滤纸表面，以 2kg 的重物把不透水片压着。

（5）静止 2min 后移走重物及不透水片，取出滤纸（不包括棉纱），迅速称量滤纸质量 m_4。

（6）从砂浆的配比及加水量计算砂浆的含水率 α，α=加水量/所有物料（包括加水量），若无法计算，可按本书六十七测定砂浆的含水率。

5. 结果计算及数据处理

砂浆保水率应按式（58-1）计算：

$$W=\left[1-\frac{m_4-m_2}{\alpha\times(m_3-m_1)}\right]\times 100 \tag{58-1}$$

式中　W——保水率，%；

m_1——下不透水片与干燥试模质量，g；

m_2——8 片滤纸吸水前的质量，g；

m_3——试模、下不透水片与砂浆总质量，g；

m_4——8 片滤纸吸水后的质量，g；

α——砂浆含水率，%。

取两次试验结果的平均值作为结果，如两个测定值中有一个超出平均值的 5%，则此组试验结果无效。

（二）石膏基材料

1. 适用范围

本方法参照标准 GB/T 28627—2012《抹灰石膏》，适用于在建筑物室内墙面和顶棚进行抹灰用的石膏材料以及加气混凝土抹灰石膏保水率的测定。

2. 试验条件

试样应保存在密封容器中，置于试验室条件下备用。

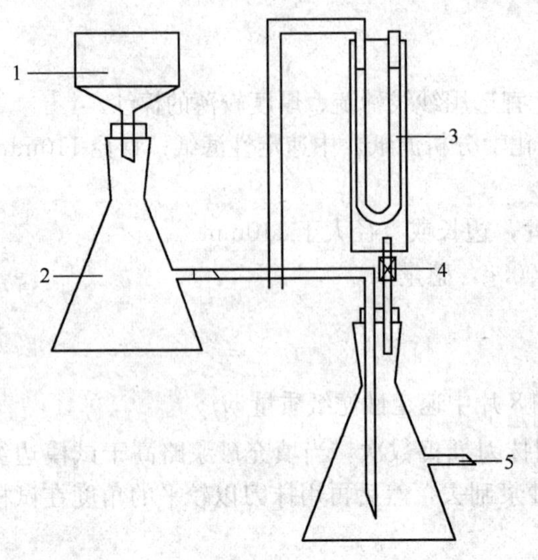

图 58-1 保水率测定装置
1—布氏漏斗；2—抽滤瓶；3—U形压力计；
4—调压阀；5—接真空泵

试验室温度为（20±5)℃，空气相对湿度为（65±1)%。石膏试样、拌合水及试模等仪器的温度应与室温相同。

3. 测试原理

新拌石膏砂浆经抽滤作用后失去水分，通过计算前后质量差确定保水率。

4. 试验仪器

（1）保水率测定装置及T形刮板如图 58-1 和图 58-2 所示。其中，布氏漏斗内径 150mm；U形压力计管高 800mm；真空泵负压可达 106.65kPa，即 800mmHg。T形刮板由厚为 1mm 的硬质耐磨材料制成。

（2）油灰刀、刮平刀、抹刀、圆柱捣棒、钢板尺和量筒等。

5. 试验步骤

按布氏漏斗的内径裁剪中速定性滤纸一张，将其铺在布氏漏斗底部，用水浸湿。

将布氏漏斗放到抽滤瓶上，开动真空泵，抽滤 1min，取下布氏漏斗，用滤纸将下口残余水擦净后称量（G_1），精确至 0.1g。

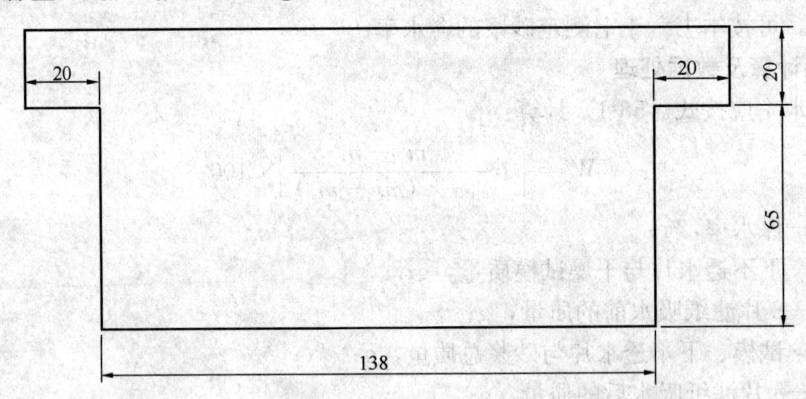

图 58-2 T形刮板（mm）

采用具有标准扩散度用水量的石膏浆放入称量后的布氏漏斗内，用T形刮板在漏斗中垂直旋转刮平，使料浆厚度保持在（10±0.5）mm 范围内。擦净布氏漏斗内壁上的残余石膏浆，称量（G_2），精确至 0.1g。从搅拌完毕到称量完成的时间间隔应不大于 5min。

将称量后的布氏漏斗放到抽滤瓶上，开动真空泵。在 30s 之内将负压调至（53.33±0.67）kPa 即（400±5）mmHg。抽滤 20min，然后取下布氏漏斗，用滤纸将下口残余水擦净，称量（G_3），精确至 0.1g。

6. 结果计算及数据处理

按式（58-2）计算石膏浆的保水率 R，以百分数表示，精确到 1%。

$$R=\left[1-\frac{W_2(K_1+1)}{W_1 \cdot K_1}\right]\times 100 \tag{58-2}$$

式中　R——石膏浆的保水率，%；

W_1——石膏浆原质量，等于 (G_2-G_1)，g；

W_2——石膏浆失去的水质量，等于 (G_2-G_3)，g；

G_1——布氏漏斗与滤纸质量，g；

G_2——布氏漏斗装入料浆后质量，g；

G_3——布氏漏斗装入料浆抽滤后质量，g；

K_1——石膏浆的标准扩散度用水量，%。

若连续两次测得的保水率与它们平均值的差不大于 3%，取该平均值作为试样的保水率。否则应重做试验。

五十九、流动度

（一）水泥基自流平砂浆

1. 适用范围

本方法参照 JC/T 985—2005《地面用水泥基自流平砂浆》，适用于地面用水泥基自流平砂浆流动性的测定。

2. 测试原理

通过测量一定配比的砂浆拌合物在规定时间内的扩展范围来衡量其流动性。

3. 试验器具

（1）天平：量程 1kg，精确度为 10mg。

（2）行星式水泥胶砂搅拌机：符合本书二十（一）3（5）要求。

（3）试模：内径（30±0.1）mm，高（50±0.1）mm 的金属或塑料空心圆柱体。

（4）测试板：面积大于 300mm×300mm 的平板玻璃。

4. 试验步骤

（1）试样制备

① 按产品生产商提供的使用比例称取样品，若给出一个值域范围，则采用中间值，并保证在整个试验过程中按同一比例进行。

② 按产品生产商规定的比例称取对应于 2kg 粉状组分的用水量或液体组分用量，倒入搅拌器，将 2kg 粉料样品在 30s 内匀速放入搅拌器内，低速拌合 1min。

③ 停止搅拌后，30s 内用刮刀将搅拌叶和料锅壁上的不均匀拌合物刮下。

④ 高速搅拌 1min，静停 5min，再继续高速搅拌 15s，拌合物不应有气泡，否则再静停 1min 使其消泡，然后立即对该砂浆拌合物进行测试。

⑤ 产品生产商如有特殊要求，可参考产品生产商要求进行制备。

（2）将流动度试模水平放置在测试板中央，测试板表面平整光洁、无水滴，把制备好的试样灌满流动度试模后，开始计时，在 2s 垂直向上提升 5～10cm，保持 10～15s 使试样自由流下。

(3) 4min 后，测两个垂直方向的直径，取两个直径的平均值。流动度试验对同一产品进行两次，流动度为两次试验结果的平均值，精确至 1mm。

(4) 将同批试样在搅拌锅内静置 20min，按要求进行测试，则为 20min 流动度。

(二) 石膏基自流平砂浆

1. 适用范围

本标准参照 JC/T 1023—2007《石膏基自流平砂浆》，适用于石膏基自流平砂浆流动度及流动度损失的测定。

2. 试验条件

试验室温度为 (23±2)℃，空气相对湿度为 (50±5)%。试验前，试样、拌合水及试模等应在标准试验条件下放置 24h。

3. 试验原理

通过测量石膏砂浆拌合物在规定时间内的扩展范围来衡量其流动性。

4. 试验仪器

同上述（一）3 所述。

5. 试验步骤

(1) 初始流动度用水量

① 称取 (300±0.1) g 试样，量取估计用水量倒入搅拌锅中，将试样在 30s 内均匀地撒入水中，湿润后用料勺搅拌 1min，然后用搅拌机慢速搅拌 2min，得到均匀的料浆。

② 将流动度试模水平放置在测试板中央，测试板表面平整光洁、无水滴。把制备好的料浆灌满流动度试模后，开始计时。在 2s 内将其垂直向上提升 5～10cm，保持 10～15s，使料浆自由流动。待流动停止 4min 后，用直尺测量两个垂直方向的直径，取两个直径的平均值，精确至 1mm，如流动度在 (145±5) mm 内，则此流动度为该试样的初始流动度 (Φ_0)。若流动度不在 (145±5) mm 内，则应调整用水量按上述步骤重新试验，直至流动度在 (145±5) mm 内为止。该水量 (W_1) 与试样质量 (W_0) 的比即为初始流动度用水量。

(2) 流动度损失

将符合初始流动度的料浆在搅拌器内静置 (30±0.5) min。然后慢速搅拌 1min，按 (1) 的方法重新测试流动度 (Φ_{30})。

6. 数据处理

(1) 初始流动度用水量 (P) 按式 (59-1) 计算：

$$P = \frac{W_1}{W_0} \times 100 \qquad (59\text{-}1)$$

式中 P——初始流动度用水量，%。

W_1——用水量，g；

W_0——试样质量，g；

计算结果精确至 0.1%。

(2) 30min 流动度损失按式 (59-2) 计算：

$$\Delta\Phi = \Phi_0 - \Phi_{30} \tag{59-2}$$

式中　$\Delta\Phi$——流动度损失，mm；

Φ_0——初始流动度，mm；

Φ_{30}——30min 流动度，mm。

计算结果精确至 1mm。

（三）其他水泥砂浆

1. 适用范围

本方法参照 GB/T 2419—2005《水泥胶砂流动度测定方法》，适用于水泥砂浆（自流平砂浆除外）流动度的测定。

2. 测试原理

通过测量一定配比的砂浆在规定振动状态下的扩展范围来衡量其流动性。

3. 试验仪器

（1）水泥砂浆流动度测定仪（简称跳桌）：技术要求及其安装方法应符合 GB/T 2419—2005 附录 A 的要求。

（2）水泥胶砂搅拌机：符合本书二十（一）3（5）的要求。

（3）试模：由截锥圆模和模套组成。金属材料制成，内表面加工光滑。圆模尺寸为：高度（60±0.5）mm；上口内径（70±0.5）mm；下口内径（100±0.5）mm；下口外径 120mm；模壁厚大于 5mm。

（4）捣棒：金属材料制成，直径为（20±0.5）mm，长度约 200mm。捣棒底面与侧面成直角，其下部光滑，上部手柄滚花。

（5）卡尺：量程不小于 300mm，分度值不大于 0.5mm。

（6）小刀：刀口平直，长度大于 80mm。

（7）天平：量程不小于 1000g，分度值不大于 1g。

4. 试验步骤

（1）如跳桌在 24 h 内未被使用，先空跳一个周期 25 次。

（2）砂浆制备按 GB/T 17671—1999 有关规定进行。在制备砂浆的同时，用潮湿棉布擦拭跳桌台面、试模内壁、捣棒以及与砂浆接触的用具，将试模放在跳桌台面中央并用潮湿棉布覆盖。

（3）将拌好的砂浆分两层迅速装入试模，第一层装至截锥圆模高度约三分之二处，用小刀在相互垂直两个方向各划 5 次，用捣棒由边缘至中心均匀捣压 15 次（图 59-1）；随后，装第二层砂浆，装至高出截锥圆模约 20mm，用小刀在相互垂直两个方向各划 5 次，再用捣棒由边缘至中心均匀捣压 10 次（图 59-2）。捣压后砂浆应略高于试模。捣压深度，第一层捣至砂浆高度的二分之一，第二层捣实不超过已捣实底层表面。装砂浆和捣压时，用手扶稳试模，不要使其

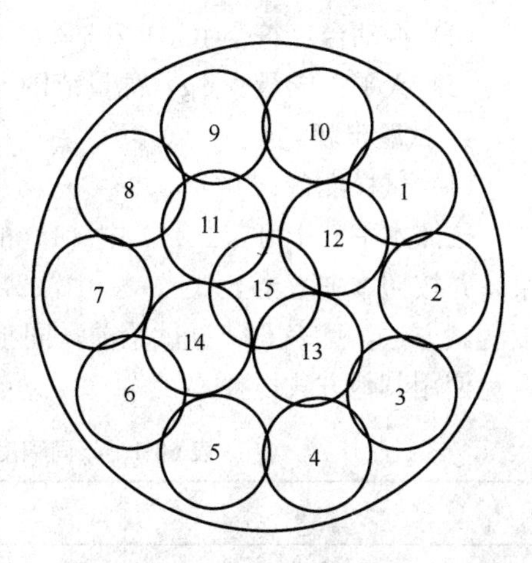

图 59-1　第一层捣压位置示意图

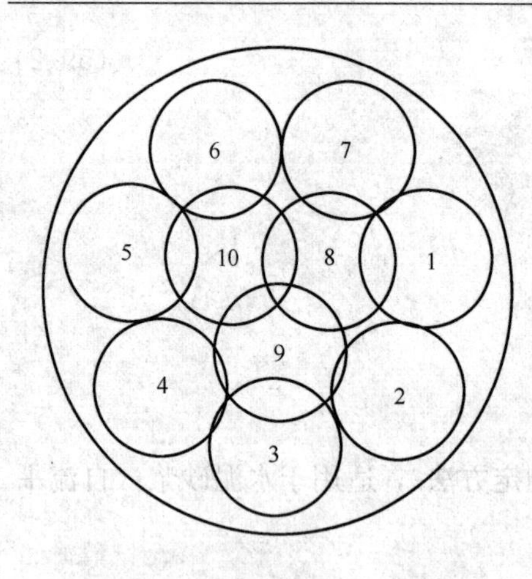

图 59-2　第二层捣压位置示意图

移动。

（4）捣压完毕，取下模套，将小刀倾斜，从中间向边缘分两次以近水平的角度抹去高出截锥圆模的砂浆，并擦去落在桌面上的砂浆。将截锥圆模垂直向上轻轻提起。立刻开动跳桌，以每秒钟一次的频率，在（25±1）s内完成25次跳动。

（5）流动度试验，从砂浆加水开始到测量扩散直径结束，应在6min内完成。

5. 数据处理

跳动完毕，用卡尺测量砂浆底面互相垂直的两个方向直径，计算平均值，取整数，单位为mm。该平均值即为该水量的水泥砂浆流动度。

六十、体积密度

（一）新拌砂浆

1. 适用范围

本方法参照标准GB/T 29756—2013《干混砂浆物理性能试验方法》，适用于测试新拌砂浆的体积密度（容积密度）。

2. 测试原理

将新拌合的砂浆装入一定容积的容器内，测量砂浆质量与容器容积的比值即为新拌砂浆体积密度。

3. 试验器具

（1）密度杯：内径为125mm，体积为1000cm³，不易变形、不易被砂浆腐蚀的金属筒。

（2）油灰刀。

（3）料勺。

（4）振动台：符合JC/T 723《水泥胶砂振动台》的要求。

（5）天平：感量0.1g，称量范围不小于5kg。

4. 试验步骤

（1）试样准备

按照本书五十五（二）4中（1）的规定拌合砂浆，准备至少3L或1.5倍该项测试用砂浆，并按照本书五十五（二）4中（2）的规定测试砂浆稠度。根据砂浆稠度值确定体积密度测试方法，见表60-1。试验前，同批砂浆仅用油灰刀轻轻搅拌5～10s以减少假凝现象，避免使用其他方式搅拌。

表 60-1　不同稠度类型砂浆对应体积密度方法的选择

类　型	稠度值的范围	试验步骤
稠型砂浆	＜140mm	依据A法测试

续表

类　型	稠度值的范围	试验步骤
塑性砂浆	≥140mm，≤200mm	依据 A 法或 B 法测试
流动型砂浆	＞200mm	依据 C 法测试

（2）体积密度测试

① A 法

a. 用湿布擦净密度杯的内表面，晾干，称其质量为 m_1，精确至 0.1g。

b. 使用料勺将砂浆填入密度杯中，直到砂浆略高于密度杯上边缘。然后将密度杯放置在振动台上，开启振动台，直到砂浆不再沉降。密度杯在振动台振动期间，可添加砂浆使其再次略高于密度杯上边缘。120s 后使用油灰刀沿密度杯边缘刮去多余砂浆，用湿布将外部边缘擦净。用天平称量砂浆与密度杯的总质量为 m_2，精确至 0.1g。

② B 法

a. 用湿布擦净密度杯的内表面，晾干，称其质量为 m_1，精确至 0.1g。

b. 使用料勺将砂浆填入密度杯一半高度的位置，为了使砂浆密实，将密度杯放置至坚硬试验台面上手工左右摆动密度杯 10 次，密度杯摆动倾斜时离开桌面的一边高度约为 30mm。静止后往密度杯中填满砂浆，直到砂浆略高于密度杯边缘，使用油灰刀沿密度杯边缘刮去多余砂浆，用湿布将外部边缘擦净。用天平称量砂浆与密度杯的总质量为 m_2，精确至 0.1g。

③ C 法

a. 用湿布擦净密度杯的内表面，晾干，称其质量为 m_1，精确至 0.1g。

b. 使用料勺将砂浆灌入密度杯，为了避免卷入气泡，灌入时使砂浆从密度杯底部中央向四周扩散。待砂浆超出密度杯上边沿，使用油灰刀沿上边缘刮去多余砂浆，用湿布将外部边缘擦净。用天平称量砂浆与密度杯的总质量为 m_2，精确至 0.1g。

5. 结果计算及数据处理

新拌砂浆体积密度按照式（60-1）计算：

$$\rho = \frac{m_2 - m_1}{V} \tag{60-1}$$

式中　ρ——新拌砂浆体积密度，g/cm³；

m_1——密度杯质量，g；

m_2——砂浆及密度杯总质量，g；

V——量筒体积，cm³。

取两次试验结果的算术平均值，精确至 0.01g/cm³。两次结果之差应小于平均值的 5%，否则应重新制备样品进行试验。

（二）硬化砂浆

1. 适用范围

本方法参照标准 JG/T 158—2013《胶粉聚苯颗粒外墙外保温系统材料》、JG/T 283—2010《膨胀玻化微珠轻质砂浆》和 GB/T 28627—2012《抹灰石膏》，适用于测定胶粉聚苯颗粒保温砂浆和膨胀玻化微珠轻质砂浆的干体积密度，以及建筑物室内墙面和顶棚进行抹灰用的石膏材料体积密度的测定。

2. 测试原理

将制备好的试件，在标准条件下养护并在规定温度下烘干，然后测定试件质量和体积，并据此计算试件的体积密度。

3. 试验器具

(1) 试模

① 胶粉聚苯颗粒保温砂浆：100mm×100mm×100mm 钢质有底三联试模，应具有足够的刚度并拆装方便；试模的内表面平整度为每 100mm 不超过 0.05mm，组装后各相邻面的不垂直度小于 0.5。

② 膨胀玻化微珠轻质砂浆：70.7mm×70.7mm×70.7mm 钢质有底三联试模。

(2) 油灰刀，抹子。

(3) 捣棒：直径 10mm，长 350mm 的钢棒，端部应磨圆。

(4) 电热鼓风干燥箱。

(5) 天平：量程满足试件称量要求，分度值应小于称量值（试件质量）的万分之二。

(6) 钢直尺：分度值 1mm。

(7) 游标卡尺：分度值为 0.05mm。

4. 试验步骤

(1) 试件制备

① 在试模内壁涂刷脱模剂。

② 将拌合好的胶粉聚苯颗粒浆料或膨胀玻化微珠保温浆料一次性注满试模并略高于其上表面，用标准捣棒均匀由外向里，按螺旋方向轻轻插捣 25 次，插捣时用力不应过大，尽量不破坏其轻集料。为防止留下孔洞，允许用油灰刀沿试模内壁插数次或用橡皮锤轻轻敲击试模四周，直至孔洞消失，最后将高出部分的浆料用抹子沿试模顶面刮去抹平。

③ 胶粉聚苯颗粒保温砂浆：试件制作好后立即用聚乙烯薄膜封闭试模，在标准试验条件下养护 5d 后拆模，然后在标准试验条件下继续用聚乙烯薄膜封闭试件 2d，去除聚乙烯薄膜后，再在标准试验条件下养护 21d。

膨胀玻化微珠轻质砂浆：试样及试模应在标准实验室环境下养护，并应使用塑料薄膜覆盖，满足拆模条件后（无特殊要求时，带模养护 3d）脱模。试样取出后应在标准环境条件下养护至 28d，或按生产商规定的养护条件进行养护。

④ 胶粉聚苯颗粒保温砂浆：养护结束后将试件在（65±2)℃温度下烘至恒量，放入干燥器中备用，恒量的判据为恒温 3h 两次称量试件的质量变化率应小于 0.2%。

膨胀玻化微珠轻质砂浆：将试件置于干燥箱内，缓慢升温至（110±5)℃（若粘结材料在该温度下发生变化，则应低于其变化温度 10℃），烘干至恒定质量，然后移至干燥器中冷却至室温。恒定质量的判据为恒温 3h 两次称量试件质量的变化率小于 0.2%。

(2) 干体积密度的测试

① 称量试件自然状态下的质量 G，保留 5 位有效数字。

② 测量试件的几何尺寸，并计算试件的体积 V。

注：如果是石膏基材料，则利用干燥至恒量的抗折强度试件［见本书七十二（二）］进行称量，精确至 1g。

5. 结果计算及数据处理

试件的体积密度按式（60-2）计算，精确至1kg/m^3。

$$\rho=\frac{G}{V} \tag{60-2}$$

式中　ρ——试件的体积密度，kg/m^3；

G——试件烘干后的质量，kg；

V——试件的体积，石膏基材料取固定值256，m^3。

胶粉聚苯颗粒保温砂浆和石膏基材料体积密度为三个试件体积密度的算术平均值，膨胀玻化微珠轻质砂浆体积密度为六个试件体积密度的算术平均值，精确至1kg/m^3。

六十一、含气量

（一）压力法

1. 适用范围

本方法参照标准GB/T 29756—2013《干混砂浆物理性能试验方法》，适用于含气量小于20%的砂浆含气量的测定。

2. 测试原理

将砂浆装入标准测量容器内，用水覆盖砂浆上表面，通过向砂浆上表面施加压力将砂浆中含有的气体排出，容器内水面的下降体积对应从砂浆中排出的气体体积。

3. 试验器具

（1）含气量测定仪：包含两部分，一部分为体积约1L的金属容器；另一部分为压力容器盖，如图61-1所示。

（2）捣棒：直径为20mm，长约200mm的非吸收性材质圆棒。

（3）钢直板：长度为200mm，宽度为10mm，厚度为0.5mm的钢制直板。

4. 试验步骤

（1）每次使用前应按照6附录A校准含气量测定仪。

（2）将按照本书五十五（二）4中（1）拌合好的砂浆分四次填入金属容器内，每填入一层用捣棒快速由四周至中心捣实10次，从捣固第二层至第四层时，所用捣固力只要足以使捣棒捣至前一层即可，最终使砂浆表面平整，并用钢直板刮去多余的砂浆，使砂浆表面与容器边缘平齐。用湿布将容器外壁擦拭干净，盖上压力容器盖扣紧密封。

（3）关闭空气室和金属容器之间的主气阀（图61-1），保持阀门B开启，通过阀门A将水注入砂浆上部的空间，直到水从阀门B流出，这时已将砂浆上部的空气排净。

（4）开启手动气泵向空气室内加压使压力表指针对准零点。关闭阀门A和阀门B，然后打开主气阀持续20s，待金属容器和空气室压力达到平衡后，通过压力表直接读取对应的含气量。

5. 数据处理

两次算术平均值作为最终结果，精确至0.1%。两次结果之差应小于平均值的5%，否则应重新制备样品进行试验。

6. 附录A

含气量测定仪的校准

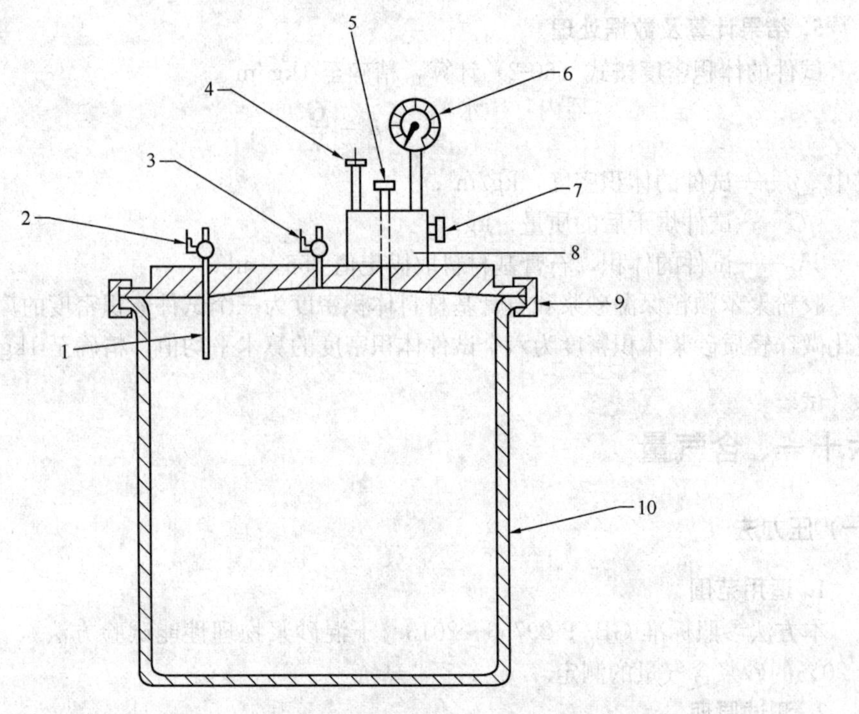

图 61-1　含气量测定仪结构示意图

1—校准用伸缩管；2—阀门 A；3—阀门 B；4—泵；5—主气阀；6—压力表；
7—排气阀；8—空气室；9—夹紧装置；10—金属容器

A. 1　总则

确立含气量 0%～25%时含气量测定仪的指针的准确位置，校准间隔为 5%。

A. 2　5%含气量校准步骤

A. 2. 1　在标准试验条件下，向金属容器中装入蒸馏水。

A. 2. 2　将伸缩管连接在阀门 A 上（图 61-1），盖上压力容器盖，关闭空气室和金属容器之间的气阀。保持阀门 B 开启，通过阀门 A 向容器中注满水，以从阀门 B 排出容器中所有的空气，然后关闭阀门 A 和阀门 B。

A. 2. 3　将量筒连接到阀门 A 上，向空气室内打压至压力表满刻度。缓慢打开主气阀，同时用阀门 A 控制水流量慢慢将 50mL 水注入量筒（每 10mL 水对应 1%的含气量）。达到 50mL 水位时，关闭阀门 A，移走量筒，读取压力表数值。

A. 2. 4　按照 A. 2. 1～A. 2. 3 步骤试验重复三次。如果三次的测定值与准确的含气量值（由量筒内水的体积确定）有相同的偏差，则调整压力表盘上的指针，使其准确指示在 5%含气量的位置。反复多次试验，直到压力表的读数与校准蒸馏水体积对应的含气量值之间不超过 0. 1%。

A. 3　重复 A. 2 步骤，通过阀门 A 分别排出 100mL、150mL、200mL 和 250mL 蒸馏水，调整指针使其准确地指示在 10%、15%、20%和 25%的位置，即完成含气量测定仪的校准。

（二）乙醇水溶液法

1. 适用范围

本方法参照标准 GB/T 29756—2013《干混砂浆物理性能试验方法》，适用于含气量不小于20%的砂浆含气量的测定。

2. 测试原理

将砂浆装入标准测量容器内，用水覆盖砂浆上表面，使用乙醇水溶液将砂浆中含有的气体排出，容器内水面的下降体积对应从砂浆中排出的气体体积。

3. 试验器具

(1) 量筒：直径为50mm，体积为500mL。

(2) 橡皮塞：与容量筒紧密配合。

(3) 玻璃棒。

(4) 油灰刀。

4. 试验步骤

(1) 准备体积分数为60%的乙醇水溶液约500mL。

(2) 用油灰刀小心将体积约为200mL的砂浆填入量筒内，为避免引入空隙，用手敲容器使得填入的砂浆表面达到水平状态，并将水平面以上黏附在量筒壁上的砂浆用潮湿的纱布擦拭干净，记录此时砂浆的体积 $V_{m,i}$。

(3) 用玻璃棒引流将乙醇水溶液引入容量筒中，直到达到500mL的刻度线，用橡皮塞密封容量筒，并上下颠倒摇晃20次，得到一个完全分散在乙醇水溶液的混合体，然后静置混合体5min，记录此时的体积 $V_{m,f}$。

5. 结果计算及数据处理

按照式(61-1)计算砂浆含气量：

$$L = \frac{500 - V_{m,f}}{V_{m,i}} \times 100 \tag{61-1}$$

式中　L——含气量,%；

$V_{m,f}$——砂浆与乙醇溶液混合后体积，mL；

$V_{m,i}$——初始砂浆体积，mL。

两次算术平均值作为最终结果，精确至0.1%。两次结果之差应小于平均值的5%，否则应重新制备样品进行试验。

(三) 仪器法

1. 适用范围

本方法参照JGJ/T 70—2009《建筑砂浆基本性能试验方法标准》，适用于采用砂浆含气量仪测定砂浆含气量。

2. 测试原理

根据气态方程，保持一定压力的气室和装满试料的容器之间，在开闭压力平衡时，两个容器的压力达到平衡时，气室压力减少的量即是砂浆中的空气含量所占的百分比，在压力表上表示出的即是试料中的空气含量。

3. 试验器具

(1) 砂浆含气量测定仪，如图61-2所示。

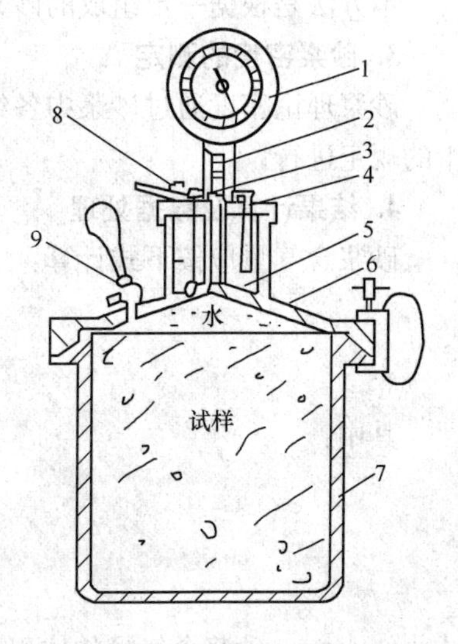

图61-2　砂浆含气量测定仪

1—压力表；2—出气阀；3—阀门杆；4—打气筒；5—气室；6—钵盖；7—量钵；8—微调阀；9—小龙头

（2）天平：最大称量 15kg，感量 1g。

4. 试验步骤

（1）将量钵水平放置，将搅拌好的砂浆均匀地分三次装入量钵内，每层由内向外插捣25次，并用木锤在周围敲几下，插捣上层时捣棒应插入下层 10～20mm。

（2）捣实后刮去多余砂浆，用抹刀抹平表面，使表面平整无气泡。

（3）盖上测定仪量钵上盖部分，卡紧卡扣，保证不漏气。

（4）打开两侧阀门并松开上部微调阀，用注水器通过注水阀门注水，直至水从排水阀流出，立即关紧两侧阀门。

（5）关紧所有阀门，用气筒打气加压，再用微调阀调整指针为零。

（6）按下按钮，刻度盘读数稳定后读数。

（7）开启通气阀，压力仪示值回零，重复（5）～（7）的步骤，对容器内试样再测一次压力值。

5. 数据处理

（1）如两次测值的相对误差小于 0.2%，则取两次试验结果的算术平均值为砂浆的含气量，如两次的相对误差大于 0.2%，试验结果无效。

（2）所测含气量数值<5%时，测试结果精确到 0.1%；所测含气量数值≥5%时，测试结果精确到 0.5%。

（四）密度法

1. 适用范围

同（三）1。

2. 测试原理

本方法是根据一定组成的砂浆理论密度与实际密度的差值确定砂浆中的含气量。

3. 砂浆密度的测定

砂浆理论密度通过砂浆中各组成材料的密度与配比计算得到，实际密度的测定按本书六十的规定进行。

4. 结果计算及数据处理

砂浆含气量应按下式计算：

$$A_C=\left(1-\frac{\rho_0}{\rho}\right)\times 100 \tag{61-2}$$

其中：

$$\rho=\frac{6+p+W_c}{\dfrac{1}{\rho_c}+\dfrac{1}{\rho_s}+\dfrac{p}{\rho_p}+W_c} \tag{61-3}$$

式中 A_c——砂浆含气量的体积百分数，%；

ρ_0——砂浆实际密度，kg/m^3；

ρ——砂浆理论密度，kg/m^3；

ρ_c——水泥密度，g/cm^3；无实测值时，取 $\rho_C=3.15g/cm^3$；

ρ_s——砂的密度，g/cm³；无实测值时，取 $\rho_S=2.65$g/cm³；

W_c——砂浆达到指定稠度时的水灰比；

p——外加剂与水泥用量之比，当 P 小于 1%时，可忽略不计；

ρ_p——外加剂的密度，g/cm³。

砂浆含气量应精确至 1%；砂浆理论密度应精确至 10kg/m³。

六十二、晾置时间

1. 适用范围

本方法参照 JC/T 547—2005《陶瓷墙地砖胶粘剂》，适用于陶瓷墙地砖粘贴用胶粘剂晾置时间的测定。

2. 测试原理

测量涂胶后至叠合试件能达到标准拉伸胶粘强度大于或等于 0.5MPa 时的最大时间间隔。

3. 试验器具

（1）拉伸试验用的试验机：应有适宜的灵敏度及量程，并应通过适宜的连接方式不产生任何弯曲应力，以（250±50）N/s 速度对试件施加拉拔力。应使最大破坏荷载处于仪器量程的 20%～80%范围内，试验机的精度为 1%。

（2）试验陶瓷砖：应预先检查试验陶瓷砖是未被使用过的、干净的，并进行处理。处理方法：先将试验陶瓷砖浸水 24h，沸水煮 2h，105℃烘干 4h，标准试验条件下至少放置 24h。

（3）试验用压块：截面积略小于 50mm×50mm，质量（2.00±0.015）kg。

（4）试验用混凝土板：试验用混凝土板应符合 JC/T 547—2005《陶瓷墙地砖胶粘剂》附录 A 规定的要求。

4. 试验步骤

（1）胶粘剂的拌合

① 水泥基胶粘剂（C）

按生产厂商说明，准备胶粘剂所需的水或液体组分，分别称量（如给出一个数值范围，则应取平均值）。在所有项目测试过程中，制备水泥基胶粘剂时的用水量和掺加液体量应该保持一致。

在符合 JC/T 681《行星式水泥胶砂搅拌机》要求的搅拌机中，准备 2kg 胶粘剂。按下列步骤进行操作：

a. 将水或液体倒入锅中；

b. 将干粉撒入；

c. 低速搅拌 30s；

d. 取出搅拌叶；

e. 60s 内清理搅拌叶和搅拌锅壁上的胶粘剂；

f. 重新放入搅拌叶，再低速搅拌 60s。

按生产厂商的说明让胶粘剂熟化，然后继续搅拌 15s。

② 膏状乳液胶粘剂（D）

应按生产商的说明进行。

③ 反应型树脂胶粘剂（R）

应按生产商的说明进行。

（2）试件制备

将瓷砖胶粘剂拌合后，用直边抹刀在混凝土板上抹薄薄一层胶粘剂。然后用 12mm 中心有 6mm×6mm 齿的齿型抹刀抹上稍厚一层胶粘剂，并梳理。握住齿型抹刀与混凝土板约成 60°的角度，与混凝土板一边成直角，平行地抹至混凝土板另一边（直线移动）。按照相应晾置时间规定的时间要求，分别放置至少 10 块（P1 型）试验砖于胶粘剂上，彼此间隔 40mm，并在每块瓷砖上加载（2.00±0.015）kg 的砝码并保持 30s。

（3）试件测试

在标准试验条件下养护 27d 后，用适宜的高强粘结剂将拉拔接头粘在瓷砖上，在标准状态下继续放置 24h 后，测定拉伸胶粘强度。

5. 结果计算及数据处理

用下式计算单个试件胶粘强度，精确到 0.1MPa。

$$A_s = \frac{L}{A} \tag{62-1}$$

式中 A_s——单个试样的拉伸胶粘强度，MPa；

L——力，N；

A——粘结面积，mm^2。

对每一系列拉伸胶粘强度如下确定：

（1）求 10 个数据的平均值。

（2）舍弃超出平均值±20%范围的数据。

（3）若仍有 5 个或更多数据被保留，求新的平均值。

（4）若少于 5 个数据被保留，重新试验。

（5）确定试样的破坏模式。

六十三、滑移

1. 适用范围

本方法参照标准 JC/T 547—2005《陶瓷墙地砖胶粘剂》，适用于陶瓷墙地砖粘贴用胶粘剂滑移性能的测定。

2. 测试原理

通过测量胶粘瓷砖在自身重力作用下与水泥基混凝土板的最大滑移距离确定滑移值。

3. 试验条件

（1）标准试验条件为环境温度（23±2）℃，相对湿度（50±5）%，试验区的循环风速小于 0.2m/s。

（2）所有试验材料（胶粘剂等）试验前应在标准试验条件下放置至少 24h。

4. 试验仪器

（1）试验用陶瓷砖

在对瓷砖进行标准试验条件放置前，必须先检查瓷砖，保证其为干燥、洁净的新瓷砖。使用本方法测试的陶瓷砖应为以下类型：V2 型，符合 GB/T 4100《陶瓷砖》的瓷质砖，吸水率≤0.2%，未上釉，具有平整的粘结面，表面积为（100±1）mm×（100+1）mm，质量为（200±10）g。

（2）试验用混凝土板

试验用混凝土板应符合 JC/T 547—2005《陶瓷墙地砖胶粘剂》附录 A 的要求，长度与宽度为 400mm×400mm，厚度不小于 40mm，含水量不大于 3%，吸水率范围在 0.5～1.5mL，表面拉伸强度不小于 1.5 MPa。

（3）试验用钢直尺。

（4）试验用夹具。

（5）试验用遮蔽胶带：25mm 宽的遮蔽胶带。

（6）试验用隔片：两个不锈钢制(25±0.5)mm×(25±0.5)mm×(10±0.5)mm 的隔片。

（7）试验用压块

3 号试验用压块：截面积略小于(100±1)mm×（100±1)mm，质量为(5.00±0.01）kg。

（8）试验用游标卡：精度为 0.01mm。

5. 试验步骤

（1）胶粘剂的拌合

① 水泥基胶粘剂（C）

按生产厂商说明，准备胶粘剂所需的水或液体组分，分别称量（如给出一个数值范围，则应取平均值）。在所有项目测试过程中，制备水泥基胶粘剂时的用水量和掺加液体量应该保持一致。

在符合 JC/T 681《行星式水泥胶砂搅拌机》要求的搅拌机中，准备 2kg 胶粘剂。按下列步骤进行操作：

a. 将水或液体倒入锅中。

b. 将干粉撒入。

c. 低速搅拌 30s。

d. 取出搅拌叶。

e. 60s 内清理搅拌叶和搅拌锅壁上的胶粘剂。

f. 重新放入搅拌叶，再低速搅拌 60s。

按生产厂商的说明让胶粘剂熟化，然后继续搅拌 15s。

② 膏状乳液胶粘剂（D）

应按生产商的说明进行。

③ 反应型树脂胶粘剂（R）

应按生产商的说明进行。

（2）涂抹胶粘剂

确保钢直尺置于混凝土板的顶端，这样当混凝土板垂直竖立时，会与钢直尺的底部边缘保持同一水平。紧挨钢直尺下缘将 25mm 宽的遮蔽胶带粘上，用直缘抹刀先在混凝土板上薄涂上一层胶粘剂至混凝土板上，接着再厚涂一层胶粘剂。对水泥基胶粘剂，用带有 6mm×6mm 凹口、中心间距为 12mm 的齿型抹刀对胶粘剂进行梳镘。对于乳液基胶粘剂和反应型树脂胶粘剂，则用带有 4mm×4 mm 凹口、中心间距为 8mm 的齿型抹刀梳镘。齿形抹刀应和基板保持约 60°倾斜角，并和混凝土板一边成直角，从板的一边梳至另一边。2min 后立即将 V2 型瓷砖紧邻隔片放置在胶粘剂上，如图 63-1 所示，并在瓷砖上施加（5.00±0.01）kg 的压块，（30±5）s。

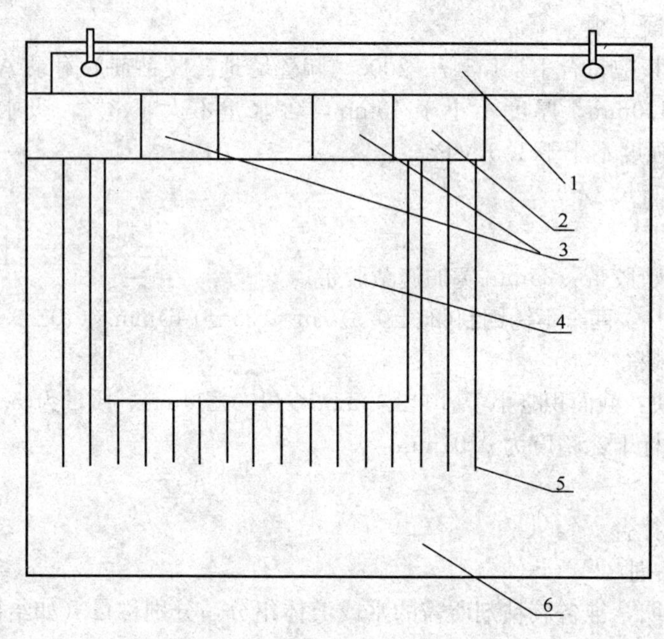

图 63-1　抗滑移性试验示意图

1—直钢尺；2—25mm 的遮蔽胶带；3—隔片；4—瓷砖；5—胶粘剂；6—混凝土基板

（3）测量滑移值

取走隔片后用游标卡尺测量直尺边缘和瓷砖之间的距离，精确到±0.1mm。测量后立即小心地将混凝土板垂直竖立。在（20±2）min 后重新测量直尺边缘和瓷砖之间的距离。前后两次测量读数的差值就是瓷砖在自身重量下的最大滑移距离，每一种胶粘剂用三块试件进行测试。

6. 数据处理

取算术平均值，以 mm 表示，精确到 0.1 mm。

六十四、凝结时间

（一）水泥砂浆

1. 适用范围

本方法参照 JGJ/T 70—2009《建筑砂浆基本性能试验方法标准》，适用于贯入阻力法确定砂浆拌合物的凝结时间。

2. 测试原理

水泥砂浆对标准试杆的沉入具有一定的阻力，通过试验水泥砂浆的穿透性，可确定水泥砂浆的凝结时间。

3. 试验器具

（1）砂浆凝结时间测定仪，如图 64-1 所示，由试针、容器、台秤和支座四部分组成，并应符合下列规定：

① 试针：不锈钢制成，截面积为 $30mm^2$。

② 盛砂浆容器：由钢制成，内径应为 140mm，高度应为 75mm。

③ 压力表：称量精度为 0.5N。

④ 支座：分底座、支架及操作杆三部分，由铸铁或钢制成。

（2）定时钟。

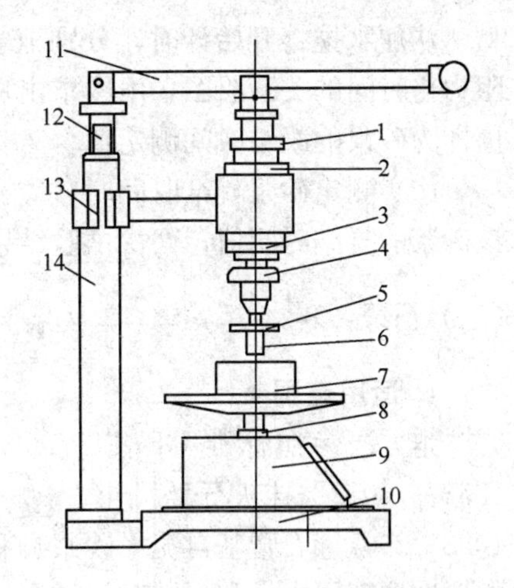

图 64-1　砂浆凝结时间测定仪

1—调节螺母；2—调节螺母；3—调节螺母；4—夹头；5—垫片；6—试针；7—盛浆容器；8—调节螺母；9—压力表座；10—底座；11—操作杆；12—调节杆；13—立架；14—支柱

4. 试验步骤

（1）将制备好的砂浆拌合物装入砂浆容器内，砂浆应低于容器上口 10mm，轻轻敲击容器，并予以抹平，盖上盖子，放在（20±2）℃的试验条件下保存。

（2）砂浆表面的泌水不清除，将容器放到压力表圆座上，然后通过下列步骤来调节测定仪：

① 调节螺母 3，使贯入试针与砂浆表面接触。

② 松开调节螺母 2，再调节螺母 1，以确定压入砂浆内部的深度为 25mm 后再拧紧螺母 2。

③ 旋动调节螺母 8，使压力表指针调到零位。

④ 测定贯入阻力值，用截面为 $30mm^2$ 的贯入试针与砂浆表面接触，在 10s 内缓慢而均匀地垂直压入砂浆内部 25mm 深，每次贯入时记录仪表读数 N_p，贯入杆离开容器边缘或已贯入部位至少 12mm。

⑤ 在（20±2）℃的试验条件下，实际贯入阻力值应在成型后 2h 开始测定，并应每隔 30min 测定一次，当贯入阻力值达到 0.3MPa 后，应改为每 15min 测定一次，直至贯入阻力值达到 0.7MPa 为止。

注：a. 施工现场凝结的测定，其砂浆稠度、养护和测定的温度与现场相同。

b. 在测定湿拌砂浆的凝结时间时，时间间隔可根据实际情况来定。如可定为受检砂浆预测凝结时间的 1/4、1/2、3/4 等来测定，当接近凝结时间时改为每 15min 测定一次。

5. 结果计算及数据处理

砂浆贯入阻力值按下式计算：

$$f_p = \frac{N_p}{A_p} \tag{64-1}$$

式中　f_p——贯入阻力值，MPa，精确至 0.01MPa；

N_p——贯入深度至 25mm 时的静压力，N；

A_p——贯入试针的截面积，即 $30mm^2$。

砂浆的凝结时间可按下列方法确定：

（1）凝结时间的确定可采用图示法或内插法，有争议时应以图示法为准。

从加水搅拌开始计时，分别记录时间和相应的贯入阻力值，根据试验所得各阶段的贯入阻力与时间的关系绘图，由图求出贯入阻力值达到 0.5MPa 时所需时间 t_s（min），此时的 t_s 值即为砂浆的凝结时间测定值。

（2）测定砂浆凝结时间时，应在同盘内取两个试样，以两个试验结果的算术平均值作为该砂浆的凝结时间值，两次试验结果的误差不应大于 30min，否则应重新测定。

（二）石膏

1. 适用范围

本方法参照标准 GB/T 17669.4—1999《建筑石膏　净浆物理性能的测定》、GB/T 28627—2012《抹灰石膏》、JC 890—2001《蒸压加气混凝土用砌筑砂浆与抹面砂浆》、JC/T 1023—2007《石膏基自流平砂浆》和 JC/T 1025—2007《粘结石膏》，适用于建筑石膏净浆的标准稠度用水量和凝结时间的测定，如抹灰石膏、石膏基自流平砂浆和粘结石膏等。

2. 试验条件

（1）抹灰石膏

① 试样应保存在密封容器中，置于试验室条件下备用。

② 试验室温度为（20±5）℃，空气相对湿度为（65±1）%。抹灰石膏试样、拌合水及试模等仪器的温度应与室温相同。

（2）石膏基自流平砂浆和粘结石膏

试验室温度为（23±2）℃，空气相对湿度为（50±5）%。试验前，试样、拌合水及试模等应在标准试验条件下放置 24h。

3. 测试原理

石膏砂浆对标准试杆的沉入具有一定的阻力，通过测试标准扩散度用水量的石膏砂浆的穿透性确定凝结时间。

4. 试验仪器

（1）凝结时间测定仪：凝结时间测定仪应符合 JC/T 727《水泥净浆标准稠度与凝结时间测定仪》的要求。

（2）跳桌：符合 GB/T 2419—2005 的要求。

（3）试模：由截锥圆模和模套组成。金属材料制成，内表面加工光滑。圆模尺寸为：高度（60±0.5）mm；上口内径（70±0.5）mm；下口内径（100±0.5）mm；下口外径 120mm；模壁厚大于 5mm。

（4）搅拌机：胶砂搅拌机。

（5）捣棒：金属材料制成，直径为（20±0.5）mm，长度约 200 mm。捣棒底面与侧面成直角，其下部光滑，上部手柄滚花。

（6）卡尺：量程不小于 300mm，分度值不大于 0.5mm。

（7）油灰刀等。

5. 试验步骤

（1）抹灰石膏制样过程

标准扩散度用水量的测定：

a. 试验前用湿布抹擦跳桌台面、捣棒、截锥圆模和膜套内壁，并将截锥圆模和膜套置于玻璃台面中心，盖上湿布。

b. 称取适量的试样（约 1.5L），精确到 1g。在搅拌锅中加入估计为标准扩散度用水量的水。将试样在 30s 内均匀地撒入水中静置 1min，然后用搅拌机慢速搅拌 3min，得到均匀的石膏浆，迅速分两层装入截锥圆模内。第一层装到截锥圆模高的三分之二处，用圆柱捣棒自边缘至中心均匀捣压 15 次，接着装第二层浆，装到高出截锥圆模约 20mm，同样用圆柱捣棒自边缘至中心均匀捣压 10 次。其捣压深度为：第一层捣至浆高度的三分之一，第二层捣至不超过已捣实的底层表面，装填和捣实浆时，应用手将截锥圆模扶住，避免移动。

c. 捣压完毕，取下模套，用刮平刀将高出截锥圆模的浆刮去并抹平，然后垂直向上轻轻提起截锥圆模。从装填浆至提起截锥圆模时间为 2min。立即开动跳桌，以每秒一次的速度连续跳动 15 次。

d. 跳动完毕，在两个互相垂直的方向上测量试饼的直径，精确到 1mm，计算两个方向直径的平均值，即标准扩散度。对于面层、底层和轻质底层抹灰石膏，它应等于（165±5）mm，对于保温层抹灰石膏，它应等于（150±5）mm。否则，应改变加水量，重新拌合石膏浆再行试验，直至达到要求为止。

e. 记录连续两次石膏浆扩散度为标准扩散度时的加水量，该水量与试样的质量比（百分数表示，精确至 1%），即为标准扩散度用水量（K_1）。

f. 利用具有标准扩散度用水量的石膏浆，取一部分倒入环形试模，然后将玻璃底板抬高约 10mm，上下震动五次。用刮刀刮去溢浆，并使料浆与环模上端齐平。

（2）石膏基自流平砂浆制样过程

① 称取（300±0.1）g 试样，量取初始流动度用水量倒入搅拌锅中，将试样在 30s 内均匀地撒入水中，湿润后用料勺搅拌 1min，然后用搅拌机慢速搅拌 2min，得到均匀的料浆。

② 利用具有标准扩散度用水量的石膏浆，取一部分倒入环形试模，然后将玻璃底板抬高约 10mm，上下震动五次。用刮刀刮去溢浆，并使料浆与环模上端齐平。

（3）粘结石膏制样过程

① 快凝型粘结石膏

称取（300±0.1）g 试样，在胶砂搅拌锅中加入（180±0.1）g 水，将试样在 5s 内均匀撒入水中，搅拌机调到手动挡，低速搅拌 1min，得到均匀的石膏料浆，迅速将料浆倒入环形试模，用油灰刀捣实刮平。

② 普通型粘结石膏

与抹灰石膏相同，试样取（1000±0.1）g。

（4）凝结时间的测定

① 将装满料浆的环模连同玻璃底板放在仪器的钢针下，使针尖与料浆的表面相接触，且离开环模边缘大于 10mm。迅速放松杆上的固定螺栓，针即自由地插入料浆中。每隔 5min 重复一次，每次都应改变插点，并将针擦净、校直。

② 记录从试样与水接触开始，至钢针第一次碰不到玻璃底板所经历的时间，此即试样的初凝时间。记录从试样与水接触开始，至钢针第一次插入料浆的深度不大于 1mm 所经历的时间，此即试样的终凝时间。

6. 数据处理

取两次测定结果的平均值，作为该试样的初凝时间和终凝时间，精确至 1min。

六十五、干燥时间

1. 适用范围

本方法参照 JC/T 2090《聚合物水泥防水浆料》，适用于测定聚合物水泥防水浆料等的干燥时间。

2. 测试原理

在标准试验条件下，将浆料用线棒涂布器涂放在铝板上，分别观察它的表干时间和实干时间。

3. 试验器具

（1）计时器：分度至少 1min。

（2）铝板：规格[120×50×(1～3)]mm。

（3）线棒涂布器：200μm。

4. 试验步骤

（1）配料

按生产商推荐的配合比进行试验。

采用符合本书二十（一）3（5）规定的水泥胶砂搅拌机，按 DL/T 5126—2001《聚合物改性水泥砂浆试验规程》要求低速搅拌或采用人工搅拌。

S类（单组分）试样，先将水倒入搅拌机内，然后将粉料徐徐加入到水中进行搅拌；D类（双组分）试样，先将粉料混合均匀，再加入到液料中搅拌均匀。如需要加水的，应先将乳液与水搅拌均匀。搅拌时间和熟化时间按生产厂规定进行。若生产厂未提供上述规定，则搅拌 3 min、静止 1～3min。

（2）表干时间

试验前铝板、工具、涂料应在标准试验条件下放置 24h 以上。

在标准试验条件下，用线棒涂布器将按生产厂要求混合搅拌均匀的样品涂布在铝板上制备涂膜，涂布面积为（100×50）mm，记录涂布结束时间，对于多组分涂料从混合开始记录时间。

静置一段时间后，用无水乙醇擦净手指，在距试件边缘不小于 10mm 范围内用手指轻触涂膜表面，若无涂膜黏附在手指上即为表干，记录时间，试验开始到结束的时间即为表干时间。

（3）实干时间

按（2）制备试件，静置一段时间后，用刀片在距试件边缘不小于 10mm 范围内切割涂膜，若底层及膜内均无黏附手指现象，则为实干，记录时间，试验开始到结束的时间即为实干时间。

5. 结果评定

平行试验两次，以两次结果的平均值作为最终结果，有效数字应精确到实际时间的 10%。

六十六、初期干燥抗裂性

1. 适用范围

本方法参照 JC/T 1024《墙体饰面砂浆》，适用于测定砂浆初期干燥抗裂性。

2. 测试原理

在标准试验条件、标准养护条件下试验，试块经过初期干燥抗裂性试验用仪器的测试，用肉眼观察试件表面有无裂纹。

3. 试验器具

（1）石棉水泥平板（加压板，厚度为4～6mm）。

（2）初期干操抗裂性试验用仪器如图66-1所示。装置由风机、风洞和试架组成，风洞截面为正方形。用能够获得3m/s以上风速的轴流风机送风，配置调压器调节风机转速，使风速控制为（3±0.3）m/s。风洞内气流速度用热球式或其他风速计测量。

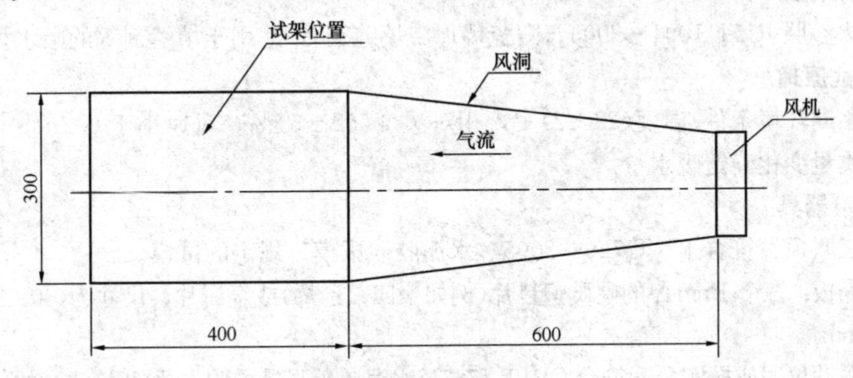

图66-1　初期干燥抗裂性试验用仪器（mm）

4. 试验步骤

按生产厂商提出的方法，将产品说明书中规定用量的饰面砂浆涂布于符合JC/T 412.2《纤维水泥平板　第2部分：温石棉纤维水泥平板》的石棉水泥平板表面，指触干后，将其置于风洞内的试架上面，试件与气流方向平行，放置6h内取出，用肉眼观察试件表面有无裂纹出现。同时，制备两个试件做平行试验。

六十七、含水率

1. 适用范围

本方法参照JGJ/T 70—2009《建筑砂浆基本性能试验方法标准》，适用于新拌砂浆含水率的测定。

2. 测试原理

通过测量烘干前后试件质量确定含水率。

3. 试验器具

（1）天平：量程200g，感量0.1g；量程2000g，感量1g。

（2）烘箱。

4. 试验步骤

称取100g砂浆拌合物试样，置于一干燥并已称重的盘里，在（105±5）℃的烘箱烘干至恒量。

5. 结果计算及数据处理

砂浆含水率应按下式计算：

$$\alpha = \frac{m_1}{m_2} \times 100 \tag{67-1}$$

式中　α——砂浆含水率，%；

m_1——烘干后砂浆样本损失的质量，g；

m_2——砂浆样本的总质量，g。

砂浆含水率值应精确至0.1%。

六十八、吸水量

1. 适用范围

本方法参照JC/T 1004—2006《陶瓷墙地砖填缝剂》，适用于填缝剂等的吸水量的测定。

2. 测试原理

比较相同环境条件[温度(23±2)℃，相对湿度(50±5)%，风速小于0.2m/s]下砂浆吸水前后的质量变化确定吸水量。

3. 试验器具

(1) 三联模：符合JC/T 726—2005《水泥胶砂试模》规定的试模。

(2) 隔板：三个1mm厚的硬质塑料片(例如聚四氟乙烯)或金属片，尺寸为(40±0.1)mm×(40±0.1)mm。

(3) 振动仪器或振实台：符合GB/T 17671《水泥胶砂强度检验方法(ISO法)》的仪器。

(4) 平底盘子：能够放置六个待测试件的平底盘子。

4. 试验步骤

(1) 试件制备；按照要求为每个填缝剂制备六个试件。成型时把隔板插入试模的中间，与试模较小的面相平行，使原来的一个试件自然分割成两个试件。脱模后，试件在标准试验条件下养护20d。用中性的密封材料涂抹于试件的四个长方形面上加以密封。再把试件在标准试验条件下养护7d。

(2) 成型28d后，称取每个待测试件的质量，精确到0.01g。之后，把试件垂直放在盘子里，使未密封的中间面朝下，并使之与水完全接触。浸入水中的深度为5～10mm。注意防止试件因移动而相互接触。必要时加水以保持水面恒定。吸水量试验示意图如图68-1所

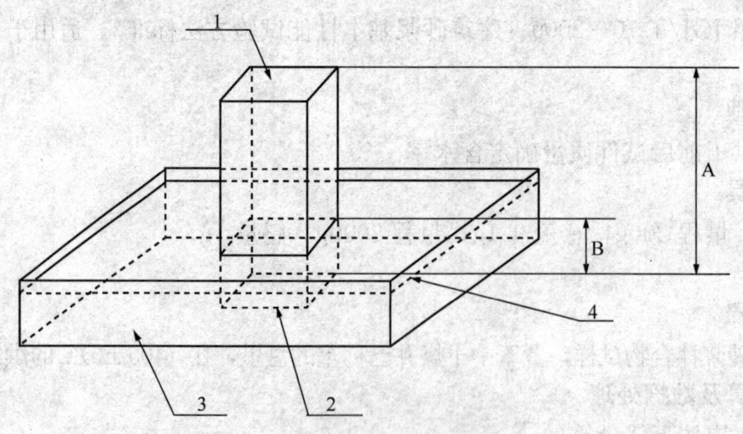

图68-1　吸水量试验示意图

1—试件；2—试件中间面；3—平底盘子；4—水面；A—约80mm；B—浸入深度5～10mm

示。30min时，从水中取出试件，用挤干的湿布迅速地擦去表面的水分，称量并记录。之后，把试件再放入盘子里，再浸210min后重复上述操作。

5. 结果计算及数据处理

按下式计算每个试件的吸水量：

$$W_{ab} = m_t - m_d \tag{68-1}$$

式中　W_{ab}——吸水量，g；

m_d——浸水前试件的质量，g；

m_t——规定时间浸水后试件的质量，g。

吸水量取六个试验结果的算术平均值，精确到0.1g。

六十九、吸水率

(一) 体积吸水率

1. 适用范围

本方法参照JGJ/T 70—2009《建筑砂浆基本性能试验方法标准》，适用于测定砂浆的吸水率。

2. 测试原理

通过测量干燥砂浆吸水前后的质量确定吸水率。

3. 试验器具

(1) 天平：称量1000g，感量1g。

(2) 烘箱。

(3) 水槽。

4. 试验步骤

(1) 按本书七十一的规定成型及养护试件，第28d取出试件，在(78±3)℃温度下烘干(48±0.5) h，称其质量，然后将试件成型面朝下放入水槽，下面用两根ϕ10mm的钢筋垫起。

(2) 试件浸入水中的高度为35mm，应经常加水，并在水槽要求的水面高度处开溢水孔，以保持水面恒定，水槽应加盖，放入温度(20±3)℃，相对湿度80%以上的恒温室中，但注意试件表面不得有结露或水滴，然后在(48±0.5) h取出，用拧干的湿布擦去表面水，称其质量。

5. 结果计算及数据处理

砂浆吸水率应按下式计算：

$$W_X = \frac{m_1 - m_0}{m_0} \times 100 \tag{69-1}$$

式中　W_X——砂浆吸水率，%；

m_1——吸水后试件质量，g；

m_0——干燥试件的质量，g。

取3块试件的平均值，精确至1%。

(二) 毛细孔吸水率

1. 适用范围

本方法参考德国标准 DIN 52617—1987《建筑材料吸水系数的测定》，适用于干混砂浆吸水性能的测定。本实验需要在温度（20±2)℃、湿度（65±10)%，风速小于 2m/s 的试验条件下进行。

2. 测试原理

测量一段时间内试件吸水前后的质量变化，绘制试件单位面积吸水量随时间开方的变化关系，从而确定砂浆的毛细孔吸水率。

3. 试验步骤

（1）根据砂浆配合比，参照水泥胶砂强度检验方法 GB/T 17671—1999《水泥胶砂强度检验方法（ISO 法)》成型试块。成型后，试块养护至预定龄期。

（2）到了龄期后，把试块在 60℃下烘 48h 至恒量。之后，在烘箱内冷却至室温。

（3）用石蜡把试块的表面密封，其中试块的上表面和与上表面相对的面不密封。密封时，应确保上下两个表面的整洁和面积。

（4）密封好后，称重试块，并记录数据（记作 W_0），天平的最小感量应在 0.1g 以下。并测量试块上表面的面积，记作 S。

（5）进行吸水率测定时，把试块置于温度为（20±2)℃的洁净水中，其中试块的上表面朝下浸入水中 2～3mm，试块下面用 $\phi 10$ 钢筋垫起，以保证试块的吸水面积。

（6）在试块放入水中的同时，秒表开始计时，初始阶段每隔 6min 测量一次试块重量；1h 后，每隔 10min 测量一次试块重量；2h 后，每隔 15min 测量一次试块重量；4h 后，每隔 30min 测量一次试块重量。测量时间为 12h。之后，测定 24h 和 48h 时的试块重量。每次测定时间记作 t，测定重量记作 W_t。

4. 结果计算及数据处理

结果处理按照下面的计算公式进行：

$$\delta = \frac{W_t - W_0}{S} \tag{69-2}$$

式中 δ——砂浆单位面积吸水量，kg/m^2；

W_t——砂浆 t 时的重量，kg；

W_0——砂浆试验前的重量，kg；

S——砂浆上表面的面积，m^2。

以 δ 为纵坐标，时间的开方 $t^{1/2}$ 为横坐标画图，描述砂浆单位面积吸水量随时间开方的变化关系，从而反映砂浆的毛细孔吸水率。

5. 注意事项

测量试块重量时，应保证除上表面外试块不能沾有水滴以及试块的整洁；应注意随时添加水，以保证试块上表面浸入深度在 2～3mm。

七十、水蒸气湿流密度

1. 适用范围

本方法参照 GB/T 17146—1997《建筑材料水蒸气透过性能试验方法》，适用于砂浆水蒸气透过性能的测定。

2. 测试原理

测量在单位时间内，流经单位面积的水蒸气湿流量。

3. 试验器具

（1）试样盘。试样盘应以不易腐蚀的材料制作，且不能透过水或水蒸气，盘形状任意，但质量宜轻，宜选大而浅的盘子。

（2）试验工作室。装配好的试样盘应放在温度和湿度受控的房间或箱内，温度选在21～32℃之间，恒温精度±0.6℃，推荐使用 32℃，因只需简单加热即可控制温度，工作室内相对湿度一般保持在（50±2）%。温湿度均应频繁地测量，能连续记录更好。空气应持续在工作室内循环，试样上方的空气流速应控制在 0.02～0.3m/s，使试验区的温湿度保持均匀。

（3）天平。天平的灵敏度应足以察觉达到稳定状态后，继续试验时间内试样盘质量变化值的 1%，称量通常也应精确到相应水平。例如透湿率为 5.7×10^{-8} g/（m^2·s·Pa）的试样，在 26.7℃下，254mm 见方面积内透过量为 0.56g/d，在 18d 稳定状态下将透过 10g 水蒸气，故天平的灵敏度必须为 10g 的 1%，即为 0.1g，称量也必须精确到 0.1g。

4. 试验材料

（1）水。对水法，试样盘中应放置蒸馏水。在准备试样前水温应控制在与试验温度相差1℃的范围内，以防止放到工作室内时试样内表面上发生冷凝。

（2）密封剂。为把试样封装到盘上去，密封剂必须对水蒸气（和水）的通过有高的阻断作用，在要求的试验时间周期内，密封剂必须无明显失重或增重，即失重到环境中或从环境中增重的量均不得大于 2%，且必须不会影响充水盘内的蒸气压。对透湿率低于 2.3×10^{-7} g/（m^2·s·Pa）的试样要使用熔融沥青或蜡。

5. 试验步骤

（1）采样和试样制备

① 应按产品标准规定或相应的取样方法标准采集样品，样品应厚度均匀，如为不对称结构的材料，其两面应标上明显可区分的记号。

② 试样应代表被测材料。如制品两面结构对称，或虽不对称，但制品被设计成按一种方向使用时，应按设计的水蒸气流过方向用同样的试验方法测试三块试样；否则要用四块试样，每两块按同水蒸气流向测试。

③ 以夹层方式制作和使用的板（如带有自然形成的“表皮”的泡沫塑料）可按使用厚度做试验，也可切成 2 片或更多片进行测试。

④ 若材料表面高低不平或有编织纹，试验厚度也应是使用厚度，但如为均匀材料，也可切成薄片进行试验。

⑤ 如以小于使用厚度测试，其试验厚度应不小于其两表面最大凹凸深度和的五倍，且其透湿率应不大于 3×10^{-7}g/（m^2·s·Pa）。

⑥ 每块试样的厚度应在每个象限的中心位置进行测量后取平均值算出。试样厚度 4mm 以上的，测量应精确至 0.5%；0.1mm 至 4mm 的，应精确至 1%；0.1mm 下的测量精度要求可适当放宽。

⑦ 测试透湿率小于 3×10^{-9}g/（m^2·s·Pa）的试样，或透湿率较低且在测试中可能会失重或增重的样品时，须增加一附加试样。

（2）试验程序

① 用蒸馏水注入试样盘至试样（25±5）mm 高（水面与试样之间留有空气间隔是为使有一小的水蒸气区域，减少操作试样盘时水接触试样的危险，这是必须的，对某些材料如纸、木材或其他吸湿材料，这种接触会使试验无效）。水的深度应不少于 3mm，以保证整个试验中水能盖满盘底，如是玻璃盘，只要能看到所有时间里水都盖满盘底则不需规定水深度。为减少水的涌动，可在盘中放置一个轻质且耐腐蚀材料制作的网架，以隔开水面，其位置至少应比试样的下表面低 6mm，且对水表面的减少应不大于 10%。

② 为便于在盘中注水，建议在试样盘壁上打一小孔，其位置在水位线上方。烘干空盘，用密封剂将试样封到盘口上，通过小孔向盘中注水，然后将小孔封闭。

③ 称量试样盘组件并将其水平放入工作室内，其后定期称量记录盘组件的质量，试验时 8 或 10 个数据点已足够。称量的时间也应记录，精确到该时间间隔的 1%。如每小时称重，时间记录精度 30s；如每天记录，允许到 15min。开始时质量可能变得很快，后来变化速率将达到稳定状态。称量时不应将试样盘从控制气氛中移出，但如需移出，试样保持在不同条件下的时间应尽可能短。

6. 结果计算及数据处理

湿流密度按下式计算：

$$g=\frac{\Delta m/\Delta t}{A} \tag{70-1}$$

式中 Δm——质量变化，g；

Δt——时间，s；

$\Delta m/\Delta t$——直线的斜率，即湿流量，g/s；

A——试验面积（盘口面积），m^2；

g——湿流密度，g/（m^2·s）。

七十一、立方体抗压强度及软化系数

（一）水泥砂浆

1. 适用范围

本方法参照 JGJ/T 70—2009《建筑砂浆基本性能试验方法标准》，适用于测定砂浆立方体的抗压强度。

2. 测试原理

以砂浆制得的立方体试块作为试样，在试验机中承受渐增荷载，测量试件破坏时的最大荷载。

3. 试验器具

（1）试模：尺寸为70.7mm×70.7mm×70.7mm的带底试模，材质规定参照JG 237—2008《混凝土试模》第4.1.3及4.2.1条，应具有足够刚度并拆装方便。试模的内表面应机械加工，其不平度应为每100mm不超过0.05mm，组装后各相邻面的不垂直度不应超过±0.5°。

（2）钢制捣棒：直径为10mm，长为350mm，端部应磨圆。

（3）压力试验机：精度为1%，试件破坏荷载应不小于压力机量程的20%，且不大于全量程的80%。

（4）垫板：试验机上、下压板及试件之间可垫以钢垫板，垫板的尺寸应大于试件的承压面，其不平度应为每100mm不超过0.02mm。

（5）振动台：空载中台面的垂直振幅应为（0.5±0.05）mm，空载频率应为（50±3）Hz，空载台面振幅均匀度不大于10%，一次试验至少能固定（或用磁力吸盘）三个试模。

4. 试验步骤

（1）立方体抗压强度试件的制作及养护应按下列步骤进行：

① 采用立方体试件，每组试件3个。

② 应用黄油等密封材料涂抹试模的外接缝，试模内涂刷薄层机油或脱模剂，将拌制好的砂浆一次性装满砂浆试模，成型方法根据稠度而定。当稠度≥50mm时采用人工振捣成型，当稠度小于50mm时采用振动台振实成型。

a. 人工振捣：用捣棒均匀地由边缘向中心按螺旋方式插捣25次，插捣过程中如砂浆沉落低于试模口，应随时添加砂浆，可用油灰刀插捣数次，并用手将试模一边抬高5～10mm各振动5次，使砂浆高出试模顶面6～8mm。

b. 机械振动：将砂浆一次装满试模，放置到振动台上，振动时试模不得跳动，振动5～10s或持续到表面出浆为止；不得过振。

③ 待表面水分稍干后，将高出试模部分的砂浆沿试模顶面刮去并抹平。

④ 试件制作后应在室温为（20±5）℃的环境下静置（24±2）h，当气温较低时，可适当延长时间，但不应超过两昼夜，然后对试件进行编号、拆模。试件拆模后应立即放入温度为（20±2）℃，相对湿度为90%以上的标准养护室中养护。养护期间，试件彼此间隔不小于10mm，混合砂浆试件上面应覆盖以防有水滴在试件上。

（2）砂浆立方体试件抗压强度试验应按下列步骤进行：

① 试件从养护地点取出后应及时进行试验。试验前将试件表面擦拭干净，测量尺寸，并检查其外观，并据此计算试件的承载面积，如实测尺寸与公称尺寸之差不超过1mm，可按公称尺寸进行计算。

② 将试件安放在试验机的下压板（或下垫极）上，试件的承压面应与成型时的顶面垂直，试件中心应与试验机下压板（或下垫板）中心对准。开动试验机，当上压板与试件（或上垫板）接近时，调整球座，使接触面均衡受压。承压试验应连续而均匀地加荷，加荷速度应为每秒钟0.25～1.5kN（砂浆强度不大于5MPa时，宜取下限，砂浆强度大于5MPa时，宜取上限），当试件接近破坏而开始迅速变形时，停止调整试验机油门，直至试件破坏，然后记录破坏荷载。

5. 结果计算及数据处理

砂浆立方体抗压强度应按下式计算：

$$f_{m,cu}=\frac{N_u}{A} \tag{71-1}$$

式中 $f_{m,cu}$——砂浆立方体试件抗压强度，MPa；

N_u——试件破坏荷载，N；

A——试件承压面积，mm^2。

砂浆立方体试件抗压强度应精确至 0.1MPa。

以三个试件测值的算术平均值的 1.3 倍（f_2）作为该组试件的砂浆立方体试件抗压强度平均值（精确至 0.1MPa）。

当三个测值的最大值或最小值中如有一个与中间值的差值超过中间值的 15%时，则把最大值及最小值一并舍除，取中间值作为该组试件的抗压强度值；如有两个测值与中间值的差值均超过中间值的 15%时，则该组试件的试验结果无效。

（二）保温砂浆

1. 适用范围

本方法参照标准 GB/T 5486—2008《无机硬质绝热制品试验方法》，GB/T 20473—2006《建筑保温砂浆》，适用于膨胀珍珠岩及蛭石保温砂浆、玻化微珠轻质砂浆、EPS 颗粒保温砂浆及其他无机轻集料保温砂浆抗压强度的测定。

2. 测试原理

通过测定压力下干燥试件的破坏荷载（当试件在压缩变形 5%时没有破坏，则试件压缩变形 5%时的荷载为破坏荷载），计算抗压强度。

3. 试验器具

（1）电子天平：量程为 5kg，分度值 0.1g。

（2）圆盘强制搅拌机：额定容量 30L，转速 27r/min，搅拌叶片工作间隙 3～5mm，搅拌筒内径 750mm。

（3）砂浆稠度仪：应符合 JGJ/T 70—2009《建筑砂浆基本性能试验方法标准》中的规定。

（4）试模：70.7mm×70.7mm×70.7mm 钢质有底试模，应具有足够的刚度并拆装方便。试模的内表面平整度为每 100mm 不超过 0.05mm，组装后各相邻面的不垂直度应小于 0.5°。

（5）捣棒：直径 10mm，长 350mm 的钢棒，端部应磨圆。

（6）油灰刀。

（7）试验机：压力试验机或万能试验机，相对示值误差应小于 1%，试验机具有显示受压变形的装置。

（8）电热鼓风干燥箱。

（9）干燥器。

（10）钢直尺：分度值 1mm。

（11）游标卡尺：分度值 0.05mm。

4. 试验步骤

（1）拌合物的制备

① 拌制拌合物时，拌合用的材料应提前 24 h 放入试验室内，拌合时试验室的温度应保持在（20±5）℃，搅拌时间为 2min。也可采用人工搅拌。

② 将建筑保温砂浆与水拌合进行试配，确定拌合物稠度为（50±5）mm 时的水料比，稠度的检测方法按本书五十五（一）的规定方法进行。

③ 将按上步确定的水料比或生产商推荐的水料比混合搅拌制备拌合物。

（2）试件的制备

① 试模内壁涂刷薄层脱模剂。

② 将制备好的拌合物一次注满试模，并略高于其上表面，用捣棒均匀由外向里按螺旋方向轻轻插捣 25 次，插捣时用力不应过大，尽量不破坏其保温集料。为防止可能留下孔洞，允许用油灰刀沿模壁插捣数次或用橡皮锤轻轻敲击试模四周，直至插捣棒留下的空洞消失，最后将高出部分的拌合物沿试模顶面削去抹平。至少成型 6 个三联试模，18 块试件。

③ 试件制作后用聚乙烯薄膜覆盖，在（20±5）℃温度环境下静停（48±4）h，然后编号拆模。拆模后应立即在（20±3）℃、相对湿度 60％～80％的条件下养护至 28d（自成型时算起），或按生产商规定的养护条件及时间，生产商规定的养护时间自成型时算起不得多于 28d。

④ 养护结束后将试件从养护室取出并在（105±5）℃或生产商推荐的温度下烘至恒量，放入干燥器中备用。恒量的判据为恒温 3h 两次称量试件的质量变化率小于 0.2％。

注：当测试 EPS 颗粒保温砂浆时按照本书六十（二）中的方法制备试件。

如果需要测定软化系数，则继续以下步骤：

⑤ 将干燥后的 6 块试件浸入温度为（20±5）℃的水中，水面应高出试件 20mm 以上，试件间距应大于 5mm，48h 后从水中取出试件，用拧干的湿毛巾擦去表面附着水。用此试件测试浸水后的抗压强度值 σ_1。

（3）抗压强度测试

① 在试件上、下两受压面距棱边 10mm 处用钢直尺（尺寸小于 100mm 时用游标卡尺）测量长度和宽度，在厚度的两个对应面的中部用钢直尺测量试件的厚度。长度和宽度测量结果分别为四个测量值的算术平均值，精确至 1mm（尺寸小于 100mm 时精确至 0.5mm），厚度测量结果为两个测量值的算术平均值，精确至 1mm。

② 将试件置于试验机的承压板上，使试验机承压板的中心与试件中心重合。

③ 开动试验机，当上压板与试件接近时，调整球座，使试件受压面与承压板均匀接触。

④ 以（10±1）mm/min 速度对试件加荷，直至试件破坏，同时记录压缩变形值。当试件在压缩变形 5％时没有破坏，则试件压缩变形 5％时的荷载为破坏荷载。记录破坏荷载 P_1，精确至 10N。

5. 结果计算及数据处理

（1）抗压强度

每个试件的抗压强度按式（71-2）计算，精确至 0.01MPa。

$$\sigma_0 = \frac{P_1}{S} \tag{71-2}$$

式中 σ_0——试件的抗压强度，MPa；

P_1——试件的破坏荷载，N；

S——试件的受压面积，mm^2。

制品的抗压强度为4～6块试件抗压强度的算术平均值，精确至0.01MPa。

（2）软化系数

软化系数按式（71-3）计算：

$$\varphi = \frac{\sigma_1}{\sigma_0} \tag{71-3}$$

式中 φ——软化系数，精确至0.01；

σ_0——抗压强度，MPa；

σ_1——浸水后抗压强度，MPa。

七十二、棱柱体抗折强度和抗压强度

（一）水泥基材料

1. 适用范围

本方法参照JC/T 1004—2006《陶瓷墙地砖填缝剂》，适用于瓷砖填缝剂等抗折强度和抗压强度的测定。

2. 测试原理

采用水泥试验用三联模制作填缝剂试块测量抗折强度及抗压强度。

3. 试验器具

（1）试模：水泥试验用的三联试模，尺寸为40mm×40mm×160mm。

（2）抗折强度试压机和抗折夹具。

（3）抗压强度试验机与夹具。

（4）振动台：空载中台面的垂直振幅应为（0.5±0.05）mm，空载频率应为（50±3）Hz，空载台面振幅均匀度不大于10%，一次试验至少能固定（或用磁力吸盘）三个试模。

4. 试验步骤

（1）试件成型

按要求拌合好填缝剂。准备好水泥试验用的三联试模，尺寸为40mm×40mm×160mm。将空试模和模套固定在振实台上，用一个适当的勺子直接从搅拌锅中将填缝剂分两层装入试模，装第一层时，每个槽中装约2/3高度的料，用大播料器垂直架在模套顶部沿每个模槽来回一次将料层插平，接着振实60次。再装入第二层料，用小拨料器拨平，再振实60次。从振实台上轻轻拿起试模，用扁平镘刀刮去多余的材料并抹平表面。擦掉留在试模周围的填缝剂。把尺寸为210mm×185mm、厚度为6mm的平板玻璃放在试模上。亦可以用尺寸类似的钢板或其他不能渗透的材料。把试模编号后，水平放在标准试验条件下养护。24h后，小心地脱模。每个填缝剂成型三个试件。快硬性填缝剂，脱模后立即进行试验。

（2）抗折强度

脱模后的试件在标准试验条件下养护27d，应保持试件间的间距不小于25mm。养护完毕，检测水泥砂浆强度试验方法进行抗折强度的测定。取三个试件测定值的算术平均值为试验结果，精确到 0.01MPa。

（3）抗压强度

将抗折试验后的试件进行抗压强度测定。取六个试件测定值的算术平均值为试验结果，精确到 0.1MPa。

（4）冻融循环后的抗折强度和抗压强度

根据要求成型试件。脱模后在标准试验条件下养护 6d，浸入水中养护 21d。到 28d 龄期，根据 JC/T 545《陶瓷墙地砖胶粘剂》中规定的程序进行 25 次冻融循环。冻融循环结束并在强度测定之前，把试件在标准试验条件下养护 3d。记录下来试件表面状况的简单描述。测定抗折强度和抗压强度。

（二）石膏基材料

1. 适用范围

本方法参照标准 GB/T 17669.3—1999《建筑石膏力学性能的测定》，GB/T 28627—2012《抹灰石膏》、JC 890—2001《蒸压加气混凝土用砌筑砂浆与抹面砂浆》和 JC/T 1025—2007《粘结石膏》，适用于建筑石膏抗折强度和抗压强度的测定，如抹灰石膏和粘结石膏等。

2. 试验条件

（1）抹灰石膏

① 试样应保存在密封容器中，置于试验室条件下备用。

② 试验室温度为（20±5)℃，空气相对湿度为（65±1)%。抹灰石膏试样、拌合水及试模等仪器的温度应与室温相同。

（2）粘结石膏

试验室温度为（23±2)℃，空气相对湿度为（50±5)%。试验前，试验、拌合水及试模等应在标准试验条件下放置 24h。

3. 测试原理

以石膏砂浆制得的标准试块作为试样，在试验机中承受渐增荷载，分别测量试件在弯矩和压力下破坏时的最大荷载，从而计算抗折强度和抗压强度。

4. 试验仪器

（1）压力试验机：示值相对误差不大于 1%。

（2）抗拉夹具和抗压夹具：应符合 JC/T 683—2005《40mm×40mm 水泥抗压夹具》要求。

（3）搅拌机：行星式胶砂搅拌机。

（4）天平：精度为 0.01g。

（5）干燥箱：含空气循环，温度精确至±2℃。

（6）成型试模：应符合 JC/T 726《水泥胶砂试模》的规定。

5. 试验步骤

（1）试件制备

① 抹灰石膏

a. 从密封容器中称取适量的试样（约 1.5 L），精确到 1g。按标准扩散度用水量加水，将试样在30s内均匀地撒入水中静置1min，然后用搅拌机慢速搅拌3min，得到均匀的石膏浆。用料勺将料浆灌入预先涂有一薄层矿物油的试模内，将试模的前端抬起约10mm，再使之落下，如此重复五次以排除气泡。

b. 当从溢出的料浆判断已经初凝时，用刮平刀刮去溢浆，但不必反复刮抹表面。24h后，在试件表面作上标记，并拆模。

c. 脱模后的试件置于试验室条件下养护至第七天，然后在温度调至（40±2)℃电热鼓风干燥箱中干燥至恒量（24h质量减少不大于1g即为恒量)。干燥后的试件在试验室条件下冷却至室温，再进行抗折强度的测定。

② 粘结石膏

a. 快凝型粘结石膏

称取（1500±0.1）g试样，在胶砂搅拌锅中加入（900±0.1）g水，将试样在5s内均匀撒入水中，搅拌机调到手动挡，低速搅拌1min，得到均匀的石膏料浆。

b. 普通型粘结石膏

称取（1500±0.1）g试样，在胶砂搅拌锅中加入标准扩散度用水量的水。将试样在30s内均匀地撒入水中静置1min，然后用搅拌机慢速搅拌3min，得到均匀的石膏浆。

c. 用料勺将料浆灌入预先涂有一层脱模剂的试模内，试模充满后，将模子的两端分别抬起约10mm，突然使其落下，如此分别振动5次后用刮平刀刮平，待试件终凝后脱模。

d. 脱模后的试件在标准试验条件下静置24h，然后在（40±2)℃电热鼓风干燥箱中干燥至恒量（24h质量减少不大于1g即为恒量)。烘干后的试件应在试验条件下冷却至室温待用。

（2）抗折强度和抗压强度测试

① 试验用试件三条。

② 将试件置于抗折试验机的两根支撑辊上，试件的成型面应侧立。试件各棱边与各辊保持垂直，并使加荷辊与两根支撑辊保持等距。开动抗折试验机后逐渐增加荷载，最终使试件断裂。记录试件的断裂荷载值或抗折强度值。

③ 对已做完抗折试验后的不同试件上的三块半截试件进行试验。将试件成型面侧立，置于抗压夹具内，并使抗压夹具的中心处于上、下夹板的轴心上，保证上夹板球轴通过试件受压面中心。开动抗压试验机，使试件在开始加荷后20s至40s内破坏。记录试件的破坏荷载值或抗压强度值。

6. 结果计算及数据处理

（1）抗折强度按式（72-1）计算：

$$R_{\mathrm{f}} = \frac{6M}{b^3} = 0.0234P \tag{72-1}$$

式中 R_{f}——抗折强度，MPa；

P——断裂荷载，N；

M——弯矩，N·mm；

b——试件方形截面边长，b=40mm。

R_{f}值也可从JC/T 724所规定的抗折试验机的标尺中直接读取。

计算三个试件抗折强度平均值，精确至0.05MPa。如果所测得的三个R_{f}值与其平均值之差不大于平均值的15%，则用该平均值作为抗折强度值；如果有一个值与平均值之差大于平均值的15%，应将此值舍去，以其余两个值计算平均值；如果有一个以上的值与平均值之差大于平均值的15%，则用三个新试件重做试验。

（2）抗压强度按式（72-2）计算：

$$R_c = \frac{P}{S_c} \tag{72-2}$$

式中　R_c——抗压强度，MPa；

P——破坏时的最大荷载，N；

S_c——承压面积，取固定值1600，mm^2。

试验结果精确到0.1MPa。

七十三、抗拉强度

（一）膨胀玻化微珠轻质砂浆

1. 适用范围

本方法参照标准JG/T 283—2010《膨胀玻化微珠轻质砂浆》，适用于工业与民用建筑墙体、楼地面及屋面用膨胀玻化微珠轻质砂浆。

2. 测试原理

本方法成型8字模，通过测试试样受拉破坏时的荷载值计算抗拉强度。

3. 试验器具

（1）试模：试模采用符合GB/T 16777—2008《建筑防水涂料试验方法》中规定的“8”字模。

（2）捣棒：直径10mm，长350mm的钢棒，端部应磨圆。

（3）试验机：压力试验机或万能试验机，相对示值误差应小于1%，试验机具有显示受压变形的装置。

（4）烘箱。

（5）干燥器。

4. 试验步骤

（1）试样数量6个。

（2）按生产商提供的砂浆配合比、使用方法配制轻质砂浆，混合过程中不应破坏膨胀玻化微珠保温集料。

（3）在试模内填满轻质砂浆，并略高于其上表面，用捣棒均匀由外向内按螺旋方向轻轻插捣25次，插捣时用力不应过大，不应破坏膨胀玻化微珠保温集料。将高出试模部分的轻质砂浆沿试模顶面削去抹平。为方便脱模，制样时应放在垫有塑料薄膜的平板上。

（4）试样及试模应在标准实验室环境下养护，并应使用塑料薄膜覆盖，满足拆模条件后（无特殊要求时，带模养护3d）脱模。试样取出后应在标准环境条件下养护至28d，或按生产商规定的养护条件进行养护。

（5）将试样放在（105±5）℃烘箱中烘至恒量，然后取出放入干燥器，冷却至室温。

（6）将试样置于试验机抗拉夹具上，以 5mm/min 的速度加荷，直至试样破坏，分别记录试样破坏时的荷载值，精确至 1N。

5. 结果计算及数据处理

抗拉强度按式（73-1）计算。

$$R_2 = \frac{F_2}{A_2} \tag{73-1}$$

式中 R_2——抗拉强度，MPa；

F_2——试样破坏时的荷载，N；

A_2——试样腰部面积，取 22.5mm×22.2mm。

试验结果取 6 个试样测试值中间 4 个的算术平均值，精确至 0.1MPa。

（二）EPS 颗粒保温砂浆

1. 适用范围

本方法参照标准 JG/T 158—2013《胶粉聚苯颗粒外墙外保温系统材料》，适用于 EPS 颗粒保温浆料和贴砌浆料抗拉强度的测定。

2. 测试原理

成型立方体试件，通过测试试件受拉时的最大破坏荷载计算抗拉强度。

3. 试验仪器

（1）拉力试验机：需有合适的量程和行程，精度 1%。

（2）试验板：互相平行的一组刚性平板或金属板，40mm×40mm。

（3）试模：40mm×40mm×40mm 钢质有底三联试模，应具有足够的刚度并拆装方便。

（4）油灰刀，抹子。

（5）标准捣棒：直径 10mm、长 350mm 的钢棒。

4. 试验步骤

（1）制备 5 块试件。

（2）在试模内壁涂刷脱模剂。

（3）将拌合好的胶粉聚苯颗粒浆料一次性注满试模并略高于其上表面，用标准捣棒均匀由外向内按螺旋方向轻轻插捣 25 次，插捣时用力不应过大，尽量不破坏其轻集料。为防止留下孔洞，允许用油灰刀沿试模内壁插数次或用橡皮锤轻轻敲击试模周围，直至孔洞消失，最后将高出部分的胶粉聚苯颗粒浆料用抹子沿试模顶面刮去抹平。

（4）试样制作好后立即用聚乙烯薄膜封闭试模，在标准试验条件下养护 5d 后拆模，然后在标准试验条件下继续用聚乙烯薄膜封闭试件 2d，去除聚乙烯薄膜后，再在标准试验条件下养护 21d。

（5）养护结束后将试样放在（65±2）℃温度下烘至恒量，放入干燥器中备用。恒量的判据为恒温 3h 两次称量试件的质量变化率应小于 0.2%。

（6）用相容的胶粘剂将试验板粘贴在试件的上下两个受检面上。

（7）将试件装入拉力试验机上，以（5±1）mm/min 的恒定速度加荷，直至试样破坏。破坏面如在试件与两个试验板之间的粘胶层中，则该试件测试数据无效。

5. 结果计算及数据处理

抗拉强度按式（73-2）计算。

$$\sigma_m = \frac{F_m}{A} \tag{73-2}$$

式中　σ_m——抗拉强度，MPa；

F_m——最大破坏荷载，N；

A——试块的横断面积，mm^2。

取5个试验数据的算术平均值，保温料浆精确至0.1MPa，贴砌浆料精确至0.01MPa。

七十四、拉伸粘结强度

（一）与水泥砂浆基底粘结

1. 适用范围

本方法参照JGJ/T 70—2009《建筑砂浆基本性能试验方法标准》，适用于测定以水泥砂浆为基底的拉伸粘结强度。本试验需要在温度为（20±5)℃，相对湿度45%～75%的标准试验条件下进行。适用于砌筑砂浆、抹灰砂浆、普通地面砂浆、普通防水砂浆、抹灰石膏、界面砂浆（混凝土界面处理剂）、混凝土结构加固用聚合物水泥砂浆、聚合物水泥防水砂浆、胶粉聚苯颗粒浆料、无机轻集料保温砂浆、膨胀玻化微珠轻质砂浆、保温板粘结砂浆、EPS粒子保温砂浆抗裂砂浆、无机保温砂浆抗裂砂浆拉伸粘结强度的测定。

2. 测试原理

本方法是采用受检砂浆与水泥砂浆基块的粘结体作为试样，测定在正向拉力作用下砂浆破坏时所承受的最大拉应力，确定砂浆与水泥砂浆试块的拉伸粘结强度。

3. 试验仪器

（1）拉力试验机：破坏荷载应在其量程的20%～80%范围内，精度1%，最小示值1N。

（2）拉伸专用夹具（图74-1，图74-2）：符合JG/T 298—2010《建筑室内用腻子》的规定。

（3）成型框：外框尺寸70mm×70mm，内框尺寸40mm×40mm，厚度应为6mm，材料应为硬聚氯乙烯或金属。

（4）钢制垫板：外框尺寸应为70mm×70mm，内框尺寸应为43mm×43mm，厚度应为3mm。

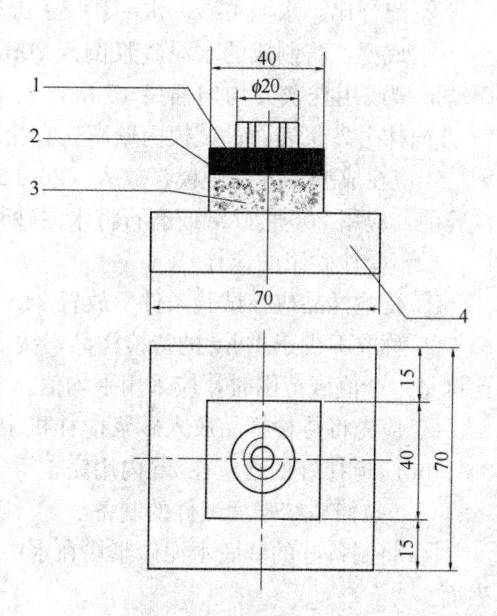

图74-1　拉伸专用上夹具和试件（mm）

1—钢制上夹具；2—胶粘剂；3—待检砂浆；4—水泥砂浆基块

4. 试验步骤

（1）基底水泥砂浆基块的制备

① 原材料：水泥应采用符合现行国家标准GB 175《通用硅酸盐水泥》规定的42.5级水泥；砂应采用符合现行行业标准JGJ 52《普通混凝土用砂、石质量及检验方法标准》规定的中砂；水应采用符合现行行业标准JGJ 63《混凝土用水标

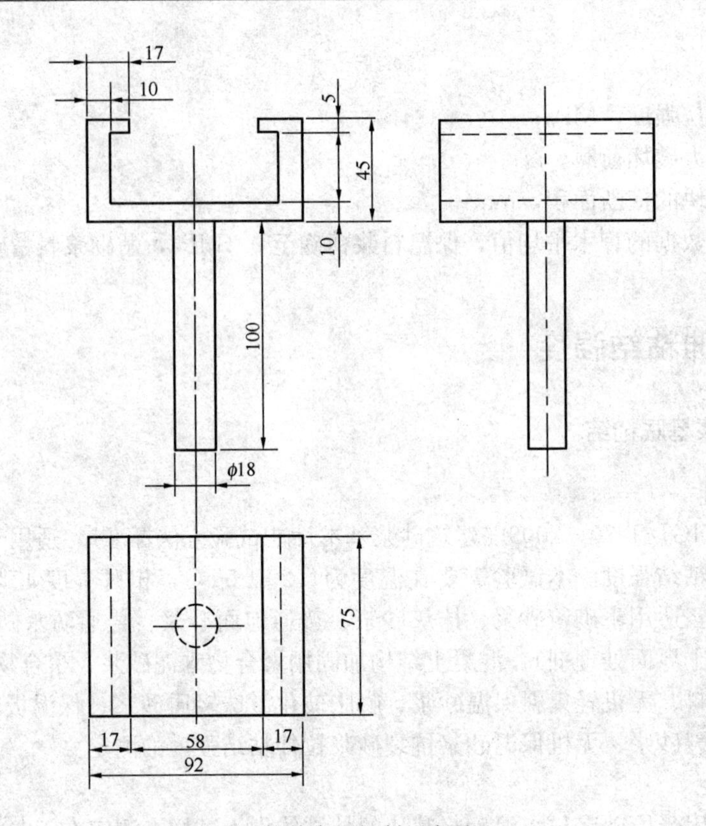

图 74-2 拉伸专用钢制下夹具（mm）

准》规定的用水。

② 配合比：水泥∶砂∶水＝1∶3∶0.5（质量比）。

③ 成型：将制成的水泥砂浆倒入 70mm×70mm×20mm 的硬聚氯乙烯或金属模具中，振动成型或用抹灰刀均匀插捣 15 次，人工颠实 5 次，转 90°，再颠实 5 次，然后用刮刀以 45°方向抹平砂浆表面；试模内壁事先宜涂刷水性隔离剂，待干、备用。

④应在成型 24h 后脱模，放入（20±2）℃水中养护 6d，再在试验条件下放置 21d 以上。试验前，应用 200 号砂纸或磨石将水泥砂浆试件的成型面磨平，备用。

（2）受检砂浆的搅拌

① 受检样品应在试验条件下放置 24h 以上。

② 称取不少于 10kg 的待检样品，按产品说明的比例进行水的称量；如产品说明提供的比例是一个值域范围时，应采用平均值。

③ 应先将待检样品放入砂浆搅拌机中，再启动机器，然后徐徐加入规定量的水，搅拌 3～5min。搅拌好的料应在 2h 内用完。

（3）拉伸粘结强度试件的制备

① 将制备好的基底水泥砂浆块在水中浸泡 24h，并提前 5～10min 取出，用湿布擦拭其表面。

② 将成型框放在基底水泥砂浆块的成型面上，再将制备好的砂浆料浆倒入成型框中，用抹灰刀均匀插捣 15 次，人工颠实 5 次，转 90°，再颠实 5 次，然后用刮刀以 45°方向抹平砂浆表面，24h 内脱模，在温度（20±2）℃、相对湿度 60％～80％的环境中养护 13d。

③ 在试件表面以及上夹具表面涂上环氧树脂等高强度胶粘剂，然后将上夹具对正位置放在胶粘剂上，并确保上夹具不歪斜，除去周围溢出的胶粘剂，继续养护24h。

（4）拉伸粘结强度试验测定

先将钢制垫板套入基底砂浆块上，再将拉伸粘结强度夹具安装到试验机上，然后将试件置于拉伸夹具中，夹具与试验机的连接宜采用球铰活动连接，以（5±1）mm/min速度加荷至试件破坏。当破坏形式为拉伸上夹具与胶粘剂破坏时，则视试验结果无效。

5. 结果计算及数据处理

（1）拉伸粘结强度应按下式计算：

$$f_{at} = \frac{F}{A_Z} \tag{74-1}$$

式中　f_{at}——砂浆的拉伸粘结强度，MPa；

F——试件破坏时的荷载，N；

A_Z——粘结面积，mm^2。

（2）拉伸粘结强度试验结果应按下列要求确定：

① 应以10个试件测值的算术平均值作为拉伸粘结强度的试验结果。

② 当单个试件的强度值与平均值之差大于20%时，应逐次舍弃偏差最大的试验值，直至各试验值与平均值之差不超过20%，当10个试件中有效数据不少于6个时，取剩余数据的平均值为试验结果，结果精确至0.01MPa。

③ 当10个试件中有效数据不足6个时，此组试验结果应为无效，并应重新制备试件进行试验。

（3）对于有特殊条件要求的拉伸粘结强度，先按照特殊要求条件处理后，再进行试验。

注：当测试抹灰石膏拉伸粘结强度时，抹灰石膏标准扩散度用水量按本书六十四（二）的方法确定。试件养护至第七天时进行干燥，之后再进行拉伸粘结强度的测定。试件的养护、干燥、冷却按本书七十二（二）的方法进行。

（二）与蒸压加气混凝土基底粘结

1. 适用范围

本方法参照标准JC 890《蒸压加气混凝土专用砂浆》，适用于以蒸压加气混凝土为基底的拉伸粘结强度试验。适用于蒸压加气混凝土专用薄层砌筑砂浆、抹灰砂浆、抹灰石膏、界面砂浆拉伸粘结强度的测定。

2. 试验条件

标准试验条件为环境温度（23±2）℃，相对湿度60%～80%。

3. 试验器具

（1）拉伸试验机：破坏荷载应处于仪器量程的20%～80%范围内，精度为1%，最小示值1N。

（2）试验用拉拔接头边长为（40±1）mm的方形金属板，厚度满足试验要求，且有与试验机相连接的部件。

4. 试验步骤

（1）蒸压加气混凝土砌块基底试件的要求

① 蒸压加气混凝土砌块基底试件（以下简称标准砌块）尺寸宜为 600mm×250mm×100mm，其中最小高度不应小于 200mm、最小厚度不应小于 75mm。

② 标准砌块表面应清洁、干净，应清除附着在表面的污垢、灰尘等杂物及表面疏松层。

③ 标准砌块强度等级应不小于 A3.5。

④ 标准砌块表面拉伸强度应不小于 0.40MPa（全部测试值的算术平均值；而最小值应≥0.35MPa）。试验过程应符合以下规定：标准砌块在测试条件下存放不少于 2d。测试时，在蒸压加气混凝土砌块大面上，用适宜的高强度粘合剂（如环氧树脂等）直接粘上至少六个拉拔接头（接头位置如图 74-3 所示，相邻 2 个接头位置间隔不应小于 40mm），粘结时应确保拉拔接头不歪斜；继续养护 24h 后，用（5±1）mm/min 的加载速度测定拉伸粘结强度。

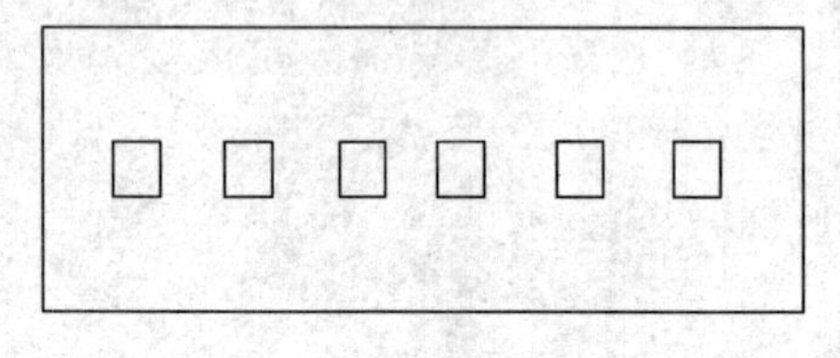

图 74-3　拉拔接头位置布置示意图

（2）拉伸粘结强度试件的制备

① 受拉砂浆制备的一般要求：

A. 试验用料应从同一批次砂浆中随机取样。取样后样品应混合均匀。取样量应不少于试验所需量的 4 倍。

B. 薄层砌筑砂浆、抹灰砂浆和界面砂浆制备应符合以下规定：

a. 在试验室制备砂浆拌合物时，所用材料应提前 24h 运入室内。砂浆拌合时试验室的温度应保持在（20±5）℃。

b. 砂浆称量精度为±0.5%。

c. 在试验室搅拌砂浆时应采用机械搅拌，搅拌机应符合 JG/T 3033《试验用砂浆搅拌机》的规定，搅拌的用量宜为搅拌机容量的 30%～70%，搅拌时间不应少于 180s。

d. 砌筑或抹灰砂浆拌合水量应采用产品使用说明书规定的拌合水量。当所规定的拌合水量为一范围时，应采用最大的拌合水量。当没有规定拌合水量时，应按 JGJ/T 70 测定受检砂浆的标准稠度，取 70～80mm 作为拌合水量。

e. 所有性能试验均应采用相同的拌合水量。

f. 抹灰石膏试样准备、试验条件、试验仪器与设备应符合 GB/T 28627《抹灰石膏》的有关要求。

② 薄层砌筑砂浆：用抹刀在标准砌块表面快速批刮一层受检砂浆作为基底，批刮厚度不宜超过 1mm，并立即在其上面再抹 2～3mm 厚的受检砂浆。等砂浆表面稍干后，用方框或钢尺等工具按图 74-3 的位置要求（拉拔面积为 40mm×40mm，相邻 2 个拉拔位置间隔不应小于 40mm），挤压或切割砂浆至标准砌块表面。

③ 抹灰砂浆：应分两次将抹灰砂浆批刮在标准砌块表面，其中第一次批刮厚度不宜超过 3mm。二次批刮完成后，抹灰砂浆总厚度宜为 5mm，不应大于 8mm，表面应平整。待砂浆表面稍干后，用方框或钢尺等工具按图 74-3 的位置要求（拉拔面积为 40mm×40mm，相邻 2 个拉拔位置间隔不应小于 40mm），挤压或切割砂浆至标准砌块表面。

④ 界面砂浆：在标准砌块表面均匀涂抹一层厚度为 2～3mm 的界面砂浆，砂浆表面应平整。同时取 40mm×40mm×10mm 的水泥砂浆块（事先参照 JGJ/T 70 制作），涂抹厚度不超过 1mm 的界面砂浆，按图 74-3 的位置要求（相邻 2 个拉拔位置间隔不应小于 40mm），按压在已涂抹界面砂浆的标准砌块上，并沿水泥砂浆块四周用钢尺切割砂浆至标准砌块

表面。

⑤ 抹灰石膏：应分两次将抹灰石膏批刮在砌块表面，其中第一次批刮厚度不宜超过2mm，总的批抹厚度宜为8mm，不应超过10mm。待抹灰石膏表面稍干后，用方框或钢尺等工具按图74-3的位置要求（拉拔面积为40mm×40mm，相邻2个拉拔位置间隔不应小于40mm），挤压或切割砂浆至标准砌块表面。

⑥ 在拉伸粘结强度试件成型后，应用塑料薄膜覆盖表面。

⑦ 在标准试验条件下养护至13d，用环氧树脂等高强度粘合剂在试件粘上拉拔接头（粘结时应确保拉拔接头不歪斜），继续养护24h。

（3）拉伸粘结强度试验

将拉拔接头与拉力试验机连接（宜采用球铰活动连接），连接时不应损失拉拔接头与试件的粘结，以（5±1）mm/min速度加荷至试件破坏。若在拉拔接头与粘合剂处破坏，则视试验结果无效，否则为有效试验，记录试件破坏时的荷载值。

5. 结果计算及数据处理

（1）拉伸粘结强度试验值按式（74-2）计算：

$$f_{at} = \frac{F}{A_z} \tag{74-2}$$

式中　f_{at}——拉伸粘结强度，MPa；

F——最大拉力，N；

A_z——受拉面积，mm^2。

单个拉伸粘结强度值应精确至0.001MPa。

（2）计算6个试件的平均值，如单个试件的试验值与平均值之差大于20%，则逐次剔除偏差最大的试验值，直至各试验值与平均值之差不超过20%。如剩余试验值不少于4个时，取剩余数据的平均值为试验结果，结果精确至0.01MPa；如剩余试验值不足4个时，则视试验结果无效，应重新制备试件进行试验。

（三）与瓷砖粘结

1. 适用范围

本方法参照JC/T 547—2005《陶瓷墙地砖胶粘剂》，适用于粘贴陶瓷墙地砖用水泥基干混粘结砂浆（以下简称粘结砂浆）拉伸粘结强度的测定。本方法应该在环境温度(23±2)℃，相对湿度（50±5）%，循环风速小于0.2m/s的试验条件下进行。

2. 测试原理

本方法采用受检粘结砂浆与陶瓷墙地砖（试验瓷砖）的粘结体作为试样，测定在正向拉力作用下与试验砖脱落过程中所承受的最大拉应力，确定陶瓷墙地砖粘结砂浆与试验砖的拉伸粘结强度。

3. 试验原料及仪器

（1）试验材料：所有试验材料试验前应在标准试验条件下放置至少24h。

（2）试验瓷砖：应预先检查以确保它们是未被使用过的、干净的。并按下列方法进行处理：先将试验瓷砖浸水24h，沸水煮2h，105℃烘干4h，标准试验条件下至少放置24h。测定水泥基粘结砂浆拉伸胶粘强度用的瓷砖（V1型砖）：应为符合GB/T 4100《陶瓷砖》的瓷质砖，吸水率≤0.2%，未上釉，具有平整的粘结面，尺寸为(50±2)mm×(50±2)mm。

(3) 混凝土板：应符合JC/T 547—2005附录A的规定。

(4) 砝码：1号砝码，截面积小于50mm×50mm，质量（2.00±0.015）kg的砝码。

(5) 齿型抹刀：形状如图74-4所示。

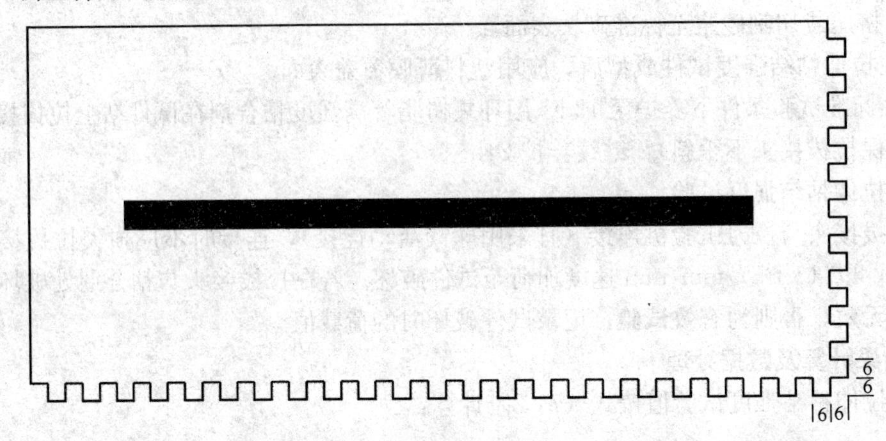

图74-4　齿型抹刀形状（mm）

(6) 拉拔接头：(50±1) mm× (50±1) mm的正方形金属板，最小厚度10mm，有与试验仪器相连接的部件。

(7) 拉伸试验用的试验机：应有适宜的灵敏度及量程，应能通过适宜的连接方式不产生任何弯曲应力，以（250±50）N/s速度施加拉拔力。

(8) 干燥箱：含空气循环，温度精确至±2℃。

4. 试验步骤

(1) 粘结砂浆的拌合

按产品说明，准备粘结砂浆、水（或液体），如产品说明给出的砂浆组分是一个数值范围，则取平均值。

用符合本书二十（一）3（5）要求的搅拌机按下列步骤进行拌料：

① 将水（或液体）倒入锅中。

② 将粘结砂浆撒入。

③ 低速搅拌30s。

④ 取出搅拌叶，60s内清理搅拌叶和搅拌锅壁上的砂浆。

⑤ 重新放入搅拌叶，再低速搅拌60s。

⑥ 按产品说明让砂浆熟化，然后继续搅拌15s。

(2) 粘结砂浆的涂抹和瓷砖的粘结

将拌好的粘结砂浆用直边抹刀在混凝土板上抹一层。然后用齿型抹刀再抹上稍厚一层并梳理。握住齿型抹刀与混凝土板约成60°的角度，与混凝土板一边成直角，平行地抹至混凝土板另一边（直线移动）。5min后，分别放置至少10块试验瓷砖于粘结砂浆上，彼此间隔40mm，并在每块瓷砖上放上一个（2.00±0.015）kg的砝码并保持30s。

对检测冻融循环后粘结强度的试样来说，在试验瓷砖放置前，应在其背面用直边抹刀加涂1mm厚的粘结砂浆。

(3) 试件的养护和测试

① 粘结原强度

将试件置于标准条件下养护27d后，用高强胶粘剂将拉拔接头粘在瓷砖上，在标准条件下继续放置24h，然后用（250±50）N/s的加载速度测定拉伸胶粘强度。

若要测试粘结砂浆的快硬性能，养护时间改为24h。

② 浸水后的粘结强度

将试件置于标准条件下养护7d，然后在（20±1)℃的水中养护20d。从水中取出试件，用布擦干瓷砖，用高强胶粘剂将拉拔接头粘在瓷砖上，7h后重新把试件放入水中养护17h，从水中取出试件，测定拉伸粘结强度。

③ 热老化后粘结强度

将试件置于标准条件下养护14d，然后将试件放入（70±2)℃鼓风烘箱中，14d后从烘箱中取出，用高强胶粘剂将拉拔接头粘在瓷砖上，继续在标准条件下养护24h，然后测定拉伸胶粘强度。

④ 冻融循环后的粘结强度

将试件置于标准条件下养护7d，然后在（20±2)℃的水中养护21d。从水中取出试件，再按下列条件进行冻融养护：

a. 将试件从水中取出，在2h±20min内降至（−15±3)℃，保持2h±20min；

b. 将试件浸入（20±3)℃水中，升温至（15±3)℃，保持该温度2h±20min。

重复25次循环。在最后一次循环后取出试件，用高强胶粘剂将拉拔接头粘在瓷砖上，在标准条件下继续养护24h，测定拉伸粘结强度。

5. 结果计算及数据处理

用下式计算单个试件粘结强度，精确到0.1MPa。

$$A_s=\frac{L}{A} \tag{74-3}$$

式中　A_s——单个试样的拉伸粘结强度，MPa；

L——力，N；

A——粘结面积mm^2。

对每一系列拉伸胶粘强度如下确定：

① 求10个数据的平均值；

② 舍弃超出平均值±20%范围的数据；

③ 若仍有5个或更多数据被保留，求新的平均值；

④ 若少于5个数据被保留，重新试验。

⑤ 确定试样的破坏模式。

(四) 与水泥混凝土基底粘结

1. 适用范围

本方法参照GB 18445—2012《水泥基渗透结晶型防水材料》和JC/T 985—2005《地面用水泥基自流平砂浆》，适用于水泥基渗透结晶型防水材料、水泥基自流平砂浆、石膏基自流平砂浆、墙体饰面砂浆、无机防水堵漏材料、粘结石膏等的拉伸粘结强度的测定。

2. 测试原理

本方法是采用受检砂浆与水泥混凝土基底（混凝土板）的粘结体作为试样，测定在正向拉力作用下与混凝土板破坏时所承受的最大拉应力，确定砂浆与试验板的拉伸粘结强度。

3. 试验材料及器具

(1) 所有试验材料试验前应在标准试验条件下放置至少24h。

(2) 试验用混凝土板应符合JC/T 547—2005《陶瓷墙地砖胶粘剂》附录A的要求。

(3) 拉伸粘结强度试验仪应有适宜的灵敏度及量程，应能通过适宜的连接方式不产生任何弯曲应力，仪器精度为1%。

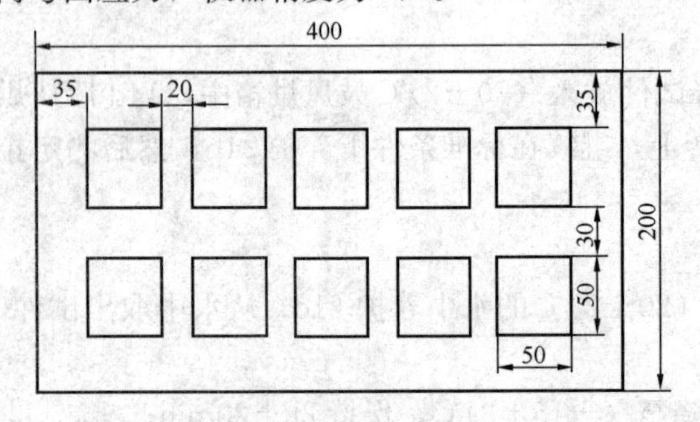

图74-5　拉伸粘结强度成型框（mm）

(4) 拉伸粘结强度成型框由硅橡胶或硅酮密封材料制成（图74-5），表面平整光滑，并保证砂浆不从成型框与混凝土板之间流出。孔尺寸为50mm×50mm，厚度为3mm，精确至±0.2mm（注：当测试水泥基或石膏基自流平砂浆以及粘结石膏时成型框厚度为5mm）。

(5) 拉拔接头：尺寸为（50±1）mm×（50±1）mm并有足够强度的正方形钢板，最小厚度10mm，有与测试仪器相连接的部件。

4. 试验步骤

下面以水泥基渗透结晶型防水材料为例描述实验步骤，而其他受检材料参照相应的标准，如水泥基自流平砂浆参照JC/T 985—2005《地面用水泥基自流平砂浆》，石膏基自流平砂浆参照JC/T 1023—2007《石膏基自流平砂浆》，墙体饰面砂浆参照JC/T 1024—2007《墙体饰面砂浆》、无机防水堵漏材料参照GB 23440—2009《无机防水堵漏材料》、粘结石膏参照JC/T 1025—2007《粘结石膏》。

(1) 成型

先将标准混凝土板浸泡24h，并清洗表面，取出后用湿毛巾擦干表面，无明水。将成型框放在混凝土板成型面上，将按产品说明加水拌好的材料倒入成型框中，抹平，放置24h后脱模，10个试件为一组（如图74-6），整个成型过程20min内完成。

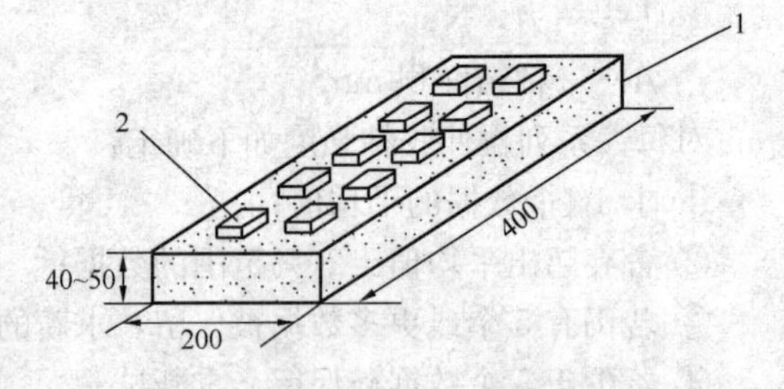

图74-6　拉伸粘结强度成型示意图（mm）

1—混凝土板；2—砂浆试件

(2) 养护和测试

脱模后的试件在标准条件下浸水养护（水浸到标准混凝土板，不应浸到涂层）到27d龄期后，用砂纸打磨掉表面的浮浆，然后用高强粘结剂将拉拔接头粘结在试件成型面上，在标准养护条件下放置24h后，用拉伸粘结强度试验仪测定拉伸粘结强度，加荷速度（250±50）N/s。

5. 结果计算及数据处理

拉伸粘结强度按下式计算：

$$R = \frac{F}{A} \tag{74-4}$$

式中　R——拉伸粘结强度，MPa；

F——破坏荷载值，N；

A——粘结面积，$2500mm^2$。

按下列规定确定每组的拉伸粘结强度：

① 求 10 个数据的平均值；

② 舍弃超出平均值±20％范围的数据；

③ 若仍有 5 个或更多数据被保留，求新的平均值；

④ 若少于 5 个数据被保留，重新试验。

试验结果精确至 0.01MPa。

（五）聚苯板粘结和防护专用砂浆

1. 适用范围

本方法参照 GB/T 29906—2013《模塑聚苯板薄抹灰外墙外保温系统材料》和 GB/T 30595—2014《挤塑聚苯板（XPS）薄抹灰外墙外保温系统材料》，适用于模塑和挤塑聚苯板薄抹灰外墙外保温系统专用胶粘剂（粘结砂浆）和抹面胶浆（防护砂浆）拉伸粘结强度的测定。模塑聚苯板（膨胀聚苯板，EPS）抹面胶浆的拉伸粘结强度也可以参照 JC/T 993—2006《外墙外保温用膨胀聚苯乙烯板抹面胶浆》进行测定。

2. 测试原理

本方法是采用受检砂浆与聚苯板基底的粘结体作为试样，测定在正向拉力作用下与聚苯板基底破坏时所承受的最大拉应力，确定砂浆与聚苯板的拉伸粘结强度。

3. 试样制备和前期养护

（1）粘结砂浆

受检砂浆试样尺寸为 50mm×50mm 或直径为 50mm，与水泥砂浆基板（块）粘结和与聚苯板基底粘结试样数量各 6 个。

按产品使用说明配制粘结砂浆，将其分别涂抹于水泥砂浆基板（块）（厚度不宜小于 20mm）和聚苯板（厚度不宜小于 40mm 并且成型面已经涂刷界面处理剂）基材上，涂抹厚度 3～5mm，可操作时间结束时用挤塑板覆盖。

试样在标准养护条件下养护 28d。

（2）防护砂浆

试样由防护砂浆和聚苯板组成，受检砂浆厚度为 3mm，制备方法同上，但是养护时不需要聚苯板覆盖。防护砂浆与聚苯板的接触面应事先涂刷界面处理剂并经过晾干后才能使用。

4. 试样后期养护和测试

在养护到规定龄期前 1d，取出试样，用高强粘合剂将试样粘贴在刚性平板或金属板上，高强粘合剂应与产品相容，固化后将试样按下述条件进行处理：

——原强度：无附加条件；

——耐水强度：浸水 48h，到期试样从水中取出并擦拭表面水分，在标准养护条件下干燥 2h；

——耐水强度：浸水 48h，到期试样从水中取出并擦拭表面水分，在标准养护条件下干燥 7d。

将试样安装到适宜的拉力机上，进行拉伸粘结强度测定，拉伸速度为（5±1）mm/min。记录每个试样破坏时的拉力值。破坏面在刚性平板或金属板胶结面时，测试数据无效。

5. 试验结果

拉伸粘结强度结果为 6 个实验数据中 4 个中间值的算术平均值，精确至 0.01MPa。

聚苯板内部或表层破坏面积在 50％以上时，破坏状态视为破坏发生在聚苯板中，否则破坏状态视为界面破坏。

七十五、剪切粘结强度

1. 适用范围

本方法参照 JC/T 547—2005《陶瓷墙地砖胶粘剂》，适用于胶粘剂等剪切粘结强度的测定。

2. 测试原理

本方法是采用陶瓷墙地砖胶粘剂与混凝土模板的粘结体作为试样，通过横梁施加剪切力，直至试样破坏，测定压缩剪切胶粘原强度、浸水后的压缩剪切胶粘强度、热老化后的压缩剪切胶粘强度以及高温压缩剪切胶粘强度。

3. 试验器具与材料

（1）拉伸试验用的试验机：应有适宜的灵敏度及量程，并应通过适宜的连接方式不产生任何弯曲应力，以（250±50）N/s 速度对试件施加拉拔力。应使最大破坏荷载处于仪器量程的 20％～80％范围内，试验机的精度为 1％。

（2）压缩剪切试验用的试验机：应有适宜的灵敏度及量程，及可变的试验速度。试验机能通过适宜的夹具向陶瓷砖施加荷载。应使最大破坏荷载处于仪器量程的 20％～80％范围内，试验机的精度为 1％。

（3）试验陶瓷砖：应预先检查试验陶瓷砖是未被使用过的、干净的，并进行处理。处理方法：先将试验陶瓷砖浸水 24h，沸水煮 2h，105℃烘干 4h，标准试验条件下至少放置 24h。

（4）试验用压块：截面积略小于 100mm×100mm，质量（7.00±0.015）kg。

（5）模板：由聚四氟乙烯制成，表面光滑，尺寸如图 75-2 所示。

（6）试验用垫条：直径 0.8mm 约 40mm 长的金属垫条。

（7）压缩剪切试验用的夹具：任何能将试验机的拉力或压力转换成压缩剪切的适宜夹具（图 75-1）。

（8）试验用抹刀。

4. 试验步骤

(1)试样的制备

每个试样需用 2 块 P2 型砖。

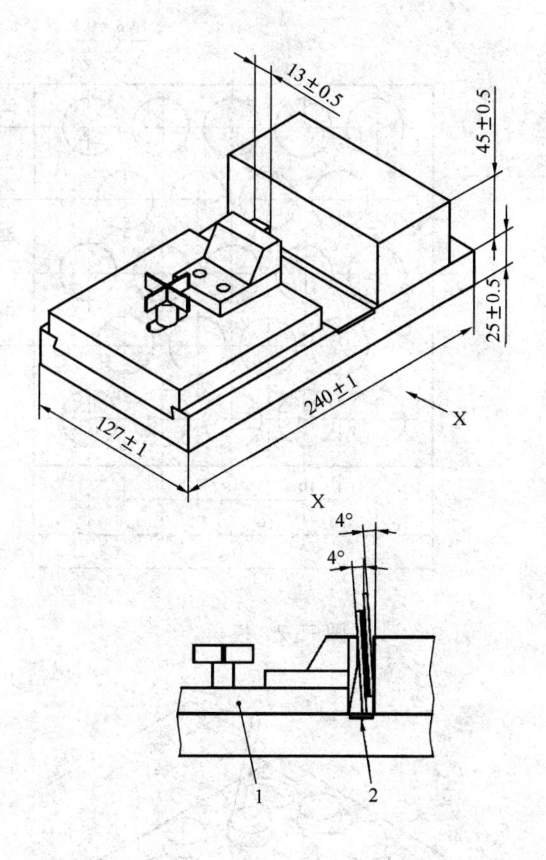

图 75-1 适用于压力机的剪切夹具(mm)

1—从 12～45mm 调节的夹片；2—硬质衬垫

在瓷砖的多孔面，距一边 6mm 处画一直线(作为瓷砖粘贴时参照线)。

将模板(图 75-2)放在第一块试验砖的无釉面上。在模板内涂抹足够的胶粘剂，然后刮平，使胶粘剂整洁、完全地填满模板上的孔。小心地垂直取出模板。这时胶粘剂的形状如图 75-3所示。

在第一块砖的每个角上放置 0.8mm 厚的垫条，在砖上伸入约 20mm。2min 后，在涂好胶粘剂的砖上放置第 2 块试验砖，按所划的参照线在两砖间错位 6mm 距离，并保证两块瓷砖的边缘平行。

将试样放在一平整的平面上，小心地施加(7.00±0.015)kg 的压块并保持 3min。小心地抽去垫条，不得移动试样中瓷砖的相对位置。每种养护条件需要 10 个试样。

(2)压缩剪切胶粘原强度

在标准条件下，将 10 个试样养护 14d。养护结束后，将试样放入剪切试验夹具(图 75-1)，以 5mm/min 的横梁移动速度施加剪切力，直至试样破坏。

(3)浸水后的压缩剪切胶粘强度

在标准条件下，将 10 个试样养护 7d，然后浸入(23±2)℃的水中 7d，将试样取出，用布擦干，然后按上述方法试验。

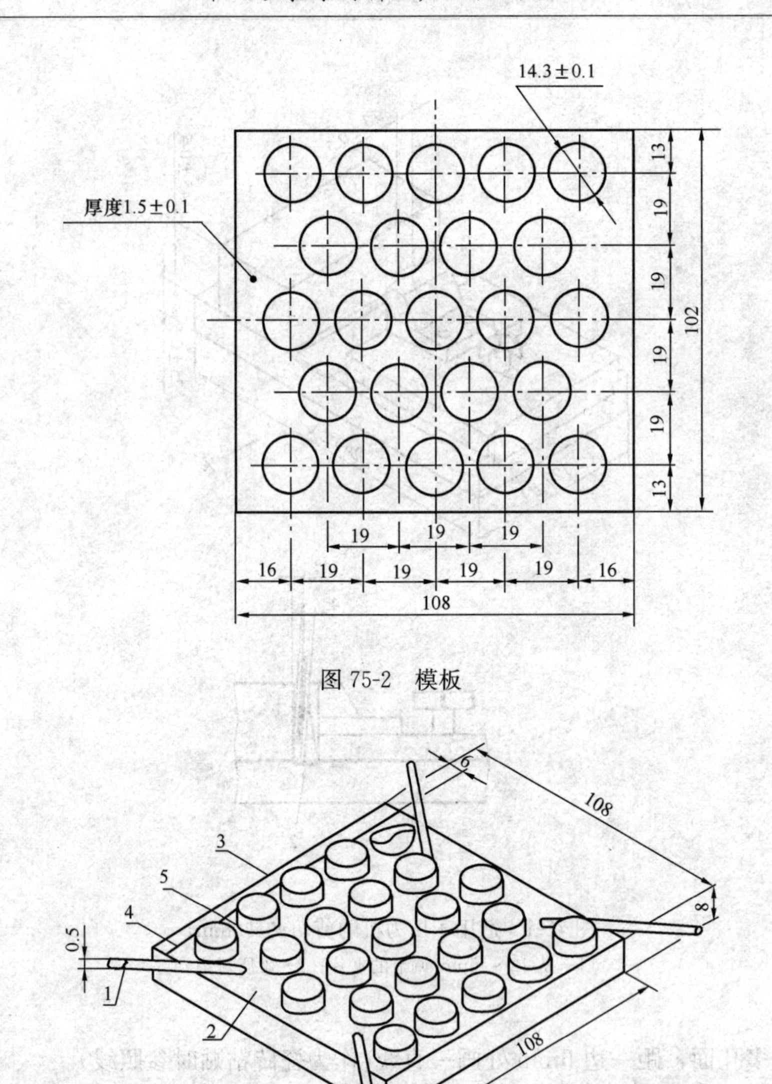

图 75-2　模板

图 75-3　试样的制备

1—直径 0.8mm，长 40mm 的垫条应放置于所示位置；2—108mm×108mm 陶瓷砖；
3—加载方向；4—参照线；5—粘结剂

(4)热老化后的压缩剪切胶粘强度

在标准条件下，将 10 个试样养护 14d，然后将试样放入(70±2)℃的鼓风烘箱中 14d，应保证每个试样周围空气自由循环。将试样取出后，在标准状态下放置 24h，按上述(2)试验。

(5)高温压缩剪切胶粘强度

按上述(4)的步骤试验，但试样从鼓风烘箱取出 1min 后立即试验。

5. 结果计算机数据处理

用下式计算单个试件压缩剪切胶粘强度，精确到 0.1MPa。

$$A_s = \frac{L}{A} \tag{75-1}$$

式中　A_s——单个试样的压缩剪切胶粘强度，MPa；

L——力，N；

A——粘结面积（$5480mm^2$）。

对每一系列压缩剪切胶粘强度如下确定：

(1)求 10 个数据的平均值；

(2)舍弃超出平均值±20％范围的数据；

(3)若仍有 5 个或更多数据被保留，求新的平均值；

(4)若少于 5 个数据被保留，重新试验。

七十六、表面硬度

1. 适用范围

本方法参照 JC/T 906《混凝土地面用水泥基耐磨材料》，适用于测定水泥基耐磨材料的表面硬度。

2. 测试原理

表面硬度的测定采用钢球压痕方法。

3. 试验仪器

(1)钢球：直径 10mm。

(2)压力试验机：最大量程为 50kN，以(80±20)N/s 的加荷速率加荷至 4kN±10N 并持荷 10s 卸载。

4. 试验步骤

(1)每个试件测试 6 点，测试取点应避开磨槽，并应在试件表面均匀分散，间距大于 15mm。

(2)每个测试点用读数显微镜读取压痕直径，使读数显微镜的固定端刻度线与试件表面压痕一端边缘相切，调节螺旋测微装置，移动刻度线使之通过压痕直径并与另一端边缘相切，读取压痕直径，精确至 0.01mm。

(3)每个测试点测定互相垂直的直径读数并取平均值作为该点的压痕直径。

(4)每个试件所得 6 个数据剔除最大值与最小值，取其余 4 个数据的算术平均值为该试件的压痕直径代表值。

5. 数据处理

取各试件压痕直径代表值的算术平均值作为该组试件的表面硬度，精确至 0.01mm。

七十七、钢筋握裹强度

1. 适用范围

本方法参照 DL/T 5150—2001《水工混凝土试验规程》，适用于测试混凝土的钢筋握裹强度。

2. 测试原理

用握裹力试验装置，测试经过标准条件养护的混凝土试块，得出不同荷载下的滑动变形，再通过公式推导出钢筋握裹强度。

3. 试验器具

(1)试模：规格为150mm×150mm×150mm，如图77-1所示，试模应能埋设一水平钢筋，水平钢筋轴线距离模底75mm。埋入的一端恰好嵌入模壁，予以固定，另一端由模壁伸出，作为加力之用。

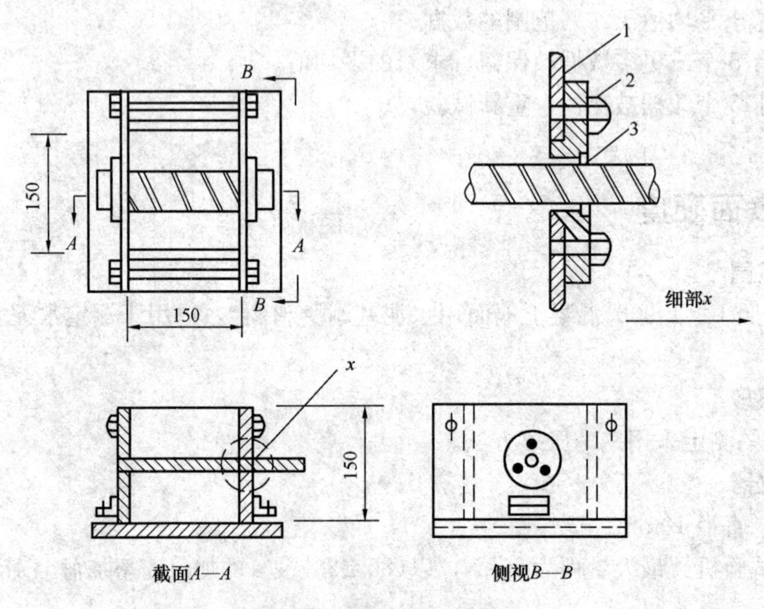

图77-1　握裹力试模装置

1—模板；2—固定圈；3—用橡皮圈堵塞

(2)试件夹具：如图77-2所示，试件夹具系两块厚度为30mm的长方形钢板(面积为250mm×150mm，45号钢)。用四根直径约18mm的钢筋穿入。上端钢板附有直径为25mm的拉杆，拉杆下端套入钢板并成球面相接，上端供万能机夹持。另附150mm×150mm×10mm钢垫板一块；中心开有直径40mm的圆孔，垫于试件与夹头下端钢板之间。

(3)千分表。

(4)量表固定架：金属制成，横跨试件表面，并可用止动螺栓固定在试件上。上部中央有孔，可夹持千分表，使之直立，量杆朝下。

(5)万能试验机。

4. 试验步骤

(1)试验用螺纹钢筋，性能应符合GB 1499.2的规定，其计算直径为20mm(内径18mm，外径22mm)。为了具有足够的长度可供万能机夹持和装置量表，一般长度可取500mm，试验中采用的钢筋尺寸、形状和螺纹均应相同。成型前钢筋应用钢丝刷刷净，并用丙酮擦拭，不得有锈屑和油污存在。钢筋的自由端顶面应光滑平整，并与试模预留孔吻合(确有必要时，也可用直径为20mm的光面钢筋或工程中实际使用的其他钢筋，要求和处理方法同螺纹筋)。

(2)试件的制备：试件的成型方法应根据混凝土拌合物的坍落度而定。混凝土拌合物坍落度小于90mm时宜采用振动台振实，混凝土拌合物坍落度大于90mm时宜采用捣棒人工捣实。采用振动台成型时，应将混凝土拌合物一次装入试模，装料时应用抹刀沿试模内壁略加插捣，并使混凝土拌合物高出试模上口，振动应持续到混凝土表面出浆为止(振动时间一般为30s左右)。采用捣棒人工插捣时，每层装料厚度不应大于100mm，插捣应按螺旋方向从边缘向中心均匀进行，插捣底层时，捣棒应达到试模底面，插捣上层时，捣棒应穿至下层20～30mm，插捣时捣棒应保持垂直，同时，还应用抹刀沿试模内壁插入数次。每层的插捣次数一般每$100cm^2$不少于12次(以插捣密实为准)。以六个试件为一组。

(3)试件成型后直至试验龄期，特别在拆模时，不得碰动钢筋，拆模时间以两昼夜为宜。拆模时应先取下橡皮固定圈，再将套在钢筋上的试模小心取下。

(4)到试验龄期时，将试件从养护室取出，擦拭干净，检查外观(试件不得有明显缺损或钢筋松动、歪斜)，并应尽快试验。

(5)将试件套上中心有孔的垫板，然后装入已安装在万能机上的试验夹具中，使万能机的下夹头将试件的钢筋夹牢。

(6)在试件上安装量表固定架和千分表，使千分表杆端垂直向下，与略伸出试件表面的钢筋顶面相接触。

(7) 加荷前应检查千分表量杆与钢筋顶面接触是否良好，千分表是否灵活，并进行适当的调整。

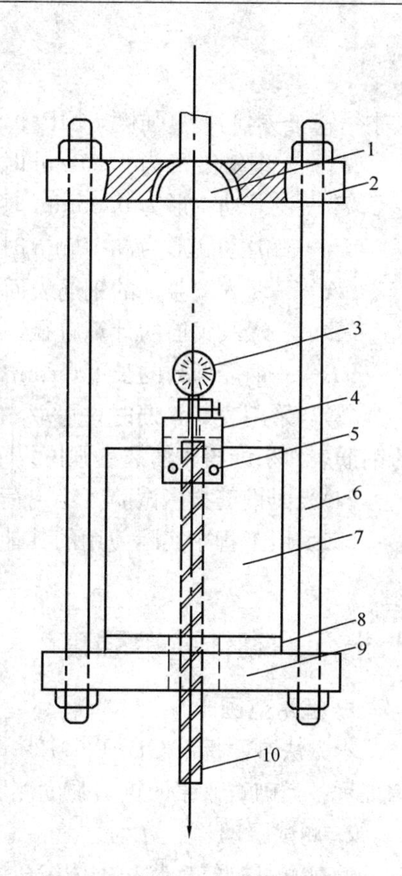

图77-2　握裹力试验装置示意图

1—带球座拉杆；2—上端钢板；3—千分表；4—量表固定架；5—正动螺栓；6—钢杆；7—试件；8—垫板；9—下端钢板；10—埋入试件的钢筋

(8)记下千分表的初始读数后，开动万能试验机，以不超过400N/s的加荷速度拉拔钢筋。每加一定荷载(1000～5000N)，记录相应的千分表读数。

(9) 到达下列任何一种情况时应停止加荷：

① 钢筋达到屈服点；

② 混凝土发生破裂；

③ 钢筋的滑动变形超过0.1mm。

5. 结果计算及数据处理

(1)将各级荷载下的千分表读数减去初始读数，即得该荷载下的滑动变形。

(2) 当采用螺纹钢筋时，以六个试件在各级荷载下滑动变形的算术平均值为横坐标，以荷载为纵坐标，绘出荷载-滑动变形关系曲线。取滑动变形0.01mm、0.05mm、0.10mm，在曲线上查出相应的荷载。

钢筋握裹强度按式(77-1)计算(精确至0.01MPa)：

$$\tau=\frac{P_1+P_2+P_3}{3A} \tag{77-1}$$

式中 τ——钢筋握裹强度，MPa；

P_1——滑动变形为 0.01mm 时的荷载，N；

P_2——滑动变形为 0.05mm 时的荷载，N；

P_3——滑动变形为 0.10mm 时的荷载，N；

A——埋入混凝土的钢筋表面积($A=\pi DL$)，mm^2；

D——螺纹钢筋的计算直径，mm；

L——钢筋埋入的长度，mm。

(3)当采用光面钢筋时，可取六个试件拔出试验时最大荷载的平均值除以埋入混凝土中的钢筋表面积即得钢筋握裹强度。

(4)光面钢筋拔出试验可绘出荷载-滑动变形关系曲线供分析。

(5)采用工程中实际使用的其他钢筋时，应注明钢筋的类型和直径等条件。

七十八、砌体抗剪强度

1. 适用范围

本方法参照标准 GB/T 50129—2011《砌体基本力学性能试验方法标准》，适用于砌体结构工程各类砌筑砂浆的抗剪强度测定。

2. 测试原理

通过测量砌筑砂浆和砌体组成的试件的抗剪切荷载计算砌体的抗剪切强度。

3. 试样要求

(1)普通砖的砌体抗剪试件，应采用由 9 块砖组成的双剪试件(图 78-1)。其他规格砖块的砌体抗剪试件，亦应采用此种双剪试件形式，但试件尺寸可作相应的调整。

(2)中、小型砌块的砌体抗剪试件，应采用图 78-2 所示的双剪试件。也可采用表面质量和材质均相同的较小块体，按图 78-1 或图 78-2 制作抗剪试件。

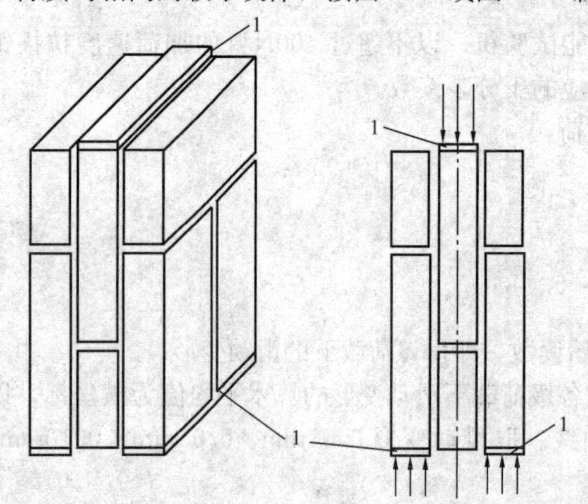

图 78-1 砖砌体双剪试件及其受力情况

1—砂浆抹面

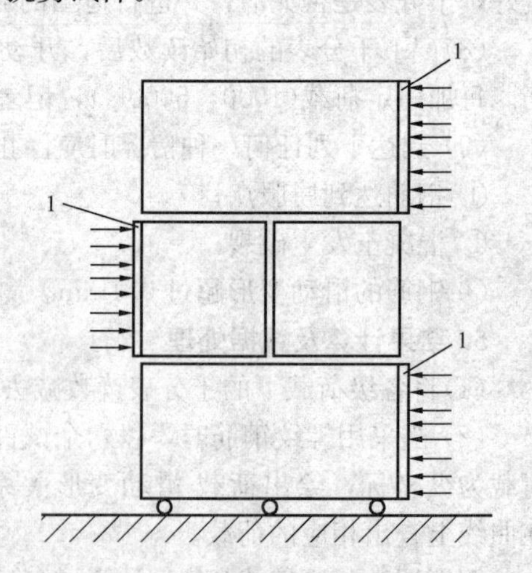

图 78-2 中、小块砌体双剪试件及其受力情况

1—砂浆抹面

(3)砌筑试件时，竖向灰缝的砂浆应填塞饱满。对吸水率较小或吸水速度较慢的块体，其砌体抗剪试件砌筑完毕，宜覆盖塑料薄膜等材料予以保湿养护。

(4)砖砌体抗剪试件的砂浆强度达到100%以后，可将试件立放，先后对承压面和加荷面采用1∶3水泥砂浆找平，找平层厚度不宜小于10mm，上下找平层应相互平行并垂直于受剪面的灰缝。其平整度可采用水平尺和直角尺检查。水平加荷的中、小型砌块砌体抗剪试件，其三个受力面也应找平，并应垂直于水平灰缝。

4. 试验仪器

试验采用的加荷架、荷载分配梁等设备，应有足够的强度、刚度和稳定性。测量仪表的示值相对误差，不应大于2%。

5. 试验步骤

(1)测量受剪面尺寸，测量精度应为1mm。

(2)将砖砌体抗剪试件立放在试验机下压板上，试件的中心线应与试验机上、下压板轴线重合。试验机上下压板与试件的接触应密合。当上部不密合时，可垫10mm厚木条或较硬橡胶条；当下部不密合时，可采用在两个受力面下垫湿砂等适宜的调平措施；也可采用快硬石膏浆或其他快硬浆料将试件顶面垫平。将快硬石膏或其他快硬浆料抹在试件顶面并初步抹平后，启动试验机，使上压板将多余的石膏或料浆挤出。石膏浆硬化时间不宜少于40min；其他快硬浆料硬化时间，根据浆料品种，硬化速度确定，不宜少于20min。快硬石膏或其他快硬浆料与试验机上压板之间，宜垫一层起隔离作用的纸张等薄材料。

(3)对中、小型砌块砌体抗剪试验，尚应采用由加荷架、千斤顶和测力计组成的水平加荷系统。对较高的中型砌块砌体抗剪试件，应加设侧向支撑；试件与台座间宜采用湿砂垫平，不宜加设滚轴。对外形尺寸较小的砌块砌体抗剪试件，也可采用砖砌体抗剪试件的试验方法，在试验机上进行试验。

(4)抗剪试验应采用匀速连续加荷方法，并应避免冲击。加荷速度宜按试件在1～3min内破坏进行控制。当有一个受剪面被剪坏即认为试件破坏，应记录破坏荷载值和试件破坏特征。

(5)对每个试件，均应实测受剪破坏面的砂浆饱满度。

6. 结果计算及数据处理

(1)单个试件沿通缝截面的抗剪强度 $f_{v,i}$，应按式(78-1)计算，其计算结果取值应精确至0.01N/mm²：

$$f_{v,i}=\frac{N_v}{2A} \tag{78-1}$$

式中　$f_{v,i}$——试件沿通缝截面的抗剪强度，N/mm²；

N_v——试件的抗剪破坏荷载值，N；

A——试件的一个受剪面的面积，mm²。

(2)若块体先于受剪面灰缝破坏时，该试件的试验值应予注明，宜作为特殊情况单独分析。

(3)对抗剪实验结果进行分析时，应考虑砂浆饱满度对试验结果的影响。对砂浆饱满度不符合现行国家标准GB 50203《砌体结构工程施工质量验收规范》规定的试验数据，应另作分析。

七十九、柔韧性

(一)横向变形

1. 适用范围

本方法参照JC/T 1004—2006《陶瓷墙地砖填缝剂》，适用于填缝剂等水泥基材料横向变形的测定。本试验需要在环境温度(23±2)℃，相对湿度(50±5)%，试验区的循环风速小于0.2m/s的标准试验条件下进行。

2. 测试原理

以一定加荷速率对试样施加荷载，测量在破坏荷载时试样的最大横向变形量。

3. 试验材料及仪器

(1)试验材料的放置

所有试验材料试验前应在试验条件下放置至少24h。

(2)试验用基材

基材是厚度为0.15mm以上的聚乙烯薄膜。

(3)试验用塑料密封箱

塑料密封箱的尺寸为(600±20)mm×(400±10)mm×(110±10)mm，能有效密封。

(4) 试验用垫座

用于支撑聚乙烯薄膜的刚性光滑平整垫座。

(5) 试验测试头

该测试头的金属构造和尺寸如图79-1所示。

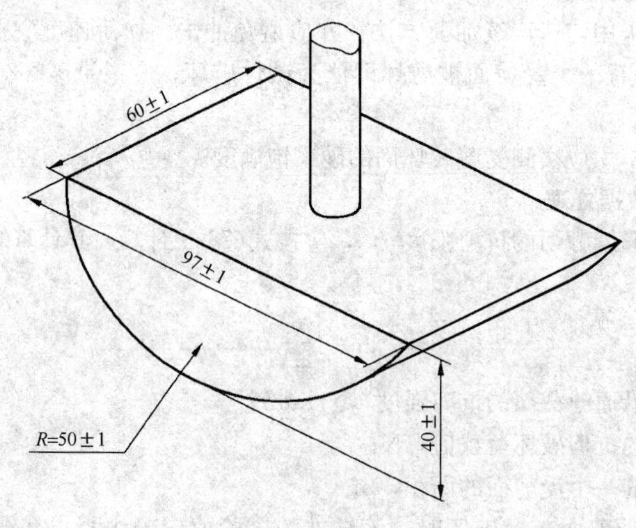

图79-1 横向变形试验测试头（mm）

(6) 试验支架

两个直径为（10±0.1）mm，最小长度为60mm的圆柱形辊轴支架，其中心距为（200±1）mm，如图79-2所示。

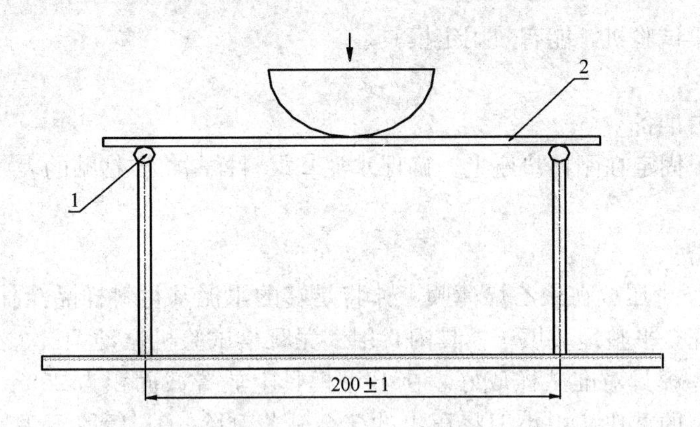

图 79-2　横向变形试验支架（mm）

1—圆柱形辊轴支架，直径为（10±0.1）mm，最小长度为 60mm；2—填缝剂，厚度为（3±0.1）mm

(7) A 型试验模具

一个刚性光滑防粘的矩形框架，其内部尺寸为(280±1)mm ×(45±1)mm，厚度为(5±0.1)mm，由聚乙烯(聚四氟乙烯)或金属制成。

注：建议在内部每个角落钻一个直径为 2mm 的圆洞以方便制备测试样品，如图 79-3 所示。

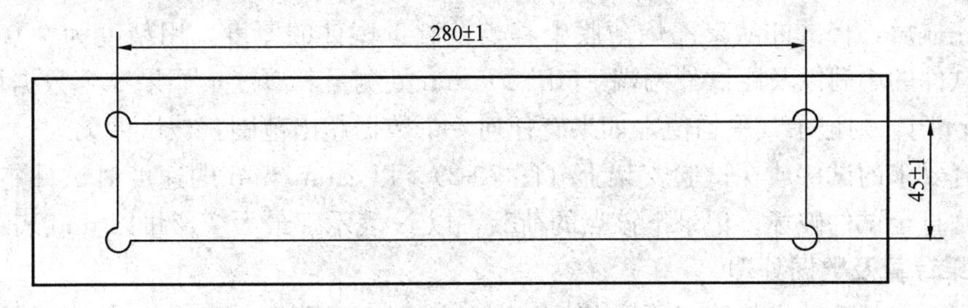

图 79-3　横向变形 A 型试验模具（mm）

(8) B 型试验模具

一个钢制光滑无吸附的模具，能使试样形成尺寸为(300±1)mm×(45±1)mm×(3±0.05)mm 的装置，如图 79-4 所示。

图 79-4　横向变形 B 型试验模具（mm）

(9) 试验仪器

试验仪器是一个能以 2mm/min 的速度进行试验的压力机。

(10) 振动设备

采用水泥跳桌试验机，能有效固定模具。

4. 试验步骤

（1）试验基材准备

将聚乙烯薄膜固定在刚性垫座上。确保水泥基材料样品将要粘贴的表面不会发生扭曲变形，即没有皱纹。

（2）试件制备

将 A 型模具紧密压放在聚乙烯薄膜上。将足够的水泥基材料样品涂抹在模具内，然后涂抹均匀，使其完全平整地装填于模具内，用水泥跳桌试验机振动 70 次。最后小心地垂直移走模具。将 B 型模具对准试样放好。在 B 型模具上放置截面积为 290mm×45mm，重量为（100±0.1）N 的重块。用小刀将压出的多余砂浆刮除，1h 后取下重块。48h 后移走 B 型模具。每种材料制备六个试件。

（3）试件养护

将 B 型模具移走后的试件，立即连同垫座一起放入塑料密封箱中，每个箱中放入六个试件，并密封箱口。在（23±2）℃下养护 12d 后，将试件连同垫座从密封箱中取出，在标准试验条件下养护 14d。

（4）测试

养护完成后，将试件从聚乙烯薄膜上移走，测量试件的厚度。用精度为 0.01mm 的游标卡尺在试件的中间以及距试件两端（50±1）mm 处测量其厚度，如果 3 个数据均在（3.0±0.1）mm 内，则记录其平均值。如果有任何一个数据超出范围，该试件无效。

将符合要求的试件放在试验支架上（图 79-2）。以 2mm/min 的速度对试件施加荷载使试件变形，直至试件破坏。记录下该点的荷载，以 N 表示，最大变形量以 mm 表示。

5. 结果计算及数据处理

横向变形取试验结果的算术平均值，以 mm 表示，精确到 0.1mm。每个样品至少需要三个有效试件。

（二）弯折性

1. 适用范围

本方法参照 JC/T 2090—2011《聚合物水泥防水浆料》，适用于柔韧型防水浆料弯折性测定。

2. 测试原理

在低温下弯折试件，然后用 6 倍放大镜检查试件弯折区域的裂纹或断裂情况来评定材料的弯折性。

3. 试验器具

（1）涂膜模框：如图 79-5 所示。

（2）电热鼓风烘箱：控温精度±2℃。

（3）低温冰柜：控温精度±2℃。

（4）弯折仪：如图 79-6 所示。

（5）6 倍放大镜。

（6）圆棒或弯板：直径 10mm、20mm、30mm。

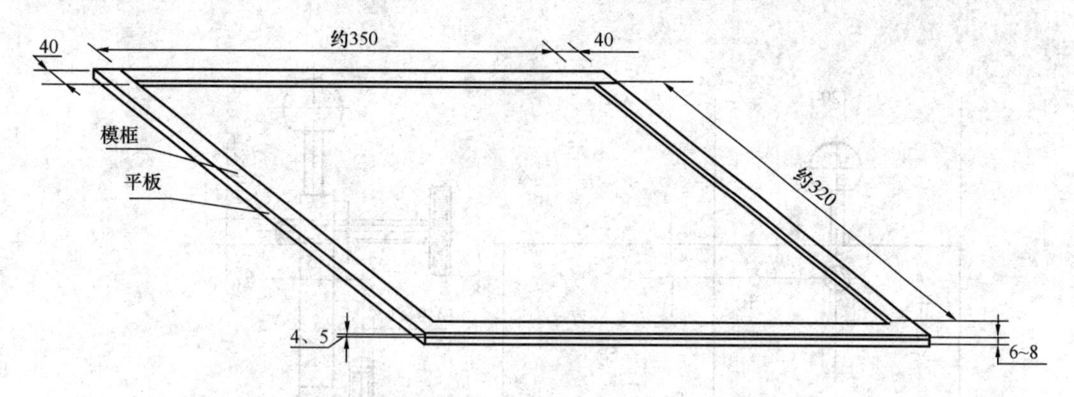

图 79-5　涂膜模框示意图（材质为玻璃、金属或塑料）(mm)

4. 试验步骤

（1）配料

按生产厂推荐的配合比进行试验。

采用符合本书二十（一）3（5）规定的水泥胶砂搅拌机，按 DL/T 5126—2001《聚合物改性水泥砂浆试验规程》要求低速搅拌或采用人工搅拌。S 类（单组分）试样，先将水倒入搅拌机内，然后将粉料徐徐加入到水中进行搅拌；D 类（双组分）试样，先将粉料混合均匀，再加入到液料中搅拌均匀。如需要加水的，应先将乳液与水搅拌均匀。搅拌时间和熟化时间按生产厂规定进行。若生产厂未提供上述规定，则搅拌 3 min、静止 1～3min。

（2）试件制备

将配好的浆料倒入图 79-5 所示模具中涂覆。为了便于脱模，模具表面可用脱模剂进行处理。试件制备时分两次或三次涂覆，后道涂覆应在前道涂层实干后进行，两道间隔时间为 12～24h，使试样厚度达到（1.5±0.2）mm。将最后一道涂覆试样的表面刮平后，在温度(23±2)℃，相对湿度（50+10)%的条件下干养护（96±2）h，然后脱模。将脱模后的试样反面向上在（40±2)℃干燥箱中处理 48h，取出后置于干燥器中冷却至室温。用切片机将试样冲切成试件。

（3）弯折性测试

养护后切取 100mm×25mm 的试件三块。

① 无处理

沿长度方向弯曲试件，将端部固定在一起，例如用胶粘带，如图 79-6 所示，如此弯曲三个试件。调节弯折仪的两个平板间的距离为试件厚度的 3 倍。检测平板间 4 点的距离如图 79-6所示。

放置弯曲试件在试验机上，胶带端对着平行于弯板的转轴，如图 79-6 所示。放置翻开的弯折试验机和试件于调好规定温度的低温箱中。在规定温度放置 1h 后，在规定温度弯折试验机超过 90°的垂直位置到水平位置，1s 内合上，保持该位置 1s，整个操作过程在低温箱中进行。从试验机中取出试件，恢复到（23±5)℃，用 6 倍放大镜检查试件弯折区域的裂纹或断裂。

圆棒直径 10mm，温度 10℃。

② 热处理

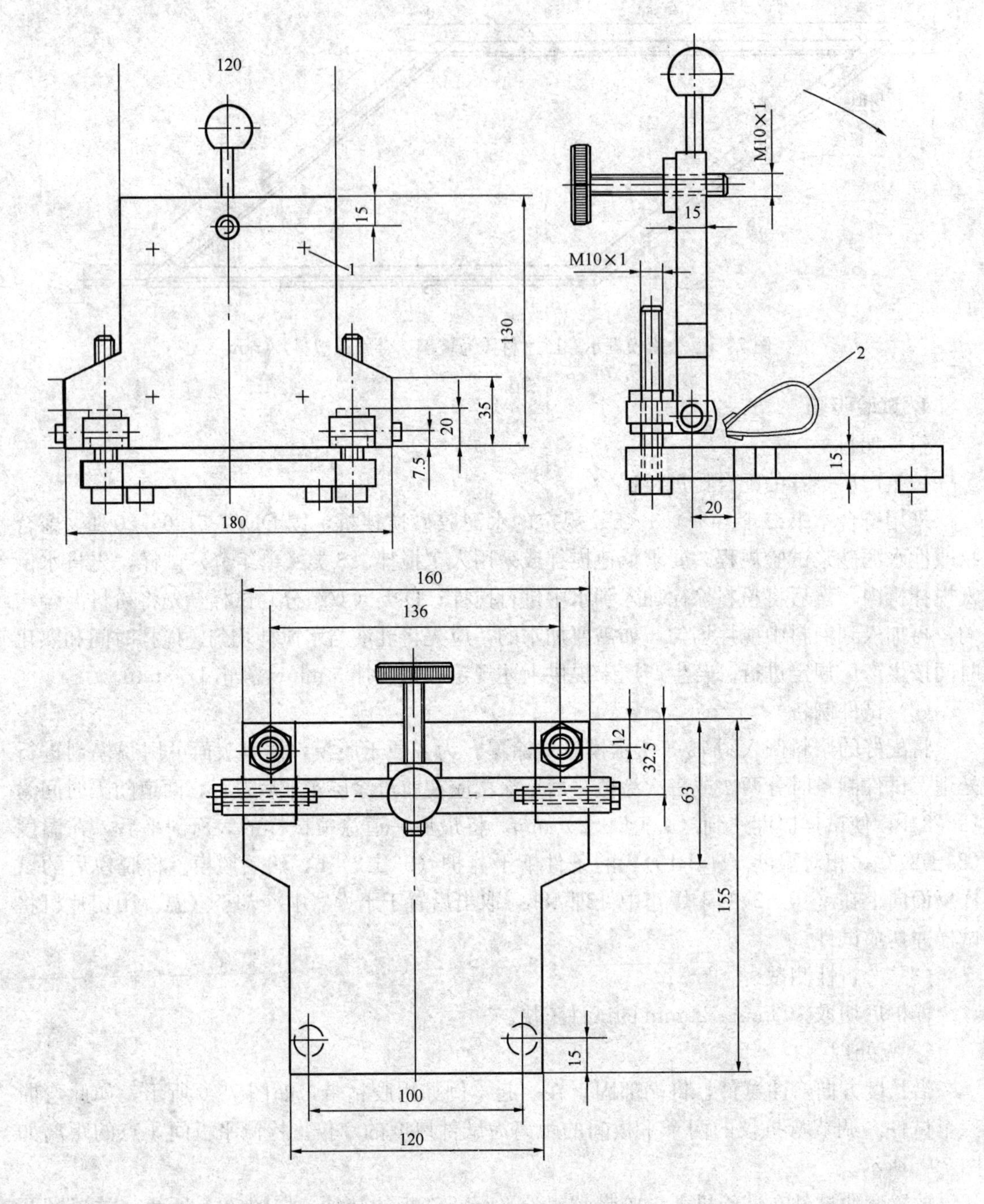

图 79-6　弯折仪示意图

1—测量点；2—试件

将试件平放在隔离材料上，水平放入已达到规定温度的电热鼓风烘箱中，加热温度沥青类材料为（70±2)℃，其他涂料为（80±2)℃。试件与箱壁间距不得少于 50mm，试件宜与温度计的探头在同一水平位置，在规定温度的电热鼓风烘箱中恒温（168±1）h 取出，然后在标准试验条件下放置 4h，按①进行试验。

③ 碱处理

在（23±2）℃时，在0.1%化学纯NaOH溶液中，加入$Ca(OH)_2$试剂，并达到过饱和状态。

在400mL该溶液中放入试件，液面应高出试件表面10mm以上，连续浸泡（168±1）h取出，充分用水冲洗，擦干，在标准试验条件下放置4h，按①进行试验。

对于水性涂料，浸泡取出擦干后，再在（60±2）℃的电热鼓风烘箱中放置6h±15min，取出在标准试验条件下放置（18±2）h，按①进行试验。

④ 酸处理

在（23±2）℃时，在400mL的2%化学纯H_2SO_4溶液中，放入试件，液面应高出试件表面10mm以上，连续浸泡（168±1）h取出，充分用水冲洗，擦干，在标准试验条件下放置4h，按①进行试验。

对于水性涂料，浸泡取出擦干后，再在（60±2）℃的电热鼓风烘箱中放置6h±15min，取出在标准试验条件下放置（18±2）h，按①进行试验。

⑤ 紫外线处理

将试件平放在釉面砖上，为了防粘，可在釉面砖表面撒滑石粉。将试件放入紫外线箱中，距试件表面50mm左右的空间温度为（45±2）℃，恒温照射240h。取出在标准试验条件下放置4h，按①进行试验。

⑥ 人工气候老化处理

将试件放入符合GB/T 18244—2000《建筑防水材料老化试验方法》要求的氙弧灯老化试验箱中，试验累计辐射能量为1500MJ^2/m^2（约720h）后取出，擦干，在标准试验条件下放置4h，按①进行试验。

对于水性涂料，取出擦干后，再在（60±2）℃的电热鼓风烘箱中放置6h±15min，取出在标准试验条件下放置（18±2）h，按①进行试验。

5. 结果评定

所有试件应无裂纹。

按照本书七十二测试抗压强度和抗折强度，试样龄期28d，应按产品说明书的规定制备。压折比按式（79-1）计算，结果精确至1%。

$$T=\frac{R_C}{R_f} \tag{79-1}$$

式中　T——压折比；

R_C——抗压强度，MPa；

R_f——抗折强度，MPa。

八十、收缩

（一）水泥砂浆

1. 适用范围

本方法参照JGJ/T 70—2009《建筑砂浆基本性能试验方法标准》、JC/T 603—2004《水泥胶砂干缩试验方法》、JC/T 985—2005《地面用水泥基自流平砂浆》和JC/T 1004—2006

《陶瓷墙地砖填缝剂》，适用于测定水泥砂浆的自然干燥收缩值（率）及其比值。

2. 测试原理

测量砂浆试件在一段时间的长度变化，以此确定砂浆收缩性能。

3. 试验仪器

（1）立式砂浆收缩仪：标准杆长度为（176±1）mm，测量精度为0.01mm（图80-1）；

（2）收缩头：黄铜或不锈钢加工而成（图80-2）；

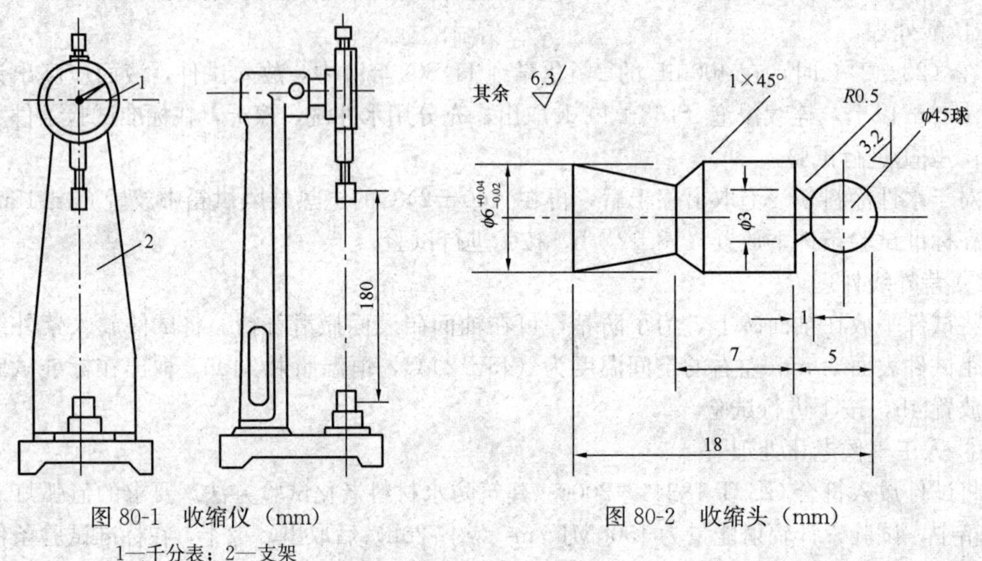

图 80-1　收缩仪（mm）

1—千分表；2—支架

图 80-2　收缩头（mm）

（3）试模：内壁尺寸为40mm×40mm×160mm，且在试模的两个端面中心，各开一个ϕ6.5mm的孔洞；测自流平砂浆和陶瓷墙地砖填缝剂时，内壁尺寸通过衬垫缩为10mm×40mm×160mm。测聚合物水泥防水砂浆（或浆料）和混凝土结构加固用聚合物水泥砂浆时，内壁尺寸为25mm×25mm×280mm。

4. 试验步骤

（1）将收缩头固定在试模两端面的孔洞中，使收缩头露出试件端面（8±1）mm。

（2）将拌合好的砂浆装入试模中，振动密实，置于（20±5)℃的预养室中，4h之后将砂浆表面抹平，砂浆带模在标准养护条件［温度为（20±2)℃，相对湿度为90%以上］下养护，7d后拆模，编号，标明测试方向。

（3）将试件移入温度（20±2)℃，相对湿度（60±5)%的测试室中预置4h，测定试件的初始长度，测定前，用标准杆调整收缩仪的百分表的原点，然后按标明的测试方向立即测定试件的初始长度。

（4）测定砂浆试件初始长度后，置于温度（20±2)℃，相对湿度为（60±5)%的室内，到第7d、14d、21d、28d、56d、90d分别测定试件的长度，即为自然干燥后长度。

5. 结果计算及数据处理

砂浆自然干燥收缩值应按式（80-1）计算：

$$\varepsilon_{at}=\frac{L_0-L_t}{L-L_d} \tag{80-1}$$

式中　ε_{at}——相应为t天（7、14、21、28、56、90d）时的自然干燥收缩值（或换算成百分比）；

L_0——试件成型后 7d 的长度即初始长度，mm；

L——试件的长度，160mm；

L_d——两个收缩头埋入砂浆中长度之和，即（20±2）mm；

L_t——相应为 t 天（7、14、21、28、56、90d）时试件的实测长度，mm。

干燥收缩值取三个试件测值的算术平均值，如一个值与平均值偏差大于 20%，应剔除，若两个值超过 20%，则该组试件无效。

每块试件的干燥收缩值取两位有效数字，精确至 10×10^{-6}。

（二）石膏基砂浆

1. 适用范围

本方法参照标准 JC/T 1023—2007《石膏自流平砂浆》，适用于室内地面找平用石膏基自流平砂浆。

2. 试验条件

试验室温度为（23±2）℃，空气相对湿度为（50±5）%。试验前，试样、拌合水及试模等应在标准试验条件下放置 24 h。

3. 测试原理

测量石膏砂浆试件在一段时间的长度变化，以此确定石膏砂浆收缩性能。

4. 试验仪器

同（一）3 所述。

5. 试验步骤

（1）在收缩模具内表面涂一层脱模剂，将收缩头固定在收缩模具两端面的孔洞中，使收缩头露出试件端面（8±1）mm。

（2）称取（500±0.1）g 试样，按初始流动度用水量加水，将试样在 30s 内均匀地撒入水中静置 1min，然后用搅拌机慢速搅拌 3min，得到均匀的石膏料浆。将料浆倒入收缩试模内，无须振动，用金属刮刀清除多余料浆，使料浆完全充满模具并使表面平整，三个试件为一组。试件在标准试验条件下放置（24±0.5）h 拆模，编号，标明测试方向。脱模后 30min 内按标明的方向测定试件长度，即为试件的初始长度（L_0）。测定前，用标准杆调整收缩仪的百分表原点。

（3）试件测完初始长度后，放入（40±2）℃电热鼓风干燥箱中干燥至恒量（24h 质量变化小于 0.2g 视为恒量），将恒量后的试件在试验室条件下冷却至室温，按标明的方向测定试件长度，即为干燥后的长度（L_1）。

6. 结果计算及数据处理

试件收缩率应表述为试件干燥后相对于试件刚脱模时基准长度的变化，用百分数表示，收缩率（ε）按式（80-2）计算：

$$\varepsilon=\frac{L_1-L_0}{L-L_d}\times100 \tag{80-2}$$

式中　ε——收缩率，%；

L_0——试件成型后 24h 的长度，即初始长度，mm；

L_1——试件干燥后的长度，mm；

L——试件长度，160mm；

L_d——两个收缩头埋入料浆中的长度之和，即（20±2）mm。

收缩率按三个试件的算术平均值来确定。若有个别数值与平均值偏差大于20%，应剔除，但一组至少有两个数据计算平均值。否则，试验需重新进行。试验结果精确至0.01%。

八十一、竖向膨胀率

1. 适用范围

本方法参照GB 50119—2013《混凝土外加剂应用技术规范》，适用于灌浆用膨胀砂浆的竖向膨胀率的测定。

2. 测试原理

将灌浆料加水搅拌后立即灌模，测试不同龄期的竖向高度，计算出灌浆料的竖向膨胀率。

3. 试验仪器

（1）量程为10mm，分度值为0.001mm的千分表。

（2）钢质测量支架。

（3）140mm×80mm×5mm的玻璃板。

（4）直径为70mm，厚为5mm，质量为150g的钢质压块。

（5）100mm×100mm×100mm的试模，试模的拼装缝应填入黄油，不得漏水。

（6）宽为60mm，长为160mm的铲勺。

（7）捣板可用钢锯条替代。

竖向膨胀率的测量装置（图81-1）的安装，应符合下列要求：

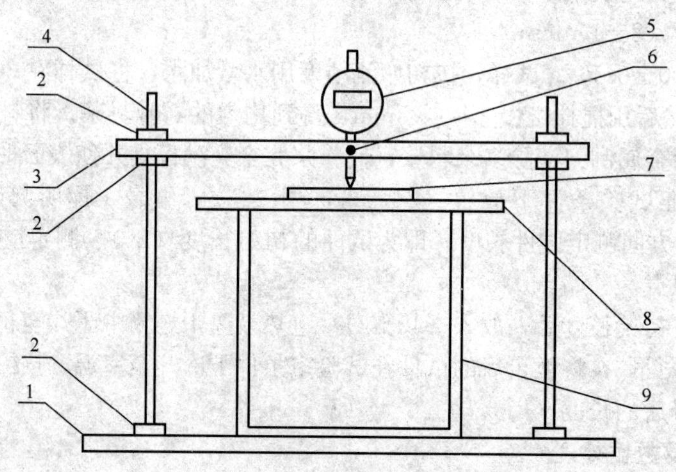

图81-1 竖向膨胀率测量装置示意

1—测量支架垫板；2—测量支架紧固螺母；3—测量支架横梁；4—测量支架立杆；5—千分表；6—紧固螺钉；7—钢质压块；8—玻璃板；9—试模

（1）测量支架的垫板和测量支架横梁应采用螺母紧固，其水平度不应超过0.02；测量支架应水平放置在工作台上，水平度也不应超过0.02。

（2）试模应放置在钢垫板上，不应摇动。

（3）玻璃板应平放在试模中间位置，其左右两边与试模内侧边应留出 10mm 空隙。

（4）钢质压块应置于玻璃板中央。

（5）千分表与测量支架横梁应固定牢靠，但表杆应能自由升降。安装千分表时，应下压表头，宜使表针指到量程的 1/2 处。

4. 试验步骤

（1）灌浆料用水量按扩展度为（250±10）mm 时的用水量。

（2）灌浆料加水搅拌均匀后应立即灌模。从玻璃板的一侧灌入。当灌到 50mm 左右高度时，用捣板在试模的每一侧插捣 6 次，中间部位也插捣 6 次。灌到 90mm 高度时，和前面相同再做插捣，尽量排出气体。最后一层灌浆料要一次灌至两侧流出灌浆料为止。要尽量减少灌浆料对玻璃板产生的向上冲浮作用。

（3）玻璃板两侧灌浆料表面，用小刀轻轻抹成斜坡，斜坡的高边与玻璃相平。斜坡的低边与试模内侧顶面相平。抹斜坡的时间不应超过 30s。之后 30s 内，用两层湿棉布覆盖在玻璃板两侧灌浆料表面。

（4）把钢质压块置于玻璃板中央，再把千分表测量头垂放在钢质压块上，在 30s 内记录千分表读数 h_0，为初始读数。

（5）从测定初始读数起，每隔 2h 浇水 1 次。连续浇水 4 次。以后每隔 4h 浇水 1 次。

保湿养护至要求龄期，测定 3d、7d 试件高度读数。

（6）从测量初始读数开始，测量装置和试件应保持静止不动，并不受振动。

（7）成型温度、养护温度应为（20±3)℃。

5. 结果计算及数据处理

竖向膨胀率应按式（81-1）计算，试验结果应取一组三个试件的算术平均值，计算值应精确至 0.001%：

$$\varepsilon_t = \frac{h_t - h_0}{h} \times 100 \tag{81-1}$$

式中　ε_t——竖向膨胀率，%；

h_0——试件高度的初始读数，mm；

h_t——试件龄期为 t 时的高度读数，mm；

h——试件基准高度，100mm。

八十二、抗冲击

1. 适用范围

本方法参照 JG 149—2003《膨胀聚苯板薄抹灰外墙外保温系统》，适用于保温系统抗冲击性能的测定。

2. 测试原理

具有一定重力势能的钢球做自由落体运动冲击试样，观察试样在此状况下的破坏情况来评定材料的抗冲击性能。

3. 试验步骤

（1）试样制备

① 按生产商使用说明书要求拌合抹面胶浆胶料，将已准备好的聚苯板装入成型框中，将抹面胶浆倒入，并用抹刀涂抹，压入耐碱网布。抹面层厚度 3mm，耐碱网布位于距离抹面胶浆表面 1mm 处；或按生产商要求的抹面层厚度及耐碱网布位置，生产商要求的抹面层厚度应为 3～5mm。

② 试样数量根据抗冲击级别确定，每一级别一个。最少成型两个。

③ 在标准试验条件下放置 14d。

④ 在（20±2)℃的水中浸泡 7d，试样抹面胶浆层向下，浸入水中的深度为 3mm 左右，然后在标准试验条件下放置 7d。

（2）试验过程

① 将试样抹面胶浆层向上，平放在抗冲击仪的基底上，试样紧贴基底。

② 用公称直径为 50.8mm 的钢球从冲击重力势能 3.0J 高度自由落体冲击试样（钢球在 0.57m 的高度上释放），每一级别冲击 5 次，冲击点间距及冲击点与边缘的距离应不小于 100mm，试样表面冲击点周围出现可见裂缝视为冲击点破坏。当 5 次冲击中冲击点破坏次数小于 2 次时，判定试样未破坏；当 5 次冲击中冲击点破坏次数不小于 2 次时，判定试样破坏。

③ 若冲击重力势能 3.0J 试样未破坏时，将冲击重力势能依次增加 1.0J，释放高度见表 82-1，在未进行冲击的试样上继续试验，直至试样破坏时试验终止。当冲击重力势能大于等于 6.0J 时，应使用公称直径为 63.5mm 的钢球。

④ 若冲击重力势能 3.0J 试样破坏时，将重力势能降低 1.0J 在未进行冲击的试样上继续试验，直至试样未破坏时试验终止。

表 82-1　冲击重力势能与钢球释放高度的对应关系

冲击重力势能（J）	钢球公称直径（mm）	释放高度（m）
1.0	50.8	0.19
2.0	50.8	0.38
3.0	50.8	0.57
4.0	50.8	0.76
5.0	50.8	0.95
6.0	63.5	0.59
7.0	63.5	0.68
8.0	63.5	0.78
9.0	63.5	0.88

大于 9.0J 的钢球释放高度可以按式（82-1）进行计算：

$$H=\frac{E_p}{mg} \tag{82-1}$$

式中 H——释放高度，m；

E_p——冲击重力势能，J；

m——钢球的质量，kg；

g——重力加速度，m/s²。

4. 结果评定

试验结果为试样未破坏时的最大冲击重力势能。如5个试样均未破坏，则结果为大于最后一次的重力势能。

八十三、抗冲磨

1. 适用范围

本方法参照DL/T 5207—2005《水工建筑物抗冲磨防空蚀混凝土技术规范》，适用于测定砂浆抵抗高速含砂水流的冲磨能力，用于评价砂浆的抗冲磨性能。

2. 测试原理

具有一定含砂量的水体，经由抽水叶片、螺旋叶片和分水叶片的作用，形成高速含砂水流喷射到试件表面，对材料产生冲磨作用。

3. 试验器具

(1) 旋转式水砂磨损机　结构如图83-1所示。

(2) 磨损机主要技术参数如下：

① 旋转轴：标准转速为1320r/min。根据需要，可采取机械或电气手段改变旋转轴转速，达到改变含砂水流冲磨速度的目的。

② 分水叶片：四片垂直固定在旋转轴上，外缘半径208.6mm。当旋转轴转速为1320r/min时，含砂水流圆周切线速度（冲磨速度）为28.8m/s。

③ 螺旋叶片：固定在旋转轴上，直径80mm，间距30mm。

④ 吸水筒：直径110mm，高度350mm。

⑤ 电动机：4.0kW，额定转速1440r/min，通过三角皮带与旋转轴相连。

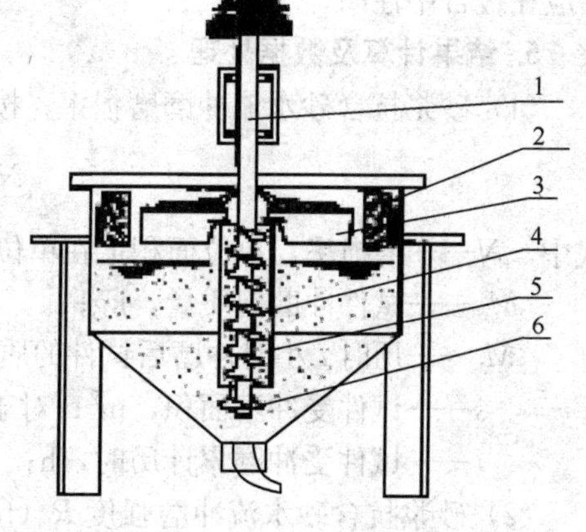

图83-1　旋转式水砂磨损机结构示意图

1—旋转轴；2—试件；3—分水叶片；4—螺旋叶片；5—吸水箱；6—吸水叶片

(3) 天平：称量10kg，感量0.1kg。

(4) 磨料：福建平潭硬练石英砂，粒径范围0.16～0.63mm。

(5) 砂浆试件：高度150mm，厚度96mm，内侧面圆弧半径212mm，弧长111mm，试件受冲磨高度90mm，每块试件受冲磨面积100cm^2。

砂浆试件以三块为一组，每次试验可同时进行四组试件的平行试验。试件形状及排布如图83-2所示。

4. 试验步骤

(1) 砂浆试件的拌合及试件成型与养护，按照DL/T 5150《水工混凝土试验规程》中有关规定进行。

(2) 到达试验龄期前两天，将试件放入水中浸水饱和。

(3) 向试验机内注足水及磨料。

磨耗介质标准含砂率=磨料砂/（水+磨料砂）=3.0%。

根据需要，可以增减含砂率，但含砂率最大值不得超过6%，并应在报告中注明。

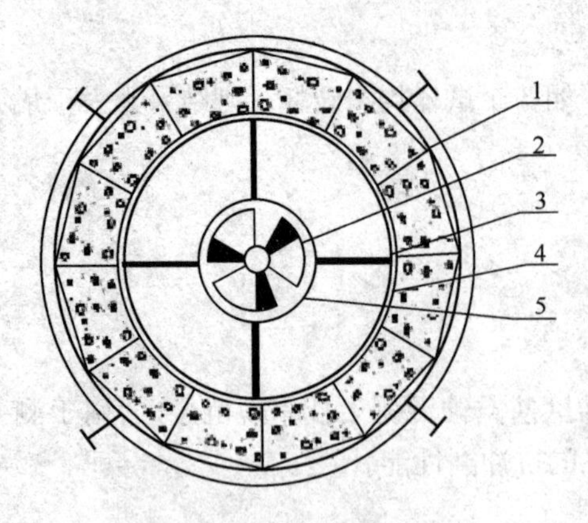

图 83-2　试件排布示意图
1—试块；2—旋转叶片；3—分水叶片；
4—试块搁环；5—吸水箱

（4）试验时，从水中取出试块，用湿毛巾抹去表面水分，使呈饱和面干状态。称其质量，准至 0.1g，记录为冲磨前质量。

（5）将试块放在试块搁环上，并使其弧面紧贴内环沿。调整内弧面的平整度，上紧固紧螺栓，盖上橡皮垫圈，紧固盖板螺栓。

（6）启动电动机，并记录冲磨起始时间。

（7）每冲磨 60min 后，停机取出试件。用水将其冲洗干净，抹去表面水分，称其质量，准至 0.1g，记录为冲磨后质量。测量其被冲磨的宽度和深度，并予记录。

（8）更换磨耗介质（水及磨料同时更换）。按前述步骤重复试验 10 次（即累计冲磨 10h），试验结束。若试件冲磨深度大于等于 5mm，也可结束试验。根据需要，可适当增加试验次数，并应在报告中注明。

5. 结果计算及数据处理

（1）砂浆抗含砂水流冲磨磨损率，按下式计算：

$$N = \frac{M_0 - M_t}{st} \tag{83-1}$$

式中　N——磨损率，单位面积上在单位时间内被磨损的质量，kg/（h·m²）；

M_0——试件冲磨前质量，kg；

M_t——历时 t 小时冲磨后试件的质量，kg；

s——试件受冲磨面积，m²；对于标准试件，受冲磨面积为 0.01m²。

t——试件受冲磨累计历时，h；

（2）砂浆抗含砂水流冲磨强度 R（h·m²/kg），即单位面积上每磨损 1kg 所需小时数，按下式计算：

$$R = \frac{1}{N} \tag{83-2}$$

（3）以一组三块试件测值的算术平均值作为试验结果，当单个测值与平均值之差值超过 15％时，则此值应予剔除，取两个测值的平均值作为试验结果。若一组中可用的测值少于两个时，该组试验应重做。

八十四、耐磨性

1. 适用范围

本方法参照 JC/T 1004—2006《陶瓷墙地砖填缝剂》，适用于填缝剂等耐磨性的测定。

2. 测试原理

圆盘通过旋转研磨填缝剂试样，测量在一定研磨次数后槽沟的弦长确定材料的耐磨性。

3. 测试仪器

（1）耐磨仪：符合 GB/T 3810.6—2006《陶瓷砖试验方法　第 6 部分：无釉砖耐磨深度

的测定》要求的耐磨试验机。

（2）磨料：符合 GB/T 3810.6—2006《陶瓷砖试验方法 第 6 部分：无釉砖耐磨深度的测定》要求的白刚玉。

（3）测量标尺：精度为 0.1mm。

（4）模板：光滑硬质的，内部尺寸为（150±1）mm ×（150±1）mm 或其他适合于相应耐磨试验机的尺寸，厚度为（10±1）mm 的不吸水正方形框架（例如聚乙烯或聚四氟乙烯）。

4. 试验步骤

（1）试件制备

按照规定制备填缝剂。把模板放在聚乙烯薄膜上。在模板上涂抹足量的填缝剂，刮平以保证完全填充模板空隙并使之平整。用玻璃板覆盖。24h 脱模后在标准试验条件下养护 27d。制备两个试件。

（2）试验步骤

把受检试件放入仪器中，使抹平的成型面朝向圆盘以保证其与旋转圆盘成切线。应使磨料以（100±10）g/100r 的速度均匀地进入研磨区域。不锈钢圆盘旋转 50r。从仪器中取出试件，测量槽沟的弦长度（L），精确到 0.5mm。一个试件至少在两个不同的位置进行试验，弦长取两个数值的平均值。磨料不能再重复利用。

5. 结果计算及数据处理

耐磨损性用磨蚀掉材料的体积（V）来描述，单位为 mm^3，利用下面的方程通过弦长（L）来计算，取两个试件的平均值，精确到 $1mm^3$。

$$V=\left(\frac{\pi\alpha}{180}-\sin\alpha\right)\times\frac{hd^2}{8} \tag{84-1}$$

式中

$$\sin 0.5\alpha=\frac{L}{d}$$

α——弦相对于旋转圆盘中心的弧的角度，°；

h——旋转圆盘的厚度，mm；

d——旋转圆盘的直径，mm；

L——弦的长度，mm。

表 84-1 中列出了 L 和 V 的一些等效值。

表 84-1 耐磨性试验弦长（L）和体积（V）的对应值表

L (mm)	V (mm^3)	L (mm)	V (mm^3)	L (mm)	V (mm^3)	L (mm)	V (mm^3)	L (mm)	V (mm^3)
20	67	25	131	30	227	35	361	40	540
20.5	72	25.5	139	30.5	238	35.5	376	40.5	561
21	77	26	147	31	250	36	393	41	582
21.5	83	26.5	156	31.5	262	36.5	409	41.5	603
22	89	27	165	32	275	37	427	42	626
22.5	95	27.5	174	32.5	288	37.5	444	42.5	649
23	102	28	184	33	302	38	462	43	672
23.5	109	28.5	194	33.5	316	38.5	481	43.5	696
24	116	29	205	34	330	39	500	44	720
24.5	123	29.5	215	34.5	345	39.5	520	44.5	746

续表

L (mm)	V (mm³)	L (mm)	V (mm³)	L (mm)	V (mm³)	L (mm)	V (mm³)	L (mm)	V (mm³)
45	771	50	1062	55	1419	60	1851	65	2365
45.5	798	50.5	1094	55.5	1459	60.5	1899	65.5	2422
46	824	51	1128	56	1499	61	1947	66	2479
46.5	852	51.5	1162	56.5	1541	61.5	1996	66.5	2537
47	880	52	1196	57	1583	62	2046	67	2596
47.5	909	52.5	1232	57.5	1625	62.5	2097	67.5	2656
48	938	53	1268	58	1689	63	2149	68	2717
48.5	968	53.5	1305	58.5	1713	63.5	2202	68.5	2779
49	999	54	1342	59	1758	64	2256	69	2842
49.5	1030	54.5	1380	59.5	1804	64.5	2310	69.5	2906

八十五、抗泛碱

1. 适用范围

本方法参照标准 JC/T 1024—2007《墙体饰面砂浆》，适用于饰面砂浆等抗泛碱性的测定。

2. 测试原理

饰面砂浆材料很容易通过毛细作用吸收和传递水分，会将基层或矿物基饰面砂浆本身的可溶性物质如氢化钙等带至砂浆表面，这些物质与空气中的二氧化碳发生反应，生成如碳酸钙类白色物质，即俗称的“泛碱”，实验通过水淋烘干循环加速这一过程，观察试件抗泛碱情况。

3. 试验器具

(1) 电热鼓风干燥箱：温控器灵敏度为±1℃。

(2) 电控淋水装置：水平安装的内径为 30 mm 的 PVC 管，沿 PVC 管长度方向每隔 40 mm 带有一个直径为 3 mm 的径向圆孔，所有圆孔均排列在一条直线上，PVC 管通过定时电磁阀与自来水管连接。

(3) 封闭材料：采用固体含量约 33%、玻璃化温度（−7～6)℃、pH 值 6.0～7.0 的苯乙烯丙烯酸酯乳液。

(4) 标准混凝土板：符合 JC/T 547—2005《陶瓷墙地砖胶粘剂》附录 A。

4. 试验步骤

用封闭材料横遮竖盖封闭标准混凝土板表面（除背面外），晾干备用。

按生产厂商提供的涂覆量，将饰面砂浆涂布于两块标准混凝土板表面，在标准试验条件下养护 24h 后，将试件安放到电控淋水装置的下方，放置的倾斜角为（60±5)°，PVC 管的开孔方向和流量与试件表面基本垂直，水管与试件的垂直距离为（15±2）cm，将自来水的流量调节到 300 mL/s，连续喷淋 10 min，然后将试件放到（50±2)℃电热鼓风干燥箱中烘干 4 h，取出放在标准试验条件下冷却至室温，再连续喷淋 10 min。循环 21 次后，检查试件表面有无可见泛碱，用干净的手指轻搓表面，检查是否掉粉。

八十六、耐碱性

1. 适用范围

本方法参照 JC/T 2090《聚合物水泥防水浆料》，适用于测定聚合物水泥防水浆料的耐碱性。

2. 测试原理

按生产商推荐的配合比进行配比，制备出聚合物水泥防水浆料，经过标准条件下的养护，放入$Ca(OH)_2$饱和溶液浸泡，取出观察表面状况。

3. 试验器具和试剂

（1）水泥胶砂搅拌机。

（2）水泥砂浆块。

（3）$Ca(OH)_2$饱和溶液。

4. 试验步骤

（1）配料

按生产商推荐的配合比进行试验。

采用符合JC/T 681《行星式水泥胶砂搅拌机》的水泥胶砂搅拌机，按DL/T 5126—2001《聚合物改性水泥砂浆试验规程》要求低速搅拌或采用人工搅拌。

S类（单组分）试样，先将水倒入搅拌机内，然后将粉料徐徐加入到水中进行搅拌：D类（双组分）试样，先将粉料混合均匀，再加入到液料中搅拌均匀。如需要加水的，应先将乳液与水搅拌均匀。搅拌时间和熟化时间按生产厂规定进行。若生产厂未提供上述规定，则搅拌3 min、静止1～3min。

（2）每组制备三个试件

将制备好的试样刮涂到70mm×70mm×20mm水泥砂浆块上，涂层厚度为1.5～2.0mm。在温度（23±2)℃，相对湿度（50±10)%的条件下，养护至7d龄期。在（23±2)℃时，在0.1%化学纯NaOH溶液中，加入$Ca(OH)_2$试剂，并达到过饱和状态，将试样放入该溶液中浸泡168 h。随后取出试件，观察有无开裂、剥落。

八十七、耐沾污性

1. 适用范围

本方法参照JC/T 1024—2007《墙体饰面砂浆》，适用于饰面砂浆耐沾污性的测定。

2. 测试原理

本方法采用配制灰作污染源，将其制成悬浮液，用涂刷法或浸渍法将其附着在涂层试板上。用规定的水压、水量，在一定时间内进行均匀冲洗，通过测定试验前后反射系数的编号或根据基本灰卡的色差等级评定涂层试板的耐沾污性。

3. 试验器具

（1）反射率仪：符合GB/T 23981—2009《白色和浅色漆对比率的测定》中4.3规定。

（2）天平：感量为0.1g。

（3）狼毛刷：宽度为35mm。

（4）冲洗装置：由水箱、水管和样板架组成，所用材质均为防锈材料，如图87-1所示。

（5）平底托盘：尺寸不小于200mm×200mm，深不小于10mm。

4. 试验用污染源

试验用污染源采用以石墨粉为主要成分制成的配制灰，其参数为：

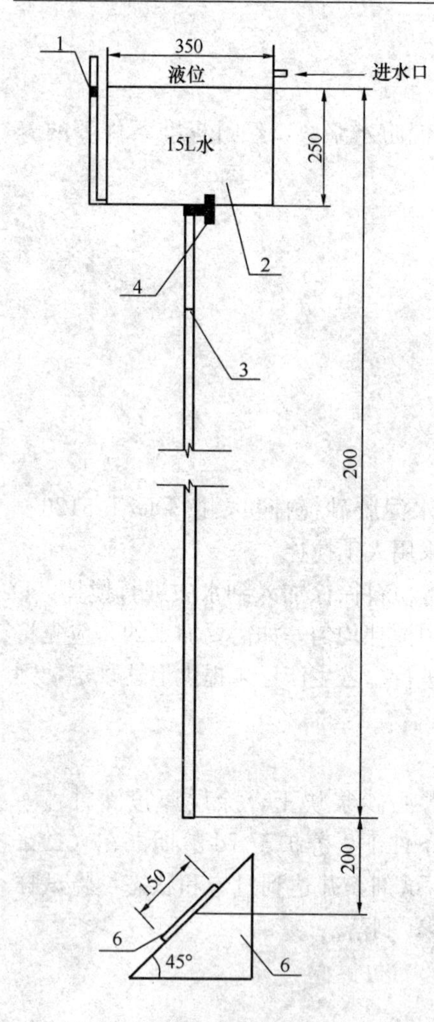

图 87-1　冲洗装置示意图（mm）

1—液位计；2—水箱；3—ϕ8mm 的水管；4—阀门；5—样板架；6—图层试板

（1）细度：0.045mm 方孔筛筛余量（5.0±2.0）%。

（2）烧失量：（12±2）%。

（3）密度：（2.70±0.20）g/cm^3。

（4）比表面积：（440±20）m^2/kg。

（5）反射系数：（37±3）%。

5. 试验步骤

（1）污染源悬浮液配制：用天平称取适量配制灰，按配制灰∶水＝1∶0.9（质量比）搅拌均匀制成悬浮液，每次试验前应现配现用。

（2）将配制的污染源悬浮液倒入平底托盘中，取已制备好的涂层试板，将涂层面朝下，水平放入盘中浸渍 5s 后取出，在标准试验条件下，放置 2h 后，放在冲洗装置的样架上，将已注满 15L 水的冲洗装置阀门打开至最大，冲洗涂层试板。冲洗时应不断移动涂层试板，使水流能均匀冲洗各部位，冲洗 1min 后关闭阀门，将涂层试板在标准试验条件下放至第二天，此为一个循环，约 24h。按上述浸渍和冲洗方法继续试验至五次循环，每次冲洗涂层试板前后均应将水箱中的水添加至 15L。

6. 结果评定

本方法采用 0～4 级共五个等级来评定试验结果，分别与基本灰卡（GB/T 250《纺织品色牢度试验评定变色用灰色样卡》）5、4、3、2、1 五个等级相对应（表 87-1）。

取两块试验后的涂层试板分别与一块未经试验的涂层试板按 GB/T 9761—2008《色漆和清漆　色漆的目视比色》规定的目视比色法进行比色评定等级。

表 87-1　评定等级

耐沾污性等级	污染程度	观感色差	灰卡等级
0	无污染	无可觉察的色差	5
1	很轻微	有刚可觉察的色差	4
2	轻微	有较明显的色差	3
3	中等	有很明显的色差	2
4	严重	有严重的色差	1

八十八、抗渗性及（不）透水性

（一）抗渗性

1. 适用范围

本方法参照 JGJ/T 70—2009《建筑砂浆基本性能试验方法标准》，适用于测定砂浆抗渗性能。

2. 测试原理

根据液压原理，通过观察试件在阶段性增长的压力条件下的渗水情况来确定渗水压力，评定砂浆抗渗性能。

3. 试验器具

（1）金属试模：上口直径 70mm，下口直径 80mm，高 30mm 的截头圆锥带底金属试模。

（2）砂浆渗透仪。

4. 试验步骤

（1）将拌合好的砂浆一次装入试模中，用抹刀插捣数次，当填充砂浆略高于试模边缘时，用抹刀以 45°角一次性将试模表面多余的砂浆刮去，然后再用抹刀以较平的角度在试模表面反方向将砂浆刮平，共成型 6 个试件。

（2）试件成型后应在室温（20±5）℃的环境下，静置（24±2）h 后脱模。试件脱模后放入温度（20±2）℃，湿度 90％以上的养护室养护至规定龄期，取出待表面干燥后，用密封材料密封装入砂浆渗透仪中进行透水试验。

（3）从 0.2MPa 开始加压，恒压 2h 后增至 0.3MPa，以后每隔 1h 增加 0.1MPa，当 6 个试件中有 3 个试件端面呈有渗水现象时，即可停止试验，记下当时水压，在试验过程中，如发现水从试件周边渗出，则应停止试验，重新密封。

5. 结果计算及数据处理

砂浆抗渗压力值以每组 6 个试件中 4 个试件未出现渗水时的最大压力计算，应按下式计算：

$$P = H - 0.1 \tag{88-1}$$

式中　P——砂浆抗渗压力值，MPa；

　　H——6 个试件中 3 个渗水时的水压力，MPa。

（二）涂层抗渗压力

1. 适用范围

本方法参照 GB 23440—2009《无机防水堵漏材料》，适用于测性无机防水堵漏材料等的涂层抗渗压力。

2. 测试原理

将制备好的试件，在标准条件下养护至规定龄期，把试件用密封材料密封装入渗透仪中进行透水试验。

3. 试验器具

(1) 水泥砂浆搅拌机。

(2) 截头圆锥带底金属抗渗试模。

(3) 振动台。

(4) 渗透仪。

4. 试验步骤

(1) 基准砂浆试块的制备

用标准砂和符合 GB 175—2007《通用硅酸盐水泥》的 42.5 级普通硅酸盐水泥配料，称取水泥 350g、标准砂 1350g 搅拌均匀后加入水 350mL，将上述物料在水泥砂浆搅拌机中搅拌 3min 后装入上口直径为 70mm，下口直径为 80mm，高为 30mm 的截头圆锥带底金属抗渗试模成型，振动台上振动 20s，5min 后用刮刀刮去多余的料浆、抹平。成型试件数量为 12 个（其中六个成型时采用加垫或刮平的方法在相应的迎水面或背水面使试块厚度减少 2mm 左右)。先在温度 (20±3)℃，相对湿度大于 90%的养护条件下养护 (24±2) h 后脱模，再在 (20±2)℃的水池中养护。如果产品用于迎水面或背水面不明确时，按迎水面和背水面各成三个试件；否则按背水面或迎水面成型六个试件。

(2) 基准砂浆试件抗渗压力

取按 (1) 制备的六个已养护至 14d 基准砂浆试件。取出待表面干燥后，用密封材料封装入渗透仪中进行透水试验。水压从 0.2MPa 开始，恒压 2h，增至 0.3MPa，以后每隔 1h 增加水压 0.1MPa。当六个试件中有三个试件端面呈现渗水现象时，即可停止试验，记下当时的水压值。当六个试件中四个未出现渗水的最大压力值，为基准砂浆试件抗渗压力 (P_0)。若加压至 0.5MPa，恒压 1h 还未透水，应停止试验，须调整水泥或调整水灰比，使透水压力在 0.5MPa 内。

(3) 涂层试件的制备

取按 (1) 制备的另六个已养护至 7d 基准砂浆试块。然后称取样品 1000g，按生产厂推荐的加水量加水，用净浆搅拌机搅拌 3min，用刮板分别在三个试件的迎水面和三个试件的背水面上，分两层刮压料浆，刮压每层料的操作时间不应超过 5min。刮料时要稍用力并来回几次使其密实，不产生气泡，同时注意搭接，第二层须待第一层硬化后（手指轻压不留指纹）再刮涂，第二层涂刮前涂层要保持湿润，涂层总厚度约为 2mm，先在温度为 (20±3)℃，相对湿度大于 90%养护条件下养护 (24±2) h，再在温度为 (20±2)℃的养护水池中养护至规定龄期。

(4) 涂层加基准砂浆试件抗渗压力

按 (3) 制备的试件养护至 7d 龄期，取出，将涂层冲洗干净，风干表面，按 (2) 的方法进行抗渗试验。

若加压至 1.5MPa，恒压 1h 还未透水，应停止升压。涂层加压基准砂浆试件抗渗压力为每组六个试件中的四个未出现渗水时的最大水压力。

5. 结果计算及数据处理

涂层抗渗压力按式 (88-2) 计算，计算结果精确到 0.1MPa。

$$P = P_1 - P_0 \tag{88-2}$$

式中 P——涂层抗渗压力，MPa；

P_0——基准砂浆试件的抗渗压力，MPa；

P_1——涂层加基准砂浆试件的抗渗压力，MPa。

(三) 透水性

1. 适用范围

本方法参照 JGJ 253—2011《无机轻集料砂浆保温系统技术规程》，适用于无机轻集料砂浆保温系统抗裂砂浆透水性的测定。

2. 测试原理

将充水的卡斯通管置于水平试样上，通过测量 24h 透水量来评价透水性。

3. 试验器具及步骤

(1) 试样由 30mm 厚无机轻集料保温砂浆和 5mm 厚抗裂砂浆组成，尺寸为 200mm×200mm。试样成型后，应采用聚乙烯薄膜覆盖，养护至 14d，去掉薄膜养护至 28d。

(2) 试验装置应由带刻度的玻璃试管（卡斯通管 Carsten－Rohrchen）组成，容积应为 10mL，试管刻度应为 0.05mL。

(3) 应将试样置于水平状态（图 88-1），将卡斯通管放于试样的中心位置，应采用密封材料密封试样和玻璃试管间的缝隙，往玻璃试管内注水，直至试管的零刻度，在试验条件下放置 24h，再读取试管的刻度。

(4) 透水量应取试验前后试管的刻度之差，取 2 个试验的平均值，精确至 0.1mL。

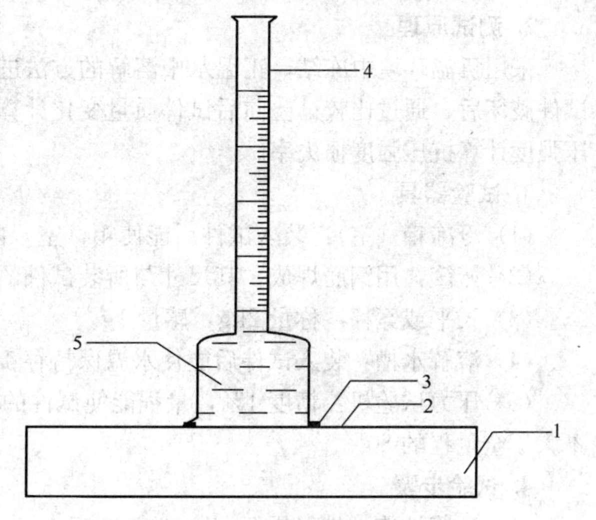

图 88-1　透水性试验示意图

1—无机轻集料保温砂浆；2—抗裂砂浆；3—密封材料；4—卡斯通管；5—水

(四) 不透水性

1. 适用范围

本方法参照 JC/T 2090—2011《聚合物水泥防水浆料》，适用于柔韧型防水浆料不透水性测定。

2. 测试原理

通过测定试件在一定静压力下的透水情况来评定材料的不透水性。

3. 试验器具

① 不透水仪：符合 GB/T 328.10—2007《建筑防水卷材试验方法　第 10 部分：沥青和高分子防水卷材　不透水性》中 5.2 要求。

② 金属网：孔径为 0.2mm。

4. 试验步骤

(1) 按照本书七十九（二）4（1）和（2）的步骤配料和制备试件。

(2) 养护后切取 150mm×150mm 的试件三块，在标准试验条件下放置 2h，试验在（23±5)℃进行，将装置中充水直到满出，彻底排出装置中空气。

（3）将试件放置在透水盘上，再在试件上加一相同尺寸的金属网，盖上7孔圆盘，慢慢夹紧直到试件夹紧在盘上，用布或压缩空气干燥试件的非迎水面，慢慢加压到0.3MPa。

（4）达到规定压力后，保持压力（30±2）min。试验时观察试件的透水情况（水压突然下降或试件的非迎水面有水）。

5. 结果评定

所有试件在规定时间应无透水现象。

八十九、抗冻性

1. 适用范围

本方法参照JGJ/T 70—2009《建筑砂浆基本性能试验方法标准》，适用于砂浆强度等级大于M2.5的试件在负温环境中冻结，正温水中溶解的方法进行抗冻性能检验。

2. 测试原理

采用负温环境中冻结，正温水中溶解的方法进行冻融循环试验，在达到规定试验次数或试件破坏后，通过比较试验前后试件质量变化计算质量损失率，比较冻融试件与对比试件抗压强度计算抗压强度损失率。

3. 试验器具

（1）冷冻箱（室）：装入试件后能使箱（室）内的温度保持在－20～－15℃。

（2）篮筐：用钢筋焊成，其尺寸与所装试件的尺寸相适应。

（3）天平或案秤：称量2kg，感量1g。

（4）溶解水槽：装入试件后能使水温保持存15～20℃。

（5）压力试验机：精度1%，量程能使试件的预期破坏荷载值不小于全量程的20%，也不大于全量程的80%。

4. 试验步骤

（1）砂浆抗冻试件采用70.7mm×70. 7mm×70. 7mm的立方体试件，制备两组（每组三块），分别作为抗冻和与抗冻同龄期的对比抗压强度检验试件。

（2）砂浆试件的制作与养护方法同本书七十一（一）4（1）进行。

（3）砂浆抗冻性能试验应按下列步骤进行：

① 试件如无特殊要求应在28d龄期进行冻融试验。试验前两天应把冻融试件和对比试件从养护室取出，进行外观检查并记录其原始状况，随后放入15～ 20℃的水中浸泡，浸泡的水面应至少高出试件顶面20mm。冻融试件浸泡两天后取出，并用拧干的湿毛巾轻轻擦去表面水分，然后对冻融试件进行编号，称其质量。冻融试件置入篮筐进行冻融试验，对比试件则放回标准养护室中继续养护，直至完成冻融循环后，与冻融试件同时试压。

② 冻或融时，篮筐与容器底面或地面须架高20mm，篮筐内各试件之间应至少保持50mm的间距。

③ 冷冻箱（室）内的温度均应以其中心温度为准。试件冻结温度应控制在－20～－15℃。当冷冻箱（室）内温度低于－15℃时，试件方可放入。如试件放入之后，温度高于－15℃时，则应以温度重新降至－15℃时计算试件的冻结时间，从装完试件至温度重新降至－15℃的时间不应超过2h；

④ 每次冻结时间为4h，冻后立刻取出并应立即放入能使水温保持在15～20℃的水槽中进行溶化。此时，槽中水面应至少高出试件表面20mm，试件在水中溶化的时间不应小于4h。溶化完毕即为一次冻融循环。取出试件，送入冻冷箱（室）进行下一次循环试验，以此连续进行直至设计规定次数或试件破坏为止；

⑤ 每五次循环，应进行一次外观检查，并记录试件的破坏情况；当该组试件3块中有2块出现明显破坏（分层、裂开、贯通缝）时，则该组试件的抗冻性能试验应终止；

⑥ 冻融试验结束后，将冻融试件从水槽取出，用拧干的湿布轻轻擦去试件表面水分，然后称其质量。对比试件提前两天浸水，再把冻融试件与对比试件同时进行抗压强度试验。

5. 结果计算及数据处理

砂浆冻融试验后应分别按下式计算其强度损失率和质量损失率。

(1) 砂浆试件冻融后的强度损失率应按下式计算：

$$\Delta f_{m} = \frac{f_{m1} - f_{m2}}{f_{m1}} \times 100 \tag{89-1}$$

式中　Δf_{m}——n次冻融循环后的砂浆强度损失率，%；

f_{m1}——对比试件的抗压强度平均值，MPa；

f_{m2}——经n次冻融循环后的3块试件抗压强度平均值，MPa。

(2) 砂浆试件冻融后的质量损失率应按下式计算：

$$\Delta m_{m} = \frac{m_{0} - m_{n}}{m_{0}} \times 100 \tag{89-2}$$

式中　Δm_{m}——n次冻融循环后的质量损失率，以3块试件的平均值计算，%；

m_{0}——冻融循环试验前的试件质量，g；

m_{n}——n次冻融循环后的试件质量，g。

当冻融试件的抗压强度损失率不大于25%，且质量损失率不大于5%时，则该组砂浆在试验的循环次数下，抗冻性能为合格，否则为不合格。

九十、耐热性

1. 适用范围

本方法参照JC/T 2090《聚合物水泥防水浆料》，适用于测定聚合物水泥防水浆料的耐热性。

2. 测试原理

按生产商推荐的配合比进行配比，制备出聚合物水泥防水浆料，经过标准条件下的养护，置于沸煮箱中煮5h，取出观察有无开裂、剥落。

3. 试验器具

(1) 水泥胶砂搅拌机：按照本书二十（一）3（5）规定。

(2) 水泥砂浆块。

(3) 沸煮箱。

4. 试验步骤

(1) 配料

按生产商推荐的配合比进行试验。

采用本书二十（一）3（5）规定的水泥胶砂搅拌机，按 DL/T 5126—2001《聚合物改性水泥砂浆试验规程》要求低速搅拌或采用人工搅拌。

S类（单组分）试样，先将水倒入搅拌机内，然后将粉料徐徐加入到水中进行搅拌；D类（双组分）试样，先将粉料混合均匀，再加入到液料中搅拌均匀。如需要加水的，应先将乳液与水搅拌均匀。搅拌时间和熟化时间按生产厂规定进行。若生产厂未提供上述规定，则搅拌 3 min、静止 1～3min。

（2）每组制备三个试件

将制备好的试样刮涂到 70mm×70mm×20mm 水泥砂浆块上，涂层厚度为 1.5～2.0mm；在温度（23±2）℃，相对湿度（50±10）%的条件下，养护至 7d 龄期，置于沸煮箱中煮 5h。随后取出试件，观察有无开裂、剥落。

九十一、导热系数

1. 适用范围

本方法参照 JG 158－2013《胶粉聚苯颗粒外墙外保温系统》，适用于民用建筑采用胶粉聚苯颗粒外墙外保温系统产品等导热系数的测定。

2. 测试原理

在稳态条件下，防护热板装置的中心计量区域内，在具有平行表面的均匀板状试件中，建立类似于以两个平行均温平板为界的无限大平板中存在的一维恒定热流。

为保证中心计量单元建立一维热流和准确测量热流密度，加热单元应分为在中心的计量单元和由隔缝分开的环绕计量单元的防护单元。并且需要足够的边缘绝热或（和）外防护套，特别是在远高于或远低于室温下运行的装置，必须设置外防护套。

通过测量稳定状态下流过计量单元的一维恒定热流量 Q、计量单元的面积 A 和试件冷、热表面的温度差 ΔT，可计算出试件的热阻。

3. 测试仪器

（1）烘箱：灵敏度±2℃。

（2）天平：精度为 0.01g。

（3）干燥器：直径大于 300mm。

（4）游标卡尺：0～125mm，精度 0.02mm。

（5）钢板尺：500mm，精度 0.02mm。

（6）油灰刀，抹子。

（7）组合式无底金属试模：300mm×300mm×30mm。

（8）玻璃板：400mm×400mm×（3～5）mm。

（9）导热系数测定仪。

4. 试验步骤

（1）试件制备

成型方法：将 3 个空腔尺寸为 300mm×300mm×30mm 的金属试模分别放在玻璃板上，用脱模剂涂刷试模内壁及玻璃板，用油灰刀将标准浆料逐层加满并略高出试模，为防止浆料留下孔隙，用油灰刀沿模壁插数次，然后用抹子抹平，制成3个试件。

养护方法：试件成型后用聚乙烯膜覆盖，在试验室温度下养护7d后拆模，拆模后在试验室标准条件下养护21d，然后将试件放入（65±2）℃的烘箱中，烘干至恒量，取出放入干燥器中冷却至室温备用。

（2）测定试件质量准确到±0.5%，称量后立即将试件放入装置中测定。

（3）试件在测定状态的厚度由加热单元和冷却单元位置确定或在测定时测得的试件厚度。

（4）温差选择

传热过程与试件的温差有关，应按照测定目的选择温差：

① 按照材料产品标准中要求；

② 按被测定试件或样品的所用条件；

③ 确定温度与热性质之间的关系时，温差尽可能小（5～10K）；

④ 当要求试件内的传质减到最小时，按测定温差所需的准确度选择最低的温差。

（5）环境条件，空气中测定

调节环绕防护热板组件的空气的相对湿度，使其露点温度至少比冷却单元温度低5K。当把试件封入气密性封袋内避免试件吸湿时，封袋与试件冷面接触的部分不应出现凝结水。

（6）热流量的测定

测量施加于计量面积的平均电功率，精确到±0.2%。输入功率的随机波动、变动引起的热板表面温度波动或变动，应小于热板和冷板间温差的±0.3%。

调节并维持防护部分的输入功率（最好用自动控制），以得到合乎要求的计量单元与防护单元之间的温度不平衡程度。

（7）冷面控制

当使用双试件装置时，调节冷却面板温度使两个试件的温差相同（差异小于±2%）。

（8）温差检测

测量加热面板和冷却面板的温度或试件表面温度。以及计量与防护部分的温度不平衡程度。

（9）过渡时间和测量间隔

为得到热性质的准确值，装置和试件必须有充分的热平衡时间。热平衡时间与装置的构造、控制方式、几何尺寸以及试件的热性质和厚度有关。在不可能较精确的估计过渡时间的场合，或者没有在同一装置里、在同样测定条件下测定类似试件的经验时，按下式计算时间间隔Δt：

$$\Delta t = (\rho_p \times c_p \times d_p + \rho_s \times c_s \times d_s) \times R \tag{91-1}$$

式中　ρ_p，ρ_s——加热面板材料和试件的密度，kg/m^3；

c_p，c_s——加热面板材料和试件的比热容，J/kg；

d_p，d_s——加热面板材料和试件的厚度，m；

R——试件的热阻，$m^2 \cdot K/W$。

等于或大于Δt的时间间隔按上述4（6）和4（8）规定读取数据，直至连续四组读数给出的热阻值的差别不超过±1%，并且不是单调地朝一个方向改变时结束。当试件内部有传质现象时，测定至少持续 24h。

当温度为自动控制时，记录温差和施加在计量加热器上的电压或电流有助于检查是否达到稳态条件。

(10) 最终质量和厚度测量

所述的测读完成后，测量试件的最终质量和厚度。

5. 结果计算及数据处理

用观察到的稳态数据的平均值进行计算。只要差异不超过±1%，其他附加测量数据亦可使用。热阻 R 用下式计算：

$$R=\frac{A(T_1-T_2)}{Q} \tag{91-2}$$

式中 Q——加热单元计量部分的平均热流量，其值等于平均发热功率，W；

T_1——试件热面温度平均值，K；

T_2——试件冷面温度平均值，K；

A——计量面积，m^2。

如果满足要求，导热系数 λ 或热阻系数 r 可用下式计算：

$$\lambda=\frac{Q\times d}{A(T_1-T_2)} \tag{91-3}$$

或

$$r=\frac{1}{\lambda}=\frac{A(T_1-T_2)}{Q\times d} \tag{91-4}$$

式中 d——试件平均厚度，m。

九十二、蓄热系数

1. 适用范围

本方法参照 JG/T 283—2010《膨胀玻化微珠轻质砂浆》，适用于测定膨胀玻化微珠轻质砂浆的蓄热系数。

2. 测试原理

用导热系数测定仪测试出其导热系数，然后通过公式，计算出适用于测定膨胀玻化微珠轻质砂浆的蓄热系数。

3. 试验器具

(1) 试模：200mm×200 mm×60mm 钢质有底试模，200 mm×200 mm×20 mm 钢质有底试模，拆装方便。

(2) 导温系数测定仪：适用于匀质板状或粉末状材料导温系数测试，以非稳定导热原理为基础，在试验材料中短时间加热，根据试验材料温度变化的特点，测试出试验材料的导温系数。

4. 试验步骤

(1) 试样制备

① 试样数量 6 个。

② 按生产商提供的砂浆配合比、使用方法配制轻质砂浆，混合过程中不应破坏膨胀玻化微珠保温集料。

③ 在试模内填满轻质砂浆，并略高于其上表面，用捣棒均匀由外向内按螺旋方向轻轻插捣 25 次，插捣时用力不应过大，不应破坏膨胀玻化微珠保温集料。将高出试模部分的轻质砂浆沿试模顶面削去抹平。为方便脱模，模内壁可适当涂刷薄层脱模剂。

④ 试样及试模应在标准实验室环境下养护，并应使用塑料薄膜覆盖，满足拆模条件后（无特殊要求时，带模养护 3d）脱模。试样取出后应在标准环境条件下养护至 28 d，或按生产商规定的养护条件进行养护。

（2）试验过程

① 试样数量为 2 组，每组 3 个，200mm×200mm×20mm 试样 1 个，200mm×200mm×60mm 试样 2 个。

② 每块试样上下两表面应平行，厚度应均匀。薄试样不平行度应小于试样厚度的 1%。各试样的接触面应结合紧密。

③ 将试样在（105±5)℃温度下烘至恒量，放入干燥器中冷却备用，测量试样尺寸及质量。

④ 在标准实验室环境下，将试样安装在试样台上，放入热电偶及加热器，热电偶的结点放在试样的中心，然后用夹具将试样夹紧。

⑤ 待试样状态调节稳定后，输入试样尺寸及质量。试样状态调节稳定是指试样的初始温度在 10 min 内变化小于±0.05℃，并且薄试样上、下表面温度差小于 0.1℃时。

⑥ 测定试样导温系数和导热系数。

5. 结果计算及数据处理

蓄热系数按式（92-1）计算，试验结果为 2 组试样的算术平均值，精确至 0.1 W/（m^2·K)。

$$S=\frac{2.5\lambda}{\sqrt{\alpha\cdot T}} \tag{92-1}$$

式中　S——蓄热系数，W/（m^2·K)；

λ——导热系数，W/（m·K)；

α——导温系数，m^2/h；

T——时间，取 24 h。

九十三、耐候性

1. 适用范围

本方法参照标准 JC/T 1024—2007《墙体饰面砂浆》，适用于建筑墙体内外表面和顶棚装饰的预制干混砂浆耐候性测定。

2. 试验条件

（1）标准试验条件为空气温度（23±2)℃，相对湿度（50±5)%，试验区的循环风速低于 0.2 m/s。

（2）试验样品应在贮存期内，所有试验材料（包括试验用水）应在标准试验条件下放置至少 24 h。

(3) 试件养护时间允许的偏差应符合表 93-1 规定。

表 93-1　养护时间允许偏差

养护时间	允许偏差
24h	±0.5h
7d	±3h
14d	±6h
28d	±12h

3. 试验步骤

(1) 砂浆所需的拌合配比应根据生产厂商的使用说明书确定。若提供的是配比的比值范围，应当采用其平均值。至少应准备 5kg 的干粉，采用本书二十（一）3（5）规定的水泥胶砂搅拌机。在（140±5）r/min 低速旋转以及（62±5）r/min 行星式运动的情况下搅拌。

拌合按下列步骤进行（生产厂商有具体说明的除外）：

① 将水或液体倒入锅中。

② 将干粉撒入低速搅拌的搅拌器内搅拌 15 s。

③ 取出搅拌叶。

④ 60 s 内清理搅拌叶和搅拌锅壁上的砂浆。

⑤ 重新放入搅拌叶，再搅拌 75 s 完成。

(2) 将饰面砂浆涂布于符合 JC/T 412.2《纤维水泥平板　第 2 部分：温石棉纤维水泥平板》要求的石棉水泥平板表面，尺寸为 150 mm×70 mm×（4～6）mm，在标准试验条件下养护 28 d 后，按照 GB/T 1865—2009《色漆和清漆　人工气候老化和人工辐射曝露滤过的氙弧辐射》进行测试，按照 GB/T 1766—2008 评定变色等级。涂覆量按生产厂商提供的用量进行。

附录1　干混砂浆原材料性能指标及检测方法对应表

1　通用硅酸盐水泥

项　目		性能指标（GB 175—2007）								检测方法
		P·Ⅰ	P·Ⅱ	P·O	P·S·A	P·S·B	P·P	P·F	P·C	
细度（%）		—			≤10（80μm筛余量）或≤30（45μm筛余量）					四（一）
比表面积（m^2/kg）		≥300			—					四（二）
不溶物（%）		≤0.75	≤1.50	—	—	—	—	—	—	十六
烧失量（%）		≤3.0	≤3.5	≤5.0	—	—	—	—	—	十八
三氧化硫（%）		≤3.5			≤4.0		≤3.5			八
氧化镁（%）		≤5.0			≤6.0①	—	≤6.0②			十一
氯离子（%）		≤0.06③								十四（一）
凝结时间	初凝（min）	≥45		≥45						四十二
	终凝（min）	≤390		≤600						
安定性		沸煮法合格								四十八
碱含量（%）		按$Na_2O+0.658K_2O$计算值表示④								七

① 如果水泥压蒸试验合格，则水泥中氧化镁的含量（质量分数）允许放宽至6.0%。

② 如果水泥中氧化镁的含量（质量分数）大于6.0%时，需进行水泥压蒸安定性试验并合格。

③ 有更低要求时，该指标由买卖双方确定。

④ 若使用活性集料，用户要求提供低碱水泥时，水泥中碱含量应不大于0.60%或由买卖双方协商确定。

品　种	强度等级	抗压强度（MPa）		抗折强度（MPa）	
		3d	28d	3d	28d
硅酸盐水泥	42.5	≥17.0	≥42.5	≥3.5	≥6.5
	42.5R	≥22.0		≥4.0	
	52.5	≥23.0	≥52.5	≥4.0	≥7.0
	52.5R	≥27.0		≥5.0	
	62.5	≥28.0	≥62.5	≥5.0	≥8.0
	62.5R	≥32.0		≥5.5	
普通硅酸盐水泥	42.5	≥17.0	≥42.5	≥3.5	≥6.5
	42.5R	≥22.0		≥4.0	
	52.5	≥23.0	≥52.5	≥4.0	≥7.0
	52.5R	≥27.0		≥5.0	
矿渣硅酸盐水泥 火山灰硅酸盐水泥 粉煤灰硅酸盐水泥 复合硅酸盐水泥	32.5	≥10.0	≥32.5	≥2.5	≥5.5
	32.5R	≥15.0		≥3.5	
	42.5	≥15.0	≥42.5	≥3.5	≥6.5
	42.5R	≥19.0		≥4.0	
	52.5	≥21.0	≥52.5	≥4.0	≥7.0
	52.5R	≥23.0		≥4.5	
检测方法		四十五		四十六	

2 铝酸盐水泥

项目		性能指标（GB 201—2000）			检测方法
三氧化二铝（%）		CA-50		≥50，<60	本书未收录
		CA-60		≥60，<68	
		CA-70		≥68，<77	
		CA-80		≥77	
二氧化硅（%）		CA-50		≤8.0	本书未收录
		CA-60		≤5.0	
		CA-70		≤1.0	
		CA-80		≤0.5	
三氧化二铁（%）		CA-50		≤2.5	本书未收录
		CA-60		≤2.0	
		CA-70		≤0.7	
		CA-80		≤0.5	
碱含量（$Na_2O+0.658K_2O$）（%）		≤0.40			七
S（全硫）（%）		≤0.1			八
氯离子（质量分数）（%）		≤0.1			未规定
细度（0.045mm筛余量）（%）		≤20			四（一）
比表面积（m^2/kg）		≥300			四（二）
凝结时间	初凝（min）	CA-50 CA-70 CA-80		≥30	四十二
		CA-60		≥60	
	终凝（h）	CA-50 CA-70 CA-80		≤6	
		CA-60		≤18	
抗压强度（MPa）		CA-50	6h	≥20	四十五
			1d	≥40	
			3d	≥50	
			28d	—	
		CA-60	6h	—	
			1d	≥20	
			3d	≥45	
			28d	≥85	
		CA-70	6h	—	
			1d	≥30	
			3d	≥40	
			28d	—	
		CA-80	6h	—	
			1d	≥25	
			3d	≥30	
			28d	—	

续表

项　　目	性能指标（GB 201—2000）			检测方法
抗折强度（MPa）	CA—50	6h	≥3.0	四十六
		1d	≥5.5	
		3d	≥6.5	
		28d	—	
	CA—60	6h	—	
		1d	≥2.5	
		3d	≥5.0	
		28d	≥10.0	
	CA—70	6h	—	
		1d	≥5.0	
		3d	≥6.0	
		28d	—	
	CA—80	6h	—	
		1d	≥4.0	
		3d	≥5.0	
		28d	—	

3　硫铝酸盐水泥

项　　目		性能指标（GB 20472—2006）						检测方法
		快硬硫铝酸盐水泥			低碱度硫铝酸盐水泥			
比表面积（m^2/kg）		≥350			≥400			四（二）
凝结时间①	初凝(min)	≤25						四十二
	终凝(min)	≥180						
碱度 pH 值		—			≤10.5			六
28d 自由膨胀率（%）		—			0.00～0.15			五十（一）
抗压强度（MPa）		42.5	1d	≥30.0	32.5	1d	≥25.0	四十五
			3d	≥42.5				
			28d	≥45.0		7d	≥32.5	
		52.5	1d	≥40.0				
			3d	≥52.5	42.5	1d	≥30.0	
			28d	≥55.0				
		62.5	1d	≥50.0		7d	≥42.5	
			3d	≥62.5				
			28d	≥65.0	52.5	1d	≥40.0	
		72.5	1d	≥55.0				
			3d	≥72.5		7d	≥52.5	
			28d	≥75.0				
抗折强度（MPa）		42.5	1d	≥6.0	32.5	1d	≥3.5	四十六
			3d	≥6.5				
			28d	≥7.0		7d	≥5.0	
		52.5	1d	≥6.5				
			3d	≥7.0	42.5	1d	≥4.0	
			28d	≥7.5				
		62.5	1d	≥7.0		7d	≥5.5	
			3d	≥7.5				
			28d	≥8.0	52.5	1d	≥4.5	
		72.5	1d	≥7.5				
			3d	≥8.0		7d	≥6.0	
			28d	≥8.5				

① 用户要求时，可以变动。

4 白色硅酸盐水泥

项目		性能指标（GB/T 2015—2005）			检测方法
三氧化硫含量（%）		≤3.5			八
细度（0.080mm 筛余量）（%）		≤10			四（一）
凝结时间	初凝（min）	≥45			四十二
	终凝（h）	≤10			
安定性		沸煮法检验必须合格			四十八
白度		≥87			三十七
抗压强度（MPa）		32.5	3d	≥12.0	四十五
			28d	≥32.5	
		42.5	3d	≥17.0	
			28d	≥42.5	
		52.5	3d	≥22.0	
			28d	≥52.5	
抗折强度（MPa）		32.5	3d	≥3.0	四十六
			28d	≥6.0	
		42.5	3d	≥3.5	
			28d	≥6.5	
		52.5	3d	≥4.0	
			28d	≥7.0	

5 彩色硅酸盐水泥

项目		性能指标（JC/T 870—2012）			检测方法
三氧化硫含量（%）		≤4.0			八
细度（0.080mm 筛余量）（%）		≤6.0			四（一）
凝结时间	初凝（h）	≥1			四十二
	终凝（h）	≤10			
安定性		沸煮法检验合格			四十八
抗压强度（MPa）		27.5	3d	≥7.5	四十五
			28d	≥27.5	
		32.5	3d	≥10.0	
			28d	≥32.5	
		42.5	3d	≥15.0	
			28d	≥42.5	
抗折强度（MPa）		32.5	3d	≥2.0	四十六
			28d	≥5.0	
		42.5	3d	≥2.5	
			28d	≥5.5	
		52.5	3d	≥3.5	
			28d	≥6.5	

续表

项　　目	性能指标（JC/T 870—2012）		检测方法
色差（ΔE_{ab} * ）（CIELAB色差单位）	同一颜色 同一编号	≤3.0[①]	四十九
	同一颜色 不同编号	≤4.0[②]	
颜色耐久性（ΔE_{ab} * ）（CIELAB色差单位）	≤6.0[③]		四十九

① 同一颜色同一编号彩色硅酸盐水泥每一分割样或每磨取样与该水泥颜色对比样的色差 ΔE_{ab} * 不应超过 3.0 CIELAB色差单位。用目测对比方法参考时，颜色不应有明显差异。

② 同一种颜色的各编号彩色硅酸盐水泥的混合样与该水泥颜色对比样之间的色差 ΔE_{ab} * 不应超过 4.0 CIELAB色差单位。用目测对比方法参考时，颜色不应有明显差异。

③ 500h人工加速老化试验，老化前后的色差 ΔE_{ab} * 不应超过 6.0 CIELAB色差单位。

6　建筑生石灰

项　　目	性能指标（JC/T 479—2013）		检测方法
（氧化钙＋氧化镁）含量（%）	CL 90-Q CL 90-QP	≥90	十、十一
	CL 85-Q CL 85-QP	≥85	
	CL 75-Q CL 75-QP	≥75	
	ML 85-Q ML 85-QP	≥85	
	ML 80-Q ML 80-QP	≥80	
氧化镁含量（%）	CL 90-Q CL 90-QP	≤5	十一
	CL 85-Q CL 85-QP	≤5	
	CL 75-Q CL 75-QP	≤5	
	ML 85-Q ML 85-QP	＞5	
	ML 80-Q ML 80-QP	＞5	
二氧化碳含量（%）	CL 90-Q CL 90-QP	≤4	十二
	CL 85-Q CL 85-QP	≤7	
	CL 75-Q CL 75-QP	≤12	
	ML 85-Q ML 85-QP	≤7	
	ML 80-Q ML 80-QP	≤7	

续表

项目		性能指标（JC/T 479—2013）		检测方法
三氧化硫含量（%）		CL 90-Q CL 90-QP	≤2	八
		CL 85-Q CL 85-QP	≤2	
		CL 75-Q CL 75-QP	≤2	
		ML 85-Q ML 85-QP	≤2	
		ML 80-Q ML 80-QP	≤2	
产浆量（dm³/10kg）		CL 90-Q CL 90-QP	≥26 —	二十六
		CL 85-Q CL 85-QP	≥26 —	
		CL 75-Q CL 75-QP	≥26 —	
		ML 85-Q ML 85-QP	—	
		ML 80-Q ML 80-QP	—	
细度	0.2mm（筛余量/%）	CL 90-Q CL 90-QP	— ≤2	四（一）
		CL 85-Q CL 85-QP	— ≤2	
		CL 75-Q CL 75-QP	— ≤2	
		ML 85-Q ML 85-QP	— ≤2	
		ML 80-Q ML 80-QP	— ≤7	
	90μm（筛余量/%）	CL 90-Q CL 90-QP	— ≤7	
		CL 85-Q CL 85-QP	— ≤7	
		CL 75-Q CL 75-QP	— ≤7	
		ML 85-Q ML 85-QP	— ≤7	
		ML 80-Q ML 80-QP	— ≤2	

7　建筑消石灰

项　　目		性能指标（JC/T 481—2013）		检测方法
（氧化钙＋氧化镁）含量（%）		HCL 90	≥90	十、十一
		HCL 85	≥85	
		HCL 75	≥75	
		HML 85	≥85	
		HML 80	≥80	
氧化镁含量（%）		HCL 90	≤5	十一
		HCL 85		
		HCL 75		
		HML 85	>5	
		HML 80		
三氧化硫含量（%）		HCL 90	≤2	八
		HCL 85		
		HCL 75		
		HML 85	≤2	
		HML 80		
游离水（%）		HCL 90	≤2	二十七
		HCL 85		
		HCL 75		
		HML 85		
		HML 80		
细度	0.2mm 筛余量（%）	HCL 90	≤2	四（一）
		HCL 85		
		HCL 75		
		HML 85		
		HML 80		
	90μm 筛余量（%）	HCL 90	≤7	
		HCL 85		
		HCL 75		
		HML 85		
		HML 80		
安定性		HCL 90	合格	四十八
		HCL 85		
		HCL 75		
		HML 85		
		HML 80		

8 建筑石膏

<table>
<tr><th colspan="4">项　目</th><th colspan="3">性能指标（GB/T 9776—2008）</th><th>检测方法</th></tr>
<tr><td colspan="4">β半水硫酸钙含量（%）</td><td colspan="3">≥60.0</td><td>本书未收录</td></tr>
<tr><td colspan="4" rowspan="3">细度（0.2mm方孔筛筛余量）（%）</td><td rowspan="3">等级</td><td>3.0</td><td rowspan="3">≤10</td><td rowspan="3">四（一）</td></tr>
<tr><td>2.0</td></tr>
<tr><td>1.0</td></tr>
<tr><td rowspan="2">凝结时间</td><td colspan="3">初凝（min）</td><td colspan="3">≥3</td><td rowspan="2">四十二</td></tr>
<tr><td colspan="3">终凝（min）</td><td colspan="3">≤30</td></tr>
<tr><td colspan="4" rowspan="3">2h抗压强度（MPa）</td><td rowspan="3">等级</td><td>3.0</td><td>≥6.0</td><td rowspan="3">四十五</td></tr>
<tr><td>2.0</td><td>≥4.0</td></tr>
<tr><td>1.6</td><td>≥3.0</td></tr>
<tr><td colspan="4" rowspan="3">2h抗折强度（MPa）</td><td rowspan="3">等级</td><td>3.0</td><td>≥3.0</td><td rowspan="3">四十六</td></tr>
<tr><td>2.0</td><td>≥2.0</td></tr>
<tr><td>1.6</td><td>≥1.6</td></tr>
<tr><td rowspan="12">放射性核素限制①</td><td colspan="2" rowspan="3">建筑主体材料②</td><td>镭-226</td><td colspan="3" rowspan="3">内照射指数（I_{Ra}）≤1.0
外照射指数（I_r）≤1.0</td><td rowspan="12">本书未收录</td></tr>
<tr><td>钍-232</td></tr>
<tr><td>钾-40</td></tr>
<tr><td rowspan="9">装饰装修材料</td><td rowspan="3">A类</td><td>镭-226</td><td colspan="3" rowspan="3">内照射指数（I_{Ra}）≤1.0
外照射指数（I_r）≤1.3</td></tr>
<tr><td>钍-232</td></tr>
<tr><td>钾-40</td></tr>
<tr><td rowspan="3">B类</td><td>镭-226</td><td colspan="3" rowspan="3">1.0<内照射指数（I_{Ra}）≤1.3
1.3<外照射指数（I_r）≤1.9</td></tr>
<tr><td>钍-232</td></tr>
<tr><td>钾-40</td></tr>
<tr><td rowspan="3">C类</td><td>镭-226</td><td colspan="3" rowspan="3">内照射指数（I_{Ra}）>1.3
1.9<外照射指数（I_r）≤2.8</td></tr>
<tr><td>钍-232</td></tr>
<tr><td>钾-40</td></tr>
<tr><td colspan="4">工业副产石膏中限制成分</td><td colspan="3">由供需双方商定③</td><td>本书未收录</td></tr>
</table>

① 在天然放射性本地较高地区，单纯利用当地原材料生产的建筑材料产品时，只要其放射性比活度不大于当地地表土壤中相应天然放射性核素平均本地水平的，可限在本地区使用。

② 对空心率大于25%的建筑主体材料，其天然放射性核素镭-226、钍-232、钾-40的放射性比活度应同时满足 $I_{Ra}\leq 1.0$ 和 $I_r\leq 1.3$。

③ 限制成分包括氧化钾（K_2O）、氧化钠（Na_2O）、氧化镁（MgO）、五氧化二磷（P_2O_5）和氟（F）。

9　石灰石粉

项　目				性能指标（GB/T 30190—2013）	检测方法
碳酸钙含量（%）①				≥75	十
细度（45μm方孔筛筛余）（%）				≤15	四（一）
活性指数（%）	7d			≥60	四十七
	28d			≥60	
流动度比（%）				≥100	四十
含水量（%）				≥1.0	二十七
MB值				≤1.4	十九
放射性核素限制②	建筑主体材料③		镭-226	内照射指数（I_{Ra}）≤1.0 外照射指数（I_r）≤1.0	本书未收录
			钍-232		
			钾-40		
	装饰装修材料	A类	镭-226	内照射指数（I_{Ra}）≤1.0 外照射指数（I_r）≤1.3	
			钍-232		
			钾-40		
		B类	镭-226	1.0<内照射指数（I_{Ra}）≤1.3 1.3<外照射指数（I_r）≤1.9	
			钍-232		
			钾-40		
		C类	镭-226	内照射指数（I_{Ra}）>1.3 1.9<外照射指数（I_r）≤2.8	
			钍-232		
			钾-40		
碱含量（%）				按 $Na_2O+0.658K_2O$ 计算值表示④	七

① 碳酸钙含量可按1.786CaO计算值表示。

② 在天然放射性本地较高地区，单纯利用当地原材料生产的建筑材料产品时，只要其放射性比活度不大于当地地表土壤中相应天然放射性核素平均本地水平的，可限在本地区使用。

③ 对空心率大于25%的建筑主体材料，其天然放射性核素镭-226、钍-232、钾-40的放射性比活度应同时满足 I_{Ra}≤1.0和 I_r≤1.3。

④ 当石灰石粉用于碱活性集料配制的混凝土而需要限制碱含量时，可由供需双方协商确定。

10　粒化高炉矿渣粉

项　目		性能指标（GB/T 18046—2008）			检测方法
		S105	S95	S75	
密度（g/cm³）		≥2.8			一
比表面积（m²/kg）		≥500	≥400	≥300	四（二）
活性指数（%）	7d	≥95	≥75	≥55	四十七
	28d	≥105	≥95	≥75	
流动度比（%）		≥95			四十
含水量（%）		≤1.0			二十七
三氧化硫（%）		≤4.0			八
氯离子（%）		≤0.06			十四
烧失量（%）		≤3.0			十八
玻璃体含量（%）		≥85			十五
放射性		合格			本书未收录

11 粉煤灰

项目		性能指标（GB/T 1596—2005）			检测方法
		Ⅰ级	Ⅱ级	Ⅲ级	
细度（45μm 方孔筛筛余）（%）	F类粉煤灰	≤12.0	≤25.0	≤45.0	四（一）
	C类粉煤灰				
需水量比（%）	F类粉煤灰	≤95	≤105	≤115	四十一
	C类粉煤灰				
烧失量（%）	F类粉煤灰	≤5.0	≤8.0	≤15.0	十八
	C类粉煤灰				
含水量（%）	F类粉煤灰	≤1.0			二十七
	C类粉煤灰				
三氧化硫含量（%）	F类粉煤灰	≤3.0			八
	C类粉煤灰				
游离氧化钙含量（%）	F类粉煤灰	≤1.0			九
	C类粉煤灰	≤4.0			
安定性（雷氏夹沸煮后增加距离）（mm）	C类粉煤灰	≤5.0			四十八
均匀性（以 45μm 方孔筛筛余为考核依据）	F类粉煤灰	单一样品的细度不应超过前 10 个样品细度平均值的最大偏差，最大偏差范围由买卖双方协商确定。			四（一）
	C类粉煤灰				
碱含量（%）	F类粉煤灰	按 $Na_2O+0.658K_2O$ 计算值表示①			七
	C类粉煤灰				
放射性	F类粉煤灰	合格			本书未收录
	C类粉煤灰				

① 当粉煤灰用于碱活性集料配制的混凝土而需要限制碱含量时，可由供需双方协商确定。

12 天然沸石粉

项目	性能指标（JG/T 3048—1998）			检测方法
	Ⅰ	Ⅱ	Ⅲ	
吸铵值（mmol/100g）	≥130	≥100	≥90	十三
细度（80μm 方孔筛筛余）（%）	≤4	≤10	≤15	四（一）
沸石粉水泥胶砂需水量比（%）	≤125	≤120	≤120	四十一
沸石粉水泥胶砂 28d 抗压强度比（%）	≥75	≥70	≥62	四十七（二）

13　天然砂（砂浆用）

砂的分类	性能指标（GB/T 14684—2011）			检测方法
级配区	1区	2区	3区	
方孔筛	累计筛余（%）			
4.75mm	0	0	0	四（一）
2.36mm	35～5	25～0	15～0	
1.18mm	65～35	50～10	25～0	
600μm	85～71	70～41	40～16	
300μm	95～80	92～70	85～55	
150μm	100～90	100～90	100～90	

天然砂类别	性能指标（GB/T 14684—2011）			检测方法
	Ⅰ类	Ⅱ类	Ⅲ类	
级配区	2区	1、2、3区	1、2、3区	
含泥量（按质量计）（%）	≤1.0	≤3.0	≤5.0	二十一
泥块含量（按质量计）（%）	0	≤1.0	≤2.0	二十一
云母（按质量计）（%）	≤1.0	≤2.0	≤2.0	二十二
轻物质（按质量计）（%）	≤1.0	≤1.0	≤1.0	二十三
有机物	合格	合格	合格	二十四
硫化物及硫酸盐（以SO_3质量计）（%）	≤0.5	≤0.5	≤0.5	八（一）
氯化物（以氯离子质量计）（%）	≤0.01	≤0.02	≤0.06	十四（三）
贝壳（按质量计）①（%）	≤3.0	≤5.0	≤8.0	二十五
坚固性（硫酸钠溶液法）质量损失（%）	≤8	≤8	≤10	四十四
表观密度（kg/m^3）	≥2500	≥2500	≥2500	三
松散堆积密度（kg/m^3）	≥1400	≥1400	≥1400	二
空隙率（%）	≤44	≤44	≤44	三
碱集料反应	试件应无裂缝、酥裂、胶体外溢等现象，规定龄期膨胀率＜0.10%			二十
含水率②（%）	实测值			二十七
饱和面干吸水率②（%）	实测值			二十八

① 贝壳含量仅针对海砂有要求，其他种类砂不做要求；

② 含水率和饱和面干吸水率由供需双方合同确定。

14 机制砂（砂浆用）

砂的分类	性能指标（GB/T 14684—2011）			检测方法
级配区	1区	2区	3区	
方孔筛	累计筛余（%）			
4.75mm	0	0	0	四（一）
2.36mm	35～5	25～0	15～0	
1.18mm	65～35	50～10	25～0	
600μm	85～71	70～41	40～16	
300μm	95～80	92～70	85～55	
150μm	97～85	94～80	94～75	

机制砂类别	性能指标（GB/T 14684—2011）			检测方法
	Ⅰ类	Ⅱ类	Ⅲ类	
级配区	2区	1、2、3区		
MB值	≤0.5	≤1.0	≤1.4或快速法合格	十九
含泥量（MB值≤1.4）（按质量计）（%）	≤10.0	≤10.0	≤10.0	二十一
泥块含量（MB值≤1.4）（按质量计）（%）	0	≤1.0	≤2.0	二十一
含泥量（MB值>1.4）（按质量计）（%）	≤1.0	≤3.0	≤5.0	二十一
泥块含量（MB值>1.4）（按质量计）（%）	0	≤1.0	≤2.0	二十一
云母（按质量计）（%）	≤1.0	≤2.0	≤2.0	二十二
轻物质（按质量计）（%）	≤1.0	≤1.0	≤1.0	二十三
有机物	合格	合格	合格	二十四
硫化物及硫酸盐（SO_3质量计）（%）	≤0.5	≤0.5	≤0.5	八（一）
氯化物（以氯离子质量计）（%）	≤0.01	≤0.02	≤0.06	十四（三）
贝壳（按质量计）①（%）	≤3.0	≤5.0	≤8.0	二十五
坚固性（硫酸钠溶液法）质量损失（%）	≤8	≤8	≤10	四十四
单级最大压碎指标（%）	≤20	≤25	≤30	四十四
表观密度（kg/m^3）	≥2500	≥2500	≥2500	三
松散堆积密度（kg/m^3）	≥1400	≥1400	≥1400	二
空隙率（%）	≤44	≤44	≤44	三
碱集料反应	试件应无裂缝、酥裂、胶体外溢等现象，规定龄期膨胀率<0.10%			二十
含水率②（%）	实测值			二十七
饱和面干吸水率②（%）	实测值			二十八

① 贝壳含量仅针对海砂有要求，其他种类砂不做要求；
② 含水率和饱和面干吸水率由供需双方合同确定。

15　再生细集料（砂浆用）

砂的分类	性能指标（GB/T 25176—2010）			检测方法
级配区	1区	2区	3区	
方孔筛	累计筛余（%）			
4.75mm	0	0	0	四（一）
2.36mm	35～5	25～0	15～0	
1.18mm	65～35	50～10	25～0	
600μm	85～71	70～41	40～16	
300μm	95～80	92～70	85～55	
150μm	100～85	100～80	100～75	

再生细集料类别	性能指标（GB/T 25176—2010）			检测方法
	Ⅰ类	Ⅱ类	Ⅲ类	
级配区	2区	1、2、3区		
含泥量（MB值<1.4时）（按质量计）（%）	≤5.0	≤7.0	≤10.0	二十一
含泥量（MB值≥1.4时）（按质量计）（%）	≤1.0	≤3.0	≤5.0	二十一
泥块含量（按质量计）（%）	≤1.0	≤2.0	≤3.0	二十一
云母（按质量计）（%）	≤2.0	≤2.0	≤2.0	二十二
轻物质（按质量计）（%）	≤1.0	≤1.0	≤1.0	二十三
有机物	合格	合格	合格	二十四
硫化物及硫酸盐（SO_3质量计）（%）	≤2.0	≤2.0	≤2.0	八（一）
氯化物（以氯离子质量计）（%）	≤0.06	≤0.06	≤0.06	十四（三）
坚固性（硫酸钠溶液法）质量损失（%）	≤8	≤10	≤12	四十四
单级最大压碎指标（%）	≤20	≤25	≤30	四十四
表观密度（kg/m^3）	≥2450	≥2350	≥2250	三
松散堆积密度（kg/m^3）	≥1350	≥1300	≥1200	二
空隙率（%）	≤46	≤48	≤52	三
碱集料反应	试件应无裂缝、酥裂、胶体外溢等现象，规定龄期膨胀率<0.10%			二十
需水量比（细、中、粗砂）	≤1.35、≤1.30、≤1.20	≤1.55、≤1.45、≤1.35	≤1.80、≤1.70、≤1.50	四十一
再生胶砂强度比（细、中、粗砂）（%）	≥80、≥90、≥100	≥70、≥85、≥95	≥60、≥75、≥90	四十五

16　钢渣砂

项　　目	性能指标（GB/T 24764—2009）	检测方法
最大粒径（mm）	2.36	四（一）
硫化物及硫酸盐含量（折合成SO_3，质量计）（%）	≤1.0	八（一）
金属铁含量（%）	≤1.0	本书未收录
含水率（%）	<0.5	二十七
表观密度（kg/m^3）	≤3600	三
放射性	外照射≤1.0；内照射≤1.0	本书未收录
压蒸安定性（%）	试件表面无鼓包、裂痕、脱落、粉化，且膨胀率≤0.80	四十八（三）
含泥量（%）	≤75μm颗粒含量由供需双方合同确定	二十一

17　膨胀珍珠岩

项　　目		性能指标（JC/T 209—2012）					检测方法
		70号	100号	150号	200号	250号	
堆积密度（kg/m^3）		≤70	70～100	100～150	150～200	200～250	二
堆积密度均匀性（%）		A≤10，B≤15					二
质量含湿率（%）		≤2.0					二十七
导热系数（25℃）[W/m·K]		A≤0.047 B≤0.049	A≤0.052 B≤0.054	A≤0.058 B≤0.060	A≤0.064 B≤0.066	A≤0.070 B≤0.072	五十二
粒度	4.75mm筛余量（%）	≤2.0					四（一）
	0.150mm筛通过率（%）	A≤2.0，B≤5.0					四（一）

注：表中A为优等品，B为合格品。

18　玻化微珠

项　　目	性能指标（JC/T 1042—2007）			检测方法
	Ⅰ类	Ⅱ类	Ⅲ类	
堆积密度（kg/m^3）	<80	80～120	>120	二
筒压强度（kPa）	≥50	≥150	≥200	四十三
导热系数（25℃）[W/（m·K）]	≤0.043	≤0.048	≤0.070	五十二
体积吸水率（%）	≤45			二十八
体积漂浮率（%）	≥80			三十一
表面玻化闭孔率（%）	≥80			三十二

19 纤维素醚

项目	性能指标（JC/T 2190—2013）							检测方法
	MC	HPMC①				HEMC	HEC	
		E	F	J	K			
外观	白色或微黄色粉末，无明显粗颗粒、杂质							目测
细度（%）	≤8.0							四（一）
干燥失重率（%）	≤6.0							二十九
硫酸盐灰分（%）	≤2.5						≤10.0	三十三
黏度②（mPa·s）	标注黏度值（－10%，＋20%）							三十八
pH值	5.0～9.0							五
透光率（%）	≥80							三十
凝胶温度（℃）	50.0～55.0	58.0～64.0	62.0～68.0	68.0～75.0	70.0～90.0	≥75.0	—	三十五（一）

① HPMC的E、F、J、K是根据HPMC中甲氧基含量A和羟丙氧基含量B来划分的，E：A28.0～30.0、B7.5～12.0，F：A27.0～30.0、B4.0～7.5，J：A16.5～20.0、B23.0～32.0，K：A19.0～24.0、B4.0～12.0。

② 本标准规定的黏度值适用于黏度范围1000～100000mPa·s之间的纤维素醚。

20 可再分散乳胶粉

项目	性能指标（GB/T 29594—2013）			性能指标（JC/T 2189—2013）	检测方法
	RDP Ⅰ①	RDP Ⅱ②	RDP Ⅲ①		
外观	白色或微黄色粉末、无结块			无色差、无杂质、无结块	目测
堆积密度（g/L）	300～500	300～600		标注值±50	二
不挥发物含量（%）	≥98.0			≥98.0	十七
灼烧残渣（灰分）（%）	≤13.0			标注值±2	三十三
平均粒径D50（μm）	≤100			—	本书未收录
细度（%）	—			≤10.0	四（一）
pH值	5.0～9.0			5.0～9.0	五
最低成膜温度（℃）	M±2②			M±2②	三十五（二）
玻璃化转变温度（℃）	N±3②			—	三十六
拉伸强度（MPa）	≥10.0	≥6.0	≥5.0	—	三十四
断裂伸长率（%）	≥8	≥200	≥300	—	三十四

① RDP Ⅰ为乙酸乙烯酯均聚物，RDP Ⅱ为乙酸乙烯酯-叔碳酸乙烯酯共聚物，RDP Ⅲ为乙烯乙酸乙烯酯和乙烯共聚物。

② M和N值由生产厂家根据产品性能情况确定相应值。

21 砂浆、混凝土防水剂

项目		性能指标（JC 474—2008）		检测方法
		一等品	合格品	
氯离子含量（%）		应小于生产厂最大控制值①		十四（四）
总碱量（%）		应小于生产厂最大控制值②		七
细度（%）		0.315mm 筛筛余＜15		四（一）
含水率 W②（%）		$W \geqslant 5$ 时，$0.90W \leqslant X$②$< 1.10W$ $W < 5$ 时，$0.80W \leqslant X < 1.20W$		二十七
安定性		合格	合格	四十八（一）
凝结时间（min）	初凝	≥45	≥45	四十二
	终凝	≤600	≤600	
抗压强度比（%）	7d	≥100	≥85	四十五
	28d	≥90	≥80	
透水压力比（%）		≥300	≥200	八十八
48h 吸水量比（%）		≤65	≤75	六十八
28d 收缩率比（%）		≤125	≤135	参考八十（一）

① 生产厂应在产品说明书中明示产品指标的控制值。

② W 是生产厂提供的含水率，X 为实测含水率。

22 抹灰砂浆增塑剂

项目		性能指标（JG/T 426—2013）	检测方法
外观		均匀一致，不应有结块	目测
氯离子含量（%）		≤0.1	十四（四）
细度（%）		应在生产厂控制范围内	四（一）
含水率 W（%）		≤5，且应控制在 0.80～1.20W	二十七
保水率比（%）		≥108	三十九
含气量（%）		≤18	六十一
含气量 1h 变化量（%）		0～+4	六十一
凝结时间差（min）		−60～+240①	四十二
2h 稠度损失率（%）		≤25	五十五
抗压强度比（%）	7d	≥80	四十五
	28d	≥80	
14d 拉伸粘结强度比（%）		≥105	七十四
28d 收缩率比（%）		≤105	参考八十（一）

① 凝结时间差性能指标中的“—”号表示提前，“+”号表示延缓。

23　水泥砂浆防冻剂

项　目		性能指标（JC/T 2031—2010）				检测方法
		Ⅰ型		Ⅱ型		
外观		均匀一致，不应有结块				目测
氯离子含量（%）		≤0.1				十四（四）
细度 D（300μm 筛筛余）（%）		0.95D～1.05D				四（一）
含水率 W（%）		应控制在 0.95～1.05W				二十七
泌水率比（%）		≤100		≤70		三十九
分层度（mm）		≤30				五十六
凝结时间差（min）		−150～+90				四十二
含气量（%）		≥3.0				六十一
抗压强度比（%）	规定温度（℃）	−5	−10	−5	−10	四十五
	R_{-7}	≥10	≥9	≥15	≥12	
	R_{28}	≥100	≥95	≥100	≥100	
	R_{-7+28}	≥90	≥85	≥100	≥90	
28d 收缩率比（%）		≤125		≤125		参考八十（一）
抗冻性（25 次冻融循环）	抗压强度损失率比（%）	≤85		≤85		八十九
	质量损失率比（%）	≤70		≤70		

24　混凝土膨胀剂

项　目		性能指标（GB 23439—2009）		检测方法
		Ⅰ型	Ⅱ型	
MgO 含量（%）		≤5.0		十一
总碱量（%）		≤0.75		七
细度	比表面面积（m^2/kg）	≥200		四
	1.18mm 筛筛余（%）	≤0.5		
凝结时间（%）	初凝	≥45		四十二
	终凝	≤600		
限制膨胀率（%）	水中 7d	≥0.025	≥0.050	五十（二）
	空气中 21d	≥−0.020	≥−0.010	
抗压强度（MPa）	7d	≥20.0		四十五
	28d	≥40.0		

25 喷射混凝土用速凝剂

项 目	性能指标（JC 477—2005）		检测方法
	一等品	合格品	
氯离子含量（%）	应小于生产厂最大控制值		十四（四）
总碱量（%）	应小于生产厂最大控制值		七
细度（80μm 筛筛余）（%）	<15		四（一）
含水率（%）	≤2.0		二十七
初凝时间①（min：s）	≤3：00	≤5：00	四十二
终凝时间①（min：s）	≤8：00	≤12：00	
1d 抗压强度②（MPa）	≥7.0	≥6.0	四十五
28d 抗压强度比②（%）	≥75	≥70	

① 凝结时间的测试时采用水泥净浆。

② 抗压强度测试时采用水泥砂浆。

26 砌筑砂浆增塑剂

项 目		性能指标（JG/T 164—2004）	检测方法
含水量（%）		不应大于生产厂的最大控制值	二十七
氯离子含量（%）		≤0.1	十四（四）
细度（%）		0.315mm 筛筛余应不大于 15	四（一）
分层度（mm）		10～30	五十六
含气量（%）		≤20	六十一
静置 1h 后含气量（%）		≥（含气量—4）	
凝结时间差（min）		—60～+60①	四十二
抗压强度比（%）	7d	≥75	四十五
	28d	≥75	
抗冻性②（25 次冻融循环）	抗压强度损失率（%）	≤25	八十九
	质量损失率（%）	≤5	
砌体抗压强度比③（%）		≥95	四十五
砌体抗剪强度比③（%）		≥95	七十八

① 凝结时间差性能指标中的“—”号表示提前，“+”号表示延缓。

② 无抗冻性要求时可不进行抗冻性试验。

③ 用于砌筑非承重墙的增塑剂可不作砌体强度性能的要求。

27　聚羧酸系高性能减水剂

项　目		性能指标（JG/T 223—2007）				检测方法
		非缓凝型		缓凝型		
		Ⅰ	Ⅱ	Ⅰ	Ⅱ	
甲醛含量（按折固含量计）（%）		≤0.05				本书未收录
氯离子含量（按折固含量计）（%）		≤0.6				十四（四）
总碱含量（按折固含量计）（%）		≤15				七
含水率 W（%）		W≥5 时，应控制在 0.90～1.10W W<5 时，应控制在 0.80～1.20W				二十七
pH 值		应为生产厂控制值的±1之内				五
细度（%）		0.315mm 筛筛余<15				四（一）
水泥净浆流动度①		应不小于生产厂控制值的95%				四十
水泥砂浆减水率①		应不小于生产厂控制值的95%				
减水率（%）		≥25	≥18	≥25	≥18	四十
泌水率比（%）		≤60	≤70	≤60	≤70	三十九
含气量（%）		≤6.0		≤6.0		六十一
凝结时间差（min）		—90～+120		>+120		四十二
抗压强度比（%）	1d	≥170	≥150	—		四十五
	3d	≥160	≥140	≥155	≥135	
	7d	≥150	≥130	≥145	≥125	
	28d	≥130	≥120	≥130	≥120	
28d 收缩比（%）		≤100	≤120	≤100	≤120	参考八十（一）

① 水泥净浆流动度和水泥砂浆减水率选做其中一项。

附录2　干混砂浆产品性能指标及检测方法对应表

1　普通（薄层）砂浆

项　目	性能指标（GB/T 25181—2010）						检测方法
	砌筑砂浆		抹灰砂浆		普通地面砂浆	普通防水砂浆	
	普通	薄层	普通	薄层			
保水率（%）	≥88	≥99	≥88	≥99	≥88	≥88	五十八
凝结时间（h）	3～9	—	3～9	—	3～9	3～9	六十四
2h稠度损失率（%）	≤30	—	≤30	—	≤30	≤30	五十五
14d拉伸粘结强度（MPa）	—	—	M5：≥0.15 >M5：≥0.20	≥0.30	—	≥0.20	七十四（一）
28d收缩率（%）	—	—	≤0.20	≤0.20	—	≤0.15	八十（一）
抗冻性　强度损失率（%）	≤25						八十九
抗冻性　质量损失率（%）	≤5						

抗压强度								检测方法
强度等级	M5	M7.5	M10	M15	M20	M25	M30	
28d抗压强度（MPa）	≥5.0	≥7.5	≥10.0	≥15.0	≥20.0	≥25.0	≥30.0	七十一

抗渗压力				检测方法
抗渗等级	P6	P8	P10	
28d抗渗压力	≥0.6	≥0.8	≥1.0	八十八

2　保水等级不同的建筑用砌筑和抹灰砂浆

项目	性能指标（JG/T 291—2011）						检测方法
	砌筑砂浆			抹灰砂浆			
	高保水	中保水	低保水	高保水	中保水	低保水	
细度①	4.75mm筛全通过						四（一）
保水率（%）	≥85	≥70	≥60	≥85	≥70	≥60	五十八
凝结时间（min）	厂家控制值±30						六十四
抗压强度（MPa）	达到规定强度等级						七十一
粘结强度（MPa）	≥0.20						七十四（一）
28d收缩率（%）	≤0.15						八十（一）
50次冻融强度损失率②（%）	≤25						八十九

① 采用薄抹灰施工时，细度要求由供需双方协商确定。

② 有抗冻要求的地区需要进行此试验。

3　混凝土小型空心砌块和混凝土砖砌筑砂浆

项　目	性能指标（JC 860—2008）						检测方法
强度等级	Mb5	Mb7.5	Mb10	Mb15	Mb20	Mb25	
抗压强度（MPa）	≥5.0	≥7.5	≥10.0	≥15.0	≥20.0	≥25.0	七十一
稠度（mm）	50～80						五十五
保水性（%）	≥88						五十八
密度（kg/m³）	≥1800						六十
凝结时间（h）	4～8						六十四
砌块砌体抗剪强度（MPa）	≥0.16	≥0.19	≥0.22	≥0.22	≥0.22	≥0.22	七十八
抗渗压力（MPa）	≥0.60						八十八
放射性	应符合 GB 6566 的规定						

抗冻性				八十九
使用条件	抗冻指标	质量损失率（%）	强度损失率（%）	
夏热冬暖地区	F_{15}	≤5	≤25	
夏热冬冷地区	F_{25}			
寒冷地区	F_{35}			

4　蒸压加气混凝土专用薄层砌筑砂浆

项　目		性能指标（JC 890）	检测方法
强度	强度等级	M10	七十一
	28d 抗压强度（MPa）	≥10.0	
保水率（%）		≥99.0	五十八
14d 拉伸粘结强度，与蒸压加气混凝土粘结（MPa）		≥0.40	七十四（二）
收缩率（%）		≤0.15	八十（一）
抗冻性	强度损失率（%）	≤25	八十九
	质量损失率（%）	≤5	

5　蒸压加气混凝土专用抹灰砂浆

项　目		性能指标（JC 890）			检测方法
强度	强度等级	M5	M7.5	M10	七十一
	28d 抗压强度（MPa）	≥5.0	≥7.5	≥10.0	
保水率（%）		≥99.0			五十八
14d 拉伸粘结强度，与蒸压加气混凝土粘结（MPa）		≥0.25	≥0.30	≥0.40	七十四（二）
收缩率（%）		≤0.15			八十（一）
抗冻性	强度损失率（%）	≤25			八十九
	质量损失率（%）	≤5			

6 抹灰石膏

项目			技术指标（GB/T 28627—2012）				检测方法
			面层	底层	轻质底层	保温层	
细度（mm）	筛孔尺寸	1.0mm方孔筛筛余	0				四（一）
		0.2mm方孔筛筛余	≤40				
凝结时间(h)	初凝		≥1				六十四
	终凝		≤8				
保水率（%）			≥90	≥75	≥60	—	五十八
抗折强度（MPa）			3.0	2.0	1.0	—	七十二
抗压强度（MPa）			6.0	4.0	2.5	0.6	
粘结强度（MPa）			0.5	0.4	0.3	—	七十四
体积密度（kg/m^3）			—	—	≤1000	≤500	六十
导热系数（W/m·k）			—	—	—	≤0.1	九十一

7 蒸压加气混凝土专用抹灰石膏

项目		性能指标（JC 890）	检测方法
凝结时间（h）	初凝	≥1.0	六十四
	终凝	≤8.0	
抗折强度（MPa）		≥2.0	七十二
抗压强度（MPa）		≥4.0	
拉伸粘结强度，与蒸压加气混凝土粘结（MPa）		≥0.40	七十四（二）
保水率，真空抽滤法（%）		≥75	五十八

8 水泥基陶瓷墙地砖填缝剂

项目		JC/T 1004—2006		检测方法
		普通型	快硬性普通型	
基本性能指标				
耐磨损性（mm^3）		<2000		八十四
收缩值（mm/m）		<3.0		参见八十（一）
抗折强度（MPa）	标准试验条件	>2.50		七十二
	冻融循环后	>2.50		
抗压强度（MPa）	标准试验条件	>15.0		
	冻融循环后	>15.0		
吸水量（g）	30min	<5.0		六十八
	240min	<10.0		
标准试验条件24h抗压强度（MPa）		—	15.0	七十二

续表

项　目	JC/T 1004—2006		检测方法
	普通型	快硬性普通型	
附加性能指标			
高耐磨性（mm³）	≤1000		八十四
30min 低吸水量（g）	≤2.0		六十八
240min 低吸水量（g）	≤5.0		

9 墙面饰面砂浆

项　目		性能指标（JC/T 1024—2007）		检测方法
		外墙面	内墙面＋顶棚	
可操作时间	30min	刮涂无障碍		六十二
初期干燥抗裂性		无裂纹		六十六
吸水量（g）	30min	≤2.0		六十八
	240min	≤5.0		
强度（MPa）	抗折强度	≥2.50		七十二
	抗压强度	≥4.50		
	拉伸粘结原强度	≥0.50		七十四（四）
	老化循环拉伸粘结强度	≥0.50	—	
抗泛碱性①		无可见泛碱，不掉粉	—	八十五
耐沾污性，白色或浅色①	立体状（级）	≤2	—	八十七
耐候性，750h①		≤1级	—	九十三

① 抗泛碱性、耐候性、耐沾污性试验仅适用于外墙饰面砂浆。

10 石膏基自流平砂浆

项　目		性能指标（JC/T 1023—2007）	检测方法
30min 流动度损失（mm）		≤3	五十九
凝结时间（h）	初凝	≥1	六十四
	终凝	≤6	
强度（MPa）	24h 抗折	≥2.5	七十二
	24h 抗压	≥6.0	
	绝干抗折	≥7.5	
	绝干抗压	≥20.0	
	绝干拉伸粘结	≥1.0	七十四（四）
收缩率（%）		≤0.05	八十（二）

11 水泥基自流平砂浆

项目		性能指标（JC/T 985—2005）	检测方法
流动度（mm）	初始流动度	≥130	五十九
	20min流动度	≥130	
拉伸粘结强度（MPa）		≥1.0	七十四（四）
耐磨性（g）		≤0.50	八十四
尺寸变化率（%）		－0.15～＋0.15	参考八十（一）
抗冲击性		无开裂或脱离底板	八十二
24h抗压强度（MPa）		≥6.0	七十二
24h抗折强度（MPa）		≥2.0	

抗压强度							检测方法
强度等级	C16	C20	C25	C30	C35	C40	
28d抗压强度（MPa）	≥16	≥20	≥25	≥30	≥35	≥40	七十二

抗折强度					检测方法
强度等级	F4	F6	F7	F10	
28d抗折强度（MPa）	≥4	≥6	≥7	≥10	七十二

12 耐磨地坪砂浆

项目	性能指标（JC/T 906—2002）		检测方法
	Ⅰ型[①]	Ⅱ型[②]	
外观	均匀、无结块		目测
集料含量偏差	生产商控制指标的±5%		本书未收入
28d抗压强度（MPa）	≥80.0	≥90.0	七十二
28d抗折强度（MPa）	≥10.5	≥13.5	
耐磨度比（%）	≥300	≥350	八十四
表面硬度（压痕直径）（mm）	≤3.30	≤3.10	七十六
颜色（与标准样比）	近似～微[③]		目测

① Ⅰ型为非金属氧化物集料干混耐磨地坪砂浆；

② Ⅱ型为金属氧化物集料或金属集料干混耐磨地坪砂浆；

③ “近似”表示用肉眼基本看不出色差，“微”表示用肉眼看似乎有点色差。

13 界面砂浆

项目		性能指标（GBT 25181—2010）				检测方法
		混凝土界面	加气混凝土界面	EPS板界面	XPS板界面	
拉伸粘结强度（MPa）	常温常态，14d	≥0.5	≥0.3	≥0.10	≥0.20	七十四（一）
	耐水					
	耐热					
	耐冻融					
晾置时间（min）		—	≥10	—	—	六十二

14 混凝土界面处理剂

项目			性能指标（JC/T 907—2002）		检测方法
			用于水泥混凝土界面	用于加气混凝土界面	
剪切粘结强度（MPa）	7d		≥1.0	≥0.7	七十五
	14d		≥1.5	≥1.0	
拉伸粘结强度（MPa）	未处理	7d	≥0.4	≥0.3	七十四（一）
		14d	≥0.6	≥0.5	
	浸水处理		≥0.5	≥0.3	
	热处理				
	冻融循环处理				
	碱处理				
晾置时间（min）			—	≥10	六十二

15 蒸压加气混凝土专用界面砂浆

项目		性能指标（JC 890）		检测方法
		非防水型	防水型	
保水率（%）		≥99.0		五十八
14d拉伸粘结强度，与蒸压加气混凝土粘结（MPa）		≥0.40		七十四（二）
拉伸粘结强度，与水泥砂浆粘结（MPa）	常温常态，14d	≥0.50		
	耐水	≥0.30		
	耐热			
	耐冻融			
晾置时间（min）		≥10		六十二
抗渗压力（MPa）		—	≥0.6	八十八

16 陶瓷墙地砖粘结砂浆

项目		JC/T 547—2005	GB/T 25181—2010		检测方法
			室内	室外	
基本性能指标					
普通型胶粘剂	拉伸粘结强度（MPa）	≥0.5	≥0.5	≥0.5	七十四（三）
	浸水后拉伸粘结强度（MPa）	≥0.5	≥0.5	≥0.5	
	热老化后拉伸粘结强度（MPa）	≥0.5	≥0.5	≥0.5	
	冻融循环后拉伸粘结强度（MPa）	≥0.5	—	≥0.5	
	晾置20min后拉伸粘结强度（MPa）	≥0.5	—	≥0.5	
	压折比	—	—	≤3.0	七十九
增强型胶粘剂	拉伸粘结强度（MPa）	≥1.0	—	—	七十四（三）
	浸水后拉伸粘结强度（MPa）	≥1.0	—	—	
	热老化后拉伸粘结强度（MPa）	≥1.0	—	—	
	冻融循环后拉伸粘结强度（MPa）	≥1.0	—	—	
	晾置20min后拉伸粘结强度（MPa）	≥0.5	—	—	

续表

项目		JC/T 547—2005	GB/T 25181—2010		检测方法
			室内	室外	
快凝型胶粘剂	6h拉伸粘结强度（MPa）	≥0.5	—	—	七十四（三）
	浸水后拉伸粘结强度（MPa）	≥0.5	—	—	
	热老化后拉伸粘结强度（MPa）	≥0.5	—	—	
	冻融循环后拉伸粘结强度（MPa）	≥0.5	—	—	
	晾置20min后拉伸粘结强度（MPa）	≥0.5	—	—	
附加特殊性能指标					
抗滑移	滑移（mm）	≤0.5	—	—	六十三
柔性胶粘剂	横向变形（mm）	2.5～5	—	—	七十九
高柔性胶粘剂		＞5	—	—	
加长晾置时间	拉伸粘结强度（MPa）	≥0.5（晾置30min）	—	—	七十四（三）
外墙胶合板专用	普通型，拉伸粘结强度（MPa）	≥0.5	—	—	
	增强型，拉伸粘结强度（MPa）	≥1.0	—	—	

17 石膏粘结砂浆（粘结石膏）

项目		性能指标（JC/T 1025—2007）		检测方法
		快凝型	普通型	
细度（%）	1.18mm筛网筛余	0		四（一）
	150um筛网筛余≤	1	25	
凝结时间（min）	初凝≥	5	25	六十四
	终凝≤	20	120	
绝干强度（MPa）	抗折≥	5.0		七十二
	抗压≥	10.0		
	拉伸粘结≥	0.70	0.50	七十四（四）

18 水泥基灌浆砂浆

项目		性能指标（JC/T 986－2005）	检测方法
粒径，4.75mm方孔筛筛余（%）		≤2.0	四（一）
初凝时间（min）		≥120	六十四
泌水率（%）		≤1.0	五十七
流动度（mm）	初始流动度	≥260	五十九
	30min流动度	≥230	
抗压强度（MPa）	1d	≥22.0	七十一
	3d	≥40.0	
	28d	≥70.0	
竖向膨胀率（%）	1d	≥0.020	八十一
钢筋握裹强度，圆钢（MPa）	28d	≥4.0	七十七
对钢筋锈蚀作用		应说明对钢筋有无锈蚀作用	

19　混凝土结构加固用聚合物水泥砂浆

项　目		性能指标（JG/T 289—2010）		检测方法
		Ⅰ级	Ⅱ级	
凝结时间	初凝（min）	≥45	≥45	六十四
	终凝（h）	≤24	≤24	
抗压强度（MPa）	7d	≥40	≥30	七十二
	28d	≥75	≥45	
抗折强度（MPa）	7d	≥8.0	≥7.0	
	28d	≥12	≥10	
粘结强度（MPa）	14d	≥1.2	≥1.0	七十四（一）
抗渗压力（MPa）	28d	≥2.5	≥2.0	八十八
收缩率（%）	28d	≤0.10	≤0.10	参见八十（一）
抗冻性能①	强度损失率（%）	≤25	≤25	八十九
	质量损失率（%）	≤5	≤5	

① 根据要求进行。

20　聚合物水泥防水砂浆

项　目		性能指标（JC/T 984—2005）	检测方法
凝结时间	初凝（min）	≥45	六十四
	终凝（h）	≤12	
抗渗压力（MPa）	7d	≥1.0	八十八
	28d	≥1.5	
抗压强度（MPa）	28d	≥24.0	七十二
抗折强度（MPa）	28d	≥8.0	
压折比		≤3.0	七十九
拉伸粘结强度（MPa）	7d	≥1.0	七十四（一）
	28d	≥1.2	
耐碱性：饱和 $Ca(OH)_2$ 溶液，168h		无开裂、剥落	八十六
耐热性：100℃水，5h		无开裂、剥落	九十
抗冻性-冻融循环：（-15～+20℃），25次		无开裂、剥落	八十九
收缩率（%）	28d	≤0.15	参见八十（一）

21　聚合物水泥防水浆料

项　目		技术指标（JC/T 2090—2011）		检测方法
		通用型	柔韧型	
干燥时间①（h）	表干时间	≤4		六十五
	实干时间	≤8		
抗渗压力（MPa）		≥0.5	≥1.0	八十八
不透水性（0.3MPa，30min）		—	不透水	

续表

项目		技术指标（JC/T 2090—2011）		检测方法
		通用型	柔韧型	
柔韧性	横向变形能力（mm）	≥2.0	—	七十九
	弯折性	—	无裂纹	
粘结强度（MPa）	无处理	≥0.7		七十四（一）
	潮湿基层	≥0.7		
	碱处理	≥0.7		
	浸水处理	≥0.7		
抗压强度（MPa）		≥12.0	—	七十二
抗折强度（MPa）		≥4.0	—	
耐碱性		无开裂、剥落		八十六
耐热性		无开裂、剥落		九十
抗冻性		无开裂、剥落		八十九
收缩率（%）		≤0.3	—	参见八十（一）

① 干燥时间项目可根据用户需要及季节变化进行调整。

22 水泥基渗透结晶型防水涂料

试验项目		性能指标（GB 18445—2012）	检测方法
外观		均匀、无结块	目测
含水率（%）		≤1.5	六十七
细度，0.63mm 筛余（%）		≤5	四（一）
氯离子含量（%）		≤0.10	十四（一）
施工性	加水搅拌后	刮涂无障碍	本书未收入
	20min	刮涂无障碍	
抗折强度（MPa），28d		≥2.8	七十二
抗压强度（MPa），28d		≥15.0	
湿基面粘结强度（MPa），28d		≥1.0	七十四（四）
砂浆抗渗性能	带涂层砂浆的抗渗压力①，28d（MPa）	报告实测值	八十八
	抗渗压力比，带涂层，28d（%）	≥250	
	去除涂层砂浆的抗渗压力①，28d（MPa）	报告实测值	
	抗渗压力比，去涂层，28d（%）	≥175	
混凝土抗渗性能	带涂层混凝土的抗渗压力比①，28d（MPa）	报告实测值	
	抗渗压力比，带涂层，28d（%）	≥250	
	去涂层混凝土的抗渗压力①，28d（MPa）	报告实测值	
	抗渗压力比，去涂层，28d（%）	≥175	
	带涂层混凝土的第二次抗渗压力比①，28d（MPa）	≥0.8	

① 基层砂浆和基层混凝土 28d 抗渗压力应为 $0.40^{+0.0}_{-0.1}$MPa，并在产品检验报告中列出。

23　无机（水泥基）防水堵漏材料

项　目		性能指标（GB 23440—2009）		检测方法
		缓凝型	速凝型	
凝结时间	初凝（min）	≥10	≤5	六十四
	终凝（min）	≤360	≤10	
抗压强度（MPa）	1h	—	≥4.5	七十二
	3d	≥13.0	≥15.0	
抗折强度（MPa）	1h	—	≥1.5	
	3d	≥3.0	≥4.0	
涂层抗渗压力，7d（MPa）		≥0.4	—	八十八
试件抗渗压力，7d（MPa）		≥1.5		
粘结强度，7d（MPa）		≥0.6		七十四（四）
耐热性，100℃，5h		无开裂、起皮、脱落		九十
冻融循环，20 次		无开裂、起皮、脱落		八十九

24　胶粉聚苯颗粒浆料

项　目			性能指标（JG/T 158—2013）			检测方法
			保温浆料	贴砌浆料		
干表观密度（kg/m^3）			180～250	250～350		六十
抗压强度（MPa）			≥0.20	≥0.30		七十一
软化系数			≥0.5	≥0.6		
导热系数［W/（m·k）］			≤0.06	≤0.08		九十一
线性收缩率（%）			≤0.3	≤0.3		参见八十（一）
抗拉强度（MPa）			≥0.1	≥0.12		七十三
拉伸粘结强度（MPa）	与水泥砂浆	标准状态	≥0.1	≥0.12	破坏部位不应低于界面	七十四（一）
		浸水状态		≥0.10		
	与聚苯板	标准状态	—	≥0.10		
		浸水状态		≥0.08		
燃烧性能等级			不应低于 B1 级	A 级		五十三

25　无机轻集料保温砂浆

项　目	性能指标（JGJ 253—2011）			检测方法
	Ⅰ型	Ⅱ型	Ⅲ型	
干密度（kg/m^3）	≤350	≤450	≤550	六十
抗压强度（MPa）	≥0.50	≥1.00	≥2.50	七十一
拉伸粘结强度（MPa）	≥0.10	≥0.15	≥0.25	七十四（一）
导热系数，平均温度 25℃［W/（m·K）］	≤0.070	≤0.085	≤0.100	九十一
稠度保留率，1h（%）	≥60			五十五

续表

项目		性能指标（JGJ 253—2011）			检测方法
		Ⅰ型	Ⅱ型	Ⅲ型	
线性收缩率（%）		≤0.25			八十（一）
软化系数		≥0.60			七十一
抗冻性能	抗压强度损失率（%）	≤20			八十九
	质量损失率（%）	≤5			
石棉含量		不含石棉纤维			本书未收入
放射性		同时满足 I_{Rm}≤1.0 和 I_r≤1.0			
燃烧性能		A2 级			五十三

26 膨胀玻化微珠轻质砂浆

项目		性能指标				检测方法
		保温隔热型 GB/T 26000—2010	保温隔热型 JG/T 283—2010	抹灰型 JG/T 158—2013	砌筑型 JG/T 158—2013	
堆积密度（kg/m³）		≤280	—	—	—	五十四
均匀性（%）		—	≤5	≤5	≤5	
分层度（mm）		—	≤20	≤20	≤20	五十六
干表观密度（kg/m³）		≤300	≤300	≤600	≤800	六十
导热系数［W/（m·K）］		≤0.070	≤0.070	≤0.15	≤0.20	九十一
蓄热系数［W/（m·K）］		≥1.5	≥1.5	—	—	九十二
线性收缩率（%）		≤0.3	≤0.3	≤0.3	≤0.3	参见八十（一）
拉伸粘结强度，与水泥砂浆块（MPa）	原强度	≥0.050（压剪①）	≥0.050	≥0.2	≥0.2	七十四（一）
	耐水强度					
抗拉强度（MPa）		≥0.10	≥0.10	≥0.4	—	七十三
抗折强度（MPa）		—	—	≥0.8	—	七十二
抗压强度（MPa）		墙体用≥0.20，地面及屋面用≥0.30		≥2.5	≥3.0	七十一
软化系数①		≥0.60	≥0.6	≥0.7	≥0.8	
燃烧性能		A2	不得低于 A2 级		—	五十三
放射性②		内（外）照射指数≤1.0	—	—	—	本书未收入
抗冻性①			—	质量损失率≤5%，抗压强度损失率≤20%		八十九

① 当使用部位无耐水要求时，耐水压剪粘结强度、软化系数、抗冻性可不做要求。

② 当使用室外时，放射性不做要求。

27　膨胀珍珠岩/蛭石保温砂浆

项　目	性能指标（GB/T 20473—2006）		检测方法
	Ⅰ型①	Ⅱ型①	
分层度（mm）	≤20	≤20	五十六
堆积密度（kg/m³）	≤250	≤350	五十四
干密度（kg/m³）	240～300	301～400	六十
抗压强度（MPa）	≥0.20	≥0.40	七十一
导热系数，平均温度 25℃［W/（m·K）］	≤0.070	≤0.085	九十一
线收缩率（%）	≤0.30		八十（一）
压剪粘结强度（kPa）	≥50		七十五
燃烧性能级别	应符合 GB 8624 规定的 A 级要求		五十三

① Ⅰ型和Ⅱ型根据干密度划分。

28　保温板粘结砂浆

项目		性能指标							检测方法
		EPS 板				XPS 板			
		JC/T 992—2006	JG 149—2003	GB/T 25181—2010	GB/T 29906—2013	GB/T 25181—2010	GB/T 30595—2014	JC/T 2084—2011	
拉伸粘结强度，与水泥砂浆（MPa）	常温常态	≥0.60	≥0.60	≥0.60	≥0.60	≥0.60	≥0.60	≥0.60	七十四（一）
	耐水	≥0.40	≥0.40	≥0.40	≥0.60（干燥 2h ≥0.30）	≥0.40	≥0.60（干燥 2h ≥0.30）	≥0.40	
	耐冻融①	≥0.40	—	—	—	—	—	—	
拉伸粘结强度，与保温板（MPa）	常温常态	≥0.10	≥0.10②	≥0.10	≥0.10（破坏发生模塑板中）	≥0.20	≥0.20（干燥 2h ≥0.10）	≥0.20	七十四（五）
	耐水				≥0.10（干燥 2h ≥0.06）	—	—	—	
	耐冻融①	≥0.10	—	—	—	—	—	—	
可操作时间（h）		1.5～4.0						≥2	六十二

① 耐冻融仅用于严寒地区和寒冷地区。

② 破坏界面在聚苯板上。

29 保温板防护砂浆（抹面砂浆）

项目		性能指标						检测方法
		EPS 板			XPS 板			
		GB/T 25181—2010	JG 149—2003	GB/T 29906—2013	GB/T 25181—2010	GB/T 30595—2014	JC/T 2084—2011	
拉伸粘结强度，与保温板（MPa）	常温常态	≥0.10	≥0.10，破坏界面在 EPS 板上	≥0.10（破坏发生在模塑板中）	≥0.20	≥0.20（干燥 2h ≥0.10）	≥0.20	七十四（五）
	耐水			≥0.10（干燥 2h ≥0.06）				
	耐冻融							
柔韧性*	抗冲击(J)	≥3.0	—	≥3.0	≥3.0	≥3.0	≥3.0	八十二
	压折比	≤3.0	≤3.0	≤3.0	≤3.0	≤3.0	七十九	
	横向变形（mm）	—	—	—	—	—	≥2.0	七十九
不透水性		—	—	试样抹面层内测无水渗透	—	—	—	八十八
可操作时间(h)		1.5～4.0					≥2	六十二
24h 吸水量（g/m^2）		≤500				≤500	≤1000	六十八

30 EPS 粒子保温砂浆抗裂（防护）砂浆

项目		性能指标（JG/T 158—2013）	检测方法
拉伸粘结强度，与水泥砂浆（MPa）	标准状态	≥0.7	七十四（一）
	浸水处理	≥0.5	
	冻融循环处理	≥0.5	
拉伸粘结强度，与胶粉聚苯颗粒浆料（MPa）	标准状态	≥0.10	
	浸水处理		
可操作时间（h）		≥1.5	六十二
压折比		≤3	七十九

31 无机保温砂浆抗裂（防护）砂浆

项目		性能指标（JGJ 253—2011）	检测方法
可使用时间	可操作时间（h）	≥1.5	六十二
	在可操作时间内拉伸粘结强度（MPa）	≥0.70	七十四（一）
原拉伸粘结强度，常温 28d（MPa）		≥0.70	
浸水拉伸粘结强度，常温 28d，浸水 7d（MPa）		≥0.50	
透水性，24h（mL）		≤2.5	八十九
压折比		≤3.0	七十二

附录3 干混砂浆原材料检测项目一览表

1 水泥系列

项目	筛余	比表面积	不溶物	烧失量	全硫	三氧化硫含量	氧化镁含量	氯离子含量	碱含量	碱度	游离氧化钙含量	标准稠度用水量	凝结时间	安定性	抗压强度	抗折强度	28d自由膨胀率	白度	色差	颜色耐久性	三氧化二铝含量	二氧化硅含量	三氧化二铁含量
通用硅酸盐水泥 GB 175	▬	▬	●	●		●	●	●	▬				●	●	●	●							
铝酸盐水泥 GB/T 201	▬	●			●			●	●				●		●	●					●	●	●
快硬硫铝酸盐水泥 GB 20472		●											●		●	●							
低碱度硫铝酸盐水泥 GB 20472		●								●			●		●	●	●						
白色硅酸盐水泥 GB/T 2015	●					●							●	●	●	●		●					
彩色硅酸盐水泥 JC/T 870	●					●							●	●	●	●			●	■			

注：■和●表示产品型式检验项目（其中●表示出厂检验项目），▬选择性项目。

2 石灰、石膏系列

项目	筛余	比表面积	三氧化硫含量	氧化镁含量	凝结时间	安定性	抗压强度	抗折强度	产浆量	二氧化碳含量	氧化钙+氧化镁含量	游离水含量	β半水硫酸钙含量	放射性核素限制	限制成分含量
建筑生石灰 JC/T 479	●		●	●					●	●	●				
建筑消石灰 JC/T 481	●		●	●		●					●	●			
建筑石膏 GB/T 9776	●				●		■	●					■	■	▬

注：■和●表示产品型式检验项目（其中●表示出厂检验项目），▬选择性项目。

3 矿物掺合料系列

项目	筛余	比表面积	密度	均匀性	活性指数	需水量比	流动度比	烧失量	三氧化硫含量	游离氧化钙含量	玻璃体含量	氯离子含量	碱含量	安定性	含水量	碳酸钙含量	MB值	放射性核素限制	吸铵值	28d抗压强度比
石灰石粉 GB/T 30190	● ▲				■ ▲		● ▲						▬		● ▲	● ▲	● ▲	■		
粒化高炉矿渣粉 GB/T 18046		●	●		●		●	■	●		■	■			●			■		
粉煤灰 GB/T 1596	●			▬		●		●	●	●			▬	●	●			■		
天然沸石粉 JG/T 3048	●					■													●	■
膨润土 GB/T 20973	●														● ①					

注：■和●表示产品型式检验项目（其中●表示出厂检验项目），▬选择性项目。

① GB/T 20973 中为水分（质量分数）。

4 集料系列

项目	颗粒级配及细度模数	云母/轻物质	有机物	表观密度	硫酸盐	氯离子	贝壳含量	坚固性	堆积密度	含泥量/石粉含量	泥块含量	吸水率	含水率	碱集料反应	MB值	压碎指标	空隙率	需水量比	再生胶砂强度比	含铁量	放射性	安定性	导热系数	体积漂浮率	筒压强度	表面玻化闭孔率
天然砂 GB/T 14684	●	●	■	■	■	■	■	■	●	●	●	▬	▬	▬	—	—	■	—	—	—	—	—				
机制砂 GB/T 14684	●	—	■	■	■	■	■	■	●	●	●	▬	▬	▬	●	●	■	—	—	—	—	—				
再生细集料 GB/T 25176	●	■	■	●	■	■	—	■	●	●	●	—	—	▬	■	■	●	●	■	—	—	—				
钢渣砂 GB/T 24764	●	—	—	■	■	—	—	—	—	●	—	—	●	—	—	—	—	—	—	■	■	●				
膨胀珍珠岩 JC/T 209	●								●				●										■			
膨胀玻化微珠 JC/T 1042	●								●			●											■	■	■	●

注：■和●表示产品型式检验项目（其中●表示出厂检验项目），▬选择性项目。

5 化学外加剂系列

项目	氯离子含量	总碱含量	含水率	细度	氧化镁含量	水泥净浆流动度	pH值	安定性	凝结时间/差	抗压强度/比	拉伸粘结强度比	砌体强度比	28d收缩率比	吸水量比	含气量比	1h含气量变化量	1h坍落度保留值	2h稠度损失率	保水率/泌水率比	分层度	抗冻性	减水率	透水压力比	限制膨胀率	对钢筋无锈蚀作用
聚羧酸高性能减水剂 JG/T 223	■	■	●	●	—	●	●		■	■			■	—	■	—	■		■	—	—	●			■
砌筑砂浆增塑剂 JG/T 164	■	—	●	●	—	—	—		■	■		■	—	—	●	●			—	●	■	—			—
砂浆、混凝土防水剂 JC 474	●	●	●	●	—	—	—	■	■	■			■	■	—	—			—	—	—	—	■		
抹灰砂浆增塑剂 JG/T 426	■	—	●	●	—	—	—		■	■	■		■	—	●	■		●	●	—	—	—			
水泥砂浆防冻剂 JC/T 2031	■	■	●	●	—	—	—		●	■			■	—	●	—			●	●	■	—	—		—
混凝土膨胀剂 GB 23439	—	■	—	●	■	—	—		●	●			—	—	—	—			—	—	—	—	—	●	
喷射混凝土用速凝剂 JC 477	■	■	●	●	—	—	—		●	●			—	—	—	—			—	—	—	—	—		—

注：■和●表示产品型式检验项目（其中●表示出厂检验项目），▬选择性项目。

6 化学添加物

项目	黏度	细度	干燥失重率/不挥发物含量	pH 值	透光率	保水性	堆积密度	灰分	最低成膜温度	玻璃化转变温度	拉伸粘结强度比
纤维素醚 JC/T 2190	●	●	●	■	■	●	—	●	—	—	■
可再分散乳胶粉 JC/T 2189	—	●	●	●	—	—	●	●	■	■	●

注：■和●表示产品型式检验项目（其中●表示出厂检验项目），▬选择性项目。

附录 4　干混砂浆产品检测项目一览表

1 砌筑、抹灰、地面、装饰砂浆系列

项目	细度	保水率	凝结时间	流动度	晾置时间	2h稠度损失率	初期干燥抗裂性	干体积密度	抗压强度	抗折强度	拉伸粘结强度	砌体抗剪强度	吸水量	抗冲击	导热系数	收缩率	抗冻性	抗泛碱性	耐沾污性	耐候性	表面硬度	耐磨性
普通砌筑砂浆 GB/T 25181 JG/T 291	●①	●	■②			●			●		●①					■①	▬					
薄层砌筑砂浆 GB/T 25181 JC 890		●							●		●③					■③	■④					
混凝土块砖砌筑砂浆 JC 860		●	■			●⑤		●	●			■					▬					
普通抹灰砂浆 GB/T 25181 JG/T 291	●①	●	■②			●			●		●					■	▬					
薄层抹灰砂浆 GB/T 25181 JC 890		●							●		●					■	■④					
抹灰石膏 GB/T 28627	●	■	●					●	●	●	■				■⑥							
加气混凝土抹灰石膏 JC 890		■	●						●	●	●											
普通地面砂浆 GB/T 25181		●	■			●			●								▬					
陶瓷墙地砖填缝砂浆 JC/T 1004									●	●			■			●						■
墙体饰面砂浆 JC/T 1024					●		●		■	■	■		■					■	■	■		
石膏基自流平砂浆 JC/T 1023			●	●					●	●	■					■						
水泥基自流平砂浆 JC/T 985				●					●	●	■			■		■⑦						■

续表

项目	细度	保水率	凝结时间	流动度	晾置时间	2h稠度损失率	初期干燥抗裂性	干体积密度	抗压强度	抗折强度	拉伸粘结强度	砌体抗剪强度	吸水量	抗冲击	导热系数	收缩率	抗冻性	抗泛碱性	耐沾污性	耐候性	表面硬度	耐磨性
混凝土地坪水泥基耐磨材料 JC/T 906									■	■											■	●⑧

注：■和●表示产品型式检验项目（其中●表示出厂检验项目），▬选择性项目。

① JG/T 291 增加检验项目。

② JG/T 291 中为出厂检验项目。

③ JC 890 增加检验项目。

④ GB/T 25181—2012 是可选检验项目。

⑤ 仅测稠度。

⑥ 作为保温层时的检测项目。

⑦ 尺寸变化率。

⑧ 耐磨度比。

2 粘结、灌浆砂浆系列

项目	细度	粒径	保水率	泌水率	凝结时间	流动度	晾置时间	滑移	抗压强度	抗折强度	拉伸粘结强度	压剪粘结强度	横向变形	压折比	收缩率	抗冻性	抗渗压力	竖向膨胀率	钢筋握裹强度
水泥混凝土界面砂浆 GB/T 25181 JC/T 907							■				●	●							
加气混凝土界面砂浆 JC 890			●				■				●						●		
陶瓷墙地砖粘结砂浆 GB/T 25181 JC/T 547							●①	●②			●		●②	■③					
石膏粘结砂浆 JC/T 1025	●				●				■	■	●								
水泥基灌浆材料 JC/T 986		●		■	■	●			●									●	■
混凝土结构加固聚合物水泥砂浆 JG/T 289					●				●	●	●				■	▬	■		

注：■和●表示产品型式检验项目（其中●表示出厂检验项目），▬选择性项目。

① JC/T 547 称作开放时间。

② JC/T 547 可选检验项目。

③ GB/T 25181—2012 规定的型式检验项目。

3 防水砂浆、涂料系列

项目	含水率	细度	保水率	凝结时间	氯离子含量	施工性	2h稠度损失率	干燥时间	抗压强度	抗折强度	拉伸粘结强度	横向变形	压折比	耐碱性	耐热性	收缩率	抗冻性	抗渗性
普通防水砂浆 GB/T 25181			●	■			●		●		●					■	▬	●
聚合物水泥防水砂浆 JC/T 984				●					■	■	●		■	■	■	■	■	●
聚合物水泥防水浆料 JC/T 2090								●	■	■	●	●		■	■	■	■	●
水泥基渗透结晶型防水涂料 GB 18445	●	●			■	●			■	■	●							●
无机（水泥基）防水堵漏材料 GB 23440				●					■	■	●				■		■	●

注：■和●表示产品型式检验项目（其中●表示出厂检验项目），▬表示选择性项目。

4 保温系统砂浆系列

项目	均匀性	蓄热系数	分层度	晾置时间	初期干燥抗裂性	干表观密度	抗压强度	抗拉强度	拉伸粘结强度	压剪粘结强度	横向变形	压折比	吸水量	抗冲击	软化系数	导热系数	收缩率	抗冻性	燃烧性能等级
EPS颗粒保温砂浆 JG/T 158—2013						●	●	■	■						■	■	■		■
无机轻集料保温砂浆 JGJ 253				● ①		●	●		■						■	■	■	■	
玻化微珠轻质砂浆 GB/T 26000 JG/T 283 JG/T 158	●	■	●			●	■	■		●					■	■	■		■
膨胀珍珠岩/蛭石保温砂浆 GB/T 20473	●		●			■	■			■					▬	■	■	▬	■
保温板粘结砂浆 GB/T 25181 GB/T 29906—2013 GB/T 30595—2014 JC/T 992—2006 JC/T 2084 JG 149				■ ②					●										

续表

项目	均匀性	蓄热系数	分层度	晾置时间	初期干燥抗裂性	干表观密度	抗压强度	抗拉强度	拉伸粘结强度	压剪粘结强度	横向变形	压折比	吸水量	抗冲击	软化系数	导热系数	收缩率	抗冻性	燃烧性能等级
保温板抹面砂浆 GB/T 25181 GB/T 29906—2013 GB/T 30595—2014 JC/T 2084 JG 149				■ ②	● ③				●		■ ③	■	● ④	● ④					
EPS粒子保温砂浆抹面砂浆 JG/T 158—2013				●					●			■							
无机保温砂浆抹面砂浆 JGJ 253				●					●			■	■						

注：■和●表示产品型式检验项目（其中●表示出厂检验项目），▬表示选择性项目。

① 稠度保留率。

② GB/T 25181—2012 和 JG 149—2003 中为出厂检验项目。

③ GB/T 25181—2012、GB/T 30595—2014 和 JG 149—2003 中无此项目。

④ GB/T 25181—2012 规定的型式检验项目，JG 149—2003 中无此项目。

附录5　引用标准一览

1 上篇引用（主要涉及干混砂浆原材料）

GB 175—2007《通用硅酸盐水泥》；

GB/T 176—2008《水泥化学分析方法》；

GB 201—2000《铝酸盐水泥》；

GB/T 203—2008《用于水泥中的粒化高炉矿渣》；

GB/T 205—2008《铝酸盐水泥化学分析方法》；

GB/T 208—2014《水泥密度测定方法》；

GB/T 1345—2005《水泥细度检验方法　筛析法》；

GB/T 1346—2011《水泥标准稠度用水量、凝结时间、安定性检验方法》；

GB/T 1596—2005《用于水泥和混凝土中的粉煤灰》；

GB/T 1865—2009《色漆和清漆　人工气候老化和人工辐射曝露（滤过的氙弧辐射）》；

GB/T 2015—2005《白色硅酸盐水泥》；

GB/T 2419—2005《水泥胶砂流动度测定方法》；

GB/T 4357—2009《冷拉碳素弹簧钢丝》；

GB/T 5464—2010《建筑材料不燃性试验方法》；

GB/T 5484—2012《石膏化学分析方法》；

GB/T 5762—2012《建材用石灰石、生石灰和熟石灰化学分析方法》；

GB/T 5950—2008《建筑材料与非金属矿产品白度测量方法》；

GB/T 6682—2008《分析实验室用水规格和试验方法》；

GB/T 7531—2008《有机化工产品灼烧残渣的测定》；

GB/T 8074—2008《水泥比表面积测定方法　勃氏法》；

GB 8076—2008《混凝土外加剂》；

GB/T 8077—2012《混凝土外加剂匀质性试验方法》；

GB 8624—2012《建筑材料及制品燃烧性能分级》；

GB/T 9267—2008《涂料用乳液和涂料、塑料用聚合物分散体白点温度和最低成膜温度的测定》；

GB/T 9776—2008《建筑石膏》；

GB/T 10294—2008《绝热材料稳态热阻及有关特性的测定　防护热板法》；

GB 11942—1989《彩色建筑材料色度测量方法》；

GB/T 14684—2011《建设用砂》；

GB/T 17431.2—2010《轻集料及其试验方法　第2部分：轻集料试验方法》；

GB/T 17669.1—1999《建筑石膏　一般试验条件》；

GB/T 17669.3—1999《建筑石膏　力学性能的测定》；

GB/T 17669.4—1999《建筑石膏　净浆物理性能的测定》；

GB/T 17669.5—1999《建筑石膏 粉料物理性能的测定》；

GB/T 17671—1999《水泥胶砂强度检验方法（ISO法）》；

GB/T 18046—2008《用于水泥和混凝土中的粒化高炉矿渣粉》；

GB/T 19466.1—2004《塑料 差示扫描量热法（DSC）第1部分：通则》；

GB/T 19466.2—2004《塑料 差示扫描量热法（DSC）第2部分：玻璃化转变温度的测定》；

GB/T 20313—2006《建筑材料及制品的湿热性能 含湿率的测定 烘干法》；

GB 20472—2006《硫铝酸盐水泥》；

GB/T 20973—2007《膨润土》；

GB 23439—2009《混凝土膨胀剂》；

GB/T 24764—2009《外墙外保温抹面砂浆和粘结砂浆用钢渣砂》；

GB/T 25176—2010《混凝土和砂浆用再生细骨料》；

GB/T 29594—2013《可再分散性乳胶粉》；

GB/T 30190—2013《石灰石粉混凝土》；

JC/T 209—2012《膨胀珍珠岩》；

JC/T 313—2009《膨胀水泥膨胀率试验方法》；

JC/T 453—2004《自应力水泥物理检验方法》；

JC 474—2008《砂浆、混凝土防水剂》；

JC 475—2004《混凝土防冻剂》；

JC 477—2005《喷射混凝土用速凝剂》；

JC/T 478.1—2013《建筑石灰试验方法 第1部分：物理试验方法》；

JC/T 478.2—2013《建筑石灰试验方法 第2部分：化学分析方法》；

JC/T 479—2013《建筑生石灰》；

JC/T 481—2013《建筑消石灰》；

JC/T 681—2005《行星式水泥胶砂搅拌机》；

JC/T 870—2012《彩色硅酸盐水泥》；

JC/T 1042—2007《膨胀玻化微珠》；

JC/T 2031—2010《水泥砂浆防冻剂》；

JC/T 2189—2013《建筑干混砂浆用可再分散乳胶粉》；

JC/T 2190—2013《建筑干混砂浆用纤维素醚》；

JGJ 63—2006《混凝土用水标准》；

JG/T 164—2004《砌筑砂浆增塑剂》；

JG/T 223—2007《聚羧酸系高性能减水剂》；

JG/T 426—2013《抹灰砂浆增塑剂》；

JG/T 3048—1998《混凝土和砂浆用天然沸石粉》。

2 下篇引用（主要涉及干混砂浆产品）

DB 31/T 366—2006《外墙外保温专用砂浆技术要求》；

DIN 52617—1987《建筑材料吸水系数的测定》；

DL/T 5207—2005《水工建筑物抗冲磨防空蚀混凝土技术规范》;
DL/T 5126—2001《聚合物改性水泥砂浆试验规程》;
DL/T 5150—2001《水工混凝土试验规程》;
GB 175—2007《通用硅酸盐水泥》;
GB/T 250—2008《纺织品　色牢度试验　评定变色用灰色样卡》;
GB 1499.2—2007《钢筋混凝土用钢　第2部分：热轧带肋钢筋》;
GB/T 1766—2008《色漆和清漆　涂层老化的评级方法》;
GB/T 1865—2009《色漆和清漆　人工气候老化和人工辐射曝露（滤过的氙弧辐射）》;
GB/T 1914—2007《化学分析滤纸》;
GB/T 2419—2005《水泥胶砂流动度测定方法》;
GB/T 3810.6—2006《陶瓷砖试验方法　第6部分：无釉砖耐磨深度的测定》;
GB/T 4100—2006《陶瓷砖》;
GB/T 5486—2008《无机硬质绝热制品试验方法》;
GB 6566—2010《建筑材料放射性核素限量》;
GB 8624—2012《建筑材料及制品燃烧性能分级》;
GB/T 9761—2008《色漆和清漆　色漆的目视比色》;
GB/T 10801.1—2002《绝热用模塑聚苯乙烯泡沫塑料》;
GB/T 10801.2—2002《绝热用挤塑聚苯乙烯泡沫塑料 XPS》;
GB/T 16777—2008《建筑防水涂料试验方法》;
GB/T 17146—1997《建筑材料水蒸气透过性能试验方法》;
GB/T 17669.3—1999《建筑石膏　力学性能的测定》;
GB/T 17669.4—1999《建筑石膏　净浆物理性能的测定》;
GB/T 17671—1999《水泥胶砂强度检验方法（ISO法）》;
GB/T 18244—2000《建筑防水材料老化试验方法》;
GB 18445—2012《水泥基渗透结晶型防水材料》;
GB/T 20473—2006《建筑保温砂浆》;
GB 23440—2009《无机防水堵漏材料》;
GB/T 25181—2010《预拌砂浆》;
GB/T 26000—2010《膨胀玻化微珠保温隔热砂浆》;
GB/T 28627—2012《抹灰石膏》;
GB/T 29756—2013《干混砂浆物理性能试验方法》;
GB/T 30595—2014《挤塑聚苯板（XPS）薄抹灰外墙外保温系统材料》;
GB/T 50080—2002《普通混凝土拌合物性能试验方法标准》;
GB 50119—2013《混凝土外加剂应用技术规范》;
GB/T 50129—2011《砌体基本力学性能试验方法标准》;
GB 50203—2011《砌体结构工程施工质量验收规范》;
JC/T 412.2—2006《纤维水泥平板　第2部分：温石棉纤维水泥平板》;
JC/T 547—2005《陶瓷墙地砖胶粘剂》;
JC/T 603—2004《水泥胶砂干缩试验方法》;

JC/T 681—2005《行星式水泥胶砂搅拌机》；
JC/T 683—2005《40mm×40mm 水泥抗压夹具》；
JC/T 723—2005《水泥胶砂振动台》；
JC/T 724—2005《水泥胶砂电动抗折试验机》；
JC/T 726—2005《水泥胶砂试模》；
JC/T 727—2005《水泥净浆标准稠度与凝结时间测定仪》；
JC 860—2008《混凝土小型空心砌块和混凝土砖砌筑砂浆》；
JC 890—2001《蒸压加气混凝土用砌筑砂浆与抹面砂浆》；
JC/T 906—2002《混凝土地面用水泥基耐磨材料》；
JC/T 907—2002《混凝土界面处理剂》；
JC/T 958—2005《水泥胶砂流动度测定仪（跳桌）》
JC/T 984—2011《聚合物水泥防水砂浆》；
JC/T 985—2005《地面用水泥基自流平砂浆》；
JC/T 986－2005《水泥基灌浆材料》；
JC/T 992—2006《墙体保温用膨胀聚苯乙烯板胶粘剂》；
JC/T 993—2006《外墙外保温用膨胀聚苯乙烯板抹面胶浆》；
JC/T 1004—2006《陶瓷墙地砖填缝剂》；
JC/T 1023—2007《石膏基自流平砂浆》；
JC/T 1024—2007《墙体饰面砂浆》；
JC/T 1025—2007《粘结石膏》；
JC/T 2084—2011《挤塑聚苯板薄抹灰外墙外保温系统用砂浆》；
JC/T 2090—2011《聚合物水泥防水浆料》；
JG 149—2003《膨胀聚苯板薄抹灰外墙外保温系统》；
JG/T 158—2013《胶粉聚苯颗粒外墙外保温系统材料》；
JGJ 253—2011《无机轻集料砂浆保温系统技术规程》；
JG/T 245—2009《混凝土试验室用振动台》；
JG/T 248—2009《混凝土坍落度仪》；
JG/T 283—2010《膨胀玻化微珠轻质砂浆》；
JG/T 289—2010《混凝土结构加固用聚合物砂浆》；
JG/T 291—2011《建筑用砌筑和抹灰干混砂浆》；
JG/T 298—2010《建筑室内用腻子》；
JG/T 3033—1996《试验用砂浆搅拌机》；
JGJ 52—2006《普通混凝土用砂、石质量及检验方法标准》；
JGJ 63—2006《混凝土用水标准》；
JGJ/T 70—2009《建筑砂浆基本性能试验方法标准》。

关键词索引

（检测项目名称仅列正文页码；受检材料名称仅列附录页码）